Gütersloher Taschenbücher / Siebenstern 426

TILLICH-AUSWAHL

Herausgegeben von Manfred Baumotte
Mit einer Einführung von
Carl Heinz Ratschow

Band 1
Das Neue Sein

Band 2
Die Zweideutigkeit des Lebens

Band 3
Der Sinn der Geschichte

Gütersloher Verlagshaus
Gerd Mohn

TILLICH-AUSWAHL

Band 1
Das Neue Sein

Gütersloher Verlagshaus
Gerd Mohn

Mit Ausnahme der 72 Thesen zur Systematischen Theologie aus dem Jahre 1913 sind alle in diesem Band zusammengestellten Schriften Paul Tillichs im Evangelischen Verlagswerk, Stuttgart, erschienen. Die bibliographischen Anmerkungen am Schluß des Bandes informieren über den Ort der ausgewählten Stücke innerhalb der »Systematischen Theologie« und der »Gesammelten Werke«. Darüber hinaus werden dort auch Ort und Jahr der Erstveröffentlichung angegeben.

CIP-Kurztitelaufnahme der Deutschen Bibliothek

Tillich, Paul:
[Sammlung]
Tillich-Auswahl / hrsg. von Manfred Baumotte.
Mit e. Einf. von Carl Heinz Ratschow. – Gütersloh: Gütersloher Verlagshaus Mohn.
Bd. 1. Das Neue Sein. – 1980.
(Gütersloher Taschenbücher Siebenstern; 426)
ISBN 3-579-00426-3

ISBN 3-579-00426-3

Lizenzausgabe mit freundlicher Genehmigung des
Evangelischen Verlagswerks, Stuttgart

Umschlagentwurf: Dieter Rehder, Aachen
Gesamtherstellung: Clausen & Bosse, Leck
Printed in Germany

INHALT

VORWORT

Die Auswahl führt in das Denken eines Mannes ein, der neben Karl Barth und Rudolf Bultmann der Theologie des 20. Jahrhunderts wesentliche Anstöße vermittelt hat. Paul Tillich ist ein moderner glaubender Denker, der uns gezeigt hat, was es heißen und bedeuten kann, in unserer Zeit als kritischer Mensch doch ein Glaubender zu sein. Seine Wirkung ist die eines Anregers, der auch heute noch die produktive Phantasie zu beflügeln vermag. Diese Wirkung wird überall dort manifest, wo die Aufgabe gesehen wird, eine neue Definition der Kultur zu finden. Paul Tillich hat dem protestantischen Christentum, dem er angehört, einen Weg in die Zukunft gezeigt.

Paul Tillich ist keine ausschließlich innertheologische Erscheinung; seine Bedeutung in der theologischen Fachwelt war lange Zeit umstritten, und nur zögernd hat er in der Fachtheologie Anerkennung gefunden. Das unterscheidet ihn von Altersgenossen wie Karl Barth und Rudolf Bultmann, deren Wirkung in einer theologischen Schulbildung ihren Niederschlag gefunden hat. Als Repräsentant des protestantischen Christentums hat Paul Tillich dagegen die Grenzen der Theologie gesprengt. Schon früh hat er die Grenze als den eigentlich fruchtbaren Ort theologischer Erkenntnis bezeichnet. Die Grenze trennt und verbindet zugleich. Das Dasein auf der Grenze ist voller Spannung und Bewegung. Die Grenzsituation ist in Wirklichkeit kein Stehen, sie ist ein Überschreiten und Zurückkehren, ein Hin und Her, dessen Ziel es ist, ein Drittes zu schaffen, in das die begrenzten Gegensätze aufgehoben werden können.

Das Stehen auf der Grenze hat dem Lebenswerk Tillichs jene spezifische, gleichwohl umstrittene Aktualität verliehen, die sich in der Einsicht ausspricht, daß Wahrheit und Wirklichkeit der christlichen Religion umfassender sind als die Kirche und mehr besagen, als in der dogmatisch-theologischen Sprache ausgedrückt werden kann. Die Grenze von Theologie und Philosophie, von Kirche und Gesellschaft, von Religion und Kultur, von Idealismus und Sozialismus, ist der Ort einer dynamischen Verbindung der Theologie mit philosophischen, soziologischen und politischen Einsichten, die für eine neue Epoche protestantischen Denkens maßgeblich geworden ist. In dieser offenen Synthese des christlichen Glaubens mit seiner Welt liegt die gegenwärtige Bedeutung Paul Tillichs. Erst in den drei Bänden seiner Systematischen Theologie haben seine unablässigen Bemühungen einer Integration von menschlicher Lebenswirklichkeit und christlichem Glauben eine abschließende systematische Gestalt gefunden. Auf diesem umfassenden Werk, das alles andere ist als eine Kirchliche Dogmatik und das in deutscher Sprache in den Jahren 1955, 1958 und 1966 erschienen ist, beruht die unbestreitbare Wirkung Paul Tillichs, die in Deutschland erst an seinem Lebensabend eingesetzt hat.

Aus dem Lebenswerk Tillichs eine Auswahl zusammenzustellen, ist ein schwieriges Unternehmen. Zu vieles muß unberücksichtigt bleiben, um eine zu große Aufsplitterung zu vermeiden. Im Blick auf das dreibändige Hauptwerk muß sogar gesagt werden, daß wohl zuwenig geboten wird. Zu Worte kommen soll vor allem der philosophische Theologe und Religionsphilosoph, der Kultur- und Geschichtstheologe, dem die geistige Situation der Zeit, die religiöse Lage der Gegenwart, zum unendlichen Gegenstand theologischer Arbeit wurde.

Mit den Stichworten: Philosophische Theologie, Religions- und Kulturtheologie sowie Geschichtstheologie sind nun auch die Themen genannt, unter denen in dieser dreibändigen Auswahl aus dem Gesamtwerk Tillichs einige wesentliche Beiträge zusammengestellt worden sind. In der Orientierung an den Leitbegriffen »Sein«, »Leben«, »Geschichte« nimmt die Tillich-Auswahl drei der fünf wesentlichen korrelativen Aspekte der »Systematischen Theologie« Paul Tillichs auf. Die »Systematische Theologie« enthält bekanntlich die fünf Teile: 1. Vernunft und Offenbarung; 2. Sein und Gott (Band I); 3. Die Existenz und der Christus (Band II); 4. Das Leben und der Geist; 5. Die Geschichte und das Reich Gottes (Band III), wobei nach der Tillichschen Methode der Korrelation die Philosophie die Begriffe und Kategorien und die in ihnen liegenden Probleme liefern und die Theologie die Antworten geben muß, die der Substanz der christlichen Botschaft entstammen.

Paul Tillich versuchte, als Theologe Philosoph zu bleiben und als Philosoph Theologe. Der 1. Band enthält einige derjenigen Schriften Tillichs, die den »Grenzproblemen« von Theologie und Philosophie gewidmet sind. Sie behandeln in erster Linie Methodenfragen der Theologie und formulieren die Grundlegung einer christlichen Theologie des Neuen Seins. Für Tillich ist die Vernunft nicht prinzipiell gott-los. Trotz ihrer Endlichkeit kann die Vernunft sich ihrer unendlichen Tiefe bewußt werden. Gott ist die Antwort auf die Frage, die in der Endlichkeit des Menschen liegt; er ist der Name für das, was den Menschen unbedingt angeht. Darum ist der Atheismus grundsätzlich keine menschliche Möglichkeit. Ist Gott das Sein selbst, so ist Neues Sein bei Tillich das zentrale christologische Grundwort. Der dem Grund und der Tiefe des Seins entfremdete Mensch fragt nach dem Neuen Sein. Die Erscheinung des Neuen Seins in Jesus Christus unter den Bedingungen der Existenz ist das Paradox der christlichen Botschaft.

Für Tillich ist die philosophische Theologie aber zugleich der angemessene Ausdruck von Anthropologie. Dieser ganz wesentliche Aspekt der Tillichschen Theologie kommt im zweiten Band zum Zuge. Gerade der Mensch der Gegenwart weiß um die Zweideutigkeit des menschlichen Lebens, um die Zweideutigkeit seiner ethischen und religiösen Vorstellungen und kulturellen Errungenschaften. Er kennt die Zerrüttung des Innenlebens, die Heillosigkeit seiner seelischen und gesellschaftlichen Existenz. Die Zerstörung der essentiellen Strukturen unter den Bedingungen geschichtlicher Existenz sind darum das Thema dieser Arbeiten. Wo immer im Denken und Handeln die menschliche Existenz selbst an den Abgrund der Sinnlosigkeit geführt und damit überschritten wird, wo immer unbedingter Sinn sich zur Geltung bringt, da ist Kultur religiös. In diesen Überlegungen, die das Weltverhältnis als theologische Grundstruktur der Anthropologie erfassen, ist zugleich der christologische Ansatz begründet. In den Fraglichkeiten des Lebens ist gleichsam die Antwort mitgesetzt. In der Verlorenheit der Entfremdung wohnt die Erlösung. Der Gott des Gekreuzigten ist der Gott, der den Menschen annimmt, wenn diesem alle Gottesvorstellungen in der Angst und im Zweifel zerbrochen sind. In diesem Gott sind Theismus und Atheismus gleichermaßen aufgehoben. Den Glauben, der aus der Erfahrung des Abgrundes hervorgeht, hat Tillich als »Mut zum Sein« bezeichnet. Es ist der Mut, sich als bejaht zu bejahen.

Der 3. Band thematisiert ausdrücklich die Dimension der Geschichte. Hier kommt Paul Tillich als politischer Theoretiker zu Worte mit seiner religiös-sozialistischen Option nach dem Ersten Weltkrieg, seinen unterschiedlichen Deutungen der geistigen Situation der Zeit, die zu erfassen er ein Leben lang sich bemüht hat, schließlich seine Theorie des Protestantismus als zugleich kritischem und gestaltendem Prinzip. Im Blickpunkt steht die Frage nach dem Sinn der Geschichte, nachdem der Mensch als ein existierendes, entfremdetes Wesen der Zweideutigkeit des Lebens unterliegt. Da alles Geschehen sowohl objektive als auch subjektive Züge trägt, ist eine objektive, also rein wissenschaftliche Antwort auf die Frage nach dem Sinn ausgeschlossen. Darüber hinaus liegt es in der Natur der Sache, daß kein Standpunkt der Betrachtung angegeben werden kann, der eine universale Deutung der Geschichte ermöglicht. Hier wird die Zirkelstruktur der Tillichschen Theologie deutlich. Das Sendungsbewußtsein einer bestimmten geschichtlichen Gruppe und das Geschichtsbild, das darin enthalten ist, gehören zusammen. Das christliche Bewußtsein sieht die Geschichte so, daß die Fragen, daß die Probleme, die mit der Zweideutigkeit des Lebens in der Geschichte gegeben sind, im Symbol »Reich Gottes« eine Antwort finden.

Nimmt die Philosophische Theologie Paul Tillichs ihren Ausgangspunkt von dem geschichtlichen Material, in dem die Erfahrung der Zweideutigkeit des Lebens gemacht und aus dem heraus nach unzweideutigem Leben gefragt wird, so bleibt die theologische Vorstellung an den historischen Ort des christlichen Bewußtseins gebunden. Damit aber schlingt sich das Ende des Systems in den Anfang zurück: Die Theologie Paul Tillichs muß streng der Gegenwart dieses Mannes zugewiesen werden. Seine Stärke lag darin, sich mit voller Geistesgegenwart auf die Situation der Zeit einzustellen. (Aus diesem Grunde sind die Beiträge des dritten Bandes chronologisch angeordnet.) Darin aber *kann* zugleich die Grenze seiner Wirkung liegen. Zwar ist auch das Vergessen vergänglich, aber Paul Tillich ist gleichwohl für die Gegenwart eine historische Gestalt. Ob freilich auch die Fragen, die er stellte und auf die er die christliche Botschaft bezog, schon Geschichte geworden sind oder mit menschlichem Leben überhaupt gegeben sind, mag auf sich beruhen. Sie verstehen sich u. U. heute nicht mehr von selbst. Aber indem Paul Tillich mit unerhörter Geistesgegenwart die Zeit theologisch zu bestimmen versuchte, indem er sie über sie hinauswies, hat er ein Konzept von Theologie entwickelt, daß auch uns wieder verständlich ist.

Die in dieser dreibändigen Auswahl zusammengestellten Schriften Paul Tillichs ergeben kein vollständiges Bild von Werk und Wirken Paul Tillichs. Sie können auch nicht das Studium der Gesammelten Werke und der Systematischen Theologie ersetzen oder an deren Stelle treten. Mit dieser Auswahl soll vielmehr denen, die Paul Tillich kennenlernen möchten, ein Zugang zu seinem Werk eröffnet werden.

Ich möchte es nicht versäumen, an dieser Stelle Herrn Professor Carl Heinz Ratschow für die Einführung zu danken. Ebenso danke ich Herrn Willy Collmer vom Evangelischen Verlagswerk, Stuttgart, und Frau Renate Albrecht für freundliche Zusammenarbeit.

Der Abdruck der 72 Thesen zur Systematischen Theologie aus dem Jahr 1913 (Bd. 1, S. 105 ff.) sowie des Vortrags »Das geistige Vakuum« aus dem Jahre 1948 (Bd. 3, S. 230ff.), die nicht in den Gesammelten Werken enthalten sind, erfolgt auf ausdrücklichen Wunsch von Herrn Professor Ratschow und mit Zustimmung des Evangelischen Verlagswerks.

Bielefeld, 23. Mai 1980 *Manfred Baumotte*

EINFÜHRUNG

PAUL TILLICH. EIN BIOGRAPHISCHES BILD SEINER GEDANKEN

Von Carl Heinz Ratschow

I. Von der Interpretation der Werke Paul Tillichs

II. Jugend und Bildung an Schelling
1886–1916
1. Die Ereignisse
2. Die drei lebensbestimmenden Einflüsse dieser Periode
Erstens: Der christliche Glaube
Zweitens: Der Idealismus
Drittens: Der Abgrund

III. Wende und sozialistische Entscheidung
1916–1933
1. Die Ereignisse dieser Aufbruchszeit
2. Die bewegenden Motive des Aufbruchs
Erstens: Der religiöse Sozialismus
Zweitens: Die religiöse Kultur
Drittens: Das Dämonische

IV. Emigration und neues Dasein
1933–1946
1. Die Ereignisse nach der Emigration
2. Der Weg zur philosophischen Theologie
Erstens: Das Sein selbst und Gott
Zweitens: Das Ende der protestantischen Ära
Drittens: Politische Theorien

V. Das Vakuum und der Kairos der menschlichen Tiefe
1947–1965

Literatur

Tillichs Schriften

GW: Gesammelte Werke, Bd. I–XIV.

GW Erg.: Ergänzungs- und Nachlaßbände zu den Gesammelten Werken von Paul Tillich, Bd. I–V.

ST: Systematische Theologie, Bd. I–III.

e. A.: Englische Ausgabe der Systematischen Theologie, London 1968.

In der Tiefe: In der Tiefe ist Wahrheit, Evangelisches Verlagswerk Stuttgart, 2. Aufl. 1958.

Auf der Grenze: Auf der Grenze, Stuttgart 1962 (aufgenommen in GW XII, 13–57).

Suche: Meine Suche nach dem Absoluten, Wuppertal-Barmen 1969 (erneute Übersetzung des autobiographischen Teils in GW XII, 58–77).

Travel: Travel Diary, New York 1970.

Schriften über Tillich

Adams: *J. L. Adams:* Paul Tillich's Philosophy of Culture. Science and Religion, New York 1965.

Almén: *Edgar Almén:* Glaube und geschichtliche Verantwortung (Studia theologica Lundensia, Bd. 35), Lund 1976.

Amelung: *Eberhard Amelung:* Die Gestalt der Liebe. Paul Tillichs Theologie der Kultur, Gütersloh 1972.

Holz: *Harald Holz:* Spekulation und Faktizität. Zum Freiheitsbegriff des mittleren und späten Schelling, Bonn 1970.

May: *Rollo May:* Paulus. Reminiscences of a Friendship, New York 1973.

Mokrosch: *Reinhold Mokrosch:* Theologische Freiheitsphilosophie, Frankfurt 1976.

Pauck: *Wilhelm und Marion Pauck:* Paul Tillich. Sein Leben und Denken, Bd. I, Stuttgart 1976.

Pauck 1974: *Wilhelm Pauck:* Ecumenicity in Tillich's Theology, Chicago 1974.

Randall: *J. H. Randall:* The Ontology of Paul Tillich, in: The Theology of Paul Tillich, New York 1959.

Scharlemann I: *Robert P. Scharlemann:* Reflection and Doubt in the Thought of Paul Tillich, New Haven 1969.

Scharlemann II: *Robert P. Scharlemann:* Der Begriff der Systematik bei Paul Tillich, in: Neue Zeitschrift für Systematische Theologie und Religionsphilosophie 8 (1966), S. 242–254.

Tillich I: *Hannah Tillich:* From Time to Time, New York 1972.

Tillich II: *Hannah Tillich:* From Place to Place, New York 1976.

Wehowsky: *Stephan Wehowsky:* Paul Tillich und die Grundprobleme des religiösen Sozialismus, in: Christ und Sozialist 3 (1979), S. 14–30.

Werden und Wirken: Werden und Wirken Paul Tillichs. Ein Gedenkbuch, Stuttgart 1967.

Zahrnt: *Heinz Zahrnt:* Die Sache mit Gott. Die protestantische Theologie im 20. Jahrhundert, München 1966.

I. Von der Interpretation der Werke Paul Tillichs

Das Lebenswerk Tillichs stellt sich im wesentlichen als eine ganze Fülle kleiner Aufsätze oder Vorträge dar. Umfangreichere Veröffentlichungen, die auch nur hundert Seiten überschreiten, gibt es abgesehen von den Examensarbeiten am Anfang seines Lebens und der Systematischen Theologie am Ende seines Lebens fast nicht! Man muß sich klarmachen, daß ein so weitreichender Entwurf wie die Rechtfertigung des Zweiflers, in dem Tillich Kähler weiterdachte und in dem einer der zentralsten und belangvollsten Ansätze Tillichs sichtbar wurde, ein Vortrag von ganzen dreizehn Seiten war. Hinzu kommt, daß diese ganzen kleinen Aufsätze und Vorträge thematisch völlig ungebunden vom Tanz zur Jugendbewegung, von Augustin zum Sozialismus, vom Dämonischen zum Realismus springen. Und das ist ja nicht nur in den Anfangsjahren so. Das bleibt bis zum Ende der Wirksamkeit Tillichs. Tillich fängt in seinen Schriften ein Kaleidoskop seiner Gegenwart ein, und er folgt – selbst scheinbar ohne bestimmenden Willen – den Eindrücken, die ihn in Berlin, in Dresden, in New York, Harward oder Chicago treffen. Er folgt den Herausforderungen seiner Gegenwart – scheinbar ohne daß er «das Heft in der Hand hat». Jedoch, man bemerkt auch, daß da etwas Durchhaltendes wirksam ist. Dieses Durchhaltende ist nicht der Gegenstand, auch nicht ein theologisches Konzept, auch keine systematische Idee. Tillich entwirft ständig neue Konzepte und Systemorientierungen. Und gleichwohl ist es berechtigt zu sagen, daß alle diese Miszellen eine Einheit bilden. Die Spätwerke Tillichs, der abschließend die Kulturtheologie in der Systematischen Theologie konzipiert, bilden mit den Schriften des jungen Tillich aus dem Anfang der 20er Jahre trotz aller Unterschiede eine Einheit [1].

1. Tillich hat diese Eigenart seines Wirkens selbst natürlich auch beobachtet. Er breitet diese Problematik in seiner autobiographischen Skizze (Suche, S. 32f.) aus. Er meint hier, daß er schrieb, wann und wo er darum gebeten wurde. Diese kleinen Entwürfe und essayistischen Ansätze könnten aber auch »wie Schrauben sein, die sich in unbehauenem Fels drehen«. Das heißt, diese Vorträge und Aufsätze konnten nur in dieser Form »alle kulturellen Bereiche auf den religiösen Mittelpunkt« beziehen. Tillich hat die Nachteile dieses Vorgehens freilich an eben dieser Stelle auch sehr deutlich gesehen, daß daraus nämlich »eine gewisse Unbeständigkeit und Unbestimmtheit der Terminologie« folgt. Das weiß ja jeder, der mit Tillich arbeitet – zumal macht sich dies, wie Tillich an dieser Stelle selbst bemerkt, bei der Systematischen Theologie ärgerlich be-

Es gehört zur Eigenart Paul Tillichs, in dieser »gequantelten« Weise zu arbeiten. Ständig eilte er hinter Vortragsanforderungen her, wurde für dies und für das engagiert und ließ sich von der Fülle dieser Anforderungen antreiben, ob es sich um Studenten, ein politisches Gremium, einen Frauenverein oder eine religiöse Gruppierung handelte. Die Kurzatmigkeit der »vielen kairoi« durchpulst diese ganzen »Gelegenheits«-Schriften. Tillichs großer Gegenspieler Karl Barth, mit dem es auch bei ihrer letzten Begegnung kurz vor ihrem Tode keine Verständigungsmöglichkeit gab, handelte auch in dieser Hinsicht anders. Er schrieb die letzten dreißig Jahre seines Lebens eigentlich nur noch ein Buch – die Kirchliche Dogmatik. Tillich hat die enorme Vielfältigkeit und Verzettelung seiner Entwürfe bewältigt. Man bemerkt es kaum, daß das so ist mit seinem Lebenswerk. Und worin lag die alles zusammenhaltende zentrale Wirksamkeit Tillichs begründet?

Die Wirksamkeit Paul Tillichs ist nur aus seiner Person und aus dem Eindruck, den er persönlich hinterließ, zu erklären[2]. Die vielen Vorträge, Aufsätze und Vorlesungen aus den 45 Jahren seiner literarischen Tätigkeit wirken wie sehr variierte Begleitmusiken zu dieser Person, die im Anfang in den 20er Jahren sachlich und später sprachlich schwer zu verstehen war. Dieses Vielerlei von fast zufälligen Eindrücken aus Politik, Kunst, Philosophie und Naturwissenschaft, das Tillich auffaßte und zu durchdenken suchte, zeigt den Verfasser in immer neuen Zuwendungen zur Welt, und die tragende Mitte des Ganzen war nicht eine theoretische Konzeption, sondern dieser Mann, der in all den vielen kleinen Facetten seiner Arbeiten hindurchscheint. Tillich selbst hat seine Arbeiten ja auch ebenso eingeschätzt[3]. Sie waren im Augenblick

merkbar. Tillich räumt hier auch ein: »Es findet sich der Einfluß von verschiedenen, manchmal einander widerstreitenden Gedanken.« Damit hat Tillich die Schwierigkeiten bemerkt, die mit diesem essayistischen Schreiben gegeben sind.

2. In den Erinnerungen einer Hörerin Paul Tillichs aus den ersten Jahren seiner Berliner Privatdozentenzeit heißt es: »... undenkbar, ein Tillich-Kolleg zu versäumen. Nicht der Stoff machte es, auch nicht die individuelle neuartige Durchdringung und das Niveau der Darbietung allein, sondern das Charisma des Dozenten hatte die faszinierende Wirkung« (GW XIII,552). Diese Wirkung des Charismas Paul Tillichs blieb das Entscheidende und Verbindende in der Vielfältigkeit der Stoffe und Systemansätze.

3. In dem zitierten Teil seiner autobiographischen Skizze (Suche, S. 33f.) fügt Tillich der Besprechung des essayistischen Stils seiner Veröffentlichungen

ihres Entstehens wichtig, und sie entstanden alle aus bestimmten wechselnden Personenbezügen. Dann aber waren sie Tillich unwichtig, und er wandte sich neuen Begegnungen zu. Diese Begegnungen waren wichtig, und diese Begegnungen forderten diesen Mann heraus, und er ließ sich in seiner Person herausfordern. Darin liegt der Eindruck der Einheitlichkeit seiner Gedanken wie seine große Wirksamkeit begründet.

Zum Verständnis dieses Sachverhalts ist wesentlich, daß Paul Tillich von einer hohen Sensibilität für fremde Charaktere war. Diese Sensibilität führte zu ganz starken intuitiven Identifikationen, die Tillich mit Gestalten der Dichtung wie auch mit ihm begegnenden Wesen vollzog. Die Fähigkeit Paul Tillichs, intuitiv seine Umwelt aufzunehmen und mit den Wesen, die ihm begegneten, einen tiefliegenden Kontakt persönlicher Zuwendung aufzunehmen, erhellt den starken Eindruck, den Paul Tillich hinterließ. Diese intuitiven Kontakte verbanden Tillich nicht nur mit Menschen, sondern auch mit schönen Bäumen wie mit besonnten Wasserflächen. Tillich hatte ein sehr starkes, fast mystisches Empfinden von »Natur-Zugehörigkeit«. Er hat die Nähe zu schönen Bäumen ebenso gebraucht wie die zu schönen Menschen. Er ließ sich in seiner Person herausfordern, und so kam es zu Verbundenheiten zwischen Tillich und seiner »Umwelt« – so müssen wir sagen –, die sehr leicht mißdeutbar sind und mißdeutet wurden. Die Tiefe dieser Verbundenheiten zu Bäumen, zum Wasser wie zu Menschen gibt Tillich nicht nur die Denkbilder hinter seinen Arbeiten, sondern diese Kontakte geben seinem Dasein seine Tiefe. Das ist die Tiefe, die nur in der Herausforderung des ganzen Menschen da sichtbar wird, wo es gelingt, dieser Herausforderung sich in seiner Person zu öffnen. Wer riskiert sich denn schon vor dem Eindruck der vielen Schönheiten der Welt? Dies tat Tillich.

die dialogische Form seines Denkens an. »Der unmittelbare Eindruck der Person« ist es, der ihm Freude machte und worauf es ihm ankam. Und dies versteht und benennt Tillich als die »existentielle Wahrheit«. Er meint damit diesen ihm eigenen »unmittelbaren Eindruck der Person«! Er notiert an dieser Stelle, daß »ein System der existentiellen Wahrheit« daher wohl das Schwierigste sei, was es geben könne, was aber geleistet werden müsse. Wenn man das Existentielle so interpretiert, wie Tillich das hier macht, dann ist es freilich systemwidrig. Nur man muß sich gegenwärtig halten, dieses Existentielle hat wenig mit dem zu tun, was man z. B. im Anschluß an Martin Heidegger darunter versteht.

Und eben dieses Risiko seiner selbst ließ ihn die Tiefen leben, die sein Wirken unerhört eindrucksvoll machten und die sein Reden außerordentlich überzeugend werden ließen.

Dieser »Eindruck« von Tillichs Person teilte sich in der persönlichen Begegnung unmittelbar mit. Dieser »Eindruck« war das Ineffabile, das hinter allen Denkfiguren und Begrifflichkeiten die zentrale Zugänglichkeit des Werkes Tillichs vermittelte. Dieser »Eindruck« zog sehr viele sehr gegensätzliche Charaktere und Interessen an Tillich heran – von der Berliner Bohème der 20er Jahre bis hin zu atheistischen Ideologen, frommen Theologen, Berneuchenern und akademischen Skeptikern. Tillich zog sie alle an. Sie alle empfanden ihre Fragen bei ihm geborgen und verantwortet. Und Tillich ließ sich mit allen ein. Und er konnte das, weil er sich an ihnen allen weder intellektuell noch persönlich verlor. Das hat Horkheimer in seinen Erinnerungen gut gekennzeichnet und an dem Besuch der Nachtlokale, den Tillich gerne mochte, exemplifiziert. Tillich hat sich auch in diesen Nachtlokalen nichts vergeben[4].

Tillich ist in dieser seiner Haltung oft mißdeutet und mißverstanden worden. Seine allerletzte Vorlesung zeigt dies noch: Man verstand den Tillich der 60er Jahre als den Inaugurator der Gott-ist-tot-Bewegung, als den Zerstörer des theistischen Gottesbildes. Und dies wollte Tillich gerade nicht sein. Aber man muß auch sagen, Tillich ist – gerade auch in dieser Frage – leicht mißzuverstehen. Der Grund liegt ganz auf der Linie des bisher Gesagten. Tillich bildet mit seiner Person die Einheit seines welt-»zerstreuten« Werkes. Er hat sich ja oft als »Existential«-Denker vorgestellt. Diese Kennzeichnung hat wenig mit den großen Ausprägungen der sogen. Existenz-Philosophie zu tun, obwohl Tillich sich Heidegger in der letzten Intention bis in die letzten Jahre hinein voll verbunden fühlte. Tillich hat damit insofern auch recht, als alle seine Schriften und Vorträge nur auf dem Hintergrund und in Verbindung seiner Person und genauer seiner jetzt so und dann so herausgeforderten Person zu verstehen sind. In bestimmter, das äußere Vorgehen betreffender Weise ist die Parallele zu Sören Kierkegaard erhellend. Wie Kierkegaards Schriften nur voll aus seiner Biographie zu interpretieren sind, so ist das auch bei Tillich. Auch ist beider Biographie von unaufhellbaren Verstellungen umgeben. Aber, worauf es an-

4. Interview mit Max Horkheimer, gesendet 1966 im Süddeutschen Rundfunk, veröffentlicht 1967 in dem »Gedenkbuch«: »Werden und Wirken«, S. 17f.

kommt, ist nicht diese Parallele, sondern die Einheit, daß die Schriften Tillichs auf ihn hin, auf seine Menschlichkeit hin ausgelegt sein wollen und nicht auf die Erhellung dieser oder jener »Sache«.

Hinter den sachlichen Thesen der Schriften und Vorträge Paul Tillichs standen also stets höchst persönliche Herausforderungen und ihre Annahme. Das macht den Charakter dieser Schriften aus, und das erklärt Tillichs Desinteresse an den sachlichen Lösungen, die Geschichte wurden, sobald der Punkt hinter das Manuskript gesetzt war. Diese sachlichen, rasch veraltenden Lösungen langweilten Tillich, und wenn er eine Schrift, die ins Deutsche übertragen war, nach kurzer Frist prüfen sollte, dann änderte er entscheidende Passagen um. Das ist die Tragik seiner Kulturtheologie im vierten Teil der Systematischen Theologie. Er sagte auf Fragen, wie er dies oder das in früheren Schriften gemeint habe: »Das weiß ich nicht. Das wißt Ihr viel besser als ich. Ihr lest ja Paul Tillich – ich nicht.« Er schuf aus den Grundorientierungen seines Wesens in seiner immer völlig neuen und unvoreingenommenen Zuwendung zu einer neuen Herausforderung durch ein neues Gegenüber ständig neue Brechungen seiner Einsichten oder vielleicht besser seines einen »Grundkonzeptes«[5]. Dieses »Grundkonzept« entspricht seiner persönlichen Eigenart, ja, es spiegelt diese lebendige Person Paul Tillich in klarer Form wider.

Dieses »Grundkonzept« Paul Tillichs kann man eigentlich gar nicht inhaltlich, sondern nur methodisch intentional kennzeichnen. Wir beschreiben Tillich hier darum einmal nach seinem methodischen Vorgehen und zweitens nach seiner Intention. Das methodische Vorgehen Tillichs ist in allen seinen Arbeiten durch die von ihm sogenannte ontologische Methode bedingt. Was meint er eigentlich damit? Tillich meint mit der ontologischen Fragestellung die für die Theologie wie die Philosophie unausweichliche Frage nach der Struktur des Wirklichen als des Seins. Auf diese Struktur kommt es in Kategorien wie Begriffen an, mit denen die Philosophie wie die Theologie arbeiten. Tillich

5. Der Begriff des »Grundkonzeptes« ist in Anwendung auf Tillich schwierig. Im Sinne von Schleiermacher oder Karl Barth hat Tillich kein »Grundkonzept«. Das Geheimnis seiner Wirksamkeit, jeder Anforderung ganz neu, ganz unvoreingenommen und offen zu begegnen, macht dies deutlich. Das muß man sich gegenwärtig halten. Gleichwohl aber hat Tillich bestimmte Konstellationen von Fragen und Lösungen erstaunlich unverändert von 1919 bis zu seinem Tode festgehalten. Da steht ein Grundkonzept dahinter – aber es erweist sich als persongebunden.

schließt die Theologie dem philosophischen ontologischen Denken über Gott als die Macht des Seins an (Bd. 1, S. 136 ff.)[6]. So wie die Philosophie in allen Zweigen ihrer Arbeit die Wirklichkeit als solche erforscht, so tut das die Theologie. Die Lösung dieser Aufgabe aber liegt in der Tatsache, daß die Erkenntnis selbst am Sein teilhat[7]. Insofern kann sie über die Struktur des Seins etwas aussagen, und das heißt, daß sie ontologisch »ist«. Das heißt, daß die Philosophie also keine andere Welt hinter der Wirklichkeit sucht, sondern sie analysiert die Strukturen des Seins selbst. Das heißt, daß sie ontologisch arbeitet. Und dies gilt auch für die Theologie, weil ihr Bezugspunkt Gott das Sein selbst ist. Tillich hat auf dieses ontologische Postulat nie verzichtet[8].

Mit dieser ontologischen Grundeinsicht, die Tillich stets durchhielt, wird ein Grundzug seines Fragens und Vorgehens deutlich. Dieser methodische Ansatz erlaubt es, daß alle Gedankengänge begriffsrealistisch generalisiert werden. Tillichs Arbeiten zeigen nämlich alle den eminenten Schwung des Begriffsrealismus d. h. die verworrene Vielfalt des Besonderen rasch hinter sich lassen zu können, um in die Bereiche der Generalisierungen aufzusteigen. Tillich kann mit großen Einheitsprinzipien leben, die hinter der Vielfalt der religionsgeschichtlichen oder kirchlichen oder dogmatischen Vielfalt postulierbar sind. Die Methode der Korrelation aber macht den Weg vom einen zum anderen gangbar. Dazu gehört der methodische Grundsatz: Wer die Frage hat, hat auch die Antwort – jedenfalls im Ansatz. Dieser Grundsatz leitet leichtfüßig von allen Fragen zu allen Antworten. Das ontologische Grundprinzip aber gibt die Basis für diese Operationen.

Aus diesem methodischen Ansatz folgt für Tillich die Intention, die Einzelheiten wissenschaftlichen wie kirchlichen, ethischen wie dogmatischen Daseins und Denkens in ihrer ganzen Widersprüchlichkeit und quälenden Enge zu durchstoßen und in lichte Räume des »ewigen protestantischen Prinzips« oder des »Neuen Seins« zu führen. So legt er

6. ST I, 26–30; e. A. I, 21–25

7. Hier liegt der Kernpunkt. In seiner autobiographischen Skizze »Auf der Grenze» (Englisch 1936 erschienen in dem Sammelband: The Interpretation of History; Deutsch 1962): »So bin ich im erkenntnistheoretischen Ausgangspunkt Idealist geblieben, wenn Idealismus die Behauptung der Identität von Denken und Sein als Prinzip der Wahrheit bedeutet« (S. 58).

8. Man kann nun beobachten, daß Tillich um 1932 die Ontologie zurückzudrängen bemüht ist. Wir werden das unten III, 2 bei der Besprechung der sozialistischen Entscheidung zeigen, und daß er später die Ontologie neu einbringt.

z. B. Mt 11,28–30, das Wort von der Mühsal menschlichen Daseins und dem leichten Joch Jesu, daraufhin aus, daß die Religion mit der Last all ihrer Gesetze durch das Neue Sein abgelöst wird. Und unter dem Neuen Sein heißt es dann: »Nichts wird von euch verlangt, keine Gottesvorstellung, nicht, daß ihr gut seid, nicht, daß ihr religiös seid, nicht, daß ihr Christen seid. Was von euch verlangt wird, ist einzig, daß ihr offen seid und annehmen wollt, was euch gegeben wird, das neue Sein, das Sein der Liebe und Gerechtigkeit und Wahrheit, wie es in Jesus anschaubar ist, in ihm, dessen Joch sanft und dessen Last leicht ist.«[9] Damit ist das Neue Sein in seiner Idealität intendiert und dargestellt, die das Wort Jesu wie das Wort der Kirche niemals hatte und niemals haben konnte. Diese Idealität hat in einem ganz bestimmten Sinne völlig recht: Die frommen Werke und die kirchlichen Dogmen garantieren wirklich nicht die Nähe Gottes oder die ewige Seligkeit. Aber zugleich ist diese Idealität des Neuen Seins – solange wir in dieser Welt der Realitäten leben – ebenso unanwendbar wie auch zerstörerisch. Jeder Mensch weiß, daß der christliche Glaube sittliche Implikationen hat und auch haben muß. Jeder weiß, daß das Christentum, wenn es denn leben und wirken soll, Religion und Kirche sein muß – also auch eine ganz bestimmte Gottesvorstellung braucht. Aber diese Wirklichkeiten bleiben abgeblendet, und das »protestantische Prinzip« schlägt immer wieder durch. Der Begriffsrealismus dieser Ontologie leiht diesen prinzipiellen Postulaten aber seinshaftes Gewicht! Das alles ist für Tillich nicht eschatologische Prolepse und auch nicht verblasenes idealistisches Intendieren, sondern strukturell erhebbare Seinsqualität!

Aus diesen Überlegungen werden zwei Charakteristika des Denkens wie des Daseins Paul Tillichs erkennbar, die ihn seinen Freunden stets besonders wert gemacht haben. Das ist Tillichs unverstellte Toleranz, und das ist Tillichs unbegrenzte Liberalität. Diese beiden Kennzeichen seines Lebens wie seines Denkens gehören zu den Wirkungsmomenten seines Werkes. Die unverstellte Toleranz, die durch alle Schriften Tillichs geht, zieht den modernen Menschen, der keinen »Standpunkt« finden kann, wie sonst nichts an. Diese Toleranz ist das Komplement der Pluriformität unseres Daseins, die uns quält. Die unbegrenzte Liberalität aber bietet die Grundlage dafür. Tillich war eben für alle Begegnenden offen, und man fühlte sich von ihm als Partner »aner-

9. In der Tiefe, S. 97.

kannt«. Diese Liberalität war es, die den jungen Tillich zur Beachtung der »proletarischen Situation« brachte. Der »religiöse Sozialismus« Tillichs wurzelt in dieser persönlichen Offenheit, d. h. in der Person Paul Tillich und nicht in mehr oder minder klugen soziologischen oder sozialistischen Theorien.

Diesen Eindruck vermitteln die ganzen Schriften und Schriftchen Tillichs über seinen Tod hinaus. Es ist ja bei einem Denker wie Paul Tillich, der so zentral als er selbst wirkte und der in seiner Art, Menschen zu begegnen, seine Wirksamkeit besaß, eine große Frage, wie – weit er über seinen Tod hinaus in seinen Schriften wirksam bleiben kann. Es ist ja auch in akademischen Seminaren spürbar, wieweit Tillich für den heute zwanzigjährigen Studenten in Fragestellung und Sprechweise ein Stück Vergangenheit wurde. Tillich ist den jungen Menschen nicht mehr Zeitgenosse. Aber die Schriften Tillichs vermitteln nun andererseits – so wenig präzises Material zu philosophischen oder theologischen Themen auch darin enthalten ist – einen starken und auch lebendigen Eindruck von der Person Tillichs – besser von den Zuwendungen Tillichs. Diese Zuwendungen lassen sich an seinen Schriften aufweisen. Und eben darauf, meine ich, käme es bei einer Interpretation der Schriften Tillichs an[10].

Manche Freunde Tillichs möchten aus seinen Schriften probate Sachantworten auf dies oder das erheben. Sie denken, man könnte mit Tillichs Schriften sachliche Probleme entwirren oder lösen. Damit macht man aus Tillich so etwas wie einen Fachgelehrten, der er nie war und nie sein wollte. Die Literatur, die es zu Tillich ja nun schon in breitem Maße gibt, zeigt, daß der auf Sachfragen befragte und verhandelte Tillich vorwiegend Kritik hervorruft und hervorrufen wird. Wenn Tillich z. B. über die expressionistische Kunst schrieb, so wird man darin nicht so sehr viel Sachdienliches zum Verständnis dieser Kunstrichtung finden. Man kann leicht zeigen, daß Tillich auch nicht sehr viel davon »verstand«[11]. Aber man sieht in Tillichs Schriften einen

10. Tillich meinte, dies sei eine Eigenart der »systematischen Kulturwissenschaften«. Die Erfahrungswissenschaften, so schreibt er, betonen die Wirklichkeit. Aber die systematischen Kulturwissenschaften lassen »den Standpunkt des Systematikers« hervortreten. Dieser Systematiker selbst sei zu beachten, denn er sei nicht nur »kulturerkennend, sondern auch kulturschöpferisch« (Bd. 2, S. 70).

11. Die Arbeit von Dr. Michael Palmer aus Wiltshire zu diesem Thema wird im kommenden Jahr erscheinen.

vom Expressionismus erfaßten Menschen, und das ist etwas anderes. Man kann zeigen, wie Tillich aus dieser persönlichen Ergriffenheit seine Weltzeit im Lichte einer der »kleinen« Kairoi sah und wie er damit Menschen helfen wollte und konnte. Man muß diese Schriften also auf Tillich hin auslegen. So ist das z. B. auch mit seinen Schriften zur Technik oder zur Christologie. In beiden Komplexen ist sehr viel über Tillich als einen Menschen zu finden, der im Zeitalter des technischen Fortschritts entscheidende Lebensanstöße nicht von Jesus von Nazareth, sondern von dem als dem Neuen Sein interpretierten Christus empfing. Für die Probleme der Technik und ihre wirtschaftlichen, sozialen wie geistigen Implikationen und deren Lösung tragen die Schriften Tillichs wenig aus. Das gilt auch für die christologischen Schriften, die denn auch für die Weiterentwicklung der Christologie bislang ohne Wirkung geblieben sind. Aber wenn man auf Tillich hin fragt, wie denn ein geistig so hochstehender und religiös so lebendiger Mann von der Technik angerührt wird, wie er ihre Probleme seiner Vortragshörerschaft im Jahre 1960 vordachte, wie sich ihm die Petrus-Frage von Mt 16 veränderte und wie ihn eben dieses prägte, dann erfahren wir Wesentliches.

Woraufhin soll man Paul Tillich auslegen? Nicht auf Sachfragen, sondern auf die Bloßlegung und Heranbildung von Menschen in der Weite »seiner« liebenden Welterfassung. Wenn man erfährt, an welcher Stelle Menschen von Tillich angerührt wurden, so ist das im allgemeinen nicht darin begründet, daß sie besondere Sachinformationen oder Problemlösungen von Tillich geliefert bekamen, sondern darin, daß sie von ihm lernten, sich selbst und damit den anderen »anzunehmen«, daß sie freier wurden angesichts seiner unverstellten Toleranz und seiner unbegrenzten Liberalität.

Man soll die Schriften Tillichs auf die Person Paul Tillich hin auslegen. Er ist die Mitte all der vielen Schriften und Themen. Er schrieb diese Schriften und ergriff diese Themen um willen ganz bestimmter Anforderungen. Tillich war nie der Theoretiker, der eine »Sache« um ihrer selbst willen behandelte. Er behandelte seine Themen um willen bestimmter Menschen und Situationen. Darum tritt er in allen diesen vielen Schriften als der hervor, der bestimmten Menschen eine bestimmte Situation erläuterte. Und Tillich erläutert, indem er sich eben dieser Situation aussetzt, indem er »sich« zur Geltung bringt. Tillich transzendiert die Inhalte auf seine Betroffenheit durch diese Inhalte.

Was diese Jeweiligkeit der Situationsoffenheit all der kleinen Schriften

Tillichs zusammenhält, das ist einerseits das ontologische Postulat auf Grund der Identität von Wirklichkeit und Erkenntnis in Kategorien und Begriffen. Von hier aus ist auch z. B. sein Symbolbegriff für den religiösen Bereich geprägt. Andererseits hält sich die Intentionalität auf das Protestantische Prinzip oder das Neue Sein oder die Gegenwart des göttlichen Geistes – oder wie immer das »ideale« Ziel jenseits aller Wirklichkeiten und Realitäten als »Sein selbst« z. B. bezeichnet wird – durch. Der sogenannte ontologische Hintergrund aller Gedanken Tillichs, den all sein Denken begleitet, ist der Charakter seines sich jeder Situation (= Wirklichkeit als strukturiertes Sein) Öffnens. Ja, diese Ontologie heißt: Erkenntnis ist als Erkenntnis der begegnenden Wirklichkeit offen. Soll die Erkenntnis dabei sie selbst bleiben, soll sie nicht an der widersprüchlichen Vielfalt des Wirklichen zerschellen, so muß diese Ontologie dem Begriffsrealismus huldigen und alle Kategorien und Begriffe, mit denen das einzelne erfaßt und eingeordnet wird, als die Wirklichkeit oder Strukturierung des Seins erklären. Damit ist der Grund gelegt, alle Zweideutigkeiten der Realität »auflösen« zu können in das intendierte »Neue Sein« oder wie immer das letzte Prinzip jeweils genannt wird. Unter dieser so methodisch und intentional bestimmten Denkweise kann Tillich alle situative Einrede beschwichtigen und »sich in seiner Zuwendung« zur Sprache bringen. Die Besorgnisse, entweder nur seine eigenen Intentionen oder nur die einzelnen Situationen zu explizieren, sind in dem realistischen Begriffsontologismus des Erkennens und seiner Identität mit dem Sein ein für allemal beseitigt.

Das Denken Tillichs erweist sich daher als ebenso abstrakt wie konstruktiv. Tillich reduziert das Besondere stets auf das Allgemeine. Dieses Allgemeine aber erweist sich stets als das religiös Bedeutsame und somit als Letztes oder Tiefstes. Diese Reduktion vollzieht Tillich an seinen Entwürfen zu ästhetischen, philosophischen, politischen oder psychologischen Einzelheiten und Situationen, die als solche dadurch transparenter Vordergrund werden. Diese Einzelheiten haben kein sachliches Schwergewicht. Sie werden transponiert auf das »ideal-ontologische« Ganze des Begriffs.

Aus diesem Konzept lassen sich dann wissenschaftstheoretische wie anthropologische wie ästhetische oder andere Gesamtsichten erstellen, die den weiten Umkreis zu dem einzelnen so hinzufügen, daß dieses einzelne aufgenommen, durchschaut und eingeordnet zu sein scheint. Wohlgemerkt, hier wird also keine »Sach«-Systematik aufgespürt.

Hier wird den Inhalten nicht der ihnen eigene Sachzusammenhang abgelauscht. Vielmehr sind diese Korrelationen und Partizipationen stets über das »Sein« oder den »Abgrund« vermittelt. Als solche sind sie die Verbindung aller Fragen zu allen Antworten. Dies ist möglich, weil die Fragen die Antwort ja haben! Damit schafft Tillich seinen Entwürfen den weiten Horizont von Beziehungen – zum Sein selbst, d. h. zum ultimate concern. In seinem Büchlein »Liebe, Macht und Gerechtigkeit« z. B. kann Tillich von diesen drei Begriffen aus – über ihr Verhältnis zum Sein bzw. die ontologische Einheit der drei Begriffe hinweg – das »persönliche« Zueinander von Menschen, das Handeln von sozialen Gruppen wie Fragen des Pazifismus und der Wirtschaftsethik u. a. erläutern. Dieser weite Rahmen, in dem die Gedanken Tillichs dann erscheinen, läßt den Charakter seiner Schriften als »Gelegenheits-Schriften«, die sie alle sind, zurücktreten. Dieser weite Rahmen macht für das Verständnis manches Mal Schwierigkeiten, da der religionsphilosophische Aspekt dem ontologischen Fragen unmittelbar verbunden und stets präsent ist. Das leiht der Behandlung aller Einzelfragen die (ontologisch-)realistische Begriffsweite.

Die Schriften Paul Tillichs sind also unmittelbarer Ausdruck seiner Person. Keine seiner Schriften bietet eine Theorie über dies oder das. Sie alle zeigen Tillich in seiner Zuwendung zu bestimmten Menschen und Situationen. Tillichs Schriften sind daher fast alle ohne jede Fachpolemik. Sie atmen alle den positiven Geist der Liebe, in der sich Tillich denen zuwandte, die ihn suchten. Die Genialität Paul Tillichs liegt in der Art und Weise dieser seiner Zuwendung. Er löst kaum Sachfragen, aber er klärt Situationen für seine Freunde ab. Er hilft ihnen leben und zwar als Christen bedacht zu leben. Man muß die Schriften Tillichs angemessen befragen, dann erfährt man über das Vergangensein aller Situationen hinaus das Wichtige: Wie Menschen diese moderne Welt des Sozialismus, der Technik wie des Expressionismus begrifflich erschließen können, um dadurch der letzten Bezüge ansichtig zu werden.

II. Jugend und Bildung an Schelling 1886–1916

1. Die Ereignisse[12]

Biographische Daten aus der Anfangs- und Bildungszeit eines Menschen sind ebenso unerläßlich wie unter Umständen wichtig und aufschlußreich. Wir werden für unseren Zweck die Ereignisse und die Menschen, die Tillich in ihnen kennen und lieben lernte, von den drei lebensbestimmenden Einflüssen dieser Periode trennen, das ergibt eine klarere Konzentration auf die Dinge, die wichtig sind.

Die Ereignisse beginnen füglich mit der Geburt Paul Tillichs am 20. August 1886 in dem westpreußischen, heute polnischen Dorfe Starzeddel, Bezirk Guben (heute Starosiedle). Paul war das erste Kind seiner Eltern. Sein Vater, Johann Oskar Tillich, war Pastor in Starzeddel. Die Familie Tillich ist in Mitteldeutschland – Bereich Naumburg/Leipzig – beheimatet und dort bis ins 13. Jahrhundert nachweisbar. Die Mutter Paul Tillichs, Wilhelmina Mathilde geb. Dürselen, stammte aus dem Rheinland. Tillich meinte später, der Wesensgegensatz seiner Eltern habe zu seinem eigenen unharmonischen Wesen beigetragen.

Tillich hatte zwei Schwestern. Die ältere Johanna (geb. 11. 2. 1888) stand ihm zumal nahe[13]. Sie hatte geistige Interessen, war musikalisch. Sie ist früh (5. 1. 1920) gestorben, was Tillich sehr erschütterte. Ihr Mann war ein Studienfreund Tillichs – Pfarrer Alfred Fritz. Die jüngere Elisabeth (geb. 20. 6. 1893) lebt heute noch in Berlin. Sie war mit Pfarrer Erhard Seeberger verheiratet.

Es ist für Tillich stets bedeutsam geblieben, auf dem Dorf bzw. der Landstadt groß geworden zu sein. Seine ersten fünf Jahre verbrachte er in Starzeddel. Dann wurde der Vater als Superintendent nach Schönfließ in der Neumark versetzt, wo er bis 1901 blieb. Dann übernahm er die Bethlehemgemeinde in Berlin und wurde ins Brandenburgische Konsistorium berufen. Dieser Weg des Vaters bedeutete für Tillich, daß er die kindlichen Erinnerungen an das Dorfleben und die jugendli-

12. Die Ereignisse der Kindheit und Entwicklung Tillichs geben wir nur, soweit sie zum Verständnis menschlicher Beziehungen im Leben Tillichs wichtig sind.

13. Vgl. den Bericht in Pauck, S. 28, und dazu GW Erg. V,110.

chen Erlebnisse in der kleinen Land- und Ackerbürger-Stadt in der großen Stadt Berlin auszutragen hatte. Dabei fühlte Tillich sich stets als Städter. Das pulsierende Leben großer Städte faszinierte ihn, und er brauchte das auch. Aber daneben lag die ewige Sehnsucht nach unverbildeter Natur, das mystisch-sentimentale Angerührtsein von einem schönen alten Baum wie der schwärmerische Hang zu besonnten Wasserflächen. In dieser Natur-Verbundenheit kam wohl die Erfahrung der ersten fünfzehn Lebensjahre zum Tragen.

Die Anfänge der Berliner Zeit waren für Tillich durch die Krankheit der Mutter und ihren Tod im Jahre 1903 überschattet. Tillich hat über diese Ereignisse, wie Pauck berichtet, nie gesprochen[14]. Er konnte besonders tiefreichende Erfahrungen offenbar verdrängen. Rollo May hat in seinem Psychogramm Tillichs das Verhältnis zur Mutter zum bestimmenden Grunderlebnis Tillichs gemacht. Er meint, nur von hier aus sei Tillichs Verhältnis zu Frauen zu erklären. Ebenso leitet er Tillichs »Lebensangst«, die ihn als Angst wie als Schuldgefühl dauernd begleitete, von dem »innigen« Mutterverhältnis ab[15]. Diese ganzen Thesen sind nicht nachweisbar. Zwar war Tillich ein Mensch, der sich mit seiner Umgebung stark identifizieren konnte. Gewiß war das Verhältnis zu seiner Mutter eng, das war nur gut für ihn. Aber diese Beziehung zu einem alles deutenden Komplex zu steigern, ist wohl nicht möglich – zumal liegen gar keine ernsthaften Hinweise für diese Rückschlüsse vor.

Das Familienleben der Tillichs war eng und herzlich. Das galt für das Verhältnis von Eltern und Kindern wie für das der Geschwister zueinander. Die Erschütterung durch den Tod der Mutter war daher für alle groß. Für Tillich war damit eine neue Nähe zu seinem Vater gegeben, der zur geistigen Bezugsperson wurde. Mit seinen starken philosophischen Interessen hat der Vater Tillich sehr beeinflußt.

1904 machte Tillich am Friedrich-Wilhelm-Gymnasium in Berlin das Abitur. Er studierte Theologie und Philosophie in Berlin, Tübingen, Halle und Berlin. Die wichtigste Zeit war Halle. Tillich war durch Martin Kähler tief beeindruckt, und er blieb Kähler-Schüler sein Leben lang. Rein äußerlich ist dies daran ersichtlich, daß die Rechtfertigung in Kählerscher Ausprägung der zentrale Bezugspunkt seines Denkens blieb. Tillich war sich auch bewußt, seine Fassung der »Rechtfertigung des Zweiflers« (vgl. Bd. 2, S. 54ff.) bei Kähler gelernt

14. Pauck, S. 28.

15. May, S. 37–48.

zu haben. Diese Bemerkung ist sehr wichtig. Als Kähler-Schüler war Tillich nämlich für die liberale Theologie der Berliner Fakultät – z. B. Harnack – immun. Tillich blieb stets »positiver« Theologe. Das ist sein Grundunterschied zu Emanuel Hirsch. Er blieb stets »positiver« Theologe, was er mit philosophischen Identifikationen verband. Den tief gefährlichen Charakter der »historischen« Theologie hat Tillich daher nie begriffen. Er konnte durchaus ins Auge fassen, daß die Existenz Jesu historisch nicht erweisbar sei, und trotzdem seine Christologie machen. Tillich begriff auch nie, daß die Auflöser des theistischen Gottesgedankens ihn mit seinen Formeln vor ihren Wagen spannten. Hinter den philosophischen Fassungen der Glaubenslehren, die Tillich gab, stand eine sehr tiefe und auch bewußte Gläubigkeit, die er in allen Philosophemen nicht tangiert sah. Dies kann man sich zumal an den Predigten Tillichs klarmachen.

Philosophisch hat Tillich »von Hause aus« eine vielleicht zu frühe und daher völlig unkritisch aufgenommene Kenntnis Kants und der idealistischen Philosophie erworben. Er lebte als junger Mensch in diesen Schematismen. In Halle hat er bei dem damaligen Dozenten Fritz Medicus gearbeitet.

Das Studium hatte aber auch in ganz anderer Hinsicht Bedeutung. Tillich gehörte der theologischen Verbindung des Wingolf an. Er hat dem auch viel Zeit geopfert. Wichtig sind diese Verbindungsdinge aber zumal der Menschen wegen, die Tillich dadurch gewann. Aus Halle sind es zumal Hermann Schafft und Alfred Fritz, die Tillich nahestanden. Tillich hat Hermann Schafft stets als sich überlegen empfunden. Das lag wohl an der Klarheit, mit der Schafft sein Verhältnis zu Kirche und Welt bestimmen konnte. An dieser energischen Klarheit fehlte es Tillich[16]. Tillich hat während seiner Hallenser Wingolf-Zeit sehr impulsiv in die Prinzipien-Debatten eingegriffen. Dabei ging es einmal um die Verbindlichkeit des Apostolikums. Tillich war der härteste unter denen, die das Prinzip gewahrt wissen wollten. Sodann ging es um das Keuschheitsprinzip. Auch in dieser Frage erwies sich Tillich als puritanisch eng und moralistisch: ein weltfremder Pastorensohn, der Prinzipien durchpaukte und dies mit philosophischen Brocken umgab. Im Frühjahr 1909 legte Tillich sein erstes theologisches Examen in Berlin ab.

16. Tillich gab nach seinem Tode eine Schilderung ihrer Freundschaft. Sie ist GW XIII,27–33 veröffentlicht.

Im Sommer 1909 ging Tillich zu Pastor Klein in Lichtenrade, der durch übergemeindliche Aufgaben viel abwesend war, um ihm zu helfen. Tillich hat in dieser Zeit in Lichtenrade und Mahlow viel gepredigt. Wichtig wurde diese Zeit aber durch die Bekanntschaft mit Menschen. Zumal zwei Menschen waren besonders wichtig.

Der eine ist die Tochter von Pastor Klein, mit der Tillich sehr befreundet war, als sie größer wurde. Sehr viele Briefe, die aus dem Weltkrieg von Gewicht sind, gingen an Maria Klein. Der andere ist Dr. Richard Wegener. Dieser Mann hat Tillich in dieser Zeit und zunächst auch noch nach dem Ersten Kriege sehr beeinflußt. Er hat während des Krieges Tillich mit seiner Frau betrogen, und nachdem er zwei Kinder mit ihr erzeugt hatte, hat er sich schmählich aus der Affäre gezogen und die von Tillich inzwischen geschiedene Frau sitzengelassen. Für Tillich hat dieser Dr. Wegener zeitweise viel bedeutet. In diese Zeit gehört auch die Bekanntschaft mit Kurt Leese. Zwar blieb auch diese Freundschaft erhalten. Aber sie trug nicht viel aus. Anders war das mit einer anderen Freundschaft, die sich am Ende des Studiums bildete – nämlich mit Emanuel Hirsch, der wie Paul Tillich Berliner Pastorensohn war. Beide waren gleich weltfremd und gelehrt. Emanuel Hirsch aber war seiner Veranlagung nach Historiker und Interpret, während Tillich seiner Veranlagung nach spekulativer Systematiker war. Beide paßten je länger desto weniger zueinander.

Tillich beschloß nach dem ersten theologischen Examen theologisch zu promovieren, und zwar über Schelling. Schelling war für ihn der Philosoph. Mitten in der Arbeit kam eine Stipendienausschreibung *der* Breslauer Universität für eine Schellingarbeit. Tillich ließ seine Arbeit liegen und machte bis zum August 1910 eine philosophische Dissertation mit dem Thema: »Die religionsgeschichtliche Konstruktion in Schellings positiver Philosophie, ihre Voraussetzungen und Prinzipien« fertig. Er promovierte also zunächst zum Dr. phil. Seine Promotionsvorlesung in Breslau hatte den Titel: »Freiheit als philosophisches Problem bei Fichte«. Danach nahm Tillich die Arbeit an seiner theologischen Dissertation wieder auf. Das Thema war: »Mystik und Schuldbewußtsein in Schellings philosophischer Entwicklung«. Er promovierte damit im Dezember 1911 in Halle zum Lic. theol.

Nach den beiden Promotionen setzte Tillich seine praktisch-theologische Ausbildung fort. Von 1911–1912 war er Lehrvikar in Nauen. Er legte im Juli 1912 sein zweites theologisches Examen ab und wurde im August 1912 ordiniert. Anschließend war Tillich bis September 1914 als Hilfsprediger in Moabit. In dieser Zeit hat Tillich seine Tätigkeit als Apologetik ausgelegt. Er hat diese Tendenzen mit Dr. Wegener zusammen betrieben und mit ihm zusammen sog. »Vernunftabende« veranstaltet. Maria Rhine berichtet über die Ideen, einen apologetischen Orden zu gründen, sowie über die Versuche, von der Kirchenleitung in Berlin die Errichtung eines Apologeten-Amtes zu erreichen[17].

Im September 1914 hat Tillich noch nach Kriegsausbruch seine erste Frau Margarethe Karla Wever, Tochter des Domänenpächters von Butterfelde, geheiratet. Diese Frau hatte für seine philosophischen Neigungen sehr viel übrig. Für sein Theologe-Sein brachte sie kein Verständnis auf. Ab 1. Oktober wurde Paul Tillich bereits als Kriegsfreiwilliger zum Dienst als Feldgeistlicher eingezogen. Lange haben beide nicht miteinander gelebt, denn bei Tillichs Rückkehr aus dem Kriege war seine Ehe bereits zerstört.

Tillich hat seine Berufsausbildung in der ersten Zeit des Krieges noch fortsetzen können. Er arbeitete daran, seine Habilitation in Halle zu vollenden. Dies geschah dann auch im Juli 1916. Tillich habilitierte sich für Systematische Theologie. Das Thema seiner Habilitationsschrift war: »Der Begriff des Übernatürlichen, sein dialektischer Charakter und das Prinzip der Identität, dargestellt an der supranaturalistischen Theologie vor Schleiermacher«. Der Titel täuscht darüber hinweg, daß dies eine dritte Arbeit im Geiste Schellings war[18]. Aber die Habilitation schloß die Ausbildung Tillichs ab, und er konnte nach dem Kriege als Dozent anfangen.

2. *Die drei lebensbestimmenden Einflüsse dieser Periode*

Wir schließen die Periode von 1886–1916 im Leben Tillichs zusammen, weil während des Ersten Krieges mit der Habilitation der Bogen

17. GW XIII, 543 ff.

18. Der Brief von Wilhelm Lütgert an Paul Tillich, über die Aufnahme seiner Habilitationsschrift in Halle vom 8.7.1915, ist erhalten. Daraus geht hervor, daß die Fakultät die Arbeit Tillichs ablehnte. Sie entspreche dem Titel nicht, sei weder historisch noch dogmatisch. Sie sei »rein logisch, rein dialektisch« und nur an Schelling orientiert. Der Umstände halber wolle die Fakultät freilich die Arbeit annehmen – wenn auch unter anderem Titel. Diese Auflage war die einzige Bedingung.

der Berufsausbildung abgeschlossen war und weil etwa gleichzeitig im Bewußtsein Tillichs der Weg abbricht, der seine Jugend charakterisierte und den er kurz als Idealismus bezeichnete[19]. In diesen ersten dreißig Jahren seines Lebens hat Tillich nicht nur – wie jeder Mensch – die entscheidenden Anstöße seines Lebens empfangen, sondern man kann sagen, daß in diesen Jahren die drei bleibenden Lebensmotive gewachsen sind, die Tillich charakterisieren. Es sind drei Bereiche, aus denen sich dies Leben erhebt: Das ist erstens die christliche Grundsubstanz von Elternhaus, Studium und erster Pfarrertätigkeit her. Das ist zweitens die idealistische Denkweise, die Paul Tillich, von seinem Vater angeregt, in seiner Ausbildung wie in den ersten Arbeiten zentral prägt. Und das ist drittens die Wahrnehmung des »Abgrundes« im Leben wie in sich selbst, die schon früh einsetzt, die mit den Erfahrungen des Krieges aber lebensbestimmende Nähe und Gewalt gewinnt.

Erstens: Der christliche Glaube. Paul Tillichs Empfinden, Denken und Tun ist Zeit seines Lebens von dem Bewußtsein des christlichen Glaubens bestimmt gewesen. Dieser Glaube meldete sich als die große Freiheit von allen dogmatischen oder kirchlichen Bindungen. Dieser Glaube meldete sich als das tiefe Schuldbewußtsein, ohne das Paul Tillich seine Welt wie zumal sich selbst nicht ansehen konnte. Die Atmosphäre des elterlichen Pfarrhauses mit seinen gottesdienstlichen Gewohnheiten wie mit der Klarheit seiner Überzeugungen prägte Tillichs Dasein auch dann, wenn er sich scheinbar aus den Lebenszusammenhängen von Kirche und Theologie löste – wie Ende der zwanziger Jahre.

Mit dem Pfarrerdasein der Eltern machte Paul Tillich einen Wandel durch, der ihn bestimmte und den er nie ganz verwunden hat: den Wandel vom Dorf zur ländlichen Kleinstadt und dann mit fünfzehn Jahren nach Berlin. Tillich behielt stets das Heimweh nach der ländlichen, einfachen, naturnahen und in sich sicheren Atmosphäre der Neu-

19. Die Überlieferung dieses Einschnittes sieht bei Zahrnt, S. 384, so aus, daß Tillich gesagt habe, er habe begriffen, daß der Idealismus zerbrochen sei. Rollo May hat offenbar eine andere Version des gleichen Vorgangs vor Augen. Danach hätte Tillich »zu sagen gepflegt«: »Diese Nacht hat mich absolut umgeformt ... In dieser Nacht wurde ich Existentialist« (May, S. 18). Nicht nur an dieser Stelle hat man den Eindruck, daß Paul Tillich ein Ereignis dem einen so und dem anderen so erzählte. Man muß mit diesen mündlichen Überlieferungen sehr vorsichtig umgehen.

mark. Er hat andererseits die Großstadt-Luft gebraucht. Aber er hat sie niemals als seine Welt angenommen. Er blieb in der Distanz, und darum begriff er so viel von den psychischen Verstellungen dieser Stadt-Welt.

Ein evangelisches Pfarrhaus, in dem die theologische Strenge eines Mannes wie des Vaters Tillichs herrschte, war sehr zweiseitig ausgerichtet. Einmal gab es über die religiösen Wahrheiten keine Diskussion. Diese Überzeugungen waren eben unbedingt wahr. In dieser Welt wuchs ein Empfinden für unbedingte Wahrheit wie sonst wohl nirgends in der damaligen Welt. Dies verband sich mit der Offenheit eines solchen Pfarrhauses für alle Schichten der Bevölkerung. Was heute alles an sozialer Tätigkeit und Fürsorge durch zentrale Institutionen der Kirche wie der Kommunen läuft, das war damals Sache der Pfarrämter. Wenn Paul Tillich von seinen Erfahrungen mit Kindern von den Gutsbesitzern und Kindern von den Ackerbürgern aus Schönfließ berichtet, so war das die weitreichende Welt des Pfarrhauses. Der Geist, in dem da gehandelt wurde, weckte das soziale Gewissen, wie es bei Tillich der Fall war.

Aber in einem solchen Pfarrhaus wuchsen natürlich auch sehr enge Urteile – zumal moralischer Art. Beobachten wir, wie rigoros Tillich das in seiner Studentenverbindung anerkannte Keuschheitsprinzip als Student handhabte und wie leicht ihm die absolute Verurteilung Andershandelnder als Student fiel, dann bekommen wir einen Eindruck von dieser Enge. Ebenso verhielt sich Tillich ja in den weltanschaulichen Prinzipienfragen seiner Verbindung. Paul Tillich war ohne Einschränkung für die Geltung der Prinzipien, d. h. für das Verlangen, das Apostolikum jedem Wingolfiten als verbindliche Glaubensaussage abzuverlangen[20]. Diese Absolutheit im Wahrheitsverständnis war ganz wesentlich im Elternhaus gewachsen. Es ist auch wohl verständlich, daß, als diese Jugenderfahrung dann eines Tages umkippte, ebenso absolute moralische und dogmatische Weitherzigkeit und Freizügigkeit zum Bestimmenden wurde.

Von diesen Voraussetzungen aus versteht man, daß Tillich zu einem Schüler Kählers werden konnte. Martin Kähler vermochte jungen Menschen wie Tillich ihren Glauben zu »erhalten«, obwohl der historische Positivismus und die liberale Theologie grassierten. Die sog. liberale Theologie blieb Tillich daher fremd. Die Berliner Theologie

20. Pauck, S. 41.

konnte ihm nach der Hallenser Zeit nichts mehr anhaben. Der »biblische Christus« blieb für Tillich bestimmend, und der »historische Jesus« konnte auch verschwinden[21]. Dieser Ansatz ist für die Christologie Tillichs bestimmend geblieben. Das »Neue Sein« ist nicht davon abhängig, ob die biblischen Zeugnisse historisch so oder so interpretiert werden. Die spätere innere Freiheit Tillichs gegenüber dogmatischen Normen ist eben nicht auf dem Boden der liberalen Theologie gewachsen. Sie ist daher auch völlig anders einzuschätzen als die analoge Freizügigkeit bei Emanuel Hirsch. Tillich blieb Kähler treu! Die Rechtfertigung des Zweiflers aber war das Siegel auf diese Treue.

Als Tillich ins Pfarramt kam, da hat er die Herausforderung der Berliner Welt von einem streng kirchlichen Standpunkt aus aufgegriffen. Er hat einerseits die sog. »Vernunft-Abende« veranstaltet. Das war der Versuch, mit Gebildeten seiner und anderer Gemeinden in eine Denkbewegung zum Glauben zu kommen. Es sollte um »Erkenntnis der Wahrheit« gehen, und »durch kein Vorurteil« wollte man daran sich hindern lassen. So steht es in der Einladung[22]. Es geht letztlich um die Wiedergewinnung der Einheit von Wahrheit und Wahrhaftigkeit. Auf der anderen Seite hat Tillich – auch mit seinem Freunde Richard Wegener zusammen – einen neuen Anlauf zur Belebung der sog. »Apologetik« gemacht. Den Freunden schwebte dabei offenbar vor, die Kirchenleitung sollte hauptamtliche Apologeten einstellen[23]. Sodann dachte man an einen »apologetischen Orden«[24]. Das war wohl so eine Voridee der später von Friedrich Brunstäd u. a. errichteten »apologetischen Zentrale« in Spandau. Gleichzeitig hat Paul Tillich 1911 eine kleine Schrift zur Apologetik verfaßt, in der er die Notwendigkeit des apologetischen Gedankens für die Kirche darlegt. Dabei sieht Tillich die Situation sehr viel klarer als die spätere Debatte zur Säkularisierung. Er sagt nämlich: »Daß dem Christentum nicht Heidentum, son-

21. Tillich hat 1911 christologische Thesen aufgestellt, die unter der Voraussetzung gemacht waren, daß die historische Forschung zur Bestreitung der historischen Wirklichkeit Jesu kommen sollte. Tillich nennt diese Thesen: »Ein für meine Entwicklung maßgebendes Dokument« (Auf der Grenze, S. 37; GW XII,23).

22. GW XII,61 ff.: Die Einladung zu den »Vernunft-Abenden«.

23. In dieser Forderung gipfelt die kleine Arbeit über die »Kirchliche Apologetik« (GW XIII,50.57f.).

24. Nach Aufzeichnungen von Richard Wegener von Frau Dr. Rhine zusammengestellt (GW XIII,543f.).

dern christianisierte Kultur gegenübersteht, macht das Eigenartige und Schwierige der Situation aus.«[25] Es geht Tillich um die Kirche in ihrem Verhältnis zur christlich vorinformierten Bildungswelt der Moderne. Tillich legt hier, wenn auch in anderer Sprache, sein späteres Handeln bereits dar. Er hat für die Systematische Theologie stets an diesem apologetischen Charakter festgehalten (vgl. Bd. 1, S. 123ff.). Er hat freilich den kirchlichen Charakter dieser Bemühungen später nicht mehr so fortgeführt wie im Jahre 1911.

In diesem ganzen ersten Bereich sehen wir Paul Tillich als einen jungen Theologen, der den Weg seiner kirchlichen Ausbildung mit ganzer Beteiligung geht. Sein dogmatischer Entwurf von 1913 zeigt (vgl. Bd. 1, S. 105ff.), daß Tillich zu den sog. »positiven« Theologen gehörte. Dieser Entwurf zeigt aber auch, daß sein Verfasser einerseits eine sehr strenge Denkschulung durchmachte – die zu dieser Zeit noch nicht mit dem dogmatischen Stoff voll verbunden war. Andererseits zeigt er einen Theologen, für den dogmatisches Denken ohne ethisches Ziel und ohne Wahrnehmung von Staat, Technik, Kunst und Wissenschaft nicht vorstellbar war.

Zweitens: Der Idealismus. Paul Tillich hat schon als Schüler philosophische Werke gelesen. Er galt als Student als der, der Kants »Kritik der reinen Vernunft« gelesen hatte[26]. Dieses Interesse war wohl durch den philosophisch interessierten Vater, der dann im Berliner Konsistorium Philosophie im ersten Examen prüfte, geweckt. Tillich hat schon früh durch einen »Zufalls-Kauf« Schellings Werke kennengelernt. Schelling war es auch, der ihn philosophisch geprägt hat: »Niemals in der Entwicklung meines eigenen Denkens habe ich die Abhängigkeit von Schelling vergessen.«[27]

Schelling war wohl der künstlerisch und intuitiv genialste Denker der Idealisten. Sein Denken liegt als ein ständiger und unabgeschlossener Prozeß von Weiterdenken vor. Dabei waren seine Gedanken stets mehr empfunden und glänzend geformt als logisch klar gedacht. Man kann bei Schelling – in welcher Periode man auch ansetzt – kein klar

25. GW XIII,37.

26. Diese Charakteristik erscheint häufiger für den Studenten; so auch in den Erinnerungen seines Schwagers Alfred Fritz (GW XIII,541).

27. So in der Einleitung des Vortrags zu Schellings 100. Todestag 1954 (Bd. 1, S. 335).

verfolgtes Denken lernen. Das liegt wohl in drei wesentlichen Prospekten, in denen Schellings Denken kreist: Das ist erstens seine Identitätsphilosophie. Wenn das Subjekt des Denkens und das gedachte Objekt, wenn das urständige Absolute als Subjekt und die Welt des Mannigfaltigen als Objekt identisch sind, dann fehlt jedem diskursiven Weiterdenken das Gegenüber. Dann fällt das Denken, welches ein »Etwas-Denken« ist, stets wieder in ein ἓ καὶ πᾶν zurück. Daher ist das Denken Schellings zweitens ein Prozeß-Denken. Dies gilt nicht im Sinne des Nietzscheschen Denkens oder der modernen Prozeß-Philosophie Whiteheads. Aber gleichwohl ist Schelling nur verständlich, wenn man seine Transzendentalphilosophie als den Vorgang begreift, in dem Intelligenz immer erneut, aber niemals endgültig, Natur setzt[28]. Dieser Vorgang ist identisch mit dem Prozeß des Absoluten als actus purus im »kosmogonischen, anthropogonischen und geschichtlich ökonomischen Prozeß«[29]. Dieser Gesamtzusammenhang des Philosophierens ist drittens in allen seinen Hinsichten: Wissenschaftstheorie und arbeitet mit einem System der Wissenschaften, das den Grund der Möglichkeit, die Natur philosophisch zu erfassen, abgeben soll. Schelling hat große Teile seines Denkens darauf verwendet – als gelehriger Schüler Kants –, die Naturwissenschaft denkerisch einzuholen. Dies ist die Tragik Schellings, daß ihn dieser Versuch in »undenkbares« Dunkel führte – ein Dunkel des Synkretismus auf der Folie von Identität.

Tillich hat von diesen Gedanken aus sein Leben lang zu denken versucht. Dieses Schellingsche Denken machte es ihm möglich, die Basis dieser Identität als Richtschnur seiner ganzen Korrelationen und Partizipationen zu machen. Diese Basis gab Tillich das gute Gewissen seiner ständigen Befassung mit psychologischen, künstlerischen, technischen und anderen Problemen. Die Kulturtheologie ist der Kern seiner Überlegungen geblieben. Diese Kulturtheologie verband sich mit den wissenschaftstheoretischen Konstruktionen, die Tillich in der Nachfolge Schellings ja auch ständig interessierten. Dabei geht es Tillich immer wieder um die Sichtbarmachung des Identischen!

28. »Wenn alle Philosophie darauf ausgehen muß, entweder aus der Natur eine Intelligenz oder aus der Intelligenz eine Natur zu machen, so ist die Transzendentalphilosophie, welche diese letztere Aufgabe hat, die andere notwendige Grundwissenschaft der Philosophie« (zit. in Überwegs Grundriß der Geschichte der Philosophie, 12. Aufl., IV. Bd., S. 46).

29. Holz, S. 391. In diesem Zug ist die Verbindung zum Freiheitsproblem angelegt.

Trotzdem hat er die andere Seite seines Denkens, nämlich seine existenzphilosophischen Tendenzen auch mit Schelling zu verbinden vermocht. Tillich war gemäß seiner Schelling-Rede von 1954 deutlich geworden, daß der Vitalismus auch bei Schelling seinen Ansatz hat. Es ist ja auch unbestreitbar, daß der Idealismus – auch z. B. Fichtes – wichtige vitalistische Ansätze zeigt, wie sie sich dann in den existenzphilosophischen Bemühungen fortsetzen. Das heißt, die Einheit der beiden – meist unterschiedenen – Denkweisen, des Vitalismus und des Existentialismus, war Tillich voll einsichtig. Das, was Tillich dabei besonders anzog, war die Beobachtung, daß der Existentialismus die Existenz in ihrem Widerspruch und »die Dinge in ihrem Abfall« entdeckte und so die »tragische Welterfahrung« erneuerte oder »die Anschauung der Angst und Schwermut in allem kreatürlichen Leben« ermöglichte[30]. In diesen Überlegungen ist Tillich eine begriffliche Unterscheidung zugewachsen, mit der er die ganze menschliche Geistesgeschichte erfassen zu können meinte. Es ist der Gegensatz von essentialistisch und existentialistisch. Das Essentialistische bei Platon z. B. und Hegel kennzeichnet ein Denken, das der Wirklichkeit nicht zugewandt bleibt. Die »existentialistische Revolte« eröffnet Tillich die Geschichte[31].

Wir sind damit über diesen ersten Zeitraum bereits hinausgegangen. Aber dies ist insofern berechtigt, als Tillich in seiner Beschäftigung mit Schelling Fragestellungen und Lösungen zufielen, die für sein ganzes Denken bedeutsam bleiben. Mokrosch hat sehr deutlich gezeigt, wie einerseits Tillichs Schelling-Aufnahme an Schelling vorbeigeht, weil Tillich Schelling ontologisch interpretiert[32]. Tillich ontologisiert alles, und darum muß er alles symbolisieren. Das ist eine merkwürdige Denkbewegung. Andererseits aber versucht Tillich, die Denkstrukturen und ihre Gegenstände stets zur Synthese, zur Versöhnung, zum Ausgleich zu bringen. Wie bei Paul Althaus, der ihm in dieser Tendenz nahestand, taucht auch bei Tillich als begriffliche Brücke dieser

30. In dem Vortrag von 1954, der Titel »Schelling und die Anfänge des existentialistischen Protestes«,stehen diese Formulierungen (Bd. 1, S. 337f., 343; vgl. Adams, S. 7).

31. Hierzu vgl. zumal Almén, S. 180f.

32. Mokroschs Arbeit zeichnet die Eigenart Tillichs in ganz besonders klarer Weise. Gerade die Theontologie Tillichs ist wohl in keiner anderen Untersuchung Tillichs so klar und gut erfaßt wie hier (vgl. bes. S. 347–360). Zu dem Freiheitsproblem müssen wir später noch Stellung nehmen.

Versöhnungen die »Person« oder das »personalistische« Element auf. Damit geht alles. In diesen Zusammenhängen bemerken wir schon bei dem jungen Tillich das Bestreben, die Wirklichkeit so, wie sie ist, also in ihrer ganzen Verfallenheit, zu erfassen, zugleich aber ihre untrennbare Identität mit Gott zu ergreifen. Dieses Miteinander im Bedenken des Wirklichen schafft den Einsichten Tillichs schon zu dieser Zeit ihre Nähe zum Wirklichen und die Tiefe dieses Eingehens[33].

DRITTENS: DER ABGRUND. Paul Tillich hat sich in seinem Dasein stets als bedroht, als gefährdet empfunden. Er hat ständig gegen Angst- und Schuldkomplexe zu kämpfen gehabt. Und er hat diese Abseitigkeit seines Empfindens durch Identifikationen mit anderen Personen oder Wesenheiten vertieft und auch überholt. Tillich hat von Jugend an unter starken Selbst-Bedrückungen zu leiden gehabt. Das zeigt sich z. B. an den kindlichen Bedenken, an der Armut der Tagelöhner-Kinder nicht ganz teilzunehmen. Er hat in der Pubertät mit sehr hochtrabenden Hamlet-Fragen gespielt, und es war für ihn unabweisbar, »dichtend« zu fragen: »Bin ich denn ich, wer sagt mir, daß ich bin!«[34] Nun, solche Stimmungen kennen alle jungen Leute. Aber Tillich ging in diesen Annäherungen an das Nichts wohl weiter als andere. Dieses Gedicht schließt: »O Abgrund ohne Grund, des Wahnsinns finstre Tiefe! Ach daß ich nimmer dich geschaut und kindlich schliefe.« Diese Worte stammen aus der Zeit, als seine Mutter gestorben war. In dieser Zeit war Tillich besonders erregt.

Es ist, wie mir scheint, auch Rollo May nicht gelungen, diese Besonderheiten Tillichs aus einem tiefliegenden Mutter-Verhältnis Tillichs zu erklären. Man wird dies wohl gar nicht erklären können. Man muß nur erfassen, wie tief Tillich sich allem Dunklen, Widersprüchlichen, Elenden, Schuldhaften und Abgrundtiefen verbunden und verfallen wußte! Wir sollten dies nicht zu erklären suchen. Aber wir müssen es stets gegenwärtig haben, denn diesen Abgrund seines Empfindens hält

33. In seiner Licentiaten-Arbeit sagt Tillich zu der prinzipiellen Lösung: »Diese Lösung vereinigt offenbar das totale Nein gegenüber der Sünde mit dem Bewußtsein, in unzertrennlicher Identität mit Gott zu stehen ... und sie kann diese Antinomie überwinden, da sie an den Anfang alles Denkens die schwere, weil unendlich tiefe Forderung stellt, das absolute Ja und das absolute Nein als identisch zu denken« (GW I,97).

34. Das ganze Gedicht ist bei May, S. 41, aufgezeichnet.

Tillich für den Abgrund des Seins überhaupt – ja für den Abgrund in Gott selbst.

Dieser Abgrund, an dem Tillich sein Dasein führte, tat sich auch eben überall da auf, wo er sein Leben als Leben auf Grenzen erfaßte und deutete. Man kann, so scheint es, jedes menschliche Dasein in der Moderne als Leben auf der Grenze darstellen. Das gehört zur Gegenwart als »Übergangs«-Zeit. Solche geschichtlichen Zeiten wie die, in der wir leben, die nach einem tiefen Traditions- und Stilabbruch noch nicht zu einer neuen Stil- und Traditionseinheit fanden, die »sind« solch Dasein auf Grenzen. Aber daß Tillich das so bemerkte, daß er das in allen Richtungen ausmachte, daß er in diese Bemerkung das ganze Pathos einer aus sich selbst und mit sich selbst bedrohten Existenz legte und so eine Schrift und eine Lebenssicht schuf, die nicht nur für ihn signifikant, sondern für seine ganze Weltzeit erleuchtend ist, das ist das Besondere dieses Mannes. Zwar hat Tillich in diesen wie in anderen Fällen das Empfinden seiner Zeit in sich selbst erfaßt und so dargestellt, daß sich andere mit ihrem Dasein darin wiederfinden können. Daher stammt die starke Wirkung dieser Schriften. Ich denke also z. B. an »Mut zum Sein« und ähnliche Schriften. Aber Tillich bleibt in allen diesen Anstößen, die er gibt, im Theoretischen und Persönlichen. Er weitet seine Erfahrung, z. B. auf der Grenze zu leben, nicht »dichterisch«, d. h. allgemein verbindlich, aus, sondern er bleibt bei der Erörterung seines Schicksals – wenn auch mit hohem Pathos. Die eigentümliche Wirksamkeit Tillichs sehen wir hier von einer neuen Seite. Sie entspricht ganz dem oben (I.) Gesagten.

Die Abgrundserfahrung hat Tillich immer wieder gemacht. Mit den Erfahrungen als Feldgeistlicher an der Westfront kam diese Erfahrung zu einer neuartigen Tiefe. Tillich reagiert auf die Erfahrungen des Todes besonders heftig. Diese Erfahrungen ziehen ihm sein bisheriges Weltverständnis, in dem alles wie eine gute Ordnung systematisch zu erklären war, unter den Füßen weg. In der Tillich eigenen Identifikation mit dem Begegnenden nahm der Tod in ihm überhand. Er sah und dachte nur noch in Bildern der Zerstörung, und im krassen Gegensatz dazu versuchte er, die Ewigkeit und den Glauben zu halten und zu sagen. Das tat er auch. Er ging in seinen Predigten in die ganze Ausweglosigkeit der Situation seiner Hörer vor dem Tode ein und versuchte, ihnen die starke Entlastungsfunktion des Glaubens nahezubringen. Dies war seinen Vorgesetzten nicht genug. Sie meinten, er müsse mehr Überzeugung in der Sache predigen. Aber das konnte Tillich nicht.

Mit den Kriegserfahrungen hört für Tillich – etwa um die Zeit seiner Habilitation in Halle im Juli 1916 – der Zeitraum seines jugendlich idealistischen Daseins auf. Tillich hatte das Empfinden seiner Kriegsgeneration, daß in dem Abgrund dieses Geschehens alles verschlungen sei, was ihn bisher als Gewißheit und Zielbestimmung trug. Wie es Tausenden erging, zerfiel auch Tillich die Geborgenheit von Tradition und bürgerlicher Sicherheit. Die Maßstäbe gerieten ins Wanken. Die Grundlagen aller Selbstgewißheit zerbrachen, und die Bindungen an alte Geborgenheiten fielen dahin.

III. Wende und sozialistische Entscheidung 1916–1933

1. Die Ereignisse

Tillich kehrte nach seiner Habilitation an die Front zurück. Erneut legt sich das Kriegserleben in seiner ganzen Wucht auf sein Denken, und Tillich identifizierte sich weitgehend mit den Vorgängen, die sich seinem Nachdenken in ihrer ganzen umfassenden Schwere erschlossen: »Wir erleben eine der furchtbarsten Katastrophen mit, das Ende des ganzen Weltzustandes, den man später mit dem Ausdruck Wachsen und Verbreiten der europäischen Kultur benennen wird. Dieser Weltzustand geht zu Ende, und das ist von schwersten Wehen begleitet«, so schreibt Tillich am 10. Dezember 1916 an seinen Vater. Das Erlebte weitet sich für Tillich zu seinem Gesamtaspekt, und dieser Gesamtaspekt ist sein eigenes Dasein. Die Tatsache, daß Tillich im Oktober 1916 vom Stab zu einer Sanitätskompagnie versetzt wurde, schuf ihm etwas mehr Ruhe. Die Gedanken an die Habilitation klangen ab, und wir sehen Tillich im Aufbruch zu neuen Lebenswirklichkeiten.

Zwei Momente treten zu dieser Zeit langsam immer bestimmender in den Vordergrund. Das eine ist Tillichs Zuwendung zu Nietzsche, und das andere ist seine Aufnahme der Malerei. Tillich begann um diese Zeit Nietzsche zu lesen. Tillich hat Nietzsche im wesentlichen emotional aufgenommen. Was er in den Briefen darüber schreibt, das liegt auf der Linie einer rauschartigen und pathetischen Erhebung zum Zukünftigen und Lebensvollen. Es ist zugleich die etwas sentimentale Aufnahme der Nietzscheschen Idee von der Einsamkeit des Verstehenden. In diesen beiden Richtungen fühlte Tillich sich von Nietzsche gedrängt und darin auch selbst bestätigt. Aus dem Briefwechsel mit Emanuel Hirsch aus dieser Zeit geht hervor, daß Tillich in dieser zweiten Hälfte des Krieges auch sehr viel Logik und neuere Philosophie gelesen hat – so Husserl, Scheler und Ebbinghaus. Man hat insgesamt den Eindruck, daß Tillich über seine bisherigen »Meister« hinaus nach neuen geistigen Impulsen sucht[35].

Neben die philosophischen Studien tritt die Entdeckung der Malerei. Tillichs Zuwendung zur Malerei war um diese Zeit Flucht vor dem »Grauenvollen, Häßlichen und Lebenszerstörenden des Krieges«[36]. Aber sie wirkte sehr viel tiefer. Dies war einmal während eines Fronturlaubs durch »jenes erste offenbarungsartige Erlebnis vor einem Botticelli-Bild in Berlin«, wie Tillich das erklärt, vertieft[37], führte ihn zweitens zum Expressionismus, in dem er die Offenbarung des Zeitgeistes vermutete. Die »ekstatische Bildform« suchte er, und den »Durchbruch« zum Neuen und zur Zukunft! Die Nietzsche-Zuwendung und die Entdeckung der Malerei gehen für Tillich Hand in Hand. Beides sind emotionale Erfahrungen, die Tillich in neuen Selbstidentifikationen zeigen.

Diese Erfahrungen geben den Weg frei, Gedanken weiterzudenken, die der Krieg seiner Theologie zugeführt hatte. In einem Brief vom 5. 12. 1917 an Maria Klein schreibt Tillich: »Ich bin durch konsequentes Durchdenken des Rechtfertigungsgedankens schon lange zu dem Paradox des Glaubens ohne Gott gekommen.«[38] Dieses Paradox, wie er es nennt, sollte ihn bis in seine letzte Vorlesung befassen. Für einen so »positiven« Theologen, wie Tillich war und blieb, war dies eben ein Paradox. Für den Schüler Kählers ergab sich hieraus die These von der »Rechtfertigung des Zweiflers«. Das heißt eben, daß dieser Zweifler der Rechtfertigung vor Gott nicht nur bedarf, sondern daß der Zweifel die Rechtfertigung als Zweifel hat! Was liberale Theologen ohne Zögern preisgaben, das trieb Tillich in immer tiefer lotende Erwägungen.

Jedoch, weder Nietzsches Zukunftsdenken noch die Malerei konnten

35. Der Briefwechsel ist zum Teil herausgegeben von *Hans-Walter Schütte*: Emanuel Hirsch – Paul Tillich. Briefwechsel 1917–1918, Berlin 1973.

36. GW XII,21 = Auf der Grenze, S. 23.

37. Tillich schildert dies in: Auf der Grenze, S. 23 = GW XII,21; vgl. Pauck, S. 86.

38. GW XIII,70; Pauck, S. 65.

Tillich vor den Schrecken des Krieges schützen. Im April 1918 brach er psychisch zusammen. Er wurde zwar nicht entlassen, wie er hoffte, aber am 1. August wurde er als Garnisonspfarrer nach Berlin-Spandau abkommandiert, und damit war der Krieg für ihn beendet. Am 1. Januar 1919 wurde Tillich entlassen.

Paul Tillich konnte nach seiner Entlassung vom Militärdienst in Berlin bleiben, denn es war ihm möglich, sich von Halle nach Berlin umzuhabilitieren. Als Privatdozent erhielt er nur die Hörgelder, und das reichte nicht zum Lebensunterhalt. Der Berliner Bischof Haendler stellte ihn zunächst als Stadtvikar an, was eine schmale Lebensbasis war. Tillich blieb also bis zu seiner ersten Berufung nach Marburg, also bis Frühjahr 1924, ohne ausreichende Einkünfte – und das in der schwierigen Zeit der Inflation. Die Vorlesungen, die Tillich in dieser Zeit in Berlin las, zeigen ihn mit Randgebieten der Theologie beschäftigt. Er erörterte das Verhältnis von Christentum und politischen Parteien, das Verhältnis von Religion und Kultur, den religiösen Gehalt der Philosophie und die Probleme der Religionsphilosophie. Seine Interessen lagen ganz offenbar auf den religionsphilosophischen Brückenschlägen zum gesellschaftlichen und kulturellen Leben. Speziell theologisches Interesse wird nicht sichtbar. In Berichten aus dieser Zeit, die Renate Albrecht gesammelt und ediert hat[39], tritt der junge Dozent deutlich hervor, der die Studenten anzog. Seine Lehrart, die als volle Zuwendung zu den Fragen und Nöten der Studenten empfunden wurde, war fast wesentlicher als die Inhalte. Es ging in diesen Vorlesungen wirklich um die studentischen Fragen[40]. Dabei hat Tillich in diesen rund zehn Semestern nach und nach die ganze Philosophiegeschichte auf ihren »religiösen Gehalt« hin abgeklopft. Dann am Ende konnte er seine Religionsphilosophie lesen.

Tillich stand aber nicht nur mit seinen Vorlesungsthemen jenseits der Theologie. Er lebte auch »am Rande« von Theologie und Kirche. Das führte sogleich im Mai 1919 zu einem Verweis seitens der Kirchenbehörden von Berlin-Brandenburg. Tillich war nämlich mit einem Vortrag zu einem Parteitreffen der Unabhängigen Sozialisten, die zwischen Sozialdemokratie und Kommunisten einen aussichtslosen Po-

39. Es sind Berichte von Adolf Müller (GW XIII,545), Margot Hahl (GW XIII,548) und Anna Margarete Fehling (GW XIII,558).

40. Tillich kündigte seine Vorlesungen stets mit Besprechungsstunden an; vgl. GW XIV,297.

sten verteidigten, gegangen. Tillich hat sich gegenüber dem Konsistorium mit einer grundsätzlichen Erörterung des Verhältnisses von Christentum und Sozialismus zu verteidigen gesucht[41]. Diese kleine Schrift zeigt die Grundlinien, in denen Tillich damals dachte. An erster Stelle versucht Tillich zu klären, daß das Christentum keine Sache der Innerlichkeit vertrete, sondern zu den Formen des Kulturlebens lebendige Kontakte habe und haben müsse. Dabei aber führe die »Ethik der Liebe« zu klaren Stellungnahmen in Gesellschaft und Wirtschaft: das Christentum stehe damit gegen »den grundsätzlichen Egoismus der Privat- und Profitwirtschaft« wie gegen »den grundsätzlichen Egoismus der Klassen und Stände«. Tillich macht seine Überzeugung deutlich, daß die Umschwünge nach dem Ersten Weltkrieg eine neue Entwicklung zu »einer neuen religiösen Einheitskultur« ermöglichten und daß jede »prinzipielle Ablehnung des Sozialismus« der Universalität des Christentums widerspreche. Zweitens sucht Tillich vom Sozialismus aus zu erweisen, daß derselbe nicht grundsätzlich kirchenfeindlich sei, daß er vielmehr völlige Religionsfreiheit wolle. Man könne dem Sozialismus aber auch seine revolutionäre Praxis nicht vorhalten, da das reformierte Kirchentum das Recht auf Revolution ja seit langem vertrete. Drittens versucht Tillich eine positive Stellungnahme der Kirche zum Sozialismus zu begründen. Das hieße nämlich: »Wille zur christlichen Sozialreform«. Man solle nicht Fürsorge üben, sondern die Quellen des Elends verstopfen. Sodann solle man auch nicht meinen, die Arbeiterschaft gewinnen zu können. Zu den kapitalistischen und bürgerlichen Verflechtungen der Kirche fehle dem Arbeiter jede Vermittlung. Was notwendig sei, das sei die Anerkennung des Sozialismus als »eines neuen ethischen Ideals«, das durchzusetzen sei und das nicht Klassensache sei. Man erkennt in diesen kurzen Ausführungen, wie weit Tillich selbst jenseits der Kirche steht. Ihm selbst ist die Kirche nur als eine reformanda zugänglich.

Dem entspricht auch Tillichs Lebensstil in Berlin. Tillich ist nicht von ungefähr in das Bohème-Leben des Berlin dieser Nachkriegsjahre hineingekommen. Im Juli 1919 verließ ihn seine Frau, die von seinem Freund Wegener im Juni ein Kind bekommen hatte. Die Scheidung wurde im Februar 1921 ausgesprochen. Die Vielzahl der erotischen

41. Der Bericht an das Konsistorium der Mark Brandenburg ist abgedruckt in GW XIII,154–160; vgl.: Der Sozialismus als Kirchenfrage. Leitsätze von Paul Tillich und Carl Richard Wegener, Bd. 3, S. 7ff.

Abenteuer Tillichs wurde durch diese Vorgänge vermehrt. Die verworrene Geschichte seiner zweiten Eheschließung mit Hannah Werner, die mit Albert Gottschow verlobt war, ihn auch noch heiratete und ein Kind von ihm austrug, als sie schon mit Tillich leidenschaftlichen Umgang hatte, zeigt die tiefe sittliche Verwirrtheit dieser Jahre. Hannah Gottschow verließ dann im Sommer 1922 ihren Mann, wurde im Dezember 1923 geschieden und heiratete Tillich im März 1924. Alle diese ebenso unerfreulichen wie unverständlichen Affären gehören zum unbürgerlichen Lebensstil, wie man das nannte. Wo so viele Traditionen zerbrachen, da machte man aus der Not eine Tugend und lebte unbürgerlich[42]. Man begriff Anfang der 20er Jahre nicht, daß dies »einfache« Verfallserscheinungen waren, daß das Leben in vielleicht andere, aber doch in Ordnungen zurückschwingen müsse. Den Weg in neue Ordnungen hinein hat man nicht gesucht und daher nicht gefunden. Die Unbürgerlichkeit bleibt das latente Kampfziel jugendlicher Kreise bis zum heutigen Tage, und die sexuelle Promiskuität stellt ihr wichtigstes Menschenrecht dar. Diese ganzen Wirrungen Tillichs sind in einem Briefwechsel mit Emanuel Hirsch im Sommer 1921 besprochen. Dabei werden drei Dinge ganz deutlich: Erstens, daß über das Berliner Leben Tillichs in Universitäts- und Theologenkreisen viel geredet wurde. Zweitens, daß Hirsch meinte, Tillich dringend raten zu müssen, aus der theologischen in die philosophische Fakultät zu wechseln, weil er eine theologische Tätigkeit unter diesen Voraussetzungen für unmöglich hielt. Drittens aber, daß Tillich seinen Umgang mit Frauen für unerläßlich für seine geistige Entwicklung hielt. Tillich fand in diesen Verhältnissen »Erhöhung seiner geistigen Kraft«[43]. Und er suchte diese »Erhöhung«.

Tillich hat die Ratschläge von Emanuel Hirsch nicht befolgt, sondern er nahm im Winter 1923/24 den Ruf als Extraordinarius an die theologische Fakultät in Marburg an. Bald nach der Eheschließung mit Hannah Gottschow im Frühjahr 1924 zogen Tillichs nach Marburg. Dieser Entschluß war in mehrfacher Hinsicht bedeutsam. Einmal be-

42. Das Buch, das Hannah Tillich über diese ganzen Dinge geschrieben hat (From Time to Time, New York 1973) und in dem sie ihr Leben mit Paul Tillich beschreibt, zeigt, daß Paul Tillich seine Grundeinstellung zu diesem Leben auch eigentlich nie geändert hat.

43. Die Erben Emanuel Hirschs haben einer Edition dieses wichtigen Briefwechsels leider bisher nicht zugestimmt.

deutete der Wechsel von Berlin nach Marburg, in diese stille kleine Provinzstadt, für beide eine ungeheure Zumutung. Zweitens war die Stellung an einer theologischen Fakultät für Tillich nicht ohne Schwierigkeiten. Aber es war natürlich endlich eine Lebensstellung und endlich ein festes Gehalt! Dieser Schritt war auch wohl eine notwendige Trennung von Berlin. In der kleinen Stadt Marburg haben Tillichs kaum Verkehr gehabt. Der Professor Spiegelberg, in dessen Garten Tillich gern war, war der einzig häufigere Kollegen-Umgang. Von den großen Marburger Kollegen damaliger Tage, Martin Heidegger und Rudolf Bultmann, hat Tillich wenig gehabt. Im Sommersemester 1924 scheint Tillich nicht gelesen zu haben. Im Wintersemester las er seine Religionsphilosophie nochmals. Aber im Sommersemester 1925 las er dann zum ersten Mal Dogmatik I. Aber in diesem Semester war Tillich schon nicht mehr ganz in Marburg, denn am 1. Mai hatte er bereits den Vertrag nach Dresden unterzeichnet. Die Marburger Zeit war im Leben Tillichs wie ein eigentümliches Innehalten. Die Entscheidung, ausgerechnet an eine theologische Fakultät zu gehen, besagte ja doch sehr viel. Tillich hielt den theologischen Gegenstand als Kähler-Schüler fest. Hirsch täuschte sich, wenn er meinte, Paul Tillich sei diesem Gegenstand entfremdet. Tillich hat zwar ständig über die Theologie hinausgegriffen. Aber er hat in diesen Bemühungen die Philosophie wie die Kunst stets auf den »religiösen Gehalt« befragt und nicht um ihrer selbst willen betrieben.

Aber so gewichtig dies auch ist, als Tillich Frühjahr 1925 einen Ruf als Ordinarius für Systematische Theologie nach Gießen gleichzeitig mit dem Ruf an die Technische Hochschule Dresden erhielt, wählte er doch Dresden. Das war einerseits die Aufgabe, die ihn lockte, andererseits aber floh er die öde und kleinstädtische Provinzialität des Ortes Marburg wie Gießen. Im Wintersemester 1925/26 begann Tillich seine Vorlesungen in Dresden. Er blieb bis zum Sommersemester 1929 in Dresden.

Diese Jahre des Innehaltens in Marburg und des Übergangs nach Dresden haben freilich eine tiefgreifende innere Bedeutung für Tillich gehabt. Der Abschied von Berlin und die Erfahrungen in Marburg haben Tillich verwandelt. Das sieht man sehr deutlich an dem Aufsatz Kairos II von 1926. Tillich war in der ersten Hälfte der 20er Jahre ganz im »religiösen Sozialismus«, in dem Expressionismus und vitalistischen Denkansätzen aufgegangen. Nun schreibt er: »Es ist, als ob ein Reif gefallen wäre auf all die Dinge, von denen hier gesprochen ist, heißen sie Jugendbewegung oder Lebensphilosophie, heißen sie Expressionismus oder religiöser Sozialismus!« (Bd. 3, S. 89) Ja, man muß sagen, es war auch auf die Kairos-Idee ein Reif gefallen. Wenn der Aufsatz Kairos I noch meinte, daß die Veränderung der Geschichte als Kairos gelingen könne und müsse und daß diese Veränderung die große religiöse Wende bringen werde, so ist nun der Kairos durch den Einbruch des Ewigen bedingt. Das sieht nun alles sehr anders aus. Die Realität ist in neuartiger Weise in Erscheinung getreten, und Tillich nimmt sie neu wahr. Dies wird in dem Aufsatz Tillichs über »Die geistige Welt im Jahre 1926« (Bd. 3, S. 90ff.) klar. Tillich empfindet die »Atempause«, die eingetreten ist: »Das subjektive, aller Dynamik, allem Übergang innewohnende Element klingt ab zugunsten einer Sachhingabe.« Tillich beobachtet in vielen Gebieten »Resignation an Stelle der Utopie«. Aber er glaubt zugleich an die verborgene Präsenz schöpferischer Kräfte. Diese Kennzeichnungen dieses Jahres zeigen Tillich in einer tiefen Umschichtung seines Denkens begriffen und im Aufbruch zu neuen Konzeptionen.

In der neuen Umgebung in Dresden blühte Tillich auf. Das lag einerseits an der lebendigen kulturvollen Geselligkeit in Dresden. Kollegen wie Richard Kroner, Fedor Stepun und Viktor Klemperer regten Tillich an. Der ganze Lebensstil belebte ihn, und seine Vorlesungstitel zeigen ihn eifrig mit den neuen Systemansätzen befaßt: »Das religiöse Erlebnis«, »Die religiöse Seinsdeutung«, »Hauptprobleme des Christentums« und die »religiöse Deutung der Geschichte« waren seine Themen. Dabei war für Tillich bedeutsam, daß sein Büchlein »Die religiöse Lage der Gegenwart« ein großer Erfolg wurde. Dies bedeutete für Tillich natürlich sehr viel, denn dieses Büchlein war gleichsam das Resümee der Arbeit der letzten Jahre, in dem sich zugleich neue Ideen kenntlich machten. Zugleich erschloß sich Tillich in Dresden eine neue Kunstwelt. Er bekam durch seinen Kollegen Kroner Beziehungen zu den Dresdener Trägern des Ausdruckstanzes aus der Schule Mary Wigmans. Diese Kunstform nahm Tillich ganz gefangen. Hier geschah Sinnbewältigung als Gestalt in offenbar religiös erschließbaren Gestaltungen, die auf die Theorien Tillichs zur Kunst neues Licht warfen und die seine Thesen zu bestätigen schienen.

Tillich hat von 1927 bis 1929 auch einen Lehrauftrag an der theologischen Fakultät in Leipzig gehabt. Dieser Vorgang ist sehr typisch für Tillich. Soweit er sich auch mit Phänomenen der Kunst, der Kultur oder der Geschichte befaßte, soweit er sich damit auch von der Theologie entfernte, so daß Fedor Stepun meinte, man könne Tillich nicht mehr Christ nennen[44], sosehr suchte er den Kontakt mit dem theologischen Gegenstand nicht zu verlieren. Tillich hat in Leipzig keineswegs, wie Pauck meint[45], »herkömmliche theologische Themen« abgehandelt. Einerseits hat er Vorlesungen zur »religiösen Deutung« der Kultur, des Seins wie der Geschichte gehalten. Andererseits hat Tillich am Soziologischen Institut gelesen, z. B. über »Religion und Großstadt« oder über die »religiöse Lage des Industriearbeiters«. Das heißt, Tillich griff auch hier bewußt über den Rahmen der theologischen Fakultät hinaus und bereitete damit seinen Weg nach Frankfurt vor. Aber trotzdem lag ihm daran, auch in einer theologischen Fakultät zu lesen. An dieser Tatsache allein hing für ihn schon ein Stück eigener Identität.

Aber die Zeit dieser Doppeltätigkeit war kurz. Im März 1929 ging Tillich als Ordinarius für Philosophie und Soziologie an die junge Frankfurter Universität. Im Juni hielt er in Frankfurt seine Antrittsvorlesung über »Philosophie und Schicksal«. Auf den Lehrstuhl, auf den Tillich berufen wurde, war zuvor Max Scheler berufen gewesen. Tillich sah in Scheler – wie es in seiner Antrittsvorlesung heißt – vorwiegend »den Vertreter des Vitalismus«, der irrationale Mächte als bestimmend für die Verwirklichung von Ideen ansah[46]. Tillich fühlte sich Scheler in diesem Zug zum Irrationalen verwandt. Er meinte seine Wirksamkeit – im Sinne Schelers – auch in diesem, wie er sagt, vitalistischen Zusammenhang. Diese Charakterisierung scheint angemessener, als wenn Tillich sich in den Zusammenhang der existentialistischen Denker einreiht. Natürlich sind Vitalismus und Existenzphilosophie nur zwei Seiten derselben Denkbewegung. Aber wenn Tillich zu dieser Zeit sich dem als Vitalisten gekennzeichneten Max Scheler nahe fühlt, so wählt er damit eine gute Kennzeichnung seiner selbst.

Die Zeit in Frankfurt währte für Tillich nur vier Jahre. Im März 1929 ging er nach Frankfurt, im April 1933 wurde er suspendiert und im Dezember 1933 entlassen. Aber diese vier Jahre gehörten für ihn zu der schönsten und reichsten Zeit seines akademischen Daseins. Tillich stand auf der Höhe seiner Wirksamkeit. Er war in den letzten Jahren in Deutschland bekannt geworden. Man holte ihn viel zu Vorträgen.

44. So berichtet Pauck, S. 116f.
45. Pauck, S. 117.
46. GW IV,33.

Tillich war jetzt eine denkerische Potenz, von der man große Dinge erwartete. So war es in einem Bericht, den Fritz Medicus – Tillichs philosophischer Lehrer aus Halle – in der »Neuen Zürcher Zeitung« schrieb, zu lesen. Fritz Medicus hat in diesem Aufsatz auch geschrieben, worin er die große Wirksamkeit des Denkens Tillichs sah. Das Wesentliche – meint er – sei, daß Tillich den philosophischen Gegenstand so wichtig und interessant machen konnte, daß man begriff, »das alles rührte an den Quellpunkt des verantwortlichen Lebens«[47]. Hier lag der Schwerpunkt. Tillich erfaßte seine Hörer durch diese seine Fähigkeit. Er hatte in dieser Zeit enge Kontakte zu Max Horkheimer, dem er bei der Gründung seines Instituts für Sozialforschung half. Adorno promovierte bei ihm mit seiner Arbeit über die Ästhetik Kierkegaards. Sowohl die Beziehungen zu Horkheimer wie die zu Adorno rissen auch weder in der Emigration noch nachher ab[48].

In Frankfurt fesselten Tillich zumal zwei Gesprächsrunden unter Kollegen. Tillich war für solch Gespräch ganz besonders gut geeignet. Er verfügte nicht nur über ein glänzendes historisches Wissen, sondern er hatte dies stets schon »systematisiert« zur Hand. Das heißt, daß sein Wissen nicht gehäuft wie Material dalag. Alles war vielmehr zugeordnet und insofern auch behaltbar. Dazu kam, daß Tillich in wissenschaftlichen Debatten absolut sachlich debattierte und daher mit erstaunlich überlegener Ruhe argumentierte. Diese Tatsache überrascht. Tillich brachte auch in Debatten sich selbst zur Darstellung und seine völlig unabhängige Sicht des Problems. Er war aber persönlich überhaupt nicht betroffen, wenn er anderen Meinungen begegnete. Er freute sich, wenn diese gut waren, und war niemals um seine Person und ihre Geltung etwa besorgt. Dies gilt genauso für die Diskussionen mit Studenten, die Tillich ständig am Ende seiner Vorlesungen zu halten pflegte. Der Lehrstuhl in Frankfurt für Philosophie und Soziologie bot Tillich auch die ihm gemäße Möglichkeit, sein wissenschaftliches Arbeiten in alle die Gebiete zu erstrecken, die ihn interessierten und die er für wesentlich hielt. Tillichs Veröffentlichungen aus diesen Jahren zeigen die ganze Breite seiner Gedankenwelt. Probleme der von ihm sogenannten »religiösen Verwirklichung« behandelt Tillich, was

47. GW XIII, 562 ff.

48. Dazu vgl. den Brief von Horkheimer aus dem Jahre 1971 über »das ewige Gespräch« zwischen Tillich und Horkheimer in den 50er Jahren in Chicago (GW XIII, 568 f.).

immer er tut. Ob er über Philosophie oder Sozialismus, Kult und Staat, Dämonen oder Macht, Goethe oder Hegel spricht und schreibt, er kann dies alles dennoch in seine Konzeptionen einbringen, die in der »religiösen Verwirklichung« konvergieren. Freilich ergibt dies in den Entwürfen dieser Jahre Unklarheiten. Diese Fülle der Beziehungen zu zentrieren, war ohne solche undeutlichen Übergänge gar nicht denkbar. Natürlich war in diesen Entwürfen sehr vieles extemporiert und dilettantisch. Das ist bei der Breite dieser Bezüge nicht anders vorstellbar. Das fachwissenschaftlich einzelne wird unwesentlich vor dem Ganzen der Systematik wie vor dem Ganzen des »Prinzipiellen«. Prinzip aber bedeutet in diesen Jahren Essenz, besser das Dynamische an der Essenz bzw. dem Wesen. Vor diesem Drängen auf das »Prinzip« tritt das belegbare einzelne zurück[49]. Intuitiv erschlossene Entwürfe treten an seine Stelle. Gewiß, das ist nicht ohne Gefahr für die Substanz. Für die Zeitgenossen waren diese Entwürfe faszinierend. Freilich nahm Tillichs Echo in den Kirchen und theologischen Fakultäten rapide ab. Theologischerseits wußte man mit diesen Konzepten wenig anzufangen. Man vermochte auch nicht zu erkennen, daß es Tillich tatsächlich um die »religiöse Verwirklichung« ging.

Diese ganzen Konzepte und Entwürfe wurden von den Ereignissen des Jahres 1933 überholt. Schon 1932 als Dekan der philosophischen Fakultät hatte Tillich Schwierigkeiten mit SA-Studenten bekommen. Ende 1932 erschien sein Buch »Die sozialistische Entscheidung«. Das Buch wurde bald eingestampft. Im Frühjahr wurde Tillich suspendiert. Im Sommer erhielt Tillich eine Einladung an das Union Theological Seminary in New York zu Vorlesungen für ein Jahr. Tillich hat lange gezögert, dieser Einladung zu folgen, obwohl das Kultusministerium ihn für den Auslandsaufenthalt freigab. Erst Ende Oktober war es so weit, daß die Familie reiste.

49. »Prinzip ist die Macht eines geschichtlichen Seins, in Begriffe gefaßt.« So charakterisiert Tillich 1932 seine Auffassung vom Prinzip in der »Sozialistischen Entscheidung« (GW II,234). Er verweist an dieser Stelle auf sein »protestantisches Prinzip« und meint, damit habe er eben dies gemeint.

2. *Die bewegenden Motive des Aufbruchs*

Die Erfahrungen des Krieges zerbrachen Tillich die Möglichkeit, das Denkschema seiner Jugend festzuhalten. Dieses Denkschema bestand in einem in Schelling reflektierten christlichen Glauben. Dieser Glaube aber war auf die dem Einfluß der Kirche entgleitende moderne Welt gerichtet. Apologetik hatte der junge Tillich für das Gebot der Stunde gehalten. Angemessene Reflexion hielt er für das Mittel, mit dem die christlichen Glaubensinhalte als Grundlagen auch modernen Daseins zu erweisen seien. Nun zeigte der Krieg neue Seiten und erschreckende Tiefen im religiösen Zerfall dieses Daseins. Damit trat die Notwendigkeit auf, den neu erworbenen Sichten auf die religiöse Lage im deutschen Volke mit neuen Konzeptionen gerecht zu werden.

ERSTENS: DER RELIGIÖSE SOZIALISMUS. Paul Tillich kam von sozialistischen Ideen erfüllt aus dem Kriege zurück. Er wurde Mitglied des Arbeitskreises, der sich um Carl Mennicke und Günther Dehn in Berlin bildete[50]. Diese »Berliner Gruppe« des religiösen Sozialismus, die später auch »Kairos-Kreis« genannt wurde, war und blieb exzentrisch und akademisch. Das heißt, daß die »Berliner Grupe« politisch ohne Einfluß war. Paul Tillich war der Theoretiker dieses Kreises. Er arbeitete an der kleinen Zeitschrift der Gruppe »Blätter für den religiösen Sozialismus«, die bis 1927 erschien, mit, ebenso wie an der seit 1930 erscheinenden Zeitschrift »Neue Blätter für den Sozialismus«. Tillich trug in diesen »Blättern« wie im Kreis selbst seine Ideen vor, die den Sozialismus zu interpretieren suchten, sich aber je länger desto grundsätzlicher von der Sozialdemokratischen Partei entfernten. Der Sozialismus, der Tillich bewegte und mit dem er sich identifizierte, war am Ende die »prophetische« Bewegung des Proletariats oder das Proletariat als prophetische Bewegung. Wir brauchen die Entwicklung dieser Ideen selbst nicht zu verfolgen, denn uns interessiert hier der geistige Impuls des Denkens Paul Tillichs. Daher suchen wir die Endgestalt dieser Sozialismus-Ideen zu erfassen, die für das Verständnis Tillichs sehr viel beitragen, wie sie in dem Aufsatz »Sozialismus« von 1930

50. Amelung teilt einen Brief von Dr. Eduard Heimann mit (S. 215ff.), in dem Heimann die Mitglieder dieses Kreises einzeln vorstellt und zugleich wichtige Einzelheiten über die Arbeit des Kreises mitteilt.

(Bd. 3, S. 157ff.)[51] und in dem kleinen Buche »Sozialistische Entscheidung« von 1932[52] vorliegt.

Tillich arbeitet Ende der 20er Jahre sowohl hinsichtlich des christlichen Glaubens wie hinsichtlich des Sozialismus mit dem Begriff des »Prinzips«. Das »Prinzip« bedeutet eine bedeutsame Wende im Denken Tillichs. Das »Prinzip« ersetzt den Denkansatz von Essenz im Gegensatz zu Existenz, ersetzt also die Frage nach dem Wesen einer Sache oder Bewegung: »Prinzip ist die Macht eines geschichtlichen Seins, in Begriffe gefaßt.«[53] Das heißt, das Prinzip ist ein Begriff, und zwar schreibt Tillich: »Dynamisch ist ein Begriff, der in sich die Möglichkeit enthält, neue unerwartete Verwirklichungen eines geschichtlichen Ursprungs verständlich zu machen. Solche Begriffe möchte ich Prinzipien nennen.»[54] Das sozialistische Prinzip setzt sich also aus den Kräften oder Tendenzen zusammen, die Tillich im Sozialismus erfaßt. Die drei Elemente, die das Prinzip bilden, sind: »die Kraft des Ursprungs, das Zerbrechen der Harmonie, die Richtung auf das Geforderte«[55]. Das Gewicht liegt dabei in Richtung der Forderung, das heißt in der prophetischen Erwartung, wie wir gleich zeigen werden. Das Prinzip

51. Dieser Aufsatz erschien als Eröffnung in: Neue Blätter für den Sozialismus 1 (1930), S. 1–12. August Rathmann hat in seinem Bericht über Tillich als Religiösen Sozialisten diesen Aufsatz als das »nach dem ›Kommunistischen Manifest‹ wohl hervorragendste Zeugnis sozialistischen Denkens« bezeichnet. In diesem Aufsatz begründet Tillich auch, warum der Herausgeberkreis bei dieser neuen Zeitschrift auf die Kennzeichnung »religiös« verzichtet (Bd. 3, S. 154f.).

52. Dieses Buch erschien als Heft 2 der Schriftenreihe der Neuen Blätter für den Sozialismus Anfang 1933. Es wurde, abgesehen von wenigen Exemplaren, eingestampft. Neu erschien es in den »Schriften zur Zeit« 1948. Es ist abgedruckt GW II,219–365.

53. GW II,234.

54. GW II,233. Prinzip als Begriff enthält also nicht etwas »Abstrakt-Allgemeines«, sondern die »reale Möglichkeit« oder »die Macht einer geschichtlichen Wirklichkeit«. Diese Fassung des Prinzips ist für das protestantische Prinzip von Belang. Das protestantische Prinzip ist gegen die kirchliche Wirklichkeit gestellt. Von hier aus wäre die Konstruktion: ewiges protestantisches Prinzip gegen vergehende kirchliche Institution abzulösen. Von hier aus wäre das protestantische Prinzip die Macht des Kirchentums. Dies hat sich später so nicht durchgehalten. Vielmehr steht da das protestantische Prinzip gegen das Kirchentum als geschichtliche Wirklichkeit.

55. GW II,209.

ist der »Inhalt« der sozialistischen Erwartung. Das versteht sich alles nicht von selbst. Aber mit dem Prinzip geht es auch um eine Neubestimmung (!) des Sozialismus. Das heißt, hier wird nicht nur für den Sozialismus gekämpft, sondern auch »um ein neues Verständnis des Sozialismus« gerungen[56]. An diesem Ansatz ist die formale Bestimmung des Prinzips besonders wichtig.

Der Sozialismus wird also von Tillich nach seinem Prinzip untersucht und dargestellt. Dieser Sozialismus hat einen Stellenwert, der von Tillich mit den höchsten religiösen Charakteren ausgezeichnet wird. Der Mensch verhält sich zum Sozialismus »auf Grund unbedingter Ergriffenheit von dem, was im Sozialismus letztgemeint ist«. Dieses »Letztgemeinte« ist dem Gegensatz von Wechsel und Erstarrung enthoben. Dies aber ist »der Charakter aller echten ursprünglichen ... religiösen Begriffe« (Bd. 3, S. 154). Der Sozialismus soll ein »Wagnis aus der letzten Tiefe« (Bd. 3, S. 162) sein. Der Sozialismus gibt »auf die letzte unbedingte Sinnfrage unseres Daseins eine Antwort« (Bd. 3, S. 155). Insofern ist der Sozialismus »auf gläubigen Realismus«[57] angewiesen[58].

Es ist erstaunlich, den Sozialismus in seinem Prinzip zu einer religiösen Grundlage menschlichen Daseins hochstilisiert zu sehen: »Der Sozialismus ist religiös, wenn Religion das Leben aus den menschlichen Seinswurzeln bedeutet.« Diesen Religionsbegriff erklärt Tillich für den einzig legitimen. Bei der Feststellung des »Erfurter Programms« sei Religion als Privatsache erklärt und sei also als eine »Sondersphäre menschlichen Vorstellens und Handelns« erklärt. Das sei falsch. Wenn man vom »sozialistischen Glauben« rede, »so ist Religion keine Sondersphäre, sondern die alle Sphären tragende und bestimmende Kraft«[59]. Was Tillich hier als Religion postuliert, das bedeutet die Sinnerfüllung menschlichen Daseins aus den Wurzeln dieses Daseins selbst. Das ist ein rein vitalistischer Religionsbegriff. Tillich nennt solche Religionen zwanzig Jahre später Quasi-Religionen.

Der Gesamthorizont der Erwägungen in der »Sozialistischen Ent-

56. GW II, 220.

57. GW II, 224.

58. Stephan Wehowsky hat gezeigt, wie nahe sich das protestantische Prinzip und der Sozialismus liegen. Die proletarische Situation ist in ihrer Sinnlosigkeit einerseits die Rechtfertigungssituation, andererseits im Sozialismus auf dem Wege zum Sinn; vgl. Wehowsky, S. 20f.

59. GW II, 293.

scheidung« ist religionsgeschichtlich gemeint, tatsächlich aber rein religionsphilosophisch. Tillich meint nämlich, die dem Mythos eigene Frage nach dem Ursprung bestimme das politische Denken[60]. Ein »ursprungsmythisches Denken ist die Wurzel alles konservativen und romantischen Denkens in der Politik«[61]. Dieses Ursprungsdenken sei durchkreuzt von einer Forderung, die dem Menschen die Frage nach dem Wozu stelle. Diese Forderung sei unbedingt und tendiere mit ihrem Du-sollst auf die Zukunft. Hier sei Freiheit im Entstehen. Die Forderung durchbreche den Ursprungsmythos, und dies sei »die Wurzel des liberalen demokratischen und sozialistischen Denkens in der Politik«. Der Leser kann mit dieser Grundorientierung der Politik nicht sehr viel anfangen, denn man erfährt z. B. nicht, woher diese Forderung eigentlich kommt. Sollte Tillich meinen, daß sich die Doppelung menschlichen Daseins als Sein und Bewußtsein so ausspricht? Dies bleibt unklar. Auch die Erklärung, daß die Forderung mit dem Ursprung zu tun habe, ist nicht beziehbar oder geklärt.

Der religionsphilosophische Hintergrund des Ursprungsgedankens wird nun in der Darstellung der »politischen Romantik«[62] auf den Boden, das Blut und die soziale Gruppe[63] übertragen. Diese drei Ursprungsdaten werden dann noch mit Mutter- und Vater-Symbol verbunden und mit der Herrschaft des Raumes über die Zeit[64] identifiziert. Tillich meint, hierher gehöre die ganze Ontologie (!): »Seinsmächtigkeit ist höchster Maßstab.«[65] Das heißt, die Ontologie gehört

60. Eigentümlich ist die Meinung, die Tillich hier (GW II,227) äußert, daß die Frage nach dem Ursprung erst spät als philosophische Frage auftrete. Im europäischen Denken, d. h. im griechischen Denken, eröffnet diese Frage aber das Philosophieren mit den Vorsokratikern!

61. GW II,228.

62. Diesen Begriff übernimmt Tillich von Carl Schmitt; vgl. Pauck, S. 134.

63. GW II,235ff.

64. GW II,238.

65. Tillich macht hierzu eine Anmerkung, in der er klarstellt, daß Ontologie und Ursprungsbindung zusammengehören. Das heiße, daß Ontologie, wie der Ursprungsmythos, nur soweit recht habe, soweit sie von der Geschichte bzw. der Zeit her gebrochen werde: »Eine abstrakte, von der Beziehung zur Geschichte losgelöste ›Fundamentalontologie‹ ist damit ausgeschlossen« (S. 239). Diese Schlußfolgerung ist ja sehr merkwürdig. Natürlich war es Tillich bewußt, daß Heidegger sein Vorgehen in »Sein und Zeit« als »Fundamentalontologie« bezeichnete. Tillich konnte aber nicht übersehen haben, daß Heideggers Bemü-

zu dem Ursprungsmythos und zu den Kräften, die dem Neuen und Sozialistischen widerstreben.

Auf der anderen Seite steht die Forderung. Diese Forderung ist der Vorgang, in dem der Mensch der Zukunft zugewendet wird. Dies wird von Tillich mit der Erwartung gekennzeichnet. Das Symbol der Erwartung aber gehört seinem Gehalt nach zum Prophetischen: »Sozialismus ist Prophetie auf dem Boden einer autonomen, auf sich gestellten Welt.«[66] Damit ist der Sozialismus dem Geschichtlichen, d. h. der Zukunft, d. h. dem »unbedingt Neuen« zugeordnet. Die Prophetie ist das entscheidende Moment im Sozialismus. Es ist auch das entscheidende Moment im protestantischen Prinzip. Auf die Richtung, auf das Neue kommt es an! Die prophetische Erwartung ist »ungegenständliche Erwartung«[67]. Immer wieder versucht Tillich sich abzugrenzen vom Utopischen einerseits, wie von der Voraussage andererseits. Mit dieser Seite der Erwartung, in der sich alles sammelt, was dem Seinshaften über sich selbst hinaushilft, hat Tillich die Wendung zur Zukunft vollzogen. Allein in dieser Wendung zur Zukunft liegt das Sozialistische begründet. Die Spannung tut sich auf zwischen dem Erwarteten, das kommen wird, als dem Erwarteten, das kommen soll – also zu tun ist. In dieser Spannung sieht Tillich die »Tiefe des sozialistischen Prinzips«[68].

hung gerade auf die Zeithaftigkeit des Seins tendierte. Ebenso merkwürdig ist an diesem Abschnitt, der mit »Blut und Boden« natürlich den nationalsozialistischen Ursprungsmythos meinte, obwohl dies nicht klar gesagt wurde, diese Erörterung über die Ontologie anschließt. Tillich sagt denn auch etwas später, daß die Forderung und Erwartung des Neuen Seins »wesentlich unontologisch« sei (S. 241). Dies sei Erhebung der Zeit über den Raum! Da im dritten Teil der sozialistischen Entscheidung dann klar wird, daß das Ziel nur vom Ursprung her erreicht werden kann, so ist dann die Ontologie von großem Belang, und das Sein wie der Ursprung (!) kommen als das Neue zur Erfüllung. Das ist im Horizont des politisch Gesagten freilich sehr gefährlich und landet bei dem Rat, daß »die Verbindung des revolutionären Proletariats mit den revolutionären Gruppen der politischen Romantik angestrebt werden muß« (S. 334). Das heißt aber, daß Tillich 1932 meinte, der Sozialismus müsse eine Verbindung mit dem Nationalsozialismus suchen. Er meint auch, es sei »nicht nur demagogisch zu verstehen, daß die Bewegung der mittleren Schichten sich sozialistisch nennt. Sie hat wirkliche ›Erwartung‹« (S. 354). Dazu zitiert Tillich den Symbolwert des Begriffs »Drittes Reich«.

66. GW II,310.

67. GW II,312.

68. GW II,312.

Das Ziel dieser beiden Überlegungskomplexe – Ursprungsmythos und Prophetie – liegt darin, daß Tillich in dem Neuen das Ursprüngliche zum Ziel kommen läßt. »Das Sein kommt zu seiner Erfüllung nur durch die Aufhebung seiner unmittelbaren Macht.»[69] Aber das Sein kommt so zu seiner Erfüllung. Das aber heißt, daß der Sozialismus das bürgerliche Prinzip in sich hinein aufhebt! Die Kraft zur Erfüllung des Neuen stammt aus dem Ursprung. Damit verknüpft Tillich das sozialistische Prinzip mit der bürgerlichen Romantik, deren Harmonieglaube zerfällt, um dem Neuen Platz zu machen.

Diese Schrift der Sozialistischen Entscheidung ist für Tillichs Denken zu dieser Zeit ungemein typisch. Erstens: Tillich nimmt den Sozialismus nicht als das, was er ist. Er entwirft vielmehr ein groß angelegtes Bild, wie er sich den Sozialismus vorstellt. Das macht Tillich mit allen Erscheinungen, auf die er trifft. Und zwar prägt Tillich alles Begegnende als »religiöser« Denker neu. Man kann nicht sagen, daß er hier als Theologe handelt. Aber alles prägt er als »religiöser« Denker! Die Übertragung des Prophetischen z. B. auf den Sozialismus ist als theologischer Schluß ganz unvollziehbar. Aus diesem Prophetischen als Erwartung muß erst eine allgemein menschliche Möglichkeit geworden sein, ehe man so verfahren kann. In diesem religiösen Sinne kann Tillich dann sein Buch predigtartig abschließen: »Nur die Erwartung kann den Tod überwinden, mit dem das neue Aufbrechen des Ursprungsmythos das Abendland bedroht. Erwartung aber ist das Symbol des Sozialismus.«[70]

Zweitens sehen wir, daß Tillich sich in die philosophischen Tendenzen einordnet, die man einerseits die Wendung auf die Zukunft vollziehen sieht, die andererseits alles als Entscheidung ansehen und die dieses beides Zeitrelevanz des Seins und dann Geschichte nennen. Tillich ist überzeugt davon, daß hiermit eine Brücke zwischen Christentum und Neuzeit freigelegt ist. Ja, er meint, daß hiermit Christliches, was theologisch verschüttet war, wieder zum Vorschein gebracht werden kann[71]. Drittens: Die Arbeiten Tillichs aus diesen Jahren zeigen alle eine verwirrende Fülle von philosophischen Assoziationen, histo-

69. GW II,315.

70 GW II,365.

71. Dies ist eine Denkbewegung, die Ernst Bloch von der anderen Seite her ganz analog vollzogen hat und die Moltmann dann mit seiner »Theologie der Hoffnung« theologisch einzubringen suchte.

rischen Reminiszenzen, zeitgeschichtlichen Beobachtungen und zugleich eine ganz harmonische Gesamtkonstruktion. Hier wird sie gebildet von einer Thesis, dem Ursprung, und einer Antithesis, der Forderung, die dann in einer Synthesis, daß nämlich der Ursprung die Kraft der Erfüllung gibt, enden.

Zweitens: Die religiöse Kultur. Tillich hat sich in den Jahren nach dem Kriege bis zu seiner Emigration sehr viel intensiver mit Themen befaßt, die Kultur oder Kunst betrafen, als später in Amerika. In diesen Jahren ist für Tillich die Kunst bzw. die Kultur der ständige Bezugspunkt. Die Idee, die dahinter steht, ist erstens die, daß die widerständige Zweiheit von Religion und Kultur bzw. Wissenschaft bzw. moderner profaner Welt aufgehoben werden muß, und daß zweitens die unmöglich gewordene theologische Ethik ersetzt und damit neu formulierbar und anwendbar werden muß. Diese beiden Seiten der Idee sind von der normalen theologischen Ethik nicht so ohne weiteres aufeinander beziehbar. Aber indem Tillich die Frage der theologischen Ethik neu stellt, gewinnt sein Denken Interesse.

In einer der ersten Schriften, die Tillich 1919 »Über die Idee einer Theologie der Kultur« (Bd. 2, S. 70ff.)[72] erscheinen ließ, liegen die Probleme dieser ganzen Fragestellung noch nicht ganz geklärt in statu nascendi vor. Aber schon sind die Konturen erkennbar, in denen Tillich diese Fragen bis an sein Lebensende behandeln wird. Eine Einführung der Schrift sucht die theologische und religionsphilosophische Arbeit im Verhältnis zueinander zu bestimmen. Dies hat Tillich Zeit seines Lebens immer wieder versucht. Immer neue Anläufe sollen dies für ihn entscheidende Problem lösen. Hier macht Tillich das so, daß die Theologie als systematisch-normativer Teil der Religionswissenschaft vorgestellt wird. Allgemeinbegriff und Normbegriff werden nebeneinander konstituiert, gehören freilich zusammen. In diesem Entwurf sind danach Kunstphilosophie und Ästhetik, Moralphilosophie und Ethik und Religionsphilosophie und Theologie analog anzusehen wie das Theoretische und das Normative. Diese Überlegung läßt sich als Postulat aufstellen. Jedoch, sie erweist sich für die nähere Bestimmung als nicht brauchbar. Die Theologie soll nämlich ihr normatives

72. Dieser Vortrag, in der Kantgesellschaft gehalten, ist analysiert bei Amelung, S. 44–59. Ich verzichte hier fast ganz auf Seitenangaben. Die Schrift ist kurz. Ihre Abschnitte sind maßgebend. Das einzelne Zitat ist leicht realisierbar.

Religionssystem entwerfen: a) »von einem konkreten Standpunkt aus«, b) »auf Grund der religionsphilosophischen Kategorien«, c) »unter Einbettung des individuellen Standpunktes in den konfessionellen und den allgemein religionsgeschichtlichen und den geistesgeschichtlichen überhaupt«. Hiermit ist das Verhältnis von Religionsphilosophie und Theologie als das von Kategorienlehre und ihren konkreten und allgemeinen Inhalten bestimmt. Das ist aber doch wohl etwas sehr anderes als das Verhältnis von theoretisch und normativ? Wo nimmt der Standpunkt in a) und c) denn die normative Geltung her? Aus seinem So-Sein? Das heißt, Tillich identifiziert die Verhältnisse: Allgemeines – Besonderes; Theoretisches – Inhaltliches und Kategoriales – Normatives. Dies ist so aber wohl nicht möglich. Es sei denn, man erklärt das Faktische für das Normative und Geltende. Dies kann aber wohl nicht gemeint sein. Wie dem auch sei, mit dieser Erörterung markiert Tillich sein Problem. Wie faßt er seine Arbeit eigentlich auf? Meint er, theologisch wirken zu können? Ist irgendeine seiner größeren Schriften bis hin zur Systematischen Theologie eigentlich einzuordnen? Oder ist auch die Systematische Theologie religionsphilosophisch gemeint? Tillich selbst und seine Leser kommen von diesem Problem nicht los. Es bleibt bis zum III. Band der Systematischen Theologie ein immer neu und immer anders definiertes Problem seines Arbeitens[73].

In einem zweiten Teil werden Kultur und Religion zueinander in Beziehung gesetzt, und zwar wird dies Verhältnis aus dem Problem der theologischen Ethik heraus entwickelt. Der Anspruch einer theologischen Ethik, meint Tillich, sei nur zu halten, solange die Kirche die Bereiche von Wissenschaft, Kunst und Gesellschaft führe, zensuriere und in Grenzen halte. Da dieser Anspruch seitens der Kirche längst aufgegeben sei, könne es keine theologische Ethik mehr geben. Die Anerkennung einer weltlichen Kultur durch die Kirche hebe jede

73. Amelung hat in seiner Analyse dieser Schrift von 1919 völlig richtig festgestellt: »Tillich ist im Gebrauch seiner Begriffe – vorsichtig gesagt – sehr großzügig. Er benutzt sie in immer neuen Zusammenhängen, definiert sie gelegentlich sehr verschieden, setzt aber nach solchem verschiedenen Gebrauch niemals zu früher Gesagtem in Beziehung und läßt die Begriffe auch gelegentlich fallen, ohne sich von ihnen zu distanzieren ... Von dem Gebrauch seiner Begriffe her beurteilt, ist Tillich in keiner Weise ein systematischer Denker. Jeder Aufsatz ist bei ihm ein ganz neuer Versuch, die Beziehung zwischen Religion und Kultur in den Griff zu bekommen ...« (Amelung, S. 57).

theologische Ethik auf. Auch hiermit ist ein zentrales Problem neuzeitlichen Denkens gestellt. Es wird vielfach postuliert, daß eine theologische Ethik nicht mehr möglich sei. Bei Tillich faßt sich dies Problem in die Frage der doppelten Wahrheit. Wenn es nämlich neben der ethischen Wahrheit der profanen Bereiche noch die theologische ethische Wahrheit gebe, so sei eine doppelte Wahrheit aufgestellt. Demgegenüber stellt Tillich seine Theologie der Kultur auf, »die sich nicht nur auf die Ethik, sondern auf alle Kulturfunktionen bezieht«. Damit ist das Thema formuliert. Dieses Thema geht also erstens von der Einheit der Wahrheit aus. Andererseits verhält sich die Ethik wie ein Teilgebiet zu den Kulturfunktionen. Offenbar meint Tillich, daß das Sittliche auf moralische Phänomene beschränkt sei und daß insofern die Fragen des Kulturellen darin nicht impliziert seien. Dies ist eine moralische Beschränkung des Sittlichen.

Tillich eröffnet sich den Zugang zur Theologie der Kultur, indem er behauptet: »Das Religiöse ist aktuell in allen Provinzen des Geistigen.« Und es geht dabei um den Erweis, daß das Religiöse in allen Provinzen des Geistigen präsent sei. Der Dualismus zwischen Religion und Wissenschaft, Kunst und Kultur ist ein falscher Ansatz. Tillich führt den Nachweis über folgenden Religionsbegriff: »Religion ist Erfahrung des Unbedingten und das heißt Erfahrung schlechthinniger Realität auf Grund der Erfahrung schlechthinniger Nichtigkeit.« Diese eigentümliche Zusammenstellung erläutert Tillich so: daß die Erfahrung stets Erfahrung der Nichtigkeit sei. Wo diese Erfahrung aber »zum absoluten radikalen Nein geführt hat, da schlägt sie um in eine ebenso absolute Erfahrung der Realität, in ein radikales Ja«. Dieses Ja, von dem man nicht hört, woher es kommt, liegt wie das Nein in den Dingen. »Durch die Dinge hindurch zwingt sich uns jene Realität auf.« Dieses Zugleich von Nein und Ja charakterisiert Tillich mit dem Schellingschen Begriff »das Überseiende, was zugleich das Nichts und das Etwas schlechthin ist«. Aber dies Überseiende bezeichnet kein Sein, sondern »die letzte, tiefste, alles erschütternde und alles erbauende Sinnwirklichkeit«[74].

Dieser Religionsbegriff Tillichs ist als Erfahrungsbegriff aufgestellt.

74. In seiner Licentiaten-Arbeit hat Tillich bei Schelling die Identität von absolutem Ja und absolutem Nein entdeckt. Diese Identität wirkt hier in dieser Konstruktion nach! Sie ist hier als ein Umschlag von der Erfahrung des Nichtigen zur Erfahrung des Ja dargestellt.

Dabei ist zuerst die Erfahrung der Nichtigkeit. Wo diese Erfahrung bis zum radikalen Nein führt, schlägt sie in das wieder Erfahrung genannte Ja um. Was heißt dieser Umschlag? Was heißt hier Erfahrung? Wie kann dieser Umschlag an den Dingen geschehen? Wie können die Dinge und ihre Erfahrung zur absoluten Erfahrung von Realität werden? Diese Frage beantwortet Tillich hier mit dem »Überseienden« als »Sinnwirklichkeit«.

Dieser Sinn vermittelt sich also als Erfahrung durch die Dinge selbst! Dieser Entwurf ist sehr schwer nachzuvollziehen. Eigentlich ist nur das Postulat von der Einheit von Religion und Kultur ausgeschrieben und unter Zuhilfenahme des »Überseienden«, das dann kein Sein, sondern der Sinn sein soll, erläutert. Mit diesem »Überseienden«, das der behaupteten »Erfahrung« von Ja und Realität wie ein deus ex machina zu Hilfe kommt, hat Tillich eine Position charakterisiert, die er später als ultimate concern noch fester an das menschliche Subjekt bindet. Der ultimate concern wird später freilich nicht mehr auf den Sinn, sondern ganz auf das Sein selbst ausgedeutet. Aber dem »Überseienden« wie dem ultimate concern ist gemeinsam, ein Letztes, Tiefstes, Wirksames zu bezeichnen. Dieses Wirksame steht seinem Stellenwert nach dort, wo in der christlichen Theologie Gott erscheint. Jedoch dieses Letzte vermittelt sich durch die Dinge, wie Tillich hier sagt.

Wir haben hier auch zu beachten, daß sich in diesem Entwurf von Religion die Kählersche Rechtfertigungslehre niederschlägt. Das ist der Inbegriff der Rechtfertigung bei Kähler, daß Erfahrung der Nichtigkeit in den Glauben an das Ja Gottes umschlägt. Man erkennt im Hintergrund die Position Luthers, die Tillich später zu seinen Überlegungen vom »protestantischen Prinzip« führen. Aber dieser Hintergrund seiner Charakterisierung von Religion ist hier verfremdet. Er ist durch die absolute abstrakte Verallgemeinerung verfremdet. Jedoch nur unter dieser Voraussetzung ist es möglich geworden, das Ja, die Realität oder die Sinnwirklichkeit zu einer Erfahrung an den Dingen und durch die Dinge zu machen. Tillichs hohe Abstraktionsfähigkeit gibt ihm die Möglichkeit, diese Konstrukte zu denken.

Mit dieser Konstruktion von Religion kann Tillich nun erklären, daß es kein eigenständiges religiöses Erkennen neben den »Kultursphären« gibt. Es gibt so auch »keinen besonderen religiösen Gegenstand« mehr. Diese Feststellung zeigt Tillich an einem Punkt, wo sein Denken zur Auflösung des religiösen Inhaltes insgesamt wird. Aber zugleich ist mit dieser Auflösung aller religiösen Inhalte die Möglichkeit da, das Religiöse überall präsent zu setzen und überall zu erfahren! Wir stehen hiermit an dem Kernpunkt Tillichschen religiösen Denkens! Bis in die letzte Vorlesung, die Tillich hielt, wurde dieser Punkt zum Problem. Die Vermittlung der Religion in die Kulturfunktionen überhaupt hinein muß die besondere Religion, die sich als Christentum oder Islam institutionalisiert, aufheben. Jedoch, Tillich hat diesen Schluß so – jedenfalls für das Christentum – niemals zugelassen. Und er hat diesen seinen Schlüssen in seinem Denken ein Widerlager dadurch geschaffen, daß er die Religion und das Christentum als Gegensätze bestimmte. Das Christentum ist eben keine Religion! Durch diese in sein ganzes System schlechthin nicht passende Thetik, die bei Karl Barth systemgerecht, bei Paul Tillich aber systemwidrig ist, hat Tillich sein Denken über Religion im latenten Gleichgewicht halten können.

In dieser Schrift verfolgt Tillich diese Thesen über die Religion in eine Begrifflichkeit hinein, die wiederum sein ganzes Denken immer wieder beschäftigt hat, nämlich in die Schematik von Autonomie, Heteronomie und Theonomie. Tillich sagt in dieser Schrift, daß mit seiner Theorie der »Konflikt zwischen Dogma und Wissenschaft« überwunden sei! Das ist eine große Behauptung. Tillich hat diesen Konflikt immer neu angehen müssen. Er war stets von seiner Lösung durch folgende Begriffskonstellationen überzeugt: »Die Autonomie der Wissenschaft ist restlos gewahrt, jede Heteronomie durch die Religion unmöglich gemacht, dafür aber die Wissenschaft als Ganzes unter die ›Theonomie‹ der paradoxen religiösen Grunderfahrung gestellt.« Die Konstellation dieser drei Begriffe hat Tillich genügt, um festzustellen: »Die Konfliktmöglichkeiten sind radikal ausgeschaltet.« Das Wichtigste ist dabei wohl der Ansatz, daß die Eigenständigkeit der Wissenschaft oder anderer Kulturträger gesichert ist. Tillich meinte, es dem Selbstbewußtsein seiner Welt schuldig zu sein, diese Eigenständigkeit oder Autonomie derselben zu respektieren. Diese Generaltendenz seines Denkens hat es Tillich ermöglicht, sich den konkreten Kulturschöpfungen seiner Gegenwart bedingungslos und vorurteilsfrei immer neu zuzuwenden. Das machte dann nicht nur die Thematik seiner Vorträge und Schriften bzw. seine gewaltige publicity in Amerika, sondern hier lag der Eindruck dieser Person begründet als ihre Weltoffenheit, Gegenwartsverantwortlichkeit und Liberalität. In der Wahrung der Autonomie und Selbstbestimmtheit dieser Kulturträger bleibt heteronomer Einfluß von Religion ausgeschlossen, weil die Religion ja in diesem Kulturträger selbst erfahren wird. Hier liegt der Schlüssel. Darum nämlich kann und muß die profane Autonomie von Wissenschaft, Kunst, Sittlichkeit und Politik als theonom bezeichnet und zumal erfahren werden. Jene Grunderfahrung der Nichtigkeit, die in die Sinnerfahrung umschlägt, wird an den Kulturträgern und ihrer Autonomie gemacht. Alles, was Kultur genannt werden kann, ist damit als Grund der Möglichkeit von religiöser Erfahrung enthüllt – in seiner Autonomie. Zugleich aber sind »die spezifisch religiösen Kultursphären grundsätzlich aufgehoben«.

In dem dritten Teil dieser Schrift – »Kulturtheologie« überschrieben – sucht Tillich die Frage zu klären, wie dieser Sachverhalt an den Kulturträgern distinktiv, d. h. durch unterscheidende Charakterisierung derselben, plausibel gemacht werden kann. Die Durchführung dieser Klärung gibt uns wieder eine Begriffskonstellation, die Tillich ebenfalls stets festhielt, wenn auch oft variierte, nämlich die Begriffe Form–Gehalt – Inhalt. Mit der Unterscheidung von Form, Gehalt und Inhalt in bezug auf ein Kunstwerk oder einen wissenschaftlichen Text oder andere Kulturträger kann Tillich die Autonomie und Theonomie zugleich, wie sie »erfahren« werden soll, verdeutlichen, nämlich »daß die Autonomie der Kulturfunktionen begründet ist in ihrer Form, den Gesetzen ihrer Anwendung, die Theonomie aber in ihrem Gehalt, der Realität, die vermittels dieser Gesetze zur Darstellung und Durchführung kommt«. Mit den Hinsichten von Form und Gehalt ist ja häufig operiert worden. Bei Tillich sind diese beiden Begriffe – gegenüber dem Inhalt[75] – aber spezifisch gefaßt. Die Form charakterisiert den gesetzlich oder normativ zu beschreibenden, in der Sache selbst liegenden Anwendungsmodus. Der Gehalt aber vermittelt die religiöse Erfahrung. Tillich spricht von »Realität«, gemeint ist die an den Kulturfunktionen erfahrbare »letzte tiefste, alles erschütternde und alles neu bauende Sinnwirklichkeit«. Was wir also als Form (d. h. natur-gesetzlich, soziologisch-gesetzlich, ästhetisch-normativ, methodenbewußt) im Anwendungsbereich der Kulturfunktionen erfassen und als in sich autonom verlaufend erkennen können, dies wird der menschlichen Er-

75. Der Inhalt meint beim Bild z. B. den gemalten Gegenstand (Bd. 2, S. 80). Tillich meinte den Expressionismus darum loben zu sollen, weil er die Inhalte bedeutungslos gemacht habe und statt dessen Gehalt vermittele. Diese Unterscheidung ist zwar in dieser Anwendung auf den Expressionismus sachlich sehr fragwürdig, aber was Inhalt sein soll, wird klar.

fahrung zugleich zu Sinnwirklichkeit letzter Tiefe, und als solche erweist sich die Kultur als religiöses Widerfahrnis. So gehören Form und Gehalt ständig zusammen, und nur in ihrer Einheit oder als Einheit ist die Kultur erfaßt in ihrer letzten Sinnbegründung. Man ahnt den Hintergrund, wo dem von der Kriegswirklichkeit völlig erschütterten Feldgeistlichen, der in der schlechthinnigen Nichtigkeitserfahrung lebte, vor dem Botticelli-Bilde dieses Bildes Gehalt als diese Sinnwirklichkeit und Realität erfahrbar wurde – »wie eine Offenbarung«[76]!

Von diesem Sachverhalt der Einheit von Form und Gehalt gibt es eine methodisch verantwortbare Beschreibung und Systematisierung, die dies in allen Gebieten der Kultur aufsuchen und verfolgen soll und die dies zum Ausdruck bringen soll: die Theologie der Kultur! Sie soll vom Standpunkt des Gehaltes ausgehen. Die Aufgabe dieser Kulturtheologie soll also einmal »eine allgemeine religiöse Analyse sämtlicher Kulturschöpfungen«, zweitens soll sie eine geschichtsphilosophisch unterbaute Typologie der religiösen Gehalte geben[77]. Drittens hat die Kulturtheologie die Aufgabe, eine »religiöse Systematisierung der Kultur« vorzunehmen. Es ist kaum anzugeben, was Tillich sich hierunter vorstellte. Die Gehalte sollen in ein System gebracht werden. Klar ist nur das Ziel: »die übergreifende Einheit der Kulturfunktionen« darzustellen. Aber wie so ein System eigentlich gearbeitet werden soll, bleibt dunkel. Das also ist der Aufgabenbereich einer Theologie der Kultur.

Man fragt sich bei diesen Angaben immer wieder: Was ist denn eigentlich das Theologische an dieser Theologie? Dies Theologische ist ja wohl, die religiöse Erfahrung an Bildern, Texten, Bauten und eben an allen Kulturträgern zu erheben. Dies soll und muß ja wohl durch Erfahrung vermittelt sein: die Erfahrung von Kultur als Träger religiöser Gehalte, d. h. als Realität letzter und tiefster Sinnwirklichkeit. Wenn man überlegt, daß Tillich eben dies als Theologie vorstellte, dann versteht man, was Karl Barth »natürliche Theologie« nannte und warum zwischen diesen beiden Männern niemals eine Einigung zu er-

76. Vgl. oben III, 1.

77. Hier taucht – eigentlich unsinnigerweise – ein Typ von rein »profaner und formaler Kulturschöpfung« auf (Bd. 2, S. 78). Es ist nach dem Gesagten ganz uneinsichtig, wie es so etwas geben kann. Wenn Kultur nur als Form und Gehalt Kultur sein kann, dann ist dieser Typus kein Typus, sondern Nicht-Kultur.

zielen war. Jedoch, Tillich wußte auch noch von der Theologie als Normwissenschaft. Tillich setzt diesen Zusammenhang der Kulturtheologie auch nicht an die Stelle der Dogmatik oder als Begründung von Dogmatik, sondern er setzt sie an die Stelle der theologischen Ethik. Auch muß man dazu bedenken, daß Karl Barth ja nur zeitweise ein positives Verhältnis zur theologischen Ethik finden konnte, daß er jedenfalls an dieser Stelle immer wieder die größten Skrupel hatte. Eben diese bedrohte theologische Ethik suchte Tillich durch seine Kulturtheologie zu beleben. Gelungen ist dies freilich bis heute nicht.

Die Kulturtheologie mit ihrem Unterschied von Gehalt und Form erinnert ja unmittelbar an die Fassung, die Tillich diesem Gedanken später gab. Er sprach dann davon, daß Religion die Substanz der Kultur sei, daß die Kultur aber die Form der Religion darstelle. Tillich hat hier den Begriff Gehalt durch die Substanz ersetzt. Das hängt wohl mit der zunehmenden Ontologisierung seines religionsphilosophischen Denkens zusammen. Der vage Begriff Gehalt läßt sich einer Ontologie schwer einfügen. Aber grundsätzlich ist die Sicht dieser Formel eben die dieser Schrift von 1919.

Wir brauchen dem vierten Abschnitt dieser Schrift, in dem Tillich einige Beispiele für Kulturtheologie gibt, nicht zu folgen. Aber der fünfte Abschnitt ist von Belang. Er trägt den Titel: »Kulturtheologie und Kirchentheologie«. Er bemüht sich um die Frage, wieso es denn überhaupt noch etwas spezifisch Religiöses wie Dogma, Kultur oder Kirche geben müsse. Es ist nun merkwürdig, daß Tillich offenbar seinen Ansatz, daß Kulturtheologie die theologische Ethik sei, vergaß. Von diesem seinem Ansatz aus hätte er nämlich ganz leicht mit dem Unterschied von Dogmatik und Ethik argumentieren können. Aber so macht er es nicht. Er begründet die Notwendigkeit einer sogen. »Sphäre des Heiligen« vielmehr so: »Damit wir in der Kultur religiöse Werte erleben können, ... muß eine spezifisch religiöse Kultur vorangegangen sein.« Dieses Argument überrascht, denn oben schien es ja so, daß sich das »Übersein« an den Kulturträgern unmittelbar erfahren lasse. Jetzt wird so argumentiert, daß wir diese Erfahrungen religiöser Art nur als solche machen können, wenn »das Heilige« unter uns konstituiert ist. Fiele solche »Sphäre des Heiligen« weg, so würden die Gehalte in Staat, Kunst und Wissenschaft nicht mehr religiös erfahrbar. Aus diesen Sätzen muß man folgern, daß die Voraussetzung für eine theologische Ethik eben die Kirche sei, daß solche theologische Ethik unter dieser Voraussetzung aber den Erscheinungen gegenwärtigen Lebens auch als theologische Ethik voll gerecht werden könne.

Tillich faßt seine Folgerungen anders, da er in diesem Abschnitt nicht mehr an die theologische Ethik denkt. Er meint vielmehr, daß Kirchentheologie und Kulturtheologie sich vielmehr wie notwendig konservative Bewahrung von Substanz und lebendige Weiterentwicklung verhalten. Tillich meint, diese beiden Positionen seien auf Ergänzung angewiesen. Aber diese ganze Konstruktion wächst leider nicht aus dem bisherigen Gedanken hervor, sondern hat einen anderen Sinn. Dies wird auf den letzten drei Seiten deutlich, wo Tillich mit dem Begriff eines »kulturtheologischen Ideals« auf die endliche Einheit beider zusteuert. Wenn nämlich »eine unmittelbare geistige Substanz die gesamte Kulturbewegung erfüllt«, dann fallen beide – Kirchen- und Kulturtheologie – in eins. Die Kirche ist in solcher »neuen Einheitskultur« die ecclesiola in ecclesia. Diese Einheitskultur aber wächst auf sozialistischem Boden. Ja, Tillich meint sagen zu können: Des Sozialismus' »Wesen ist Einheitskultur«. Darum geht es, diese Einheitskultur herzustellen und dann also die Kirche zum Verschwinden zu bringen. Die Kultur aber, meinte Tillich, samt Staat und Wissenschaft könne auf dem Boden des Sozialismus »zum Ausdruck eines allumfassenden religiösen Geistes« werden!

Diese »Schau« oder diese Konstruktion trägt deutlich den idealistischen Schwung und die ideologische Abstraktheit des jungen Tillich an sich. Von der Besprechung der »sozialistischen Entscheidung« her wissen wir, daß dieses Ideal einer sozialistischen Einheitskultur sich in dieser Form nicht durchhielt. Andere Formen traten an seine Stelle. Der Grund der Sicht aber, daß die gegenwärtige Welt in ihrer Kultur, und dazu gehört zentral der Sozialismus, religiös erfahren werden kann und muß, hat sich nicht geändert. Diese Sicht wird sich auch bis ans Lebensende Tillichs nicht ändern. Tillich läßt die Kirche später zwar nicht mehr in einer sozialistischen Einheitskultur aufgehen, sondern er substituiert ihr das protestantische Prinzip. Er sieht die religiöse Erfahrung der Kultur auch nicht mehr so einsträngig wie hier. Er hat inzwischen auch das Kirchewerden der kommunistischen, humanistischen wie faschistischen Bewegungen in den Quasireligionen entdeckt. Das heißt, es gibt auch in diesem Bild viele Verschiebungen. Aber die Grundidee bleibt. Sie erweist sich in ihrer Flexibilität immer wieder als sehr anwendungsfähig. Sie ist in ihrem Kern noch von Schelling her entworfen und nicht von der Theologie aus. Sie birgt in ihrem Grund eine neue theologische, besser wohl religiöse Ethik. Aber diesen wichtigen Ansatz hat Tillich schon am Ende dieser Schrift nicht mehr im Auge. Er hat ihn dann späterhin immer wieder in andere Formen gegossen[78]. Ganz ist Tillich offenbar mit dem Problem einer Neuorientierung von Ethik – zumal von religiöser oder auch theologischer Ethik – nie fertig geworden.

DRITTENS: DAS DÄMONISCHE. Das Jahr 1926, in dem Tillich eine neuartige Welteinsicht heraufziehen sah, oder mit den Worten Tillichs gesagt, in dem auf die verheißungsvollen Blüten des religiösen Sozialismus wie der expressionistischen Begeisterung ein Reif gefallen war, zeigt uns Tillich nicht nur in neuen Begeisterungen für einen »gläubigen Realismus« und den Ausdruckstanz. Vielmehr faßt sich Tillichs Daseinsangst und sein tiefes Schuldempfinden in diesem Jahr zum erstenmal in einer Beschäftigung mit dem Dämonischen zusammen. In diesem Zugriff auf das Dämonische deutet Tillich einen Begriff aus bzw. beschreibt Tillich einen Daseinsbereich, der ihn wie kein anderer anzog und der wie kein anderer geeignet war, Daseinsangst und Lebensschuld zu verobjektivieren und darin zu entschärfen.

Typisch für diesen Sachverhalt ist die Einleitung dieser kleinen Schrift[79]. Tillich macht hier nämlich klar, daß sein Arbeiten »immer Lieben, Sich-Einen mit seinem Gegenstand, der dadurch aufhört, nur Gegenstand zu sein«, sei. Ja, das ist die angemessene Kennzeichnung seines Vorgehens. Diese Identifikation mit dem Gegenstand als Liebe zu demselben hat Tillichs Umgang mit der Welt stets geprägt. Diese Haltung nimmt er auch gegenüber dem Dämonischen ein. Damit aber wird dies Dämonische aus einem Denkprojekt zu einer real gefährden-

78. Amelung hat zu zeigen versucht, daß man die Gesamtkonzeption Paul Tillichs dreifach so beschreiben kann, daß zunächst Ethik als Theologie der Kultur auftritt, daß sodann Ethik als die Frage nach der Gestalt der Gnade aufgesucht wird und daß Ethik endlich als Entfaltung der Dimension der Tiefe erscheint. Diese Aufteilung ist besonders hilfreich für die Gliederung des Werkes Tillichs.

79. Bd. 3, S. 96ff.: Das Dämonische. Ein Beitrag zur Sinndeutung der Geschichte. Der Aufsatz erschien 1926 zunächst in der »Sammlung gemeinverständlicher Vorträge und Schriften aus dem Gebiet der Theologie und Religionsgeschichte«, Mohr-Tübingen. Dieses Schriftchen ist in drei Abschnitte und ihre Teile aufgeteilt. Diese Teile sind so kurz, daß wir nach ihnen zitieren können. Das heißt, daß wir z. B. als I,2 oder II,5 statt nach Seiten zitieren.

den Macht. Der »Preis der Selbstzerstörung« droht dabei fällig zu werden. Man weckt dabei die eigensten Dämonen. »Nur der Prophet, der ihn (sc. den Dämon) besiegt, kann ihn ohne Schaden nennen.« Aber Tillich meint, dieser Schaden müsse für die eigene Person riskiert sein um des »prophetischen Geistes der Zeit« willen, der durch eine Markierung des Dämons gestärkt werden könnte. Das Dämonische zu erkennen, trage nämlich zum Verständnis der Gesamtgeschichte viel aus. Diese Einleitung zeigt also zwei Motive des Ganzen: einmal die tiefpersönliche Beteiligung des Autors gerade an diesem Problem und sodann den Horizont dieser sehr persönlichen Problematik als die Gesamtgeschichte. Der Denkstil Tillichs schafft sich Raum: Die von ihm erfahrenen Daseinsmächte – persönlich tief erlitten – sind die Mächte allen Geschehens überhaupt.

Der I. Abschnitt legt den Grund für diese Studie, und sein 1. Teil geht vom Bilde des Dämonischen aus. Mit diesem Bilde meint Tillich zunächst einfach die Darstellungen von Dämonen in der Kunst der Religionen. Tillich meint, in solchen Figuren das Zugleich von organischer, leibhafter Form und ihrer Aufhebung durch Überbetonung – z. B. des gewaltigen Auges, der vielfachen Arme, der gewaltigen Zeugungsorgane – sehen zu können und in diesem Zugleich »diese schöpferischen Urkräfte in ihrem Durchbruch durch die organische Form« finden zu können. Es geht also, wie Tillich meint, in diesen Darstellungen des Dämonischen um »formschaffende Formwidrigkeit«. Tillich kann danach das Dämonische als »Spannung zwischen Formschöpfung und Formzerstörung« bezeichnen. Diesen Sachverhalt findet er nun aber nicht nur in bestimmten Figuren, sondern er läßt sich auf sogen. »heilige Dämonien« wie Tempelprostitution und asketische Mystik, wie Opfer von Blut, das neues Leben bringen soll, oder das sogen. Moloch-Opfer übertragen. Diese Beispiele sind aber alle transparent. Hinter ihnen taucht die »menschenzerstörende Dämonie der Wirtschaft« oder das »Urbild der Dämonie des Krieges« oder das »Urbild aller politischen Dämonie« oder der »dämonische Machtwille sakralen Seins« auf. Das heißt, daß Tillich auch hier von den religionsgeschichtlichen Fakten offenbar leicht hinüberspringen kann zu Ideenmächten wie Wirtschaft oder Politik. Offenbar meint er, daß die Gottheiten der Religionen nichts anderes als diese wirtschaftlichen oder politischen Vollzüge seien: Wirklichkeiten voll von dieser Spannung. Das ganze Bild, das Tillich darstellt, gewinnt hierdurch einerseits Aktualität. Hinter der Zitation kultischer Vorgänge wird die Gegenwartsproblematik faßbar und in einem neuen Licht erkennbar. Andererseits büßt der Gedankengang seine Präzision ein. Das religionsgeschichtliche Material ist als es selbst so gar nicht ernst genommen. Daher wirkt es unscharf gewählt. Wenn man sich die Fakten ansieht, die Tillich hier nebeneinander nennt, so sind sie alle nur sehr bedingt als dämonisch anzusprechen. Phallische Kulte und Tempelprostitution wird man ernsthaft nicht als Beispiele des Dämonischen nennen können. Fruchtbarkeit wird durch Darstellung der Fruchtbarkeit erhalten. Energie wird nur durch Energie aufgeladen. Da ist von dämonischer Spannung nichts zu erkennen. Aber auch die ganze Opferlogik, auf die Tillich sich bezieht, ist nicht dämonisch. Die Sinnhaftigkeit der Opfer wird in der Formel faßbar, daß »Leben nur durch Sterben wachbleibt«. Hier waltet nichts Dämonisches. Hier macht sich eine Einsicht geltend, die man vielleicht als tragisch bezeichnen kann. Aber auch diese Bezeichnung ist für dies Lebensgesetz wohl noch zu pathetisch.

Doch wir brechen diese Überlegung ab. Man kann sich ja dem Eindruck nicht entziehen, daß Tillich das aufgeführte religionsgeschichtliche Material wohl gar nicht in dem Sinne zitiert, daß er damit sachgemäß und sachverständig gewählte Materialien im Sinne von beweiskräftigen Argumenten anführt. Dies »Material« ist vielmehr ideographisch und illustrativ gemeint, und es ist im Sinne dämonischer Spannung nur vom 20. Jahrhundert aus erkennbar: Da erscheint Tempelprostitution oder phallischer Kult wie schreckliche heidnische – ja eben dämonische Verirrung. Und der Moloch – wenn es ihn gab – mit seinem Kinderopfer ist für moderne Nerven an scheinbarer dämonischer Grausamkeit schwerlich zu übertreffen. Man muß wohl sagen: Des Autors Eindruck angesichts dieser Überlieferungen war so. Sein Eindruck war, daß ein Lebensopfer, um Leben zu gewinnen, der modernen Wirtschaft entspreche. Weil die Wirtschaft als kapitalistische Wirtschaft nach seinem Eindruck Menschen zerstört wie jenes Opfer, so sind beide als dämonisch zu empfinden. Diese Beobachtung ist wichtig, zeigt sie doch, wie Tillich mit geschichtlichem Material umgeht. Er führt es nicht an, um die Erkenntnis dieser Fakten zu fördern. Er zitiert vielmehr seine Eindrücke. Er empfindet das sog. Moloch-Opfer wie die kapitalistische Wirtschaft als »menschenzerstörend«. Man kann auch sagen, er verdünnt die Aussage des sog. Moloch-Opfers auf »Menschenzerstörung«, und er kann dies auf die Wirtschaft der Moderne übertragen. Insofern die Menschenzerstörung eine Gemeinschaftsform als Opfer wie als Wirtschaft gewinnt, ist die Spannung von Positivem und Gegenpositivem da, ist Dämonisches erwiesen. Die große Geschmeidigkeit, in der Tillich Erscheinungen aus der Geschichte mit modernen Erscheinungen vergleichen kann, wird aus diesen Erwägungen verständlich. Die Erscheinungen selbst sind auf formale Gesichtspunkte abstrahiert. Sie werden vergleichbar. Aus solchem Vergleich kann dann eine »Dialektik des Dämonischen« gefolgert werden, nämlich »die Einheit von formschöpferischer und formzerbrechender Kraft«. Diese Schlußfolgerung wird dann nochmals abstrahiert zu dem Satz: »Die Tiefe des Dämonischen ist das Dialektische in ihm.« Diese Tiefe kann sodann wieder für sich angesehen werden – als »etwas«.

Das tut Tillich denn auch im 2. Teil dieses I. Abschnittes unter dem Titel: »Die Tiefe des Dämonischen«. Dieser Teil bildet die Mitte des Ganzen. Tillich stößt in ihm in das schlechthin Allgemeine, »das im Begriff des Dämonischen Gemeinte in seiner Wahrheit und Notwendigkeit, also in seinem metaphysischen Wesen«, vor. Das Modell des Idealismus ist wiederhergestellt. Der Weg aber geht über die schlechthinnige Allgemeinheit, in der »jedes Ding« auf seine Tiefe, d.h. sein »Getragensein vom Seinsgrund«, befragt werden kann. Diese Tiefe, in der jedes Ding am Sein teilhat, ist nicht rational erweisbar. Diese Tiefe jedes Dinges im Sein meint nämlich das »Geheimnis«, in dem das »Sein unbedingt transzendent genommen ist«. Von diesem Seinsbezug sagt Tillich, »daß die Tiefe der Dinge, ihr Seinsgrund zugleich ihr Abgrund ist«, d.h., daß diese Tiefe »unerschöpflich« ist. An dieser »Unerschöpflichkeit« hat alles Sein teil. Aber diese »Unerschöpflichkeit« ist aktiv »als produktive innere Unendlichkeit des Seins, das heißt als das ›verzehrende Feuer‹, das jeder Gestalt der wirkliche Abgrund wird«. In dieser metaphysischen Tiefe also liegen Seinsgestalt und Seinsunerschöpflichkeit – Grund und Abgrund – ineinander. »Ihre Einheit als Wesenstiefe schlechthin ist das Göttliche.« In der Existenz fallen sie aber auseinander, und da entsteht das Dämonische! Der »Gestaltcharakter des Seins« wird vom Abgrund her immer wieder in Frage gestellt. Aber man muß auch wahrnehmen: In jedem Ding wohnt »die Sehnsucht, den Abgrund in sich zu verwirklichen«.

Dieser 2. Teil des I. Abschnittes kennzeichnet Tillich in seinem Denken als genialen Verallgemeinerer besondes gut. Diese Verallgemeinerungen oder die metaphysischen Vorstöße in den Seinsgrund hinein sind zugleich Selbstvorstellungen Tillichs und darum existentiell unerhört dicht gedacht. Die Sehnsucht, den Abgrund in sich zu verwirklichen, kannte Tillich nur zu gut. Daß der Abgrund in seiner positiven Unerschöpflichkeit jeder Berührung mit dem Grund verwoben war, das war Tillichs tiefste Erfahrung. In dieser Konstruktion wird das Dämonische zum Menschlichen schlechthin, und was Tillich später im III. Band der Systematischen Theologie als die Zweideutigkeiten allen Daseins beschreibt – das ist hier das Dämonische. In der Existenz tritt Seinsgestalt und Seinsunerschöpflichkeit auseinander. Aber die Seinsgestalt bleibt dabei. Wo nur die Unendlichkeit des abgründigen Seins waltet, da lebt das Satanische. Im Dämonischen lebt »Einheit von Grund und Abgrund«. In jedem Ding ist das so. Tillich redet ständig von dem »Ding«. Er meint aber nicht etwa die Dingwelt gegenüber der Person, sondern schlechthin jedes gestalthaft Erscheinende. Jedes trägt das Dämonische an sich. Und jene Sehnsucht, den Abgrund zu verwirklichen, lebt in jeder Gestalt.

Es geht einem hier wie auch sonst: Die abstrakte Verallgemeinerung des existentiell von Tillich Erfahrenen wird von ihm so grundsätzlich durchgeführt, daß man fragen muß: Wo lebt denn das Dämonische nicht? Dies Dämonische muß in jeder Gestalt sein, die am Sein teilhat. Wenn wir also im 1. Teil den Eindruck vermittelt bekamen, es gebe das Dämonische als eine besondere Seite im Leben, so wird hier unabweisbar, daß das Dämonische die Kategorie der Existenz ist, die es zwischen das Göttliche und das Satanische stellt.

So ist denn der 3. Teil auch konzipiert, der vom »Ort des Dämonischen« handelt. Dabei kommt es Tillich darauf an zu zeigen, daß »die geistige Persönlichkeit« das »vornehmste Objekt der dämonischen Zerstörung sei«. Dafür, meint Tillich, könne man nicht nur die unbewußten vitalen Kräfte oder die geistigen Impulse verantwortlich machen, sondern man müsse eine »dritte Kategorie« bilden, »die Qualität des Abgrundes, des Ekstatischen«. Dies findet Tillich besonders klar in den »sozialen Dämonien«. In ihnen bricht das Dämonische besonders kraß hervor. Aber wir brauchen diesen Einzelausführungen nicht zu folgen. Dieser Teil macht deutlich, daß das Dämonische tatsächlich eine ganz allgemeine Erscheinung menschlichen geistigen Daseins ist.

Dies unterstreicht der 4. Teil, der das Dämonische mit dem »Wesenswidrigen«, d. h. mit der Sünde, zusammenstellt. Der Begriff der »Wesenswidrigkeit« für die Sünde ist nicht ohne Schwierigkeit. Die Sünde ist danach das »Sinnwidrige«, die »Trennung vom unbedingt Seienden«. Das Dämonische, so meint Tillich, sei die »Erscheinungsform der Wesenswidrigkeit«. Damit ist der »moralistische Begriff der Sünde« überwunden. Aber ist das Dämonische denn wirklich »Erscheinungsform des Wesenswidrigen«? Nach dem 2. Teil ist sein Wesen doch gerade die Einheit von Seinsgrund und Abgrund. Ist es danach wirklich denkbar, dieses Dämonische zu einem rein anthropologischen Sachverhalt zu machen? Die Sünde mit ihrer Wurzel »Mißtrauen gegen Gott« führt zur Dämonisierung Gottes, in der Gott nur noch als richtender Zorn sichtbar ist. Die Gnade wird unsichtbar. Diesen Sachverhalt der Dämonisierung Gottes hat Tillich später unter dem Bilde des »Gott über Gott« gefaßt. Hier müssen wir uns fragen: Spricht Tillich eigentlich von demselben Dämonischen, wenn er es einerseits mit der Sünde gleichsetzt und wenn er andererseits den Sachverhalt der Dämonisierung Gottes damit verbindet? Die Brücke vom einen zum anderen ist der Begriff »Wesenswidrigkeit«. Er soll die Sünde und er soll den richtenden Gott charakterisieren. Insofern also das Dämonische als »Erscheinungsform des Wesenswidrigen« bezeichnet ist, bildet auch das Dämonische diese Verbindung. Aber das Dämonische war doch a) der Abgrund der Seinsunerschöpflichkeit im Wirken auf die Seinsgestalt, b) das Dritte zu vital Unbewußtem und Geistigem im einzelnen wie im sozialen Dasein. Wenn diese beiden Bestimmungen schon nicht ohne weiteres aufeinander beziehbar sind, so ist nun die Charakteristik des Dämonischen als c) Erscheinungsform des Wesenswidrigen eine ganz neue Dimension. Jener Abgrund als Seinsunerschöpflichkeit ist ja gerade nicht wesenswidrig, sondern zum Seinsgeheimnis selbst gehörig!

Wie dem auch sei, der Aufbau dieses I. Abschnittes ist in sich für Tillich wichtig: Im 1. Teil leitet er mit geschichtlich-gegenwartstransparenten Ideogrammen ein, die den Formalcharakter »Spannung« signalisieren; im 2. Teil eine idealistisch angesetzte, spekulativ durchgeführte Vertiefung der Tiefe von Spannung im Sein; im 3. Teil eine anthropologisch-psychologische Erläuterung; im 4. Teil eine theologische Einordnung. Dieser Aufbau zeigt das Phänomen von seinen wesentlichen Seiten. Freilich bleibt die Frage, wieweit dabei das Phänomen wirklich festgehalten ist?

Im II. Abschnitt überführt Tillich diese Analyse auf die Geschichte mit dem Titel »Das Dämonische und die Geistesgeschichte«. Wir brauchen die vorgeführten Beispiele im 2. und 3. Teil nicht zu erörtern. Der kurze 1. Teil aber ist von Gewicht, da er Tillichs Auffassung von Geschichte zu dieser Zeit neu zeigt. Tillich geht davon aus, daß »der« Mythos die »Katastrophen des kosmischen Geschehens auf die

Kämpfe der Götter und Dämonen« zurückführe. Am bedeutungsvollsten sei dies im Dualismus des persischen Zoroastrismus geschehen. Das Erscheinen des Unbedingten gebe einem Geschehen letzte Wichtigkeit, und »dieses mythische Element« müsse jede Geschichtsschreibung in sich haben. Jede Deutung der Geschichte verlange »die Einsicht in die Dialektik des Göttlichen und des Dämonischen«. Dies versucht Tillich mit einer kurzen Abweisung der utopischen, der fortschrittlichen und der konservativen Geschichtsdeutung plausibel zu machen. Auch die Geschichte hat eben ihre Tiefe, und diese Tiefe muß in jeder wirklichen Geschichtsbetrachtung aufleuchten: »Nur als Heilsgeschichte angeschaut hat die Geschichte unbedingten Sinn.« Diese Heilsgeschichte aber ergibt sich aus der Auseinandersetzung von Göttlichem und Dämonischem. Offenbar hat das oben gezeigte Satanische keinen Platz in der Geschichte. Es geht um das »Hereinbrechen des Heils« in die Geschichte. Tillich meint auch, für diesen Sachverhalt könne »jedes geschichtliche Geschehen Symbol werden«. Hinter dieser Schau steht »die Gewißheit, daß dieser Widerstreit (sc. zwischen dem Göttlichen und Dämonischen) in Ewigkeit entschieden ist«. Diese Gewißheit ist im Zusammenhang dieser vom Mythos bestimmten Schau und ihrer als dualistisch vorgestellten Struktur merkwürdig. Diese Gewißheit läßt sich nach dem I. Abschnitt nicht ganz plausibel machen. Wo bleibt »die Tiefe«? Diese Gewißheit ist zwar als Glaubensaussage möglich. Jedoch wo kommt in diesem Zusammenhang eine Glaubensaussage her?

Wir übergehen den 2. Teil, der von religionsgeschichtlichen Überwindungen des Dämonischen handelt, und den 3. Teil, der von der Profanisierung als einer »Form der Überwindung des Dämonischen« spricht. Aber der III. Abschnitt »Dämonien der Gegenwart« muß uns noch kurz befassen. Tillich geht hier wieder davon aus, daß der Gegensatz des Göttlichen und des Dämonischen als Gegensatz zweier Prinzipien »durch jede Person und jede Erscheinung« gehe. Eine kurze Charakterisierung der philosophischen, ästhetischen, wirtschaftlichen und sozialen Dämonien in der Gegenwart soll dem Ausdruck geben. Aber der Schlußpunkt ist: »Die Dämonie zerbricht allein vor der Göttlichkeit.« Das heißt, daß alle diese Probleme nicht aus sich selbst lösbar sind. Es gibt für Tillich im Jahre 1926 nicht mehr die Möglichkeit, aus einer sozialistischen Einheitskultur oder einem in der Sache liegenden Kairos auf einen Erfolg zu hoffen. Tillich meint heute: »Nur im Hinblick auf das Ewige darf von einer Überwindung des Dämonischen gesprochen werden.« Hier tritt wieder dieser Glaube zu Tage, daß das Ewige siegen werde und daß man so auf das Ewige blicken kann: »Das ist die Erlösung in der Zeit.« Tillich stellt auch hier nicht die Frage, wie dieses Vertrauen auf dem Hintergrund des Verhältnisses von Seinsgestalt und Seinsunerschöpflichkeit möglich sein soll.

In diesem Vertrauen ist das drohende Geschick dessen, der das Dämonische weckt, offenbar gebannt. Die einleitenden Bemerkungen von dem Wagnis der Thematik kommen hier offenbar zur Ruhe. Die Geschichte wird als Heilsgeschichte allen düsteren Realitätsaspekten zum Trotz bewältigt. Die Ängste und die Schulderfahrungen finden sich aufgehoben in dieser »Erlösung in der Zeit«. Das heißt, daß am Rande der Daseinserfahrung Tillichs – zwar noch unverbunden und wie von ungefähr – das Ewige auftaucht und den Rahmen einer neuen Daseinsbewältigung abgibt.

IV. Emigration und neues Dasein 1933–1946

1. Die Ereignisse nach der Emigration

Paul Tillich hat, wie wir zeigten, sehr lange gezögert, ehe er sich zum Aufbruch nach Amerika entschloß. Seine Verwurzelung im deutschen Boden wie in der deutschen Sprache war so tief, daß er den Übergang scheute. Er wußte, daß er mehr verlor als eine Professur. Tillich hat diesen Übergang in seinem Rückblick »Auf der Grenze« in seinem ganzen Umfang erfaßt[80]. Dies geschieht auf dem Hintergrund des Gottesbefehls an Abraham, sein Land zu verlassen. Dieser Gott Abrahams, so begründet er, ist ein Gott der Geschichte, der selbst nicht an einem Ort hängt und darum seine Gläubigen aus jeder Form von Nationalismus wie Heimatgebundenheit löst. Aber Tillich abstrahiert und erweitert natürlich diese Feststellung sogleich: Heimat ist eben nicht nur Boden und Volksgemeinschaft, sondern bedeutet auch die Forderung, sich immer wieder von den herrschenden Mächten zu trennen. Dies kann aber auch »rein innerlich« gemeint sein, daß nämlich diese Emigrationsforderung Trennung von Denkgewohnheiten meint. Und schließlich »kann Fremde das Gefühl einer letzten Fremd-

80. Auf der Grenze, S. 64; GW XII, 54.

heit gegenüber ... dem Vertrautesten bedeuten, jenes metaphysische Fremdheitserlebnis, das die Existenzphilosophie als einen Ausdruck der menschlichen Endlichkeit beschreibt«. Man erkennt an diesem Passus die ganze Tiefe, in der Tillich diesen Schritt der Emigration erfaßte. Dieser Wechsel bedeutete eben notwendig auch einen Wandel im Denken und seinen Gewohnheiten. Ja, in diesem Wandel brachen letzte Fremdheiten im Menschen selbst auf und lieferten ihn damit tiefliegenden Unsicherheiten aus. Damit ist der tiefgreifende krisenhafte Sachverhalt der Emigration gezeichnet.

Der Anlaß für Tillich, diese Reflexionen anzustellen, war sein Bemühen um seine neue Welt. Tillich hat diese Arbeit »Auf der Grenze« 1936 als Selbstvorstellung in Amerika geschrieben. Er versuchte darin, die komplexe Eigenart seines Daseins für seine Hörer und Kollegen zu erläutern. In diesem Buch ist Tillich ganz unverstellt. Aber in Amerika war die Aufnahme kühl, wie Wilhelm Pauck[81] feststellt. Das ist ja auch kein Wunder. Die Stelle, die wir soeben zitierten, zeigt sehr klar die Gründe: Dieser Gedankengang beginnt biblisch konkret, indem der Autor sein Schicksal mit dem Abrahams identifiziert. Sodann abstrahiert der Verfasser doppelt auf äußere wie innere Übertragungen. Endlich landet er bei einem psychologischen Phänomen von Fremdheit. Von diesem Phänomen sagt er dann, es sei a) metaphysisch, also antiexistenzphilosophisch, und b) existenzphilosophisch, also antimetaphysisch. So eine Gedankenfolge ist zumal für amerikanisches Denken schwer nachzuvollziehen. Indem Tillich sich so vorstellte, machte er sich unverständlicher als vorher.

In der Frage der Verständlichkeit lag das Kernproblem des Übergangs Tillichs nach Amerika in doppelter Weise. Einmal war Tillichs Denken in der andrängenden Abstraktionsflut seiner Verallgemeinerungen – in dem ungeklärten Miteinander von Reminiszenzen aus der griechischen wie idealistischen Philosophie, aus der biblischen wie außerbiblischen Religionsgeschichte, aus Nietzsche und Kähler, aus Expressionismus und Botticelli, was alles existentialistisch bedeutsam auf die eine Ebene der persönlichen Ergriffenheit projiziert werden sollte – in vielen Wendungen unverständlich. Diese Fülle von Bezügen und Abstraktionsebenen war auch in Deutschland in ihren sachlichen Schlüssen unverständlich gewesen. Es war verstehbar nur als tiefpersönliches Erfaßtsein dieses Mannes von seiner Welt. Tillichs Wirksam-

81. Pauck, S. 181.

keit in Deutschland war daher nur in wenigen Schriften weiteren Kreisen bekannt geworden. Eine kirchliche Wirksamkeit fehlte ganz. Nur bestimmte geschlossene Kreise von Menschen wurden von Tillichs Person erfaßt. In diesen Kreisen war er hochgeschätzt. Aber zugleich blieben seine Gedanken auch hier im unklaren, wie Stepun, Kroner u. a. deutlich bezeugen[82]. Dieser Mann kam nun nach Amerika. Er war in seinem Denken kein Werdender mehr. Er war in gewissem Sinn »fertig«. Das heißt, wenn sein Denken auch mancherlei Neues aufnahm, so lag seine Grundstruktur wie sein methodisches Vorgehen fest. Er hat sich auch darin nicht verändert. Zweitens aber war Tillich mit dem Englischen erst in Berührung gekommen, als die Emigration drohte. Er war aber auch ein Mensch, der eine neue Sprache nicht so leicht lernen konnte, denn Sprache ist für Tillich nicht ein bloßes Verständigungsmittel, sondern tiefster Personausdruck! Da war das Lernen ein ganz eigener Vollzug. Tillich lehnte z. B. die Umgangssprache in ihren Idioms stets ab und verwandte sie nie. Er sprach eben »sein« Englisch. So mutete Tillich den amerikanischen Studenten wie Kollegen nicht nur seine historisch reflektierten Abstraktionsformen, sondern auch »sein« Englisch zu. Das waren wirklich große Zumutungen!

Diese Zumutungen haben seine Beförderung zur festen Anstellung und endlich zur Professur zeitlich sehr verzögert. Aber – und das ist das Entscheidende – sie konnten nicht verhindern, daß Tillich in Nordamerika zunehmend bekannter und beliebter wurde, ja, daß er am Ende des Krieges bereits über großen öffentlichen Einfluß verfügte. Dies hing einerseits mit Veränderungen zusammen, die Tillich durch die neue Umgebung erfuhr. Durch den gelinden Zwang der englischen Sprache wurde manches an seinen Begriffen wie in seinem Satzbau anders und zwar klarer. Durch die Berührung und den Umgang mit theologischen Fragen und kirchlichen Handlungen in dem theologischen Lehrbetrieb und Lebensumschluß der neuen Wirkungsstätte wurde Tillich theologischen Fragen neu zugewendet. Durch die langsame Lösung aus dem alten Lebens- und Denkzusammenhang lernte Tillich manches anders sehen. Aber seine Grundkonzeption verschob sich gewissermaßen auch. Ihre Struktur vereinfachte sich in Richtung auf seine Ontologie. Die Bezugsebenen verringerten sich. Der Eindruck ist unabweisbar: Tillich wäre in Deutschland die gewaltige Wirksamkeit wie in den Staaten nicht möglich gewesen. Tillich hat

82. Pauck hat solche Urteile an vielen Stellen mitgeteilt; vgl. z. B. S. 116f.

auch in den 50er Jahren, als er auf Deutschland wieder zu wirken begann, in seiner Heimat nicht annähernd so tiefgreifend wirken können – sowohl im kirchlichen wie im theologischen Bereich – wie in Amerika. Bei der anhaltenden sprachlichen Schwierigkeit, die für Tillich bestand, wie bei dem auch in den Staaten immer wieder spürbar werdenden kirchlich-theologischen Mißtrauen gegen Tillich, wird diese große öffentliche Wirksamkeit und Einflußmöglichkeit Tillichs nur als Folge des persönlichen Eindruckes dieses Mannes verständlich. Je älter Tillich wurde, desto eindrucksvoller zeigte sich die tiefe Güte in seinem Umgang mit Menschen, die mit der verhaltenen Bescheidung in bezug auf Wirkungs- und Weltbesserungsmöglichkeiten gepaart war und Tillich damit seine große Einprägsamkeit verlieh.

Der Übergang Tillichs und seiner Familie nach New York war insofern glücklich, als sie sofort eine Wohnung und Menschen, die sich um sie bemühten, hatten. Sie wurden herzlich empfangen und beschenkt. Der Überschritt war ihnen leichtgemacht. Der steigende Einfluß Reinhold Niebuhrs, der hinter der Einladung nach Union stand, machte sich überall bemerkbar. Reinhold Niebuhr war Union-Professor »für praktisches Christentum«. Sein Bruder H. Richard Niebuhr, Professor für christliche Ethik an der Yale-Divinity-School, hatte Tillichs Buch über die »religiöse Lage der Gegenwart« übersetzt. Beiden lag an Tillichs Denken, wenn auch aus verschiedenen Gründen[83].

Tillich, dies ist wohl auch sehr typisch für ihn, hat sich auf Amerika wie auf New York wie auf die Theologische Hochschule, in der er nun leben und wirken sollte, aufgeschlossen eingelassen. Er war von der Stadt, er war von ihren Parks, er war von der dortigen Art, Weihnachten zu feiern, herzlich zu sein, kameradschaftlich zu leben, schlechthin begeistert. Diese Fähigkeit, sich dem Neuen und weithin Unerwarteten begeistert öffnen und voll hingeben zu können, hat Tillich den Übergang ermöglicht.

Freilich muß man sich dazu gegenwärtig halten, daß Tillich zunächst ja doch noch annahm, daß er nach Deutschland zurückkönne. Als im Dezember 1933 die Nachricht kam, daß man ihn definitiv aus dem Staatsdienst entlassen habe, nahm er dies zunächst nicht an. Er schrieb Ende Januar 1934 an den Deutschen Kultusminister, daß er

83. Die Einladung Tillichs nach Union trug der ganze Lehrkörper des Union Theological Seminary, wie daraus hervorgeht, daß für die Honorierung dieser Gastprofessur jeder der Professoren auf 5 % seines Gehaltes verzichten mußte!

sich gegen diese Entscheidung verwahre, da er ein national denkender Mann sei, was er im Ersten Weltkrieg bewiesen habe. Er meint in diesem Brief auch, daß er doch wenigstens auf eine Pension Anspruch habe, die ihm den Abschluß seiner Arbeiten in Deutschland ermögliche[84]. Am 15. Juni 1934 wurde die Entlassung dennoch endgültig bestätigt. Von dieser Tatsache war Tillich tief betroffen. Im Vordergrund dieser Reaktion stand nicht die Sorge um das Gehalt, obwohl Tillich nun ja auf die Vorläufigkeit seiner Gastprofessur angewiesen war. Die Betroffenheit war durch die Bestätigung der Abwendung einer deutschen Regierung von einem Leben, das sich nie ohne besten Willen für Deutschland wußte, hervorgerufen. Viele Emigranten haben, wie Tillich, diese Endgültigkeit doch nicht für möglich gehalten. Wie Tillich, haben sie versucht zu verhandeln. Sie wären wohl bei auch nur einiger Aussicht bereit gewesen zurückzukehren. Man wird dabei daran denken, daß auch Tillich bei aller klaren Abgrenzung vom Nationalsozialismus seinen Freunden noch Ende 1932 empfehlen konnte, sich mit diesen Leuten zu akkordieren, und daß er den Symbolwert des »Dritten Reiches« positiv ansah[85]. Man darf nicht vergessen, daß man 1932/33 nicht das wußte oder auch nur ahnte oder ahnen konnte, was wir heute wissen. Auch ein so ständiger Beobachter der politischen Szene wie Paul Tillich, der seit 1929 der SPD angehörte, war offenbar nicht in der Lage, die Sachverhalte richtig einzuschätzen.

In einem Brief an die Berliner Freundin Lily Pincus von Anfang 1934 wird deutlich, daß Tillich die endgültige Entscheidung seiner Ausweisung sehr schwer trug. Er schreibt: »Ich habe Stärkung nötig. Es ist der zweite Tod, den ich hier erlebe; der erste begann in der Champagne-Schlacht 1915. Der erste war unvorstellbarer und drohender, dieser zweite ist feiner und bitterer. Das Äußere ist mehr Anlaß als Ursache; denn äußerlich ist alles in Ordnung: guter Kolleganfang, feine Studenten, wachsende Beherrschung der Sprache, eine Fülle feiner Menschen, große Aufgaben, erträgliche Wirtschaftslage; aber das alles ändert nicht die Tatsache des Stehens im Tode, in der Notwendigkeit, Vergangenheit durchzuleben und durchzuleiden und die völlige Unfähigkeit, für mich selbst einen neuen Sinn zu finden.«[86] Dieser Brief zeigt die eigentliche Schwierigkeit in der Sinnfindung. Die Tätig-

84. Der Brief ist bei Pauck, S. 156f., abgedruckt.
85. Sozialistische Entscheidung, GW II,334.
86. GW Erg. V,219.

keit des Unterrichts am Seminar ist noch nicht wieder der Person integriert. Obwohl äußerlich alles in Ordnung war, bleibt die innere Leere.

Tillich mußte am Union Seminary vier Jahre Privatdozent bleiben, wofür sein Gaststatus verlängert wurde. Dann blieb er weitere drei Jahre als Associate Professor, bis er ordentlicher Professor wurde. Freilich brauchte Tillich dies nicht zu deprimieren, denn er hatte die große geistige Leistung der 20er Jahre hinter sich. Aber es bedeutete natürlich viel, so lange Jahre ohne feste Position zu sein. Tillich wurde 1936 immerhin fünfzig Jahre alt.

Das Wesentliche aber war wohl, daß Tillich sich in den gesellschaftlichen Stil des Seminars nur schwer hineinfand. Die Beziehungen zu den Theologen- und Philosophen-Kollegen waren freundlich. Aber sie waren anders als in Frankfurt und Dresden. Pauck sagt, sie waren »gedämpft und formell«[87]. Es herrschte ein anderer Stil, der einerseits ungebundener war – zumal was das Verhältnis zu Studenten anging –, andererseits aber formelle Sitten kannte, an die Tillich sich nie gewöhnte. Diese gewisse Entfernung zu den Kollegen am Union wurde auch dadurch nicht kompensiert, daß Tillich viele alte Freunde in der Emigration hatte. Mit diesen Freunden war er auch vorwiegend verbunden. Seinen Kollegen Kroner aus Dresden z. B. konnte er sogar dem Union Seminary empfehlen, als derselbe 1940 emigrierte. Aber das Verhältnis zu den amerikanischen Kollegen gewann nicht die Selbstverständlichkeit, wie das in Frankfurt oder Dresden gewesen war. An solchen Tatsachen krankte ein Mann wie Tillich. Auch Reinhold Niebuhr, der ihm in der sozialpolitischen Tendenz eng verbunden war, verstand ihn nur zum Teil. Ja, er war glänzend geeignet für Streitgespräche. Aber das war nicht die Verbundenheit, die auf Tillichs Eigenart einzugehen in der Lage war. Dies lag nur zum Teil an dem anderen Lebensstil. Dies lag zumal daran, daß die amerikanischen Kollegen den Denkstil Tillichs nicht begreifen konnten. Dies war in Amerika ähnlich wie in Deutschland. Nur – hier in Amerika, am Union Theological Seminary nämlich, war Tillich in einen sehr engen und voll überschaubaren Lehr- und Lebenskreis gestellt. Und die Tatsache, daß er an der benachbarten Columbia University philosophische Vorlesungen hielt, machte die Sache nicht besser. Am Union hielten die Kollegen Tillich letztlich doch für einen Philosophen. Zumal tat sich

87. Pauck, S. 173.

der Rektor Professor Coffin sehr schwer mit Tillich. Noch nach 15 Jahren war er sich nicht im klaren, was an Tillich dran sei. Pauck berichtet[88], daß er von den Predigten »In der Tiefe ist Wahrheit«, die 1948 erschienen, sehr angetan war. Als dann 1951 aber der erste Band der Systematischen Theologie erschien, fühlte er seinen Verdacht bestätigt, »daß Tillich kein christlicher Denker sei, sondern ein griechischer Mystiker«.

Jedoch auf der anderen Seite kamen auch die Philosophen mit Tillich nicht ins reine. Man wußte mit Tillich nicht viel anzufangen. Einerseits hielt man ihn nun doch für einen Theologen, andererseits verstand man ihn in seinen Tendenzen einfach nicht. Tillich war mit seiner Nähe zur Existenzphilosophie unbegreiflich[89]. Die »unmittelbare« Beziehung zum Idealismus in Gedankengängen konstruktiver Art wirkte historisierend. Dazu kam eine Eigenart Tillichs, daß er es nämlich ablehnte, die neue amerikanische Philosophie in ihren verschiedenen Ausprägungen zur Kenntnis zu nehmen. Er las die Werke der für Amerika führenden Denker im ganzen nicht. Es ist schwer zu erklären, warum Tillich sich so verhielt. Aber es liegt auf der Hand, daß Tillich auf Grund dieser Tatsache in keine Auseinandersetzung mit den führenden philosophischen Strömungen Amerikas und Englands kam. Man hat sich in den letzten Jahren oft gefragt, warum Tillich auf eine solche Auseinandersetzung verzichtete. Waren es äußere Gründe, wie z. B. der Zeitaufwand, diese Werke zu lesen? Tillich war ja wirklich sehr viel beschäftigt, und da er lange Zeit Englisch nur langsam las, konnte das ein Grund sein.

Tillich hat aber dem Philosophy Club of New York City bis 1962 angehört[90]. Er nahm auch ganz regelmäßig an den Sitzungen teil, die »von Mai bis Oktober jeden dritten Freitag im Monat« stattfanden. In diesem Club lernte Tillich natürlich amerikanische philosophische Ideen kennen. Jedoch, wenn wir Tillichs späte Werke darauf anschauen, ob und wo sie einen Einfluß dieses sehr eigengearteten Denkens zeigen, so wundert man sich zumal darüber, daß Tillich seine Denkeigenart so festhalten und fortsetzen konnte, als habe es Dewey, Russel,

88. Pauck, S. 183.

89. J. H. Randall (S. 23) berichtet, daß Tillich nach einem Referat über die Existenzphilosophie von G. E. Moore darauf angesprochen wurde, er möge doch bitte nur einen Satz äußern, den Moore verstehen könne. Er habe nämlich von dem Vortrag nichts verstanden.

90. GW XII,74.

Wittgenstein und Whitehead nie gegeben. Wilhelm Pauck meint, daß Tillich im Laufe der Zeit eingesehen habe, daß er »seine eigene Sicht der Dinge der amerikanischen Denkweise« anpassen müsse. Ich kann dieses Urteil in bezug auf die spezifisch amerikanischen philosophischen Schulbildungen nicht bestätigen. Zwar hat Tillich sein Denken nicht so assoziativ abstrahierend geführt wie in den 20er Jahren. Aber einen Einfluß oder gar eine Anpassung seiner Denkgewohnheiten an die amerikanische Sicht ist nicht festzustellen. Die Tatsache aber, daß Tillich seine Ontologie eigentlich erst in Amerika grundsätzlich auszubauen suchte, wird man ja auch kaum auf amerikanisches Konto schreiben dürfen. Dieses merkwürdige Phänomen, daß Tillich in dieser philosophischen Umgebung ausgerechnet eine Ontologie ausbaut, ist das zentrale Problem dieser letzten beiden Perioden seines Denkens.

Wir haben aber auch zu betonen, daß Tillich in der amerikanischen Zeit sich viel mehr als Theologe fühlt als in den letzten Jahren in Deutschland. Dies ist einmal durch die Teilnahme an den täglichen Andachten und sonntäglichen Gottesdiensten am Union Seminary angeregt. Dies lag zweitens an den theologischen Kursen, die Tillich im Union zu erteilen hatte. Dies war drittens durch den ständigen Umgang mit den theologischen Kollegen gegeben. Und viertens gehörte er auch im theologischen Bereich einer führenden Gruppierung an, und zwar wurde Tillich bereits 1934 als Mitglied in die Theological Discussion Group gewählt. Die führenden Theologen Nordamerikas gehörten diesem Kreis an, der sich jedes Jahr an den ersten Wochenenden im März und November versammelte. Sein ständiger Vorsitzender war Wilhelm Pauck[91]. Die vier genannten Einflüsse haben dazu geführt, daß Tillich in Amerika in ganz anderem Sinne als in Deutschland ständig mit theologischen Fragen befaßt war. Dies ist in den Themen seiner kleinen Essays und Vorträge aus diesen Jahren auch ersichtlich. Dabei kam – und das ist bedeutsam – in den Predigten dieser Zeit der Kähler-Schüler und im Grunde der nach wie vor «positive» Theologe zu Worte. In dieser Tatsache liegt letztlich wohl auch das merkwürdige Faktum begründet, daß die Ontologie zum bestimmenden Motiv in Tillichs Denken werden konnte (s. u.).

Die theologischen Arbeiten Tillichs sollten sehr bald kumulieren, als J. H. Oldham die Theological Discussion Group besuchte. Oldham

91. Pauck, S. 192f.

kam dort mit Tillich in Kontakt und lud ihn zu der vorbereitenden Kommission der Oxford Ecumenical Conference von 1937 als Berater ein. Tillich ging hierauf gerne ein. Er täuschte sich nicht über die gewaltige Aufgabe, die das ökumenische Gespräch in einer sich in Blöcke aufscheidenden Welt hatte. Zur Teilnahme an diesen Vorbereitungen fuhr er 1936 nach Europa[92] und nahm auch 1937 an der »Oxford Conference on Life and Work« teil. Tillichs Ideen zu dieser Zeit, die wir im Zusammenhang seiner Schriften zur »protestantischen Ära« näher charakterisieren werden, waren mit den Zielen der werdenden ökumenischen Bewegung nicht identisch. Aber Tillich hoffte wohl, auf diesem Wege viele Seiten seiner Gedanken fruchtbar machen zu können. Er hat auf der Konferenz selbst an der »Kommission über Sozialismus und Kommunismus« mitgearbeitet[93]. Davon zeugen auch einige Veröffentlichungen zu dieser Frage (s. u. IV,2). Tillichs Auftauchen im vorbereitenden Gremium blieb seitens deutscher Theologen nicht ohne Widerspruch[94]. Seine Mitwirkung an der Konferenz war nicht sehr wesentlich[95]. Eine führende Position erhielt Tillich auf der Konferenz nicht, und im weiteren Verlauf mußte er erfahren, daß man ihn gar nicht mehr einlud. Tillich wurde weder 1948 nach Amsterdam, noch jemals später zu den großen ökumenischen Tagungen eingeladen. Tillich hat diese Tatsache mit seinem Dissensus zu Karl Barth erklärt. Da wird auch etwas Richtiges dran sein. Andererseits bemerkt Wilhelm Pauck wohl mit Recht, daß an dieser großen Enttäuschung die Tatsache seiner philosophischen Theologie schuld war. Das kommt sachlich zwar auf dasselbe hinaus. Tillich war kein »kirchlich ausweisbarer« Theologe. Dies war er auch in Amerika nicht geworden. Die ökumeni-

92. Zu dieser Reise vgl. Travel Diary, S. 178f.; Pauck 1974; Tillich II,5. 167–177.

93. So nach Pauck, S. 199; der Bericht in den Briefen Tillichs an seine Frau (GW Erg. V,272) gibt darüber keine klare Auskunft. Was die Bemerkung »Wir entscheiden aber schließlich für die ökonomische Abteilung« wirklich heißt, ist fraglich.

94. Pauck (S. 198) zitiert einen Brief von Carl Stange an Bischof Marahrens zu dieser Frage.

95. Nach einem Interview Paucks (S. 199f.) mit Tillich hat Tillich mit seinen Freunden erreicht, daß in dem Schlußbericht das Votum aufgenommen wurde »Daß Gott eher durch sozial engagierte Menschen, die Gegner der Kirchen seien, wirken könne, als durch Leute, die im Namen der Kirchen sprächen, sich aber nicht für soziale Verantwortung einsetzten«.

sche Sache aber war immer stärker eine Begegnung der Kirchen als der Theologien. Aber wie dem auch sei, die Enttäuschung blieb und hat den Willen Tillichs, sich im kirchlichen Raum zu engagieren, gebrochen.

Aber Tillich hatte in diesen ersten Jahren in Amerika noch eine sehr zentrale und ganz andere Aufgabe übernommen. Das war Mitgliedschaft und Vorsitz in der sog. Selfhelp for Emigrees from Central Europe. 1936 hatten Else und Hans Staudinger diese »Selbsthilfe« in New York begründet, um den Willen der Emigration, sich auch untereinander zu helfen, zu organisieren. Die Organisation lebte von Spenden der Emigranten und gab dieselben weiter an Emigranten. Das Zentrum war aber eine Stellenvermittlung, und hinzu kam die persönliche Beratung der neu Ankommenden. Tillich hat sich dieser Organisation sehr bald nach ihrer Gründung angeschlossen. Er war lange Jahre ihr Leiter. Er bewies dabei viel Organisationstalent. Zumal aber kam in dieser Aufgabe sein persönliches »Engagement« zum Tragen. Tillich hat zum 25. Jahrestag der Gründung der Selfhelp 1961 in seiner Ansprache wichtige Dinge hierüber gesagt[96]. Es ginge in dieser Arbeit stets um Individuen, und es ginge um »zuhörende Liebe« für sie. Eben dies konnte Tillich. Es ginge um »Teilnahme« an diesen Personen und nicht etwa um »Fälle«, die behandelt sein wollten. Das alles sind Kennzeichnungen, wie Tillich mit Menschen umging und wie er das vor allem konnte. Die ganze Unaufdringlichkeit und doch volle Zugewandtheit seiner Person machte seine Arbeit in der Selfhelp für viele zur zentralen Erfahrung ihres Daseins. Gewiß waren die äußeren Hilfen und Ratschläge wichtig. Wichtiger letztlich war dieser persönliche Einsatz Tillichs[97]. Die Schicksale der Emigranten beschäftigten Tillich ständig. Er wußte ja sehr genau, wie gut es ihm gegangen war. So etwas vergaß Tillich nie. Er wußte aber auch, wie schwer dieser Schritt als solcher war. Und so versuchte er, die Schicksale vieler zu erleichtern. Die Möglichkeit, Beschäftigung und Unterkommen zu finden, wurde ja auch von Jahr zu Jahr schwieriger.

Tillich hat sich in Amerika, speziell politisch zu handeln, sehr zurückgehalten. Er war nicht weniger interessiert an politischen Fragen als in Deutschland. Aber er war sich darüber klar, daß die Bedingun-

96. GW XIII, 221–226.

97. Vgl. den Bericht der ersten Sekretärin der Selfhelp, Toni Stolper, in: GW XIII, 570f.

gen des amerikanischen politischen Denkens für ihn weithin fremd und daher schwer zu verstehen waren. In seinem Kollegen Reinhold Niebuhr hatte er in dem Zentrum seines Interesses für einen religiösen Sozialismus einen ebenso engagierten wie eigengestalteten Gesprächspartner. Reinhold Niebuhr leitete den »Bund christlicher Sozialisten« (Fellowship of Socialist Christians). Die Unterschiede in der Beurteilung der Möglichkeit, den Sozialismus religionsphilosophisch zu interpretieren, wie Tillich es versuchte, oder den christlichen Glauben und den Sozialismus einander zu öffnen, wie Niebuhr es wollte, waren deutlich[98]. Sie ermöglichten aber ständige Gespräche. Die Zeitschrift der christlichen Sozialisten mit dem Titel Radical Religion hatte sogleich im ersten Jahrgang 1935 einen Beitrag Tillichs über Marx and the Prophetic Tradition[99] gebracht. Man hat zwar zunächst den Eindruck, daß Tillich die Probleme des religiösen Sozialismus im Übergang nach Amerika vergessen habe. Aber das stimmt nicht. Die Fragen, die ihn dazu kurz vor seiner Emigration beschäftigten, sind durchaus noch lebendig. Das zeigte ja z. B. sein Auftreten 1937 in Oxford. Aber Tillich hält sich in politischen Einflußnahmen sehr zurück. Er bedenkt nach wie vor die theoretischen Hintergründe. Aber er hält sich zurück, wohl weil ihm der Zugang zur politischen Wirklichkeit der Staaten zunächst verschlossen war. Hinzu kam, daß sein Augenmerk sehr stark auf die europäische Entwicklung gerichtet war.

Sein Herz schlug natürlich bei der Beobachtung der Entwicklung Deutschlands. In dieser Richtung hat er denn ja auch mit Kriegsbeginn praktisch zu wirken versucht, indem er durch Rundfunkansprachen über die »Stimme Amerikas« auf die Entwicklung in Deutschland Einfluß zu nehmen suchte[100]. Dazu haben wir unten mehr zu sagen. Diese seine Wirksamkeit faßte sich dann Ende des Krieges dahin zusammen, daß sich Tillich zum Vorsitzenden des Council for a Democratic Germany im Jahre 1944 wählen ließ. Dieser Council war der Versuch, die Lage des Nachkriegsdeutschland von der deutschen Emigration aus zu beeinflussen. Es sollte um demokratische Verantwortung des Nachkriegsdeutschland gehen. Eine Exilregierung zu bilden, war nicht

98. Tillich hat diesen Gegensatz 1937 in seiner Schrift »Die Kirche und der Kommunismus« (Bd. 3, S. 197ff.) skizziert.

99. Unter dem Titel: Prophetische und marxistische Geschichtsdeutung in GW VI,97–108, erschienen.

100. GW Erg. III mit dem Titel »An meine deutschen Freunde. Politische Reden«.

geplant. Aber es sollte um Hilfestellung für das kapitulierte Deutschland gehen gegenüber dem bloßen Rachestreben des Finanzministers Henry Morgenthau wie des englischen Diplomaten Vansittard. Tillich hatte bereits 1942 mit Emil Ludwig eine Auseinandersetzung gehabt, die eben dies Problem betraf[101]. Emil Ludwig hatte versucht, Deutschland mit Hitler zu identifizieren und so die Unterschiede einzuebnen, die den Kern des Bewußtseins der Emigration traf. Es geht Tillich um eine Front gegen »die Methode der Gruppendiffamierung«. Mit sicherem politischen Instinkt hatte er den Punkt gesehen, auf den es ankam. Mit mutiger und klarer Erfassung der Situation zeigt er, daß diese Gruppendiffamierung stets das Kennzeichen des Antisemitismus gewesen sei und sich von demselben in Anwendung auf Deutschland nicht unterscheide.

Eben um dieses Problem ging es auch den Gründern des Council. Man konnte sehen, was kommen mußte, wenn das deutsche Volk mit dem Hitler-Regime schlechthin identifiziert wurde. Dies schuf ja auch die eigentlichen Schwierigkeiten im Nachkriegsdeutschland. In dieser allgemeinen Richtung fand die Gründung des Council statt. Tillich verfaßte auch die erste »Erklärung«, die im ersten Heft des »Bulletin of the Council for a Democratic Germany« erschien[102]. In dieser Erklärung schreibt Tillich, es gehe dem Council nicht um »harte oder milde Friedensbedingungen« für Deutschland. Es gehe vielmehr darum, »ob der erwartete Friede schöpferische Möglichkeiten in sich birgt und allen europäischen Völkern jene Menschenwürde und Möglichkeit schenkt, zu deren Verteidigung dieser Krieg geführt wurde«. Der Weg des Council und seiner Ziele aber war nicht gangbar. Das zeigten schon die ersten Reaktionen, zumal in der Emigration selbst. Als dann noch einige konservative Männer, wie der Reichskanzler Heinrich Brüning, ausgeschlossen wurden, war es bald klar, daß bei der Zerfallenheit der Emigration keine tragfähige Mehrheit zu bekommen war. Auch in der amerikanischen Öffentlichkeit waren es nur einzelne, die dem Bestreben des Council zustimmten. Präsident Roosevelt lehnte derartige Erwägungen aber rundweg ab. Ihm ging es nur um die völlige Kapitulation[103].

101. GW XIII, 278 f.

102. Am 15. Mai 1944 erschien diese »Erklärung«. Sie ist in GW XIII, 322 f., übersetzt.

103. Tillich konnte Roosevelt seine Ideen bei einem Abendessen vortragen, blieb aber ohne jeden Erfolg: Pauck, S. 212.

Die Enttäuschung Tillichs über das Scheitern der Pläne des Council war groß. Diese Bemühung war und blieb die letzte politische Handlung in seinem Leben. Das hing nicht an seinem Alter – er wurde 1946 sechzig Jahre alt. Sondern in dieser Wendung, die Tillich mit dem Ende der Council-Pläne vollzog, lagen Enttäuschung und Resignation über das Verhalten der deutschen Emigration wie der alliierten Nachkriegspolitik. Pauck teilt einen wichtigen Brief Tillichs an Edgar Brightman mit, den Tillich bald nach Auflösung des Council schrieb: Ich war »Vorsitzender des American Comitee for a Democratic Germany, in dem alle Gruppen der Flüchtlinge vertreten waren und das sich der Unterstützung der American Association erfreute. Nach dem Potsdamer Treffen spaltete sich der Ausschuß, und zwar aus demselben Grund, der zur Auflösung der Grand Alliance führte. Darum entschloß ich mich, der ganzen Aktion den Rücken zu kehren. Es gibt kein Deutschland mehr, sondern nur noch eine amerikanische und eine russische Kolonie, und das läßt sich nur durch einen neuen Krieg ändern, zu dessen Verhinderung gerade das Comitee gegründet war.«[104] Wie die Alliierten nach 1918 den Grund für den Zweiten Krieg in Europa gelegt hatten, so hatten sie nun die Grundlage für ständige schwere Auseinandersetzungen mitten in Europa gegeben. Hier lag die Quelle der Enttäuschung und Resignation Tillichs. Er zog sich nun ganz von allen politischen Handlungen zurück. Zwar blieb sein Interesse an politischen Fragen auch in den letzten 20 Jahren seines Lebens wach, aber dieses Interesse setzte sich nicht mehr in Theorien oder in praktische Anstöße um.

Wenn wir diese erste Periode der amerikanischen Wirksamkeit Tillichs bedenken, so sehen wir, wie Tillich mit großer Entschlossenheit und Mut sich auf die neue Situation voll einließ. Er wollte loyal sein und wurde Bürger der Vereinigten Staaten. Diese Wendung hat er auch durchgehalten. Er hat sie z. B. auch darin durchgehalten, daß er seinen privaten und wissenschaftlichen Nachlaß an die Harvard Bibliothek vermachte. In Harvard liegen alle Originale, und das ist seinem entschlossenen Willen gemäß. In dieser Zeit hat sich Tillich trotz tiefer Verständnisschwierigkeiten mit theologischen und philosophischen Kollegen in dem öffentlichen Bewußtsein durchgesetzt. Man kann das nur so sagen. Man muß diese Tatsache bestaunen. Was Tillich hiermit gelang, war anderen großen Männern der Emigration ver-

104. Pauck, S. 322.

sagt. Wenn man z.B. in den Minima moralia von Adorno, die er am Ende des Krieges als Resümee der Emigrationszeit schrieb, die Verbitterung liest, in der Adorno zurücksieht, so merkt man, wie es auch sein konnte. Es war fraglos seine persönliche Größe, die Tillich seinen Weg in Amerika erschloß. Gewiß, daran war auch die vielfältige Geschmeidigkeit seines feinnervigen Denkens beteiligt, die es erlaubte, auf Fragerichtungen und Tendenzen in der unterschiedlichsten Hörerschaft selbst einzugehen. Dabei führte nicht schlaue Berechnung das Ruder, sondern dahinter stand die Aufrichtigkeit der vollen Personzuwendung!

Aber in dieser Zeit liegen auch zwei sehr tiefreichende Enttäuschungen. Die eine war die Tatsache, daß es ihm nicht möglich war, in der ökumenischen Bewegung Fuß zu fassen. Die andere war die Tatsache, daß seine politische Wirkung im Council, an der sein Herz hing, zerbrach. Damit waren ihm Kirche und Staat als Felder öffentlicher Wirksamkeit versperrt. Tillich ging aus dieser Zeit als ein Mann hervor, der sich ganz bewußt auf den theoretischen Bereich beschränkt sah. Er ging daran, sein Lebenswerk zusammenzufassen und zugleich die Kontinente zu verbinden.

2. *Der Weg zur philosophischen Theologie*

Paul Tillich war mit der Emigration und mit seinem Übergang an das Union Seminary wieder in einem theologischen Lehramt. Er nahm dieses theologische Amt als solches auch ernst. Man muß sich dazu daran erinnern, daß Tillich in Dresden und in Frankfurt nicht mehr in theologischen Ämtern gestanden hatte. Zumal in Frankfurt stand er ja durch seine Aufgaben wie durch seine Kollegen und Schüler weit jenseits von aller Theologie. Die Themen seiner Vorlesungen und Seminare waren in Frankfurt rein philosophisch gewesen. Er hatte sich mit Hegel und Kant, mit philosophischer Ethik und der französischen Philosophie des 17. und 19. Jahrhunderts befaßt. Nur am Anfang, 1930, las er eine Religionsphilosophie. Nun aber war er gezwungen, theologische Vorlesungen und Kurse zu halten, und er tat das, ohne daß in Briefen oder Berichten dieser Übergang von ihm als etwas Besonderes vermerkt wäre. Es war eben für Tillich kein Übergang in eine andere Welt, sondern er setzte sein Denken konsequent fort. Das muß man sich vor Augen halten, um die personale Einheit von Philosophie und Theologie bei Tillich zu begreifen. Mit großer Selbstverständlichkeit ging er in den Lebensgang eines theologischen Seminars mit Andachten und Predigten über. Wenn man die Veröffentlichungen dieser Zeit bedenkt, so merkt man diese Wendung zu theologischen Erwägungen sehr deutlich. Die Jahre bis 1945 sammeln Material und Gedanken für eine Systematische Theologie. Tillich liest sie an Hand von Thesen. Immer deutlicher wird in diesen Jahren das Drängen auf ein Werk zur Systematischen Theologie. Dabei spielten in diesen Jahren ja noch immer äußere Beanspruchungen durch die Emigration-Selfhelp wie durch andere Dinge eine Rolle. Erst nach 1945 wird die Systematische Theologie den Mittelpunkt seiner ganzen Arbeiten bilden.

ERSTENS: DAS SEIN SELBST UND GOTT. Als Tillich 1940 am Union Seminary eine ordentliche Professur erhielt, hatte er endlich eine »feste Stellung«. Er hielt seine Antrittsvorlesung über das Problem »Philosophie und Theologie«. Sein Lehrstuhl war als »philosophische Theologie« deklariert, und so war dies Thema gegeben[105]. Die Gedanken Tillichs in dieser Vorlesung zu Philosophie und Theologie[106] sind geradezu ein Musterbeispiel für die eigentümliche Art und Weise Tillichs, immer dasselbe und dieses Selbe doch immer wieder ganz neu zu sagen. Es kommt Tillich in dieser Vorlesung darauf an, die grundsätzliche Identität von Philosophie und Theologie erneut zu postulieren und zugleich den ebenso grundsätzlichen Unterschied beider zu zeigen. Aber der große Synthetiker Paul Tillich läßt diesen Unterschied natürlich nur unter der Voraussetzung der Identität gelten.

Die Identität von Philosophie und Theologie liegt in dem Sein selbst begründet, mit dem beide befaßt sind. Dieses Sein selbst aber ist sowohl dem Philosophen wie dem Theologen ein Problem, weil es den Menschen als Menschen »im tiefsten Grunde angeht« (170). Dieser Sachverhalt, daß der Mensch als Mensch nach dem Sein selbst fragt, ist das spezifisch Menschliche des Menschen in seiner Welt bzw. in der Natur. Beide – Mensch und Natur – bilden eine grundlegende Einheit

105. Diese Vorlesung erschien 1941 in: Religion in Life, Bd. 10, Heft 1, S. 21–30; sie wurde in deutscher Übersetzung zunächst 1950 in dem Sammelband »Der Protestantismus« veröffentlicht. Der Abdruck dieses Aufsatzes (Bd. 1, S. 166–177), nach dem wir zitieren, ist im wesentlichen mit der ersten Übersetzung identisch.

106. Pauck (S. 188) berichtet über die Wirkung der Vorlesung, die Tillich zunächst Freunden vorlas.

(173) und werden nur zertrennt durch eine sich falsch verstehende Philosophie und Theologie. So ist es einleuchtend, wenn Tillich sagt, »daß den Impuls zur Philosophie ein theologisches Element gibt, etwas, das mich letztlich angeht« (172). Man kann natürlich sagen, daß damit eben der Mensch als Subjekt der Philosophie wahrgenommen ist, denn »das Menschliche« ist dieses theologische Element. Diese Philosophie, von der Tillich spricht, ist nicht Metaphysik in dem Sinne, daß eine Welt jenseits des Seienden aufgesucht werden soll. Die Seinsfrage ist »uns näher ... als irgend etwas sonst« (169). Diese Philosophie ist auch nicht bloße Erkenntnistheorie, weil »Sein immer zugleich Subjekt und Objekt ist« (169). Diese Philosophie ist auch nicht mit dem Seienden und Mannigfaltigen befaßt, wie es der Skeptizismus oder Pragmatismus wollen (170). Vielmehr stellt die Philosophie als solche die Frage nach dem »Sinn des Seins«, das den Menschen »im tiefsten Grunde angeht« (170). Diese Philosophie kann Tillich scheinbar leicht mit Parmenides, Heraklit, Sokrates, Platon, Aristoteles, Fichte, Hegel wie Karl Marx (174f.) hinweisend belegen.

In diesen Thesen wird die idealistische Grundkonzeption Tillichs wieder sichtbar. Aber sie ist auf das Sein im Begegnenden ausgelegt. Sie setzt die Identität von Subjekt und Objekt voraus. Mit diesem Konzept steht Tillich weit von den zeitgenössischen amerikanischen Systemen entfernt. Die analytischen Versuche wie die Probleme des logischen Positivismus liegen weit jenseits dieser Postulate. Tillich kann diese Ansätze nur als »eine sehr bequeme Flucht des philosophischen Denkens vor den erschreckenden Wirklichkeiten unserer Zeit« (172) bezeichnen. Die Problematik dieser Systemansätze in der Eigenart unseres Daseins und Denkens unter den Voraussetzungen der sich naturwissenschaftlich definierenden und technisch verwirklichenden Welt ist in den Postulaten Tillichs nicht wahrgenommen. Das Besondere als das Individuierte in seiner Eigenart, die uns beanspruchen kann und muß, wird nicht wahrnehmbar und kann daher auch nicht eigentlich verantwortet werden. Das begriffsrealistisch postulierte Ganze verschlingt als das Sein selbst alles Mannigfaltige, und es bleibt die Frage offen, wie das Sein selbst, das die Sinnfrage beantwortet, dem Besonderen in seiner Daseinsnot helfen kann und soll.

Obwohl Tillich seinen Ansatz nicht metaphysisch verstanden wissen will, so bleibt das philosophische Denken dennoch jenseits des sogen. Existentiellen. Die Philosophie fragt darüber hinaus »nach der Wahrheit selbst« (175). Sie ist in das begriffsrealistisch verstandene

Ganze gebunden. Es gehört zu ihr! Aber wie kann sie dann dem Besonderen nahe sein?

Offenbar nur in der absoluten Verallgemeinerung des Seins selbst. Tillich interpretiert die ganze Philosophiegeschichte begriffsrealistisch. Jedoch spätestens bei Aristoteles scheitert diese Interpretation. Eine Auseinandersetzung mit dem Nominalismus, der sich auch im modernen Positivismus zu Wort meldet, findet nicht statt. Eine »bequeme Flucht ... vor den erschreckenden Wirklichkeiten unserer Zeit« (172), wie Tillich sagt, ist das Denken dieser Versuche wohl nicht, sondern der Versuch, diese Wirklichkeiten als sie selbst wahrzunehmen. Aber Tillich konnte diese ganzen nachidealistischen Konzepte gar nicht erfassen. Für sie ist ja das Sein selbst eben nicht verifizierbar, und der Sinn als philosophische Frage taucht nicht auf. Diese Reflexionen sind wichtig, um zu ermessen, wie Tillichs Vorstellung vom philosophischen Denken schon damals einerseits einsam dastand, andererseits aber erwies sich dieser Ansatz als anwendbar, als das amerikanische Selbstbewußtsein mit den vierziger Jahren in seine Krise geriet. Da war Sinnzusicherung aus dem Sein selbst neu gefragt. Daß Tillichs Denken in den fünfziger Jahren seine gewaltige Öffentlichkeitswirkung in den USA erreichen konnte, hängt an diesem »Kairos«.

Gegenüber der Philosophie hat die Theologie zwar keinen anderen Inhalt. Aber in der Theologie wird das Sein selbst in besonderer Weise wahrgenommen – nämlich existentiell, wie Tillich dies nennt (171). Die Theologie fragt nicht nach dem Sein selbst überhaupt, sondern nach seiner Konkretion als »mein Sein«. Sie erfragt das Sein, insofern es eine bestimmte Existenz angeht. Das heißt aber, sie fragt nach Gott (171). Nach Gott fragen heißt also nach dem Sein selbst unter den Bedingungen der Existenz fragen. Dies ist fast schon die spätere Formel für Jesus als den Christus, und diese Wirklichkeit ist ja auch gemeint. Die Theologie, die so existentiell nach dem Sein selbst fragt, ist damit immer auch philosophisch. Sie verdirbt, wo sie diese Seite ihres Arbeitens abblendet. Sie wird dann rein »kerygmatisch«, wie Tillich das hier nennt. Das heißt, ihre Explikation der Offenbarung wird zu etwas Besonderem, und das Sein selbst versinkt. Das heißt, die Beziehung zur Wirklichkeit wird unsichtbar. Aber die Theologie hat ihr Proprium in der Einbeziehung des Seins selbst in die Existenz, das der Theologe »an diesem bestimmten Ort und zu dieser bestimmten Zeit anerkannt hat« (176). Das meint »die Erscheinung des Logos«. Damit gehört also für den Theologen »sein Glaube und der Glaube seiner Kirche ... intentional zu seinem Denken« (176). Eine neue Identifikation wird im Hintergrunde sichtbar: »Was als unser letztes existentielles Anliegen erschienen ist, ist zugleich als der Logos des Seins erschienen« (177). Damit bezieht Tillich also die beiden Spezifika der Theologie direkt aufeinander[107]. Frage und Antwort werden in ihrer vorgängigen Korrelation erkennbar. Sie werden nicht auseinander deduziert. Das hätte ein liberaler Theologe aus der alten Berliner Schule getan. Aber Tillich war nie liberaler Theologe. Es geht um die Anerkenntnis des zu bestimmter Zeit und an bestimmtem Ort Geschehenen. Das heißt, der Glaube des Theologen trägt die Theologie. Der Kähler-Schüler wird sichtbar.

Zu diesen Überlegungen Tillichs über das Sein selbst als Bezugsmitte von Philosophie und Theologie müssen wir näher erklären, was dieses Sein selbst als der letzte Sinngrund unserer Existenz für die Theologie eigentlich bedeutet. Das heißt: Mit diesen Überlegungen Tillichs stellt sich die Frage nach dem »persönlichen Gott«. Tillich hat sich in seiner Antwort auf Albert Einstein (Bd. 1, S. 178 ff.) im gleichen Jahre, d. h. 1940, zu dieser Frage geäußert[108]. Diese kleine Replik ist für die Einschätzung des theologischen Vorgehens Tillichs von Wichtigkeit, denn selten hat Tillich sonst sich so eindeutig zu dieser Frage geäußert, und dies ist ja ein wesentliches Problem, wenn man wie Tillich Gott als »das, was uns letztlich angeht«, oder als ultimate concern paraphrasiert. In der Antwort auf Albert Einstein wird deutlich, daß Tillich mit dem ultimate concern den »persönlichen Gott« als Symbol bzw. Analogie meint. Symbol oder Analogie heißen aber, daß das Persönlichsein Gottes damit »zu gleicher Zeit bejaht und verneint wird« (181). Die Persönlichkeit Gottes meint also nicht ein Etwas an Gott oder Gott als dieses Etwas. Es ist eine symbolische oder analogische Redeweise. Diese Redeweise gibt die »Erfahrung« wieder, daß wir »in der Mitte unseres Personseins« von diesem Gott getroffen sind. Eine Person kann aber nur von einer Person getroffen werden. Oder wie Tillich das im Schelling-Zitat sagt: »Allein eine Person kann eine Person

107. Im vorletzten Abschnitt dieser Vorlesung gibt Tillich einen Aufriß dessen, womit die philosophische Theologie befaßt ist. Dabei erscheinen die Teile der späteren Systematischen Theologie bereits voll ausgereift in ihrer Abfolge.

108. »Das Problem des persönlichen Gottes. Eine Auseinandersetzung mit Albert Einstein« ist in Bd. 1, S. 178–182, übersetzt. Der Titel des ursprünglichen Aufsatzes, der 1940 in der Union Review II/1 erschien, war: The Idea of the Personal God.

heilen« (182). Aber das Gottsein Gottes geht nun ja in dieser meiner Betroffenheit nicht auf. Gott ist stets unendlich viel mehr, als ich an ihm erfahre – ja, in meiner Erfahrung ist dieses Mehr Gottes als »des unzugänglichen Grundes und Abgrundes des Seins« (182) immer mit darin. Diese Tiefe oder dieser Abgrund wird von dem Symbol des Persönlichen nicht mehr erreicht. Sofern wir also als Person von Gott betroffen sind, sprechen wir unsere Erfahrung mit Gott analogisch aus, indem wir vom persönlichen Gott reden. Sofern Gott aber weit über unsere Betroffenheit hinaus der unermeßliche und unzugängliche Abgrund des Seins selbst ist, können wir sein Personsein nur bestreiten. Tillich gibt zu diesen Erwägungen eine seiner ebenso »ungeschützten« wie überraschenden Formulierungen: »Ohne ein ›atheistisches‹ Element kann der ›Theismus‹ nicht aufrechterhalten werden« (181). Mit diesem Satz nimmt Tillich Recht und Unsinn der ganzen »Gott ist tot«-Theologie vorweg. In der Schwebe dieser Formulierung wird ganz deutlich, daß es Tillich allerdings um die Bewahrung des Theismus geht. Aber er weiß genau, daß derartige Bezeichnungen eben nichts »an sich« über Gott aussagen. Unsere Begriffe haben nur den Charakter von Analogien.

In diesem Aufsatz werden zwei Tendenzen im Denken Tillichs deutlich, die wir noch bemerken müssen. Einmal hatte Einstein gegen die Annahme eines persönlichen Gottes mit dem »primitiven Aberglauben« argumentiert, der sich damit verbinde. Tillich entgegnet ihm, er bäte Einstein und andere Kritiker der Theologie, »an die Theologie mit der gleichen Fairness heranzugehen, wie sie von jedem gefordert wird, der sich mit der Physik auseinandersetzt« (180). Man erwarte ja doch, daß man der Physik nicht das vorhalte, was längst veraltet sei. So müsse auch Einstein von der modernen Theologie ausgehen. Diese Fairness wird ja oft vergessen. Andererseits muß man natürlich sagen, daß die Religionen ein Lebensbereich sind, in dem sich nicht nur Atavismen halten, sondern in dem auch neue »abergläubische« Fanatismen jederzeit hervorbrechen können. Diese Tatsache kann Tillich von seiner philosophischen Theologie aus freilich nicht beschäftigen. Das heißt, daß Tillich versucht, mit seiner philosophischen Theologie die Einsichten abzusichern, die einen Rückfall in »primitiven Aberglauben« verhindern. Indem er die Glaubensaussagen symbolisch oder analogisch interpretiert, hält er den Raum der lebendigen Erfahrung offen, verhindert aber Hypostasierungen von dogmatischen Folgerungen. Andererseits wird in diesem Aufsatz deutlich, daß Tillich meinte, mit seiner philosophischen Theologie einen Bereich betreten zu haben, der »in keiner Weise mit Wissenschaft oder Philosophie in Konflikt gerät« (180). An dieser Überzeugung hing für Tillich sehr viel. Das moderne wissenschaftliche Weltbild und eine philosophische Theologie sind füreinander offen. Dies festzuhalten und zu erweisen, ist eine der großen durchgehenden Tendenzen im Arbeiten Tillichs. Tillich hat sich zwar nie zu Problemen des physikalischen oder chemischen Arbeitens und ihrer mathematischen Grundlagen geäußert. Diese Dinge lagen jenseits dessen, was er von seinem Denken aus ergreifen konnte. Aber er war überzeugt, daß es zwischen zwei Bereichen, in denen Wirklichkeit vernunftgemäß erfaßt ist, keine Konflikte geben könne. Solange es feststeht, daß alles menschliche Denken dem Sein selbst zugehört und solange eine philosophische Theologie dieses Grundmoment auch am Glauben freihält, kann es keine Konflikte geben.

In diesen Konzepten des Jahres 1940 hat Tillich seiner Theologie die Grundform gegeben, die in der Systematischen Theologie dann ihre endgültige Fassung fand.

Zweitens: Das Ende der protestantischen Ära. Mit seinen Ideen von der philosophischen Theologie wollte Paul Tillich nicht etwa einen Bereich jenseits der Einsichten betreten, die die Reformatoren gepredigt hatten. Er meinte vielmehr, hiermit den Weg der Reformation unter den Notwendigkeiten seiner Welt fortzusetzen und zu ermöglichen. Darum ging es Tillich. Dies Bestreben wird in seiner Eigenart wohl nirgends so klar, wie in den beiden kleinen Aufsätzen von 1937, die Tillich nach seiner Rückkehr aus Europa schrieb. Sie erhielten in den späteren Nachdrucken und deutschen Übersetzungen beide den Titel: »Das Ende der protestantischen Ära«[109] (Bd. 3, S. 177ff.). In diesen beiden Aufsätzen wird einerseits besonders deutlich, wie Tillich die Situation der evangelischen Kirchen beurteilt und wie er sein theologisches Verhältnis zu diesen Kirchen einschätzt. Auf der anderen Seite wird in der Kennzeichnung des protestantischen Prinzips deutlich, wie eigentlich die Grundlagen der theologischen Position Tillichs aussehen. Der Schüler Martin Kählers wird in der zentralen Position, die er der Rechtfertigung gibt, wieder unübersehbar. Man wird die Grundkonzeption der Systematischen Theologie schwerlich ganz begreifen, wenn man diese Überlegungen nicht kennt. Man wird auch

109. Zur Textgeschichte vgl. GW XIV, 154f.

die Nähe Tillichs zu Emil Brunner und ihre tiefe Unterschiedenheit, die beide in der Einschätzung der Kirche zum Ausdruck kommen, nur von hier aus sachgemäß beurteilen[110].

Die beiden kleinen Aufsätze zum Ende der protestantischen Ära, die zusammen nur 19 Seiten umfassen, versuchen die Lage der evangelischen Kirchen im Zusammenhang einer Welt zu beschreiben, die das geistige Erbe der Reformation nicht mehr tragen kann. »Wenn wir die Situation der ihres Lebenssinnes beraubten Massen betrachten, die völlig unfähig sind, solch eine Entscheidung (sc. wie sie nach Meinung der Reformation jeder Protestant über die Wahrheit der Lehre fällen muß) zu treffen, und wenn wir ebenso die Situation der jungen Generation betrachten, die sich weigert, die Verantwortung für solch eine Situation auf sich zu nehmen, können wir kaum einen Weg sehen, wie der Protestantismus diese schwierige Weltlage überwinden soll« (189).

Die Weltlage kündigt das Ende der protestantischen Ära an. Diese Ära – so sieht es Tillich – war aus der Verbindung von Reformation und Humanismus als eine Bewegung hervorgegangen, die den Menschen freizumachen suchte von autoritären kirchlichen Bindungen auf dem Boden geistiger eigenverantworteter Entscheidungen in Sachen des Glaubens wie der Lebensführung auf dem Hintergrunde von Bibelauslegung. Diese Voraussetzungen sind nicht mehr einzuhalten. Zentral für dieses Urteil ist die Einschätzung der Notwendigkeiten modernen Lebens, die Tillich in der Errichtung totalitärer Staats- und Wirtschaftsformen wie in den kollektiv reagierenden Massenphänomenen sieht. Beides gehört aufs engste zusammen. In den scharfen Skizzen der historischen Bedingungen dieser Weltlage faßt sich das zusammen, was Tillich aus Amerika wußte und was er auf seiner Reise durch Europa gesehen hatte. Gerade seine frischen Eindrücke der Berichte vom Kirchenkampf in Deutschland wie von der theologischen Situation in den ökumenischen Gremien durchweht diese Blätter und verleiht ihnen ihren Schwung. Diese Seiten haben auch von ihrer Aktualität bis heute nichts eingebüßt.

Der Protestantismus müßte selbst autoritär werden, um in dieser Welt bestehen zu können. Dieses Urteil Tillichs scheint unwidersprechlich, wenn man die Kirche einerseits und ein protestantisches Prinzip andererseits meint unterscheiden zu können. Und dies meinte Tillich. Das protestantische Prinzip aber, mit dem Tillich hier arbei-

110. Vgl. den Briefwechsel in GW Erg. V, 331 ff., 342 f.

tet, »ist die Lehre von der Rechtfertigung allein durch die Gnade«. Dieses Prinzip führt mit sich den »prophetischen Protest«, der gegen alle Versuche, andere Größen an die Stelle der Gnade zu setzen, auftritt (189). Der prophetische Protest muß daher »immer alle geheiligten Autoritäten, Lehren und alle geheiligte Moral der Kritik unterziehen, angreifen und verurteilen« (189). Die prophetische Kritik oder der prophetische Protest – aus Beobachtungen der alttestamentlichen Prophetie gewonnen[111] – gehört zur Wahrnehmung der Alleinwirksamkeit Gottes. Diese Kritik richtet sich gegen kirchliche wie staatliche oder weltanschauliche Versuche, an die Stelle der rechtfertigenden, d.h. sinnverleihenden Macht des Seins selbst irgendwelche Ersatzhandlungen oder Ersatzgarantien zu stellen. Die Rechtfertigung ist ein Geschehen, das den Menschen von Gott her als diesen einzelnen sieht und ihn in seinen Glaubensentscheidungen als diesen einzelnen – autonom in der theonomen Bindung – beläßt. Kirche kann von hier aus nur eine nachträgliche Summation dieser einzelnen sein – religionssoziologisch wohl notwendig, sachlich aber ein meist gefährliches Superadditum. Das protestantische Prinzip aber ist unvergänglich. Die Kirchen aber vergehen mit ihrer geschichtlichen Stunde. Tillich wird später – im III. Band der Systematischen Theologie – die Geistgemeinschaft von Christen in diesem Sinne deutlich von den christlichen Kirchen unterscheiden[112]. Da das Grundereignis Rechtfertigung nur den einzelnen Menschen im Blick hat, der darum zu seinen Entscheidungen aufgerufen und befähigt wird, so kann die Kirche stets nur eine sekundäre, in ihrer Geschichtlichkeit wohl unumgängliche Manifestation der Rechtfertigung, aber nicht mehr sein.

Unter diesen Voraussetzungen kann Tillich die Kirche völlig pragmatisch den gegenwärtigen Erfordernissen entsprechend zu prägen suchen. Ja, es gehört zur Sache, daß die Kirchen als Manifestationen des protestantischen Prinzips sich der Weltlage pragmatisch angleichen. Tillich stellt unter der Voraussetzung des Endes der protestantischen Ära, also für die nachprotestantische Verwirklichung des Christen-

111. In den Vorträgen über »Die Wiederentdeckung der prophetischen Tradition in der Reformation« von 1950 (GW VII,171–215) hat Tillich diese Verbindung mit Recht hervorgehoben und in bezug auf Gott, Mensch und Gemeinschaft dargestellt.

112. ST III,179f. Auf dieser Linie trifft sich Tillich mit Emil Brunner, der eine analoge Trennung von Kirche und geistlicher Gemeinschaft proponierte.

tums fünf Charakteristika auf (183 f.): 1. Das protestantische Prinzip ist das Kriterium aller kirchlichen Verwirklichung. 2. Die Kirche selbst muß heute Massen integrieren können – autoritär und sakramental – ein »evangelischer Katholizismus«. 3. Die Kirche muß den »Humanismus als esoterisches Mittel der Selbstkritik« aufnehmen. 4. Die Kirche muß die »nachliberale Gesellschaft« unter die Kritik des protestantischen Prinzips wie der humanistischen Idee stellen. 5. Diese Kirche muß von einer Gruppe oder einem Orden »religiös, politisch und geistig vorbereitet« werden[113].

Diese fünf Thesen zeigen deutlich, worum es Tillich geht. Massenintegration und Humanismus als äußere Kennzeichen. Das protestantische Prinzip als einziges Kriterium. Ordensmäßige Lenkung dieses Geschehens. Tillich hat zu dieser Zeit immer wieder den Gedanken der kleinen Gruppe erwogen und vertreten[114]. Dies lag ja auch in der Zeit. Die Kirche selbst als Verwirklichung paßt sich an – methodisch und im Vorgehen. Sie nimmt das auf, was in der Zeit liegt – autoritäre Struktur und Humanismus. Die »nachliberale« Gesellschaft mußte kommen. Ihr gilt die kirchliche Sorge. Man kann nicht bestreiten, daß der Pragmatismus dieser Erwägungen schwer zu übertreffen ist. Die Tendenz geht in die Richtung dessen, was die Deutschen Christen zu gleicher Zeit in Deutschland machten. Von ihnen scheidet Tillich das Kriterium des Ganzen, nämlich das protestantische Prinzip, weil es als Rechtfertigung des einzelnen zugleich prophetische Kritik an Massenintegration wie Humanismus ist. Dabei ist die mit dem Prinzip verbundene prophetische Kritik das Entscheidende. Unter ihrer Voraussetzung kann man sich mit dem Humanismus einlassen, denn niemals kann die Agape zur Mitmenschlichkeit werden, wenn dieser Protest wachbleibt.

DRITTENS: POLITISCHE THEORIEN. Das politische Handeln Tillichs in diesem Zeitraum ist dadurch charakterisiert, daß er seine bisherigen

113. Pauck (S. 196ff.) zeigt aus Tillich, Travel Diary, das 1970 bei Harper u. Row in New York erschienen ist, daß Tillich die Idee dieser kleinen Gruppe oder dieses Bundes oder Ordens auf der ganzen Europa-Reise begleitete. Leider fehlen diese Partien sowohl in Frau Tillichs Auszug aus diesem Diary in ihrem Buch »From Place to Place« wie auch in den Auszügen, die in GW Erg. V,254ff., gegeben sind. Von diesen kleinen Gruppen spricht Tillich auch in seiner kleinen Schrift: »Eine geschichtliche Diagnose: Eindrücke von einer Europareise« von 1936 (GW XIII, S. 248).

114. Dazu vgl. Amelung, S. 254f.

Ideen zum religiösen Sozialismus noch stärker theoretisiert und gleichsam ganz aus der konkreten politischen Gegebenheit zurückzieht. Dadurch entsteht der Eindruck, daß Tillich diese Seite seines Denkens nicht weiter verfolgt habe. Das stimmt aber nicht, wie wir sehen werden. Daß Tillich über Sozialismus und Kommunismus nur noch theoretisch nachdenkt, hatte zumal den Grund, daß er sich im amerikanischen politischen Gefüge unsicher fühlte. Die Entscheidungen im Parteiengefüge der USA fielen sehr andersartig als in Deutschland. Tillich war auch wohl davor gewarnt, sich als »Fremder« in das konkrete politische Leben einzulassen[115]. Dazu kam, daß Tillich auch offenbar seinen Abstand zu der regen politischen Wirksamkeit Reinhold Niebuhrs und seines »christlichen Sozialismus« sehr deutlich empfand. Gewiß, Niebuhr war in diesen Fragen sein wichtigster Gesprächspartner. Aber zugleich waren ihrer beider verschiedene Grundlagen offensichtlich. Niebuhr zog Tillich immer wieder heran und förderte ihn, wo er konnte. Aber einen wirklichen Zugang zu seinen politischen Aktivitäten fand Tillich nicht.

Wie sich Tillichs Intentionen verschoben und dennoch gleichblieben, kann man an zwei Arbeiten zeigen, die 1937 zur Frage Kirche und Kommunismus und 1942 zu dem Problem Marxismus und religiöser Sozialismus erschienen. In der kleinen Schrift »Die Kirche und der Kommunismus« (Bd. 3, S. 197ff.) zeigt Tillich die Grundlagen für seine spätere Lehre vom Kommunismus als einer Quasireligion auf. Das Verständnis des Kommunismus muß von einer genauen Kenntnis gerade des frühen Karl Marx ausgehen und zeitgeschichtlich orientiert sein. Dann entdeckt man nämlich, daß der Kommunismus »eine säkularisierte und ins Politische übersetzte Form christlicher Prophetie« ist. Tillich meint, daß seine Vorstellung vom Prophetischen und der Marxismus nur parallel zu sehen seien: Die Vergeschichtlichung aller Weltansicht, die Wendung zur Zukunft wie die Einschätzung des Menschen seien analog (200f.). So kommt Tillich zur religiösen Deutung des Marxismus (201). Freilich muß der Utopismus im Marxismus kritisiert werden. Auch entdeckt man, wie unzureichend im Marxismus vom Menschen geredet wird. Aber das alles sind Dinge, die an der grundsätzlich gemeinten Gesprächsmöglichkeit nicht vorbeiführen. Ja, die Kirche soll sich vom Kommunismus auch sehr ernsthaft zur Selbstkritik herausfordern lassen. Das ist der Hauptinhalt des theoreti-

115. Pauck, S. 207.

schen Teils. Tillich spricht in einem zweiten Teil aber auch vom praktischen Vorgehen der Kirchen. Hierzu verlangt er erstens eine ausgebaute kirchliche Theorie über den Marxismus (205). Zweitens vertritt er die Meinung, daß die Kirchen niemals eine politische Bewegung unterstützen dürften, geschweige denn, daß sich die kirchlichen Autoritäten einer politischen Partei anschließen dürften (205). Unklarer ist die dritte Forderung, daß die Kirchen nämlich niemals ein bestehendes politisches System begünstigen dürften. Ordnung sei kein Recht (206). Viertens: Die kommunistische Kritik an den bestehenden gesellschaftlichen Dämonien müsse die Kirche aufnehmen (206). Die Kirche müsse fünftens die dämonischen Elemente des Kommunismus angreifen, das sei zumal die Tyrannei (207). Diese fünf Grundsätze für die Kirche hätte der Tillich der 20er Jahre so niemals anerkannt. Eine politische Wirksamkeit der Kirchen ist nämlich nur gegenüber den Dämonien der politischen Bewegungen zulässig. Sonst offenbar nicht.

Für die Pfarrer, sagt Tillich, sei dasselbe anzunehmen wie für die Kirchen. Aber der Pfarrer sei auch noch Privatperson. Als solcher könne er auch religiöser Sozialist sein. Aber stets müsse diese private Einstellung hinter den Notwendigkeiten seines Pfarrerdaseins zurücktreten (207).

Der christliche Laie, meint Tillich, könne durchaus Kommunist sein und als solcher die christlichen und kommunistischen Prinzipien zu verbinden suchen. In dieser Richtung sieht Tillich jetzt die Versuche der religiös-sozialistischen Bewegungen. Die Kirchen freilich können auch die religiösen Sozialisten nur indirekt unterstützen. Und die Kirche dürfe nicht »das Risiko auf sich nehmen, einen christlichen Sozialismus zu praktizieren« (208).

Die Kirche hat das Reich Gottes zu repräsentieren und zu antizipieren. Damit ist ihr praktische politische Tätigkeit versagt. Sie kann die Probleme des Klassenkampfes nicht lösen. Als »Gemeinschaft des Glaubens und der Liebe« löst sie soziale Probleme »nur in ihren eigenen Grenzen«. Damit hat sich die Kirche vom geschichtlichen Leben zu distanzieren, ohne ihre geschichtliche Verantwortung zu verneinen. Auf das Gleichgewicht zwischen dieser Distanz und dieser Verantwortung kommt es im kirchlichen Handeln an (209).

Diese Arbeit aus dem Jahre 1937 zeigt, daß Tillich die Idee des religiösen Sozialismus nicht etwa aufgab. Aber er zieht das Handeln der Kirche aus der Verantwortung für die Welt dennoch zurück. Es geht der Kirche um das Reich Gottes, und seine Repräsentation hat eigene

Gesetze. Neu ist in diesen Überlegungen, daß Tillich hier bewußt von der Kirche her denkt. Dabei sei es dahingestellt, ob man die Kirche als Repräsentation und Antizipation des Reiches hinreichend definieren kann. Maßgebend ist hier das eigene Lebensgesetz der Kirche, das den geschichtlichen Auseinandersetzungen nach Tillichs Meinung wenig Hilfreiches zu bieten hat. Der Klassenkampf muß nach seinen Gesetzen verlaufen. Und die Kirche übt soziales Handeln nach ihren Gesetzen. In der Person des Pfarrers, der eben auch Privatperson ist – jedenfalls in Grenzen –, schneiden sich die Linien in eigentlich unheilvoller Weise. Die Kirche hat also ein eigenes Handlungsgesetz. Gewiß soll damit nicht eine heilige Sphäre gegenüber der Profanität aufgerichtet werden. Aber die Kirche hat ihre eigenen Handlungsantriebe. Der religiöse Sozialismus ist nach dieser Charakterisierung eine reine Laienbewegung. Die Kirche darf diese Laienbewegung auch nur indirekt unterstützen. Der religiöse Sozialismus hat offenbar auch nur das Ziel der Prinzipienvereinigung. Das heißt, Tillich hält die Erörterung ganz im Theoretischen und Unbestimmten. Was solche Prinzipienvereinigung beinhalten könnte, das bleibt ungesagt.

Die andere kleine Schrift Tillichs über »Marxismus und religiöser Sozialismus« (Bd. 3, S. 221ff.) hat einen anderen Charakter. Zwar ist das Fundament gleich. Das heißt, die gleiche Intentionalität im Prophetismus wie im Marxismus wird skizziert. Dabei spielt die Einheit von Theorie und Praxis eine besondere Rolle (223). Das, worauf diese Schrift zielt, ist zu zeigen, daß die Problematik, die der Marxismus anfaßte und in Form brachte, »unerschöpflichen Sinn« hat, wie der Protestantismus oder der Prophetismus (229). Dies bezieht Tillich zumal auf drei Strukturelemente: die Einheit von Theorie und Praxis, die an den materiellen Produktionsverhältnissen orientierte dialektische Geschichtsdeutung wie die Einsicht in die Widersprüchlichkeit der Struktur des Kapitalismus (226ff.). Der religiöse Sozialismus verbindet diese unverlierbaren Wahrheiten mit den prophetischen Prinzipien des Christentums. Tillich ist von der geschichtlichen Rolle des religiösen Sozialismus zu dieser Zeit nicht mehr überzeugt. Aber er meint, der religiöse Sozialismus sei imstande, »die gegenwärtige Welt zu verstehen und zu transzendieren« (229). Ob dies wirklich der gepriesenen Einheit von Theorie und Praxis gerecht wird?

Diese beiden Arbeiten zeigen, daß Tillich seine Ideen zum religiösen Sozialismus theoretisch sehr wohl noch festhält, daß er auch überzeugt ist, daß diese Wege weiterhin beschritten werden können. Aber der zündende Funke zur Realisierung ist nicht mehr da. Zwar hat der sog. Kairos-Kreis auch in den 20er Jahren nichts realisiert. Aber seine Ideen faßten sich stets in Handlungsvorschlägen zusammen. Hier wird der Marxismus nur noch als Theorie wahrgenommen, aber nicht als Wirklichkeit beurteilt und erfahren.

An zwei Stellen nur hat Tillich in diesem Zeitraum noch einmal praktisch politisch gehandelt, wie wir sahen. Die eine Stelle waren seine Radioansprachen nach Deutschland, die andere Stelle war die Mitarbeit am Council für das Nachkriegsdeutschland. Mit diesen beiden Aktivitäten, von denen die zweite ja nicht zum Ziel kam, hat Tillich seine politische Wirksamkeit endgültig eingestellt.

V. Das Vakuum und der Kairos der menschlichen Tiefe 1947–1965

Der letzte Zeitraum des Wirkens Paul Tillichs – von seinem sechzigsten Lebensjahr bis zu seinem Tode – überfällt Tillich mit seinem gewaltigen Ausbruch von Bekanntheit, Gesuchtsein und Beanspruchtsein über die Kontinente hinweg. Tillichs Bücher – wie Mut zum Sein – werden Bestseller. Tillich eilt von Ehrung zu Ehrung. Seine Breitenwirkung in Amerika erreicht ein Höchstmaß. Man fragt neu nach ihm in England und Deutschland. Die Übersetzung seiner deutschen Werke ins Englische und seiner englischen Werke ins Deutsche wird notwendig und möglich. Als Tillich am 22. Oktober 1965 starb, da wurde dieses Ereignis weltweit im Fernsehen wie im Radio, in Gedenkgottesdiensten wie in endlosen Zeitungsartikeln »begangen«. Wie kam es zu dieser Ruhmeswelle?

Hinter diesem Aufschwellen von Publicity stehen drei scheinbar neue Wendungen Tillichs, die nur auseinander verständlich werden, die aber scheinbar widersprechend sind. Diese drei Wendungen schienen neu zu sein, doch ihre Motive waren stets da! Aber sie traten aus neuem Lebenskontext hervor und legten einen Kairos frei, in dem die menschliche Tiefe Tillichs und die Tiefe des Menschlichen überhaupt füreinander sichtbar wurden. Das war kein Kairos wie der, den Tillich und seine Freunde in den frühen zwanziger Jahren erwarteten. Aber es war der Kairos Paul Tillichs, und das ist der Kairos der menschlichen Tiefe. Die drei scheinbar neuen Wendungen, die in dieser Periode zusammentrafen, waren erstens die aktive Resignation im Zugeständnis der »heiligen Leere«, zweitens die entschlossene Wendung zum Menschen in seiner tiefenpsychologisch beschreibbaren Preisgegebenheit und drittens die Ontologisierung der idealistischen Trias Sein / Nichtsein / Übersein als der »Gott«, der sich als »Gott« versagt und nur darin »Gott« bleibt.

Erstens: Die aktive Resignation im Zugeständnis der »heiligen Leere« kennzeichnet den Ausgangspunkt und den ernstgemeinten Hintergrund des Verhältnisses Tillichs zur Wirklichkeit überhaupt wie zumal zur politischen Aktivität während dieser Jahre. Tillich hat nach 1945 wieder und wieder von dem Vakuum gesprochen, das nunmehr da sei. Er identifiziert sein persönliches Schicksal – keinen Zugang zur politischen und ökumenischen Wirksamkeit gefunden zu haben – mit dem Geschehen nach 1945 überhaupt. Indem er diese Identifikation auch in dieser Phase seines Daseins vollzieht, umgeht er den resignativen Zug privater Erfahrung, verallgemeinert seine Erfahrung auf die politische und wissenschaftliche Situation überhaupt und gewinnt darin seine »aktive Resignation«. Diese aktive Resignation führt zur Betonung der Vertikalen gegenüber der Horizontalen. In der Horizontalen ist alle Wirkung verstellt, und nur die Vertikale als Symbol des Religiösen vermag dem Menschen seine Wirksamkeit zu sichern[116].

Der Vortrag, den Tillich bei seiner ersten Deutschlandreise 1948 in Berlin hielt, heißt: Das geistige Vakuum (Bd. 3, S. 230ff.). Was Tillich mit diesem Vakuum meint und was er damit tut, ist seiner Grundsicht von der Identität, von subjektivem Geschick und objektivem Geschehen entsprungen. Stets hat Tillich so gehandelt und sein subjektives politisch-wissenschaftliches Empfinden und Urteilen durch seine Beobachtungen der Gesamtsituation ausgelegt. Er hat mit dieser wechselseitigen Auslegung von Persönlichem und Öffentlichem nicht nur die unerhörte Aktualität seiner Urteile, sondern auch die oft hellsichtige Einschätzung von Situationen gewonnen. So war es auch jetzt. Aber

116. Adolf Lowe hat diese Wendung genau beschrieben: »Ein ernsthafter Gegensatz zwischen mir und Tillich trat in den amerikanischen Jahren auf, als Tillich die ›horizontale‹, d. h. die Hoffnung, in sozialistischer Richtung zu arbeiten, preisgab zugunsten einer radikal ›vertikalen‹, d. h. ausschließlich auf das Religiöse eingestellten Richtung. Der Zeitpunkt war kurz nach dem Ende des zweiten Weltkrieges, symbolisiert durch einen Vortrag Tillichs in Chicago über ›die Leere‹.« Dieser Bericht Löwes ist GW Erg. V, 370, abgedruckt. Vgl. Karin Schäfer-Kretzler in GW Erg. III, 18.

hinter dieser von Schelling her gedeuteten Identität von subjektivem Geschick und geschichtlichem Geschehen steht bei Tillich jene bei dem jungen Tillich deutliche Fähigkeit und Notwendigkeit, sich mit Gestalten von Gelesenem und Gestalten von begegnenden Menschen voll zu identifizieren. Tillich hat als junger Mann unter dieser Fähigkeit tief gelitten. Schelling hat sie ihm ausgelegt, und er nahm diese Auslegung gierig auf, denn diese Auslegung gab ihm das Recht auf sich selbst!

Das heißt, die Eigenart Tillichs, Situationen seiner selbst und seiner Zeit durcheinander oder aneinander auf Identität hin auszulegen, ist ein Stück Tillichscher »Anlage«, die ihm Schelling deutete. Die Verbindung zu Schelling, die Tillich unwandelbar festhielt, war also mehr als ein intellektuelles Fürwahrhalten. Wenn Tillich nun auch nach dem Zweiten Weltkrieg sein eigenes Dasein und die Weltlage aneinander auslegte und als Vakuum interpretierte, so bemerken wir: Dieses Vakuum nahmen die Hörer in Berlin wie in Amerika auf. Es entsprach ihrem eigenen Erfahren und Empfinden. Tillich traf damit also dieses Mal nicht nur die Bewußtheit esoterischer Zirkel wie mit dem Kairos-Denken der frühen 20er Jahre, sondern er wurde zum Sprecher breitester Schichten der europäischen wie der amerikanischen Öffentlichkeit. Hier war ein Ton angeschlagen, der die Menschen dieser Jahre sich selbst erschloß und in dieser Erschließung nicht nur passiv-resignativem Warten, sondern der Vertikalen zuführte und somit zu einer aktiven Resignation öffnete. Eduard Heimann hat diese Wendung Tillichs »eine wahrhaft prophetische Stellungnahme« genannt[117]. Damit hat er im Sinne Tillichs diese aktive Resignation als prophetische Kritik verstanden und den Modus von Aktivität beim Namen genannt, auf den es Tillich ankam.

Zweitens: Die entschlossene Wendung zum Menschen: Tillich war Zeit seines Lebens den Menschen seiner Umwelt zugewandt gewesen. Aber nun erwarb er sich das tiefenpsychologische Rüstzeug und Ausdrucksmaterial, um dem Selbstverständnis wie der psychischen Not der Menschen verstehend und heilend nahestehen zu können. In diesem zweiten Motiv – dem entschlossenen Umgehen Tillichs mit Psy-

117. *Eduard Heimann:* Tillichs Doctrine of Religious Socialism, in: *C. W. Kegley* und *R. W. Bretall*: The Theology of Paul Tillich, New York 1952, S. 325; abgedruckt bei Pauck, S. 322.

choanalyse und Tiefenpsychologie – kommt nicht nur ein frühes wissenschaftliches Interesse Tillichs wieder hervor. Tillich hat sich Anfang der 20er Jahre ebenso eingehend wie kritisch mit Freud befaßt. Der Antrieb zu dieser Wendung lag tiefer: Hier faßte sich Tillichs eigene Existenzangst und Schuldempfindung wie sein stets lebendiges Gespür für das Dämonische zusammen. Wir zeigten immer wieder, wie tief Tillich unter seiner Existenzangst wie unter tiefliegenden Schuldkomplexen litt. Das hatte primär ja auch nichts Moralisches an sich. Der kleine Paul Tillich, der mit Landarbeiterkindern spielte, erinnert sich später deutlich an seine Schuldkomplexe diesen Kindern, die so ärmlich gehalten waren, gegenüber. Der sechzigjährige Tillich, der sich der Psychoanalyse und Tiefenpsychologie annimmt, tut dies nicht nur aus wissenschaftlichem Interesse, sondern um der gegenstandslosen Angst dieser modernen Welt willen, die zum Hauptkennzeichen der Nachkriegswelt wird und in der er sich selbst wiederfindet! Wenn Tillich sich diesen Problemen voller Interesse zuwendet, so ist er auch hier mit sich selbst befaßt. Dies gilt aber für die Tiefenpsychologie und Psychoanalyse noch in besonderer Weise. Zwar war Tillich von seiner eigenen Angst in ihrer Identifikation mit der Lebensangst seiner Welt bewegt, aber an diesen Gebieten faszinierte ihn noch etwas anderes – nämlich das Heilen! Die tiefen psychischen Verstellungen vieler junger Menschen lassen sich psychoanalytisch heilen. Das bewegte Tillich sehr, dem Zeit seines Lebens nichts so sehr am Herzen lag, wie den ihm begegnenden Menschen hilfreich zu werden.

Auf diesem Gebiet lag denn auch Tillichs großer Durchbruch zur weiten Berühmtheit, als er nämlich sein Buch »Mut zum Sein« (vgl. Bd. 2, S. 101 ff.) schrieb. Dieses Buch ist ein einziger großer Ausdruck dieser heilenden Zuwendung, dieser Welt Mut zu machen gegenüber der Angst. Dieses Buch aber war der erste Bestseller von Tillichs Veröffentlichungen. Mit dieser Tendenz seines Denkens, in der er sich selbst tiefsten Ausdruck gab, traf er das Suchen seiner Welt. Tillich hat sehr viel für die Fruchtbarmachung der Einsichten der Psychoanalyse für die Seelsorge getan. Er hat immer wieder auf Notwendigkeit und Möglichkeit des Heilenden zumal in der pfarramtlichen Tätigkeit hingewiesen. Er brachte dadurch wohl noch mehr sein eigenes Wesen als die in der Sache liegenden Möglichkeiten zum Ausdruck.

Drittens: Die Ontologisierung der idealistischen Trias Sein / Nichtsein / Übersein: Diesen Vorgang zu verstehen ist deshalb wichtig, weil hierin das Rückgrat des Tillichschen Denkens überhaupt wie zumal des Systematischen Systems liegt. Wir informieren uns zunächst über das, was zu dieser Zeit Ontologie bei Tillich ist. Die grundsätzliche Ontologisierung des religionsphilosophischen Denkens in der Systemtheologie ist in dieser Form »neu« für Tillich. Aber man muß sich zu diesem Urteil das ansehen, was jetzt Ontologie besagt. Wir wählen zur Demonstration einen kleinen Passus aus »Mut zum Sein«[118]: »Die Funktion eines ontologischen Begriffs ist, aus gewissen Bereichen der Erfahrung zu schöpfen, um auf Charakteristika des Seins-Selbst hinzuweisen, die über der Spaltung in Subjektivität und Objektivität liegen und deshalb nicht in wörtlich verstandenen Begriffen aus der einen oder der anderen Sphäre ausgedrückt werden können. Die Ontologie spricht in Analogien. Sein als Sein transzendiert die Subjektivität sowohl wie die Objektivität. Aber um das Sein erkenntnismäßig zu erfassen, muß man Material aus beiden Bereichen gebrauchen; das ist berechtigt, weil beide in dem wurzeln, was sie transzendiert, im Sein-Selbst.« Ontologie also hat es mit dem Sein-Selbst zu tun. Ontologische Aussagen sind Aussagen, die dem Sein-Selbst gelten. Die Schwierigkeit ist nun, daß unser Denken wie unsere Begriffsbilder der Subjekt-Objekt-Spaltung unterliegen. Ontologische Begriffe aber geben Charakteristika des Seins-Selbst wieder, und die liegen jenseits dieser Spaltung. Die ontologischen Begriffe sind daher stets nur analogisch – bzw. symbolisch – interpretierbar. Das Material dieser Begriffe kann sowohl aus der subjektiven Erfahrung wie aus dem objektiven Bereich genommen sein. Da beide Bereiche vom Sein-Selbst transzendiert werden, können und müssen die Erfahrungen aus beiden Bereichen genommen sein. Ontologie als Denkvorgang weist auf das Sein-Selbst hin, insofern die Vernunft an ihm partizipiert. Diese Ontologie in diesem Verständnis ist ebensosehr Philosophie wie Theologie. Ja, man muß sagen, daß Philosophie und Theologie als Ontologie identisch sind. Sie teilen denn auch die Eigenart ihrer Begriffe: analogisch bzw. symbolisch zu reden. Je theologischer das Arbeiten Tillichs wird, desto mehr rückt die Ontologie in den Vordergrund. Dies ist also eine eherne Konsequenz in seinem Denkansatz. Diese ontologische Aussage der Struktur des Seins-Selbst vollzieht sich also analogisch bzw. symbolisch. Das heißt aber, sie sagt das Sein-Selbst aus, indem sie es verdeckt und nur als solches oder nur so erfährt. Im »Mut zum Sein«

118. GW XI, 28f.

lautet der letzte Satz: »Der Mut zum Sein gründet in dem Gott, der erscheint, wenn Gott in der Angst des Zweifels untergegangen ist« (Bd. 2, S. 160). Dieser Gott, der nur so erscheint, wenn er verstellt ist, ist das Übersein, dessen ontologische Struktur auf Sein als Nichtsein gründet. Die Gedankensystematik dieses triadischen »Mechanismus« hat ihre Gefahren. Das hat der Apostel Paulus schon erfahren, als man seine Gnadenlehre in Rom so beantwortete: Also laßt uns sündigen, damit die Gnade kommt. Aber diese Gefahren sind zu bewältigen. Der Gott aber, um den es in dieser Ontologie geht, ist ein »Gott über dem Gott des Theismus« (ebd.). Dieser Gott kann als Struktur bzw. als Prozeß beschrieben werden – aber nicht als personhaftes bzw. dinghaftes Gegenüber. In dieser ontologischen Analogie hat Tillich die Möglichkeit entdeckt, der Gegensätze z. B. von Allgemeinem und Besonderem oder von Ganzem und Teil oder von Kollektiv und Individuellem Herr zu werden. Diese Gegensätze werden im Sein-Selbst transzendierbar.

In diesem dritten Komplex des späten Denkens Tillichs leben Kähler wie Schelling miteinander. Hier spricht sich die Tillich aus seinem Elternhaus vertraute Überzeugung von der Positivität der Erlösung im Gekreuzigten aus! Hier liegen die Momente zu Tage, die es stets verhinderten, daß Tillich ein liberaler Theologe wurde. Diese Ontologie ist nämlich kein Methoden-Begriff, sondern letztlich eine Sachaussage, die das Überseiende Schellings, das ist das Übergeschichtliche Kählers, in aller Bedrohtheit vom Nichtsein und in aller geschichtlichen Leere – »glaubt«. Dieser Glaube aber läßt sich denken. Die tiefgläubige Überzeugtheit Paul Tillichs, die in stetiger denkerischer – das heißt für Tillich apologetischer – Auseinandersetzung mit den Weltphänomenen, die sie in Frage stellten, lebte, fand in der Ontologie ihre letzte Einheit: Das systematische Sicheinlassen auf die Weltphänomene bringt das Sein-Selbst zur Anschauung. »Wo aber Gefahr ist, wächst das Rettende auch.« Dieses Wort Hölderlins, das der späte Heidegger immer wieder zitiert, kann die apologetische Ontologie auch Tillichs charakterisieren.

Die drei Momente, welche die letzte Phase des Denkens Paul Tillichs charakterisieren – die heilige Leere, die tiefenpsychologische Arbeit und die ontologische Theologie – zeigen, wie tiefliegende Eigenarten und Anlagen der Person Paul Tillichs und der denkerische Ausdruck seines Systems in dieser Zeit eine Einheit werden. In den treibenden Motivationen der Arbeiten dieser Zeit spricht Tillich sich selbst voll aus. Das macht die Überzeugungskraft der ganzen Vorträge, Vorlesungen und Bücher dieser Zeit aus. Damit verliert Tillich freilich an Konkretheit. In dem vierten Teil der Systematischen Theologie fehlt das sachnahe Pathos der kulturtheologischen Entwürfe der 20er Jahre. Aber die Systemkraft ist eminent, weil das System in seiner Struktur die Sache selbst aussagen kann. Die »heilige Leere« läßt das Vertikale aufscheinen! In den Nöten der Selbstzerstörung findet Selbstannahme statt durch die Wahrnehmung der Seinsstruktur im Seinsabbruch! Die düstere Verstellung des Seienden durch das Nichtseiende stellt den Grund zur Möglichkeit des Überseienden dar! In diesen drei Sätzen drückt sich, wie wir zeigten, das Wesen Paul Tillichs – das heißt seine ganz persönliche Eigenart – in kairosartiger Identität mit der Zeitstimmung oder dem Lebensgefühl der Nachkriegsepoche aus. Damit war die Schwelle des gewaltigen Ruhmes wie der eminenten Anziehungskraft Tillichs gegeben.

Die äußeren Ereignisse dieser Jahre von 1945–1965 sind einerseits durch immer neue akademische Positionen, andererseits durch immer neue große Reisen charakterisiert. Tillich wurde mit dem 1.7.1955 am Union Seminary pensioniert, war aber bereits vorher als »University Professor« nach Harvard berufen. Die Stellung eines »University Professor« war dadurch so angenehm, daß diese Professoren dem Präsidenten direkt unterstehen und damit den Zugang zu allen Abteilungen hatten. In Harvard konnte Tillich bis zu seinem 75. Jahre bleiben. Dann wurde er auch hier in den Ruhestand versetzt. Als er am 24. Mai 1962 seinen glanzvollen Abschied von Harvard nahm, hatte er bereits durch seinen Schüler Gerald Brauer in Chicago eine Stiftungsprofessur übernommen. In dieser Position hatte er immer noch Lehrverpflichtungen, aber etwas mehr Freiheit als in Harvard. Zumal aber hatte er in Chicago die Möglichkeit, mit Mircea Eliade gemeinsam religionsgeschichtlich-theologische Übungen zu halten. Mit dem Winter 64/65 ging sein letztes Jahr in Chicago zu Ende, aber Tillich wollte neue Vereinbarungen in New York treffen, die sich aber nicht mehr realisierten. Wenn man die Briefe aus diesen letzten zwanzig Jahren ansieht, so ist das Unmaß an Verpflichtungen, die Tillich zu erfüllen hatte, kaum glaubhaft. Einmal waren die normalen Lehrverpflichtungen auch noch in Harvard zehn Wochenstunden. Und Tillich ließ nichts ausfallen. Er legte seine Verpflichtungen auf drei Wochentage zusammen. Die anderen vier Tage war er zu Vorträgen, Symposien und Diskussionen unterwegs. Das Unmaß an Post wollte erledigt sein. Die Unzahl von Besuchern wollte Zeit für sich haben.

Neben dem »normalen« amerikanischen Lehrjahr füllte Tillich seit 1948 die Zwischenzeiten und Freisemester mit Reisen nach Europa. In Europa reiste er auch ständig, hielt in Berlin und Hamburg Jahre hindurch als Gastprofessor Vorlesungen, hielt in England die Firth-Lectures (1952) und die Gifford-Lectures (1953/54), fuhr 1956 nach Griechenland, 1956/57 nach Mexiko, 1960 nach Japan, 1963 nach Ägypten und Israel. Seine letzte europäische Lehrverpflichtung fand als Lehrstuhlvertretung November/Dezember 1963 in Zürich statt. Diese unablässigen Reisen vermittelten Tillich bei seiner Lebendigkeit tiefe Eindrücke, die sich sofort in systemgerechte Schlußfolgerungen umsetzten. Da wurden die griechischen Götter als lebendige präsente Mächte erfahren, da war Ägypten und seine Götter in seiner ganzen Fremdheit abgewehrt, da führte der japanische Buddhismus zu neuen typologischen Einschätzungen von Religion überhaupt. Das heißt, daß diese ganzen Reisen ein ständiges geistiges Abenteuer darstellten. Paul Tillich riskierte sich und seine Überzeugungen in jeder neuen Begegnung – verwandlungsfähig, aufopferungsbereit und stets aufs äußerste angespannt.

Und dann kam als Abschluß seiner Lehrtätigkeit in Chicago seine letzte Vorlesung, die er am 11. Oktober 1965 hielt. Sie fand nach anderen Vorlesungen unter dem Generalthema der »Geschichte der Religionen« und dem Titel »Die Bedeutung der Religionsgeschichte für den systematischen Theologen« statt (Bd. 2, S. 288ff.). Diese letzte Vorlesung zeigt Tillich vor neuen Aufbrüchen. Die Ära der »Systematischen Theologie« liegt abgeschlossen hinter ihm. Er sieht die Begrenztheit ihrer apologetischen Methode! Er erkennt, daß ein genaues Studium der Religionsgeschichte zu neuen Konzeptionen einer »Religion des konkreten Geistes«, wie er das hier nennt, führen kann und muß (294). Die Konzeption dieser Vorlesung sieht das Verhältnis von Religionen und Christentum völlig neu. Der von den ersten Konzeptionen der Religionsphilosophie bis in den III. Band der Systematischen Theologie festgehaltene grundsätzliche Unterschied zwischen dem Christentum und den Religionen weicht hier vermittelnden Kategorien. Wie das eigentlich geschehen soll, bleibt undeutlich. Offenbar will Tillich wieder eine Typologie (293f.) dafür erstellen. Aus drei Elementen, dem sakramentalen Charakter, dem Widerstand gegen Dämonisierung und dem prophetischen Element, setzt sich in ihrer Einheit eine neue »Religion des konkreten Geistes« zusammen. »Die Religion des konkreten Geistes« signalisiert ein für Tillich völlig neues Eingehen auf das konkrete Besondere bzw. auf die Realität. In der Berührung mit der Religionsgeschichte hat Tillich offenbar verstanden, was es heißt, daß es die Religion nur in den Religionen gibt. Diese Einsicht lag Tillich und seinem Begriffsrealismus bislang völlig fern. Offenbar konnte Tillich sich dem Besonderen der Religonen nicht entziehen, und er entwirft die Idee einer »Religion des konkreten Geistes«. Wir erfahren in diesem Aufbruch nicht, wie diese Religion aussehen soll. Viele verschiedene Tendenzen fließen in dieser ersten Skizze noch durcheinander. Da ist z. B. ein »Kampf Gottes gegen die Religion innerhalb der Religionen« (295) ins Auge gefaßt. Darin klingt so etwas nach von dem Kampf gegen die Religion in der christlichen Religionsphilosophie. Da sind Tendenzen zu einer Gesamtentwicklungsgeschichte der Religionen (296 f.). Aber diese Entwicklungsgeschichte ist nicht nach Lessings Vorbild gesehen, sondern hat es offenbar mit Säkularisierungen und neureligiösen Bildungen zu tun. Aber das alles bleibt im ungewissen. Es wird nur deutlich, daß Tillich durch die nähere Bekanntschaft mit der Religionsgeschichte vor neuen Aufbrüchen stand, daß er seine bisherigen Konzeptionen ad acta legte und die Notwendigkeit neuer Überlegungen sah. »Die Bedeutung des Partikularen« (298) wird durch die religionsgeschichtliche Methode sogar für Tillich unübersehbar! Damit weden die alten Konzepte von natürlicher wie übernatürlicher Theologie negiert. Die Materialien ordnen sich neu, und die Traditionen gewinnen neues Gewicht (299). Das alles ist für Paul Tillichs bisheriges Denken sehr neuartig und fremd. Es sieht fast so aus, als habe die Religionsgeschichte dem Begriffsrealismus Tillichs den entscheidenden Stoß versetzt. Daher geht es ihm nun um eine »Religion des konkreten Geistes«. Aber mehr als das »Daß« einer entscheidend neuen Orientierung sieht man aus diesem Vortrag nicht. Tillich ist in der Nacht nach dem Vortrag ins Krankenhaus gebracht worden und zehn Tage danach gestorben.

SYSTEMATISCHE THEOLOGIE
72 THESEN (1913)

Erster Teil (§§ 1–28)

Die Begründung des theologischen Prinzips in dem wissenschaftlichen Prinzip überhaupt.
Fundamentaltheologie

I. Der absolute Standpunkt: Intuition (§§ 1–15)

a) Der systematische Anfang des Denkens

§ 1 Die Wahrheit

Prinzip der Wahrheit ist die Wahrheit selber.

§ 2 Wahrheit und Wahrheitserkenntnis

In der absoluten Wahrheit sind die Gegensätze:
ideell und reell,
abstrakt und konkret,
formell und material
aufgehoben.

§ 3 Das Denken

Der absoluten Wahrheit steht gegenüber die absolute Identität von Denken und Wahrheit als Prinzip des Denkens. (Die absolute Identität von Denken und Wahrheit ist das, was in § 2 Wahrheitserkenntnis genannt wurde.)

b) Die systematische Entwicklung des Denkens

§ 4 Prinzip und System

Das Prinzip, als lebendiges betrachtet, ist System.

§ 5 Der Begriff

Die lebendige Einheit einer bestimmten Mannigfaltigkeit ist der Begriff.

Insofern das Denken den lebendigen Begriff setzt, ist es Intuition.

§ 6 Das Unbegreifliche

Das Unbegreifliche ist der Begriff, er ist sich selbst Voraussetzung und Grenze.

c) Das vollendete System

1. Die Organisation des Systems der Wissenschaften

§ 7 Natur und Geist

Das System der Wissenschaften ist der Inbegriff aller möglichen Stellungen des Denkens zur Wahrheit; seine Organisation ist gegeben durch die beiden Grundverhältnisse des Denkens zur Wahrheit: Natur und Geist.

§ 8 Der Mensch und die Freiheit

Der Mensch ist das Gleichgewicht von Natur und Geist – oder die Freiheit.

§ 9 Die Philosophie des Geistes

Die Philosophie des Geistes ist das System aller Stellungen des Geistes zur Natur.

Entsprechend den Grundstellungen des Geistes zur Natur gliedert sich das System der Geistesphilosophie in Kultur-, Moral- und Religionsphilosophie.

Die Geistesphilosophie enthält drei Momente: Sie ist immer zugleich phänomenologisch, historisch und normativ, gemäß der Bewegung des Begriffs vom Allgemeinen durch das Bestimmte zum Vollkommenen.

2. Die Religionsphilosophie

§ 10 Religionsbegriff und Gottesbegriff

Die Religionsphilosophie ist derjenige Teil der Geistesphilosophie, in welchem der Geist sich der absoluten Wahrheit gegenüber zugleich als Geist bestimmt und aufhebt, d. h. in welcher der Geist die absolute Wahrheit als Gott anschaut. Gott ist das Absolute vom Standpunkt des Geistes, der als religiöser sein dialektisches Verhältnis zur Wahrheit durchschaut hat. – Daraus ergibt sich für die Religion, daß sie zugleich Bewußtsein der Freiheit dem Absoluten gegenüber und Gebundenheit an das Absolute ist; und für den Gottesbegriff, daß Gott persönlich ist, wie der Geist, der in persönliche Beziehung zu ihm tritt, daß Gott das pesönlich gewordene Absolute ist.

§ 11 Die wissenschaftliche Begründung des Gottesgedankens

Die wissenschaftliche Begründung des Gottesgedankens ist identisch mit der Ableitung des religionsphilosophischen Prinzips aus dem wissenschaftlichen Prinzip überhaupt.

§ 12 Religion, Sittlichkeit und Kultur

Die *Kultur* ist der Inbegriff aller auf das Gegebene gerichteten Geistesfunktionen. Das *Sittliche* ist demgemäß nicht eine Funktion des Geistes neben anderen, sondern das Bewußtsein um den absoluten Wert des Kulturorganismus für den individuellen Geist. Die *Religion* aber bewirkt einerseits – insofern sie als Freiheitsbewußtsein Gott wie einem bestimmten Gegebenen gegenübersteht – eine eigentümliche religiöse Kultur, andererseits – insofern sie als Abhängigkeitsbewußtsein alles Gegebene Gott gegenüber aufhebt – ein Bewußtsein über den negativen Charakter alles Handelns dem Absoluten gegenüber. Die Einheit des absoluten sittlichen Wertbewußtseins und des religiösen Relativitätsbewußtseins alles kulturellen Tuns ergibt die subjektive *Religiosität.*

§ 13 Die konkrete Religion und das Heilige

Aus der Verbindung des religiösen Prinzips mit einer bestimmten Kulturstufe zu einer eigentümlichen religiösen Kultur entsteht die konkrete Religion.

Sie ist konkret, insofern sie Gott in konkreten Formen und Handlungen vorstellt, d. h. eine bestimmte Mythologie bildet und die Gegenwart Gottes in konkreten Gegenständen aus Natur und Geschichte erlebt, d. h. bestimmte Objekte für heilig erklärt. – Die Bejahung einer konkreten Mythologie und die Anerkennung bestimmter Objekte als heilig ist der Glaube oder die konkrete religiöse Funktion.

§ 14 Das Idealreich und die absolute Religion

Wie am Ende des Naturprozesses der Mensch als vollendetes Naturwesen steht, so steht am Ende des Geschichtsprozesses der vollkommene Zustand, das Idealreich. Im Idealreich ist also auch die Religionsgeschichte zu ihrem Ziel gelangt: Die absolute Religion ist verwirklicht.

§ 15 Das absolute System und die Mystik

Insofern das vollendete System die Aufhebung aller Gegensätze bedeutet, ist es absolute Mystik.

II. Der relative Standpunkt: Reflexion (§§ 16–21)

§ 16 Die Reflexion

Dem absoluten Standpunkt steht gegenüber der Standpunkt der Relativität oder Reflexion, d. h. derjenige Standpunkt, für den die Einheit des absoluten Systems aufgehoben ist und der Widerspruch herrscht.

§ 17 Der Kampf der Methoden und die Skepsis

Mit dem absoluten System zerfällt die absolute Methode. Es erhebt sich der Kampf der *Induktion* gegen die *Deduktion*. Da aber keine für sich die Wahrheit erreichen kann, so ist der prinzipielle *Zweifel* das Resultat dieses Kampfes.

§ 18 Optimismus und Pessimismus

Die negative Durchsetzung des absoluten Standpunktes gegen die Selbstbehauptung des Individuellen ist das Sterben des einzelnen in der Natur und die Auflösung der Einheit des Geistes.

§ 19 Die Selbstzerstörung der Kultur

§ 20 Die Auflösung der Religion

§ 21 Die Katastrophe der Mystik

Texte fehlen im Manuskript.

III. Der theologische Standpunkt: Das Paradox (§§ 22–28)

a) Das abstrakte Moment des theologischen Prinzips: Rechtfertigung

§ 22 Das Paradox

Der absolute und der relative Standpunkt stehen so einander gegenüber, daß der relative von dem absoluten zugleich getragen und zerstört wird. Dieser Widerspruch verlangt um der Absolutheit des absoluten Standpunktes willen eine Überwindung; denn nur darin kann er sich als absolut erweisen, daß er seinen Widerspruch nicht ins Unendliche zugleich schafft und vernichtet, sondern dadurch, daß er ihn positiv in sich aufnimmt, ohne ihn doch seiner dialektischen Selbständigkeit zu berauben. Der absolute Standpunkt muß sich also unbeschadet seiner Absolutheit zu dem relativen herablassen und ihn zu sich erheben. Die Intuition muß in die Sphäre der Reflexion, der Einzelheit, des Widerspruchs eingehen, um die Reflexion durch sich selbst über sich selbst hinauszuführen. Dieses Verhältnis aber ist das Paradox.

§ 23 Das theologische Prinzip

(Theologisch begreifen heißt: durch das Paradox begreifen) Text fehlt.

§ 24 Die Rechtfertigung

Das Urteil Gottes, durch das ein bestimmter Einzelstandpunkt zugleich absolut verneint und absolut bejaht wird, ist die Rechtfertigung; insofern dies Urteil absolut und ohne Voraussetzung in dem Beurteilten geschieht, ist es Prädestination.

b) Das konkrete Moment des theologischen Prinzips: Jesus Christus

§ 25 Glaube und Geschichte

Das Urteil, daß in Jesus von Nazareth das Absolute sich herabgelassen hat zum Relativen und das Relative zurückgekehrt (ist) zum Absoluten, ist der Inhalt des konkreten Moments des theologischen Prinzips. In diesem Urteil ist naturgemäß ein geschichtliches und ein Glaubensurteil verbunden.

§ 26 Die historische Theologie

Die Verknüpfung des theologischen Prinzips mit einem bestimmten historischen Urteil macht die Begründung dieses Urteils durch eine spezielle historische Theologie notwendig.

Entsprechend den drei Abschnitten des in Christus begründeten Geschichtsverlaufes gliedert sich die historische Theologie in

alttestamentliche,
neutestamentliche und
kirchengeschichtliche Wissenschaft.

§ 27 Die Quellen der Dogmatik

Text fehlt.

c) Das absolute Moment des theologischen Prinzips: Die Vollendung

§ 28 Die Vollendung

Der Gegensatz von abstraktem und konkretem Moment des theologischen Prinzips ist aufgehoben im absoluten. Insofern jedoch der theologische Standpunkt dem absoluten gegenübersteht, ist das absolute Moment nicht als realisiert gesetzt, sondern als im Begriff realisiert zu werden; es ist das Moment der Selbstaufhebung des theologischen Standpunktes und seiner Rückkehr zum absoluten.

Zweiter Teil (§§ 29–49)

Die Entfaltung des theologischen Prinzips zu einem System religiöser Erkenntnis.
Dogmatik

I. *Der Hervorgang der Welt aus Gott bis zum vollendeten Widerspruch (§§ 29–36)*

a) Gott und die Welt (Allmacht und Liebe)

§ 29 Der lebendige Gott (Trinität)

Gott ist der lebendige: Er ist die Einheit der unendlichen Mannigfaltigkeit.

§ 30 Der allmächtige Gott (Schöpfung)

Der Inbegriff alles einzelnen als einzelnes ist die Welt. Insofern Gott das einzelne im Unterschied von sich setzt, ist er der allmächtige Schöpfer, insofern das einzelne schlechthin gebunden bleibt an Gott, ist er der allmächtige Herr.

§ 31 Die freie Liebe Gottes (Der Mensch)

Der Mensch ist dasjenige Einzelwesen, in dem die konkrete Einheit des göttlichen Lebens vollkommen zur Darstellung kommt. Dadurch ist er Abbild Gottes des Sohnes und Gegenstand der freien göttlichen Liebe.

Insofern der Mensch Einzelwesen ist, steht er in den Formen der Einzelheit, ist unfrei; insofern der Mensch absolutes Einzelwesen ist, erhebt er sich über die Formen der Einzelheit, ist frei.

§ 32 Die allmächtige Liebe Gottes (Vorsehung)

Während die freie Liebe Gottes dem Menschen Freiheit gibt, sich auch gegen die Liebe Gottes zu behaupten, führt die allmächtige Liebe Gottes über den Gegensatz der Einzelwesen hinaus ihren Weltplan zur Vollendung: die Verwirklichung des Reiches Gottes. Dieses Tun ist die göttliche Vorsehung (s. »Vorsehung«, Wilamowitz: Plato I, 597).

b) Gott und die Sünde (Heiligkeit und Zorn)

§ 33 Der heilige Gott und die Sünde

Sünde ist die Selbstbehauptung des Einzelwesens als Einzelwesen und die Ablehnung der Gemeinschaft der göttlichen Liebe. Dem Sünder gegenüber wird die allmächtige Liebe Gottes zur heiligen Liebe, die den Sünder zugleich verneint und bejaht.

§ 34 Die Sündhaftigkeit und der Zorn Gottes

Die Einsicht, daß für den theologischen Standpunkt die Sünde schon immer Voraussetzung ist, führt zur Anerkennung eines allgemeinen Zustandes der Sündhaftigkeit, aus dem die Einzelsünde folgt.

Der göttliche Zorn oder das negative Moment der göttlichen Liebe ist in diesem Zustand der Sündhaftigkeit und durch ihn wirksam zur Zerstörung des gottwidrigen Einzelwesens.

c) Gott und die Geschichte (Gerechtigkeit und Gnade)

§ 35 Die Gerechtigkeit Gottes und die Geschichte der Menschheit

In der Geschichte der Menschheit betätigt die heilige Liebe ihr relatives Verhältnis zum Standpunkt der Sündhaftigkeit: Sie bejaht den einzelnen, insofern er in die Einheit des göttlichen Lebens zurückkehrt; sie verneint ihn, insofern er sich selbst im Gegensatz dazu behauptet: (Insofern) ist (sie) göttliche Gerechtigkeit.

§ 36 Die Gnade Gottes und die Geschichte der Offenbarung

In der Geschichte der Offenbarung betätigt die heilige Liebe ihr absolutes Verhältnis zu dem Standpunkt der Sündhaftigkeit: Sie verneint und bejaht zugleich den einzelnen absolut, ungeachtet seiner positiven und negativen Relativität: (So) ist (sie) göttliche Gnade.

II. Das Eingehen Gottes in die Welt des Widerspruchs (§§ 37–43)

a) Die Herrlichkeit Jesu Christi (Offenbarung)

§ 37 Die Einheit Gottes und des historischen Jesus

In Jesus von Nazareth ist das theologische Paradox, d.h. die Einheit des Absoluten und Relativen auf dem Boden des Relativen, in einem Einzelwesen verwirklicht. Die Einheit Gottes und des historischen Jesus ist bedingt von Gott aus durch das vollkommene Eingehen des konkreten Momentes Gottes in den Zustand der Sündhaftigkeit, von Jesus aus durch die vollkommene Aufhebung seiner Selbstheit und die Einheit des göttlichen Lebens.

§ 38 Die Offenbarung der Herrlichkeit des Christus in Jesu Wort und Werk

Jesus offenbart seine gottmenschliche Herrlichkeit durch seine maßgebende Verkündigung und einzigartige Verwirklichung des theologischen Prinzips.

b) Die Niedrigkeit Jesu (Versöhnung)

§ 39 Das Kreuz Christi als Tat der heiligen Liebe

Das Kreuz Christi ist das vollendete Nein und das vollendete Ja zum Standpunkt der Sündhaftigkeit; denn am Kreuz kommt die Sündhaftigkeit und der Zorn Gottes, zugleich die Gnade Gottes, welche die Schuld trägt, zur Vollendung.

§ 40 Das stellvertretende Leiden Jesu Christi

(Von den verschiedenen Begriffen, in denen der Vorgang der Versöhnung begreiflich gemacht wird, ist der wichtigste der der Stellvertretung Christi für die Menschheit.)

§ 41 Die Versöhnung der Menschheit mit Gott

Durch das Kreuz Christi wird der Widerspruch von Gott und Menschheit aufgehoben, die Versöhnung beider begründet.

c) Die Erhöhung Jesu Christi (Wiedergeburt)

§ 42 Die Auferstehung Christi

Der Widerspruch der Herrlichkeit Jesu mit seiner Niedrigkeit wird aufgehoben durch seine Erhöhung. Als der, welcher den Standpunkt der Einzelheit überwunden hat, hat er auch die Vernichtung der Einzelheit, den Tod, überwunden und kehrt zurück in die Einheit mit Gott. Die Form, in der die Überwindung des Todes vorgestellt wird, ist systematisch gleichgültig.

§ 43 Die Wiedergeburt oder Erlösung

Text fehlt.

III. Die Rückkehr der Welt zu Gott bis zur vollendeten Einheit (§§ 44–49)

a) Die Rückkehr der Menschheit zu Gott (Soteriologie)

§ 44 Die Einheit Gottes und des erhöhten Christus

Durch die Erhöhung Christi ist die Spannung überwunden, in der sich die Einheit Gottes und des historischen Jesus verwirklichte und deren Vollendung das Kreuz war. Dennoch ist nicht die unmittelbare Einheit des ewigen göttlichen Lebens gesetzt, sondern in die Einheit ist das Moment der Einzelheit als selbständiges mitaufgenommen: Christus bleibt Mensch auch als Erhöhter und führt durch den Geist die Menschheit zurück zu Gott (Trinität).

§ 45 Die Einheit der Menschheit in dem erhöhten Christus

Die Überwindung des Zustandes der Sündhaftigkeit, die durch das

Eingehen Gottes in diesen Zustand prinzipiell geschehen ist, verwirklicht sich durch die Vereinigung der Menschheit mit dem erhöhten Christus in einem Organismus, dessen Lebensprinzip der von Christus ausgehende Heilige Geist ist (Kirche). Die Wirkung des Heiligen Geistes ist vermittelt durch die Botschaft von der Gnade Gottes in Christo (das heilige Wort) und die Anschauung dieser Gnade in der heiligen Handlung (Sakrament).

§ 46 Kirchengeschichte und Weltgeschichte (Grundlegung der theologischen Ethik)

Während in der Kirchengeschichte das theologische Prinzip eingeht in alle Seiten des Reflexionsstandpunktes, bewegen sich in der Weltgeschichte alle Seiten des Reflexionsstandpunktes auf das theologische Prinzip hin. Beide Bewegungen beeinflussen sich wechselseitig, kommen aber, als auf dem Boden der Relativität stehend, ins Unendliche zu keiner absoluten Einheit.

b) Die Rückkehr der Natur zu Gott (Eschatologie)

§ 47 Die Aufhebung des Standes der Sündhaftigkeit (Das Ende)

Die Aufhebung des Standes der Sündhaftigkeit ist bedingt durch die Rückkehr der Natur, als der Grundlage aller Einzelheit, zu Gott. Dieselbe geschieht durch das Sterben der Naturwesen während des Naturprozesses und erreicht ihre Vollendung mit der Erschöpfung aller in der Natur liegenden Möglichkeiten zu neuer Produktion.

§ 48 Die Vollendung der Einzelpersönlichkeit (Auferstehung und Gericht)

Durch die Menschwerdung und Erhöhung des Sohnes Gottes hat die Einzelpersönlichkeit als Einzelpersönlichkeit eine ewige Bejahung in Gott erlangt; dementsprechend bedeutet das Sterben für sie nicht Aufhebung, sondern Vollendung. Doch ist das Werk der Vollendung abhängig von dem Maß, in dem der Einzelmensch sich über den Zustand der Sündhaftigkeit erhoben hat, nicht aber von einem bestimmten Weg dieser Erhebung.

c) Der absolute Zustand (Reich Gottes)

§ 49 Das ewige Leben (Trinität)

Das ewige Leben ist die ewige Gemeinschaft des einzelnen untereinander und mit Christus in der Einheit mit Gott. Es ist der absolute Zustand, verwirklicht als Reich Gottes: die ewige Einheit der Mannigfaltigkeit, verwirklicht in Freiheit und Liebe.

Dritter Teil (§§ 50–72)

Die Anwendung des theologischen Prinzips auf das Geistesleben der Menschheit. Theologische Ethik

I. Die Anwendung des theologischen Prinzips auf das religiöse Leben (§§ 50–56)

a) Das objektiv-religiöse Leben: die Kirchen

§ 50 Die Kirche und die Kirchen

Die Kirche wird durch Verbindung mit dem geschichtlichen Leben Einzelkirche.

Die Einzelkirche ist in dem Maße eine adäquate Darstellung der Kirche, in welchem das theologische Prinzip in ihr wirksam ist.

§ 51 Das kirchliche Leben und das kirchliche Amt

Das Leben der Kirchen hat seinen Grund in der Verkündigung der göttlichen Gnade durch Wort und Sakrament, sein Ziel in der Darstellung der Kirche Christi durch die Gemeinschaft ihrer Glieder untereinander und mit Christus, seine Organe grundlegend in den Trägern des geistlichen Amts, dann auch in allen, die sich in den Dienst des kirchlichen Lebens stellen.

§ 52 Kirchliche und weltliche Organisation

Dem Verhältnis von Kultur und Geistesleben entsprechend hat jede Kirche die Tendenz, mit den gesellschaftlichen Organisationen Synthesen einzugehen. Dem Verhältnis von theologischem Prinzip und Religion entsprechend, ist die Kirche prinzipiell frei von jeder Synthese dieser Art und hat sie aufzuheben, wo die Absolutheit des theologischen Prinzips durch sie verdeckt wird.

b) Das subjektiv-religiöse Leben: die Frömmigkeit

§ 53 Die Entstehung der christlichen Frömmigkeit: Bekehrung

Die subjektive Teilnahme an der Kirche ist, ihrer Entstehung nach betrachtet, Abkehr von der Sphäre der Sündhaftigkeit (Buße) und Hinkehr zu Gott (Glaube). Entsprechend dem theologischen Prinzip handelt es sich dabei aber nicht um zwei aufeinanderfolgende Akte, sondern um einen einheitlichen (Bekehrung), in welchem beide Seiten sich gegenseitig bedingen. Eine zeitliche Fixierung des Bekehrungsaktes widerspricht dem Rechtfertigungsgedanken.

§ 54 Die Entwicklung der christlichen Frömmigkeit: Heiligung

Was in der Bekehrung als grundsätzliche Tat erscheint, wird in der Heiligung als Entwicklung betrachtet: als fortschreitende Loslösung von der Sündhaftigkeit und immer innigere Vereinigung mit Gott; während jedoch die Bekehrung als prinzipieller Akt das absolute Moment in der christlichen Frömmigkeit ist, bleibt die Heiligung immer relativ, entsprechend der Voraussetzung des Paradox.

§ 55 Die Gestaltungen der christlichen Frömmigkeit: Individualisation

Entsprechend dem Gegensatz von abstraktem und konkretem Moment im theologischen Prinzip gestaltet sich die christliche Frömmigkeit entweder von dem einen oder von dem andern Moment aus: Beide Formen sind gleichberechtigt, können aber nur so lange als christlich gelten, als sie sich nicht in exklusiven Gegensatz zu dem andern Moment stellen, sondern ihn implicite in sich tragen. Eine absolute Form der Frömmigkeit ist niemals möglich.

c) Die subjektiv-objektive Form des religiösen Lebens: Kultus (Dogma)

§ 56 Der Kultus

Die Religion als Aktualität ist Kultus (Gottesdienst). Die Grundformen des Kultus sind Gebet und Andacht. Im Gebet wird der einzelne vor Gott gebracht, in der Andacht wird die Gegenwart Gottes im einzelnen und über allen einzelnen angeschaut; im Kultus der Gemeinde verbinden sich Gebet und Andacht zum öffentlichen Gottesdienst, in dem die Gemeinde ihren Besitz zugleich darstellt und erneuert (Bekenntnis und Erbauung).

II. Die Anwendung des theologischen Prinzips auf das sittliche Leben (§§ 57–67)

a) Die Erhebung der sittlichen Persönlichkeit über das Unmittelbare (das absolut Sittliche)

§ 57 Das sittliche Prinzip: Autonomie und Heteronomie

Während die konkret-heteronomen Erklärungen des Sittlichen die Absolutheit der sittlichen Kategorien zerstören, wird die abstrakt-autonome Erklärung durch die Relativität der sittlichen Urteile unmöglich gemacht. Die spekulative Synthese, nach der das Sittliche Selbstbestimmung der Freiheit ist, zerfällt vor der Kritik der Reflexion in ihre beiden Elemente.

Durch das theologische Prinzip wird das Sittliche als die Einheit von Freiheit und Liebe im Paradox begriffen.

§ 58 Das sittliche Handeln: Gesetzesmoral und Persönlichkeitsmoral

Aus dem Gegensatz von abstrakt und konkret ergibt sich für den Reflexionsstandpunkt bezüglich der Form des sittlichen Handelns der Gegensatz von Gesetzesethik und Persönlichkeitsethik. Beides ist unmöglich, denn das Gesetz bleibt dem Willen fremd und der relativen Persönlichkeit steht die sittliche Norm gegenüber. – Durch das theologische Paradox wird aus der Gesetzesethik Ethik der Gnade und aus der Persönlichkeitsethik Geistesethik und damit die Einheit beider gesetzt.

§ 59 Die sittliche Bildung: Asketismus und Ästhetizismus

Für die Frage nach der sittlichen Bildung ergibt sich aus der abstrakten Betrachtungsweise die Forderung, alles Relative zu verneinen und sich ausschließlich dem Absoluten hinzugeben (Askese); aus der konkreten Betrachtungsweise die Forderung, alles Relative zu bejahen, ohne sich einem absolut hinzugeben (Ästhetizismus). Aber die Askese gibt nicht die Freiheit und der Ästhetizismus verhindert die Liebe.

Die Einheit des Ja und Nein im theologischen Paradox stellt die Aufgabe, für alles Relative vom Absoluten aus zugleich ein Nein (Freiheit) und ein Ja (Liebe) zu haben.

§ 60 Die Grenzen der sittlichen Persönlichkeit und die sittliche Liebe

Wo das sittliche Streben ausschließlich auf die Bildung der sittlichen Persönlichkeit gerichtet ist und auch die Liebe Mittel zur sittlichen Vollendung wird, entsteht die egozentrische Verkehrung der Ethik. Davon kann nur diejenige Liebe befreien, die auch in sittlicher Beziehung nicht sich, sondern den anderen sucht.

b) Die Rückkehr der sittlichen Persönlichkeit in das Unmittelbare (das konkret Sittliche)

§ 61 Die natürliche Gemeinschaft: Familie

Das sittliche Problem der Familie ist in dem Gegensatz von natürlicher Gebundenheit und geistiger Selbständigkeit des einzelnen der Familie gegenüber begründet.

Die Lösung des Problems liegt in der Einheit der erziehenden und unbedingt verzeihenden Liebe.

§ 62 Die rechtliche Gemeinschaft: Staat

Das sittliche Problem des Staates ist in dem Gegensatz von sittlicher Naturordnung, die der Staat in sich verkörpert, und sittlicher Freiheit des einzelnen begründet.

Die Lösung des Problems liegt in der Einheit von wirkendem und leidendem Verhalten des einzelnen dem Staate gegenüber.

§ 63 Die soziale Gemeinschaft: Gesellschaft

Das sittliche Problem der Gesellschaft liegt in der Aufgabe begründet, den relativen gesellschaftlichen Beziehungen einen absoluten Gehalt zu geben.

Gelöst wird das Problem durch die wirksame Anerkennung der absoluten sittlichen Würde einer jeden Persönlichkeit ohne Aufhebung der Relativität der gesellschaftlichen Beziehung.

§ 64 Die religiöse Gemeinschaft: Kirche

Das sittliche Problem der Kirche für den einzelnen ist in dem Gegensatz von objektiver und subjektiver Religiosität (Kirchlichkeit und Frömmigkeit) begründet.

Gelöst wird das Problem durch die Einheit von Kritik und lebendiger Anteilnahme am kirchlichen Leben oder von Wahrhaftigkeit und tragender Liebe, wie sie möglich ist durch die Einheit von Absolutem und Relativem im theologischen Prinzip.

§ 65 Die geistige Gemeinschaft: Freundschaft

Das sittliche Problem der Freundschaft ist in dem Gegensatz von unmittelbarer Sympathie und bewußter geistiger Gemeinschaft begründet.

Die Lösung des Problems liegt in der religiös begründeten Treue als Einheit von Erinnerung und Erwartung; diese Einheit ist unzerstörbar allein durch die gemeinsame Beziehung auf Gott.

§ 66 Die vollkommene Gemeinschaft: Ehe

Voraussetzung der Ehe ist die Lösung des sexuellen Problems im Sinne des monogamischen Prinzips.

Das sittliche Problem der Ehe ist die Absolutheit der Gemeinschaft zwischen zwei relativen Pesönlichkeiten.

Gelöst wird das Problem durch die Paradoxie des Vertrauens als Einheit von Glaube, Liebe und Hoffnung, entsprechend den drei Momenten des theologischen Prinzips.

§ 67 Die Grenzen der sittlichen Gemeinschaft und die sittliche Wahrhaftigkeit

Wo das sittliche Streben ausschließlich auf die Teilnahme an der sittlichen Gemeinschaft gerichtet ist und diesem Ziel die Selbständigkeit der sittlichen Persönlichkeit geopfert wird, entsteht die Ethik der Unwahrhaftigkeit. Davon kann nur diejenige Wahrhaftigkeit befreien, die nach Analogie des Rechtfertigungsurteils gebildet ist und trotz aller Relativität die absoluten Kategorien anwendet.

III. *Die Anwendung des theologischen Prinzips auf das kulturelle Leben (§§ 68–72)*

§ 68 Technik und Reich Gottes

Die dialektische Not der sachlichen Kultur ist die Knechtung des Geistes an die Welt durch Beherrschung der Welt.

Das theologische Prinzip rechtfertigt die sachliche Kulturarbeit (Technik), indem es die Offenbarung Gottes in ihr anschaut, sie in den Dienst des Reiches Gottes stellt und ihre ewige Bedeutung für das vollendete Gottesreich erkennt.

§ 69 Staat und Kirche

Die dialektische Not des Staates ergibt sich aus seinem notwendigen Anspruch, Träger des gesamten Kulturgehaltes zu sein, und seiner Unfähigkeit, aus sich selbst einen Gehalt zu schöpfen. Das theologische Prinzip rechtfertigt den Staat, indem es in ihm das Abbild der Einheit des Gottesreiches bejaht, indem es ihm mittels der Kirche den geistigen Gehalt gibt und die ewige Einheit von Staat und Kirche erkennt.

§ 70 Humanität und Liebe

Die dialektische Not der Humanität ist darin begründet, daß sie persönlich begründeten Mängeln nur mit sachlichen Mitteln abhelfen kann und dadurch dauernd neue Mängel schaffen muß.

Das theologische Prinzip bejaht die Humanität als Kampf gegen die Sündhaftigkeit, bejaht und vertieft sie durch die Liebe und stellt die endliche Einheit von Humanität und Liebe in Aussicht.

§ 71 Kunst und Kultus

Die dialektische Not alles Ästhetischen ist darin begründet, daß die ästhetische Anschauung bei dem Stoffe (Gegenstand) festhält, in dem sie das Ewige schaut.

Sie wird gerechtfertigt von dem theologischen Prinzip abstrakt als Überwinden des Stoffes, konkret, weil sie Trägerin der Andacht und selbst Andacht werden kann und ihrem ewigen Wesen nach dem Kultus gleich Anschauung Gottes in allem Konkreten und über allem Konkreten ist.

§ 72 Wissenschaft und Dogma

Die dialektische Not der Wissenschaft und ihre Erlösung durch das theologische Prinzip ist der Inhalt der gesamten systematischen Theologie. An dieser Stelle tritt das theologische System selbst unter das Paradox, das von ihm begründet und durchgeführt ist. Auch das theologische System ist nicht das absolute System, so wenig wie das System der Wissenschaften, aus dem es hervorgegangen ist und zu dem es wieder zurückkehrt, um den ganzen Kreislauf von neuem zu beginnen.

SYSTEMATISCHE THEOLOGIE
BAND I (1951)
EINLEITUNG

DER STANDPUNKT

1. Botschaft und Situation

Theologie ist eine Funktion der christlichen Kirche, sie muß den Erfordernissen der Kirche entsprechen. Ein theologisches System muß zwei grundsätzliche Bedürfnisse befriedigen: Es muß die Wahrheit der christlichen Botschaft aussprechen, und es muß diese Wahrheit für jede neue Generation neu deuten. Theologie steht in der Spannung zwischen zwei Polen: der ewigen Wahrheit ihres Fundamentes und der Zeitsituation, in der diese Wahrheit aufgenommen werden soll. Die meisten Theologien genügen nur einer von diesen beiden Grundbedingungen. Entweder opfern sie Teile der Wahrheit, oder sie reden an der Zeit vorbei. Es gibt auch theologische Systeme, die beide Fehler zugleich machen. Besorgt, die ewige Wahrheit zu verfehlen, setzen sie sie kurzerhand mit einer großen Theologie der Vergangenheit gleich, mit überlieferten Begriffen und Lösungen, und versuchen nun, diese einer neuen und gewandelten Situation aufzupfropfen. Sie verwechseln die ewige Wahrheit mit einer ihrer zeitlichen Ausformungen. Eben darum handelt es sich bei der Orthodoxie in Europa, die man in Amerika unter dem Namen Fundamentalismus kennt. Wenn es dann geschieht, daß sich dieser Fundamentalismus mit einem Vorurteil gegen theologisches Denken überhaupt verbindet, wie z. B. im evangelischen Biblizismus, dann wird die theologische Wahrheit von gestern als unwandelbare Botschaft gegen die theologische Wahrheit von heute und morgen verteidigt. Der Fundamentalismus versagt vor dem Kontakt mit der Gegenwart, und zwar nicht deshalb, weil er der zeitlosen Wahrheit, sondern weil er der gestrigen Wahrheit verhaftet ist. Er macht etwas Zeitbedingtes und Vorübergehendes zu etwas Zeitlosem und ewig Gültigem. Er hat in dieser Hinsicht dämonische Züge. Denn er verletzt die Ehrlichkeit des Suchens nach der Wahrheit, ruft bei seinen denkenden Bekennern eine Bewußtseins- und Gewissensspaltung hervor und macht sie zu Fanatikern, weil sie dauernd Elemente der Wahrheit unterdrücken müssen, deren sie sich dunkel bewußt sind.

Die amerikanischen Fundamentalisten und die europäischen Orthodoxen können sich auf die Tatsache berufen, daß ihre Theologie in weiten Kreisen bereitwilligst akzeptiert und vertreten wird, und zwar gerade wegen der geschichtlichen oder „biographischen" Situation, in der sich viele Menschen heute befinden. Das ist eine unbestreitbare Tatsache, aber die daraus abgeleitete Rechtfertigung ist falsch. Die Situation als der eine Pol aller theologischen Arbeit bedeutet nicht den empirischen psychologischen oder soziologischen Zustand, in dem sich ein Individuum oder eine Gruppe von Menschen gerade befindet. Sie bedeutet vielmehr die Summe der wissenschaftlichen und künstlerischen, der wirtschaftlichen, politischen und sittlichen Formen, in denen diese Gruppe das Selbstverständnis ihrer Existenz zum Ausdruck bringt. Die Situation, in die hinein die Theologie zu reden hat, wenn sie relevant reden will, ist nicht einfach die Situation des Individuums als Individuum oder einer Gruppe als Gruppe. Theologie ist etwas anderes als Verkündigung oder Seelsorge. Deshalb ist die Brauchbarkeit einer Theologie für die Predigt oder die Seelsorge keinesfalls das Kriterium ihrer Wahrheit. Die Tatsache, daß orthodoxe oder fundamentalistische Formeln in einer Zeit begeistert aufgenommen werden, in der sich einzelne wie die Gemeinschaft Verfallszuständen gegenübersehen, ist durchaus kein Beweis für ihren theologischen Wert, ebenso wenig wie die allgemeine Zustimmung zur liberalen Theologie in Zeiten der Konsolidierung ein Beweis für deren Wahrheit ist. Die Situation, um die es in der Theologie geht, ist vielmehr das schöpferische Selbstverständnis der Existenz, wie es sich in jeder Periode unter den verschiedensten psychologischen und soziologischen Umständen vollzieht. Gewiß ist die so verstandene Situation von den oben genannten Elementen nicht unabhängig. Aber die Theologie hat es mit dem geistig-kulturellen Gesamtausdruck zu tun, den diese Elemente theoretisch und praktisch gefunden haben, nicht mit ihnen als Faktoren und Bedingungen dieses Gesamtausdrucks. Es ist z.B. nicht die Tatsache – sei es der Verbreitung, sei es der besseren Erkenntnis – der Geisteskrankheiten, mit der sich die Theologie befaßt, sondern es ist die Frage, was Geisteskrankheit als individuelle oder soziale Erscheinung für das Verständnis des Menschen und seine Beziehung zu Gott bedeutet. Die Situation, zu der die Theologie sprechen muß, ist die schöpferische Selbstbesinnung des Menschen in einer besonderen Geschichtsperiode. Theologie kümmert sich z. B. nicht um die politische Spaltung zwischen Ost und West, sondern um den religiösen und ethischen Sinn dieser Spaltung. Fundamentalismus und Orthodoxie lehnen das ab und verfehlen damit die eigentlich theologische Aufgabe.

Die sogenannte kerygmatische Theologie ist dem Fundamentalismus und der Orthodoxie insofern verwandt, als sie die unveränderliche Wahrheit des Kerygmas, der Botschaft oder Verkündigung, im Gegensatz zu den wechselnden Forderungen der Situation stark betont. Sie versucht, die Mängel des Fundamentalismus zu vermeiden, indem sie alles theologische Denken, auch das orthodoxe, dem Kriterium der Verkündigung unterstellt. Diese Verkündigung ist in der Bibel enthalten, aber nicht mit der Bibel identisch. Sie hat in der klassischen Überlieferung christlicher Theologie ihren Ausdruck gefunden, ist aber nicht identisch mit einer speziellen Form dieser Überlieferung. Die reformatorische Theologie und in unseren Tagen die neureformatorische Theologie Barths und seiner Schule sind Musterbeispiele kerygmatischer Theologie. Zu seiner Zeit wurde Luther heftig von den Orthodoxen von damals angegriffen, und heute geht es Barth und seinen Schülern mit den Fundamentalisten genau so. Daran sieht man, daß es nicht ganz zutreffend ist, Luther „orthodox" und Barth „neuorthodox" zu nennen. Luther war in Gefahr, orthodox zu werden, und das Gleiche gilt von Barth, aber sie wollten es beide nicht. Beiden geht es ernsthaft darum, die ewige Botschaft in Bibel und Tradition wieder zu entdecken und einer entstellten Tradition und einem mechanischen Mißbrauch der Bibel entgegenzusetzen. Luthers Kritik am römischen System der Vermittlung und der Heilsstufen, die Herausstellung der biblischen Kategorien „Gericht" und „Gnade", seine Wiederentdeckung der paulinischen Botschaft und gleichzeitig sein mutiges Hervorheben des ungleichen Wertes der biblischen Bücher waren echte kerygmatische Theologie. Barths Kritik an der neuprotestantisch-bürgerlichen Synthese von christlicher Botschaft und modernem Denken, seine Wiederentdeckung des christlichen Paradoxes und gleichzeitig die Freiheit seiner pneumatischen Auslegung des Römerbriefes und seine Annahme radikaler historischer Kritik waren echte kerygmatische Theologie. In beiden Fällen handelt es sich um das Herausstellen der ewigen Wahrheit gegenüber der menschlichen Situation und ihren Forderungen. In beiden Fällen hatte dieses Herausstellen prophetische, im Tiefsten erschütternde und umwandelnde Gewalt. Ohne solche kerygmatische Reaktionen könnte sich die Theologie in den Relativitäten der Situation verlieren, ja sie könnte selber zu einem Teil der Situation werden – wie z. B. der religiöse Nationalismus der „Deutschen Christen" oder der religiös gefärbte Fortschrittsglaube der sogenannten „Humanisten" in Amerika.

Und doch läßt sich die Situation aus der theologischen Arbeit nicht ausschalten. Luther war unbefangen genug, sein eigenes nominalistisches und Melanchthons humanistisches Denken bei der Formulierung seiner theologischen Lehren heranzuziehen. Aber das Problem der Situation war ihm doch nicht immer gegenwärtig genug, um ein Abgleiten in orthodoxe Denkformen zu verhindern. Auf diese Weise bereitete er der protestantischen Orthodoxie den Weg für die Zukunft. Barths Größe liegt darin, daß er sich immer wieder im Lichte der Situation korrigiert und ernstlich darauf bedacht ist, nicht sein eigener Schüler zu werden. Dabei ist ihm indes nicht immer gegenwärtig, daß er damit aufhört, rein kerygmatische Theologie zu treiben. Da er jede konkrete Wahrheit direkt von der höchsten Wahrheit abzuleiten versucht, wenn er z. B. die Pflicht, Hitler mit Krieg zu überziehen, direkt von der Auferstehung ableitet[1], fällt er auf ein Denken zurück, das man neuorthodox nennen kann und das alle Tendenzen zu einer Repristinationstheologie in Europa stärken mußte. Der Pol, der Situation heißt, kann in der Theologie nicht ohne gefährliche Konsequenzen vernachlässigt werden. Nur radikale Teilnahme an der Situation, an der Existenzdeutung des modernen Menschen, kann das gegenwärtige Schwanken der kerygmatischen Theologie zwischen prophetischer Freiheit und orthodoxer Fixierung überbrücken. Mit anderen Worten: Die kerygmatische Theologie bedarf der apologetischen Theologie als notwendiger Ergänzung.

2. Die apologetische Theologie und das Kerygma

Apologetische Theologie heißt: antwortende Theologie. Sie antwortet auf Fragen, die die Situation stellt, und sie antwortet in der Macht der ewigen Botschaft und mit den begrifflichen Mitteln, die die Situation liefert, um deren Fragen es sich handelt.

Der Begriff „apologetisch" stand in der Alten Kirche in sehr hohem Ansehen. Er hat dieses Ansehen eingebüßt. Den Grund dafür boten die Methoden, die das Christentum gegen Angriffe des modernen Humanismus, Naturalismus und Historismus zu verteidigen suchten. Eine besonders anfechtbare und abstoßende Form der Apologetik war das sogenannte *„argumentum ex ignorantia"*, mit dem man ver-

[1] Karl Barth, Ein Brief nach Großbritannien aus der Schweiz. Eine Schweizer Stimme. 1945.

suchte, Lücken in unserer wissenschaftlichen oder historischen Erkenntnis zu entdecken und dann Gott und seine Taten inmitten einer sonst völlig berechenbaren und „immanenten“ Welt unterzubringen suchte. Jedesmal wenn die Wissenschaft einen Schritt weiter machte, mußte man wieder einen Stützpunkt aufgeben. Aber diese ununterbrochenen Rückzugsgefechte haben einige eifrige Apologeten trotz allem nicht entmutigt, in den allerneusten Entwicklungen der physikalischen und historischen Forschung wiederum neue Lücken zu finden, in denen sich Gott unterbringen läßt. Dieses würdelose Verfahren hat alles, was Apologetik heißt, in Verruf gebracht.

Im übrigen gibt es aber noch einen tieferen Grund für das Mißtrauen gegen apologetische Methoden, besonders auf seiten der kerygmatischen Theologen. Will man nämlich eine echte Antwort auf eine Frage geben, so muß man mit dem, der sie stellt, etwas Gemeinsames haben. Apologetik setzt gemeinsamen Boden voraus, wie unbestimmt dieser auch sein mag. Kerygmatische Theologen aber neigen dazu, jeden gemeinsamen Boden mit Menschen außerhalb ihres „theologischen Zirkels“ abzuleugnen. Sie sind besorgt, solch gemeinsamer Boden könnte die Einzigartigkeit des Kerygmas zerstören. Sie verweisen auf die frühchristlichen Apologeten, die den gemeinsamen Boden in der Bejahung des *logos* sahen; sie verweisen auf die alexandrinische Schule, die ihn im Platonismus fand; sie verweisen auf Thomas von Aquino, der seine Theologie auf Aristoteles gründete; sie verweisen schließlich besonders auf den gemeinsamen Boden, den die apologetische Theologie mit der Philosophie der Aufklärung, mit der Romantik, mit dem Hegelianismus und Kantianismus, mit dem Humanismus und Naturalismus zu haben glaubte. Sie versuchen zu zeigen, daß das, was für gemeinsamen Boden gehalten wurde, in Wirklichkeit der Boden der „Situation“ war, und daß die Theologie ihren eigenen Boden verlor, wenn sie sich in die Situation hineinbegab. Apologetische Theologie in allen diesen Formen, und das heißt praktisch alle nichtorthodoxe Theologie seit dem Anfang des 18. Jahrhunderts, ist für die Vertreter der modernen kerygmatischen Theologie ein Verrat am Kerygma, an der unwandelbaren Wahrheit. Wenn dies eine zutreffende Interpretation der Theologiegeschichte ist, dann ist die kerygmatische Theologie die einzig wahre Theologie. Dann darf man sich auf die Situation überhaupt nicht einlassen, dann ist eine Antwort auf die Fragen, die sie stellt, nicht zu geben, wenigstens nicht in Begriffen, die als Antwort verstanden werden können. Dann muß die Botschaft den Menschen in ihrer jeweiligen Situation zugeschleudert werden wie ein Stein. Das ist unter gewissen psychologischen Voraussetzungen zweifellos eine sehr wirksame Methode der Predigt, z. B. bei Erweckungen; es kann sogar sehr wirkungsvoll sein, wenn aggressive theologische Ausdrücke gebraucht werden. Aber das ist kein Dienst an der theologischen Funktion der Kirche; außerdem ist es undurchführbar. Selbst die kerygmatische Theologie muß sich der begrifflichen Werkzeuge bedienen, die ihr die Zeit anbietet. Sie kann nicht einfach die Sätze der Bibel wiederholen. Und selbst wenn sie das versuchte, könnte sie an dem Problem, das durch die situationsbedingte Ausdrucksweise der verschiedenen biblischen Verfasser gestellt ist, nicht vorbeigehen. Das alles umfassende Ausdrucksmedium jeder Situation ist die Sprache, damals wie heute, und einfach deshalb kann die Theologie dem Situationsproblem nicht ausweichen. Die kerygmatische Theologie muß ihre ausschließliche Transzendenz aufgeben und den Versuch der apologetischen Theologie ernstnehmen, auf die Fragen zu antworten, die sich in der jeweiligen Situation stellen.

Andererseits wird die apologetische Theologie die Warnung nicht in den Wind schlagen dürfen, die mit der Existenz und dem Anspruch der kerygmatischen Theologie gegeben ist. Gründet sie sich nicht auf das Kerygma als auf die Substanz und das Kriterium jedes ihrer Sätze, dann gibt sie sich selbst auf. In den letzten zwei Jahrhunderten hat das Problem der Apologetik die theologische Arbeit bestimmt. „Die christliche Botschaft und der moderne Geist" – das ist seit dem Ende der klassischen Orthodoxie das Thema der Theologie schlechthin gewesen. Unermüdlich wurde die Frage behandelt, ob die christliche Verkündigung dem modernen Geist annehmbar gemacht werden könne, ohne daß sie dabei ihrer Einzigartigkeit und ihrer eigentlichen Substanz verlustig ginge. Die Mehrheit der Theologen hat an diese Möglichkeit geglaubt, eine Minderheit hat sie bestritten, sei es im Namen der christlichen Botschaft, sei es im Namen des modernen Geistes. Kein Zweifel: Die Stimmen, die den Kontrast, die *„Diastase"* betonten, klangen lauter und auch eindrücklicher; ein „Nein" klingt in der Regel kräftiger als ein „Ja". Trotzdem war es doch die ununterbrochene Arbeit derer, die an ein Zusammen, an eine Synthese glaubten, die die Theologie lebendig erhalten hat. Ohne sie wäre das traditionelle Christentum eng und abergläubisch geworden, und die allgemeine Kultur wäre ihren Weg gegangen ohne den „Pfahl im Fleisch", dessen sie bedarf: nämlich einer echten Theologie von geistigem Rang. Die heutzutage in neuorthodoxen Kreisen Mode gewordene summarische Verurteilung der theologischen Arbeit der letzten beiden Jahrhunderte ist grundverkehrt, wie Barth selbst das in seinem

Buch: „Die protestantische Theologie im 19. Jahrhundert“ festgestellt hat. Trotzdem ist es notwendig, von Fall zu Fall danach zu fragen, ob die apologetische Methode die christliche Botschaft aufgelöst hat oder nicht. Es geht weiter darum, eine theologische Methode zu finden, bei der Botschaft und Situation auf eine solche Weise aufeinander bezogen sind, daß keine von beiden beeinträchtigt wird. Läßt sich eine solche Methode finden, dann kann die Frage nach dem Christentum und dem modernen Geist mit viel besseren Aussichten als bisher angegangen werden. Das folgende System ist ein Versuch, mit Hilfe der „Methode der Korrelation“ Botschaft und Situation zu vereinigen. Es sucht die Fragen, die in der Situation enthalten sind, mit den Antworten, die in der Botschaft enthalten sind, in Korrelation zu bringen. Es leitet die Antworten nicht aus den Fragen ab, noch gibt es Antworten, die nichts mit der Frage zu tun haben. Es setzt Fragen und Antworten, Situation und Botschaft, menschliche Existenz und göttliche Selbstoffenbarung in Korrelation.

Zweifellos ist solch eine Methode kein Instrument, das willkürlich gehandhabt werden könnte. Sie ist weder ein Trick noch ein mechanischer Kunstgriff. Sie ist selbst eine theologische Aussage und wie alle theologischen Aussagen nur möglich mit Leidenschaft und Mut zum Wagnis. Und letztlich ist sie ein Teil des Systems selbst, das sich auf sie gründet. System und Methode gehören zusammen und müssen miteinander beurteilt werden. Dieses Urteil würde positiv sein, wenn in kommenden Generationen Theologen und Nichttheologen anerkennten, daß es ihnen behilflich war, die christliche Botschaft als Antwort auf die Fragen zu verstehen, die ihrer und jeder menschlichen Existenz zugrunde liegen.

DAS WESEN DER SYSTEMATISCHEN THEOLOGIE

1. Der theologische Zirkel

Es gibt Beweise genug, daß die Versuche nicht zum Ziel führen, die die Theologie als empirisch-induktive oder als metaphysisch-deduktive Wissenschaft oder als Kombination aus beidem entwerfen wollen. In jeder derartigen Theologie gibt es einen Punkt, an dem individuelle Erfahrung, traditionelle Wertung und persönliches Beteiligtsein den Ausschlag geben. Dieser Punkt bleibt den Verfassern solcher Theologien oft selbst verborgen, ist jedoch für diejenigen offensichtlich, die sie mit anderen Erfahrungen und anderer persönlicher Bindung betrachten. Wird der empirisch-induktive Weg beschritten, so muß man fragen, woher der Autor sein Material bekommt. Lautet die Antwort, daß er es von allen Seiten und aus allen möglichen Erfahrungen bekommt, so muß man fragen, welcher Realitäts- oder Erfahrungsbegriff die empirische Grundlage seiner Theologie ist. Wie auch die Antwort ausfallen mag, es liegt ein apriorischer Erfahrungsbegriff zugrunde. Dasselbe gilt vom metaphysisch-deduktiven Weg, wie er vom klassischen Idealismus beschritten wurde. Die letzten Prinzipien in der idealistischen Theologie sind rationaler Ausdruck dessen, was uns unbedingt angeht. Wie alles, was in die metaphysisch letzten Gründe vorstößt, sind sie zugleich von religiöser Bedeutung. Ein System, das aus ihnen abgeleitet wird, ist von der heimlichen Theologie in ihnen bestimmt.

Sowohl beim empirisch-induktiven als auch beim metaphysisch-deduktiven Weg, wie bei den sehr viel häufigeren Fällen ihrer Mischung kann man beobachten, daß das Apriori, das beide, die Empirie und die Metaphysik, bestimmt, in einer mystischen Erfahrung begründet ist. Sei es das „Sein an sich" der Scholastik oder die „universale Substanz" des Spinoza, das „Jenseits von Subjektivität und Objektivität" von W. James oder die „Identität von Geist und Natur" bei Schelling, das „Universum" Schleiermachers oder das „kosmische Ganze" Hockings, der „wertschaffende Prozeß" Whiteheads oder die „progressive Integration" Wiemans, der „absolute Geist" Hegels oder die „kosmische Person" Brightmans – all diese Begriffe beruhen auf einer unmittelbaren Erfahrung von einem letzten Sein und Sinn, deren man intuitiv gewahr werden kann. Wenn der Idealismus und der Naturalismus theologische Begriffe entwickeln, unterscheiden sie sich sehr wenig in ihrem Ausgangspunkt. Beide beruhen auf einem Identitätspunkt zwischen dem erfahrenden Subjekt und dem Unbedingten, das im religiösen Erlebnis oder im Welterlebnis erfahren wird. Die theologischen Vorstellungen der Idealisten wie der Naturalisten wurzeln in einem „mystischen Apriori", einem Erkennen von etwas, das die Kluft zwischen Subjekt und Objekt transzendiert. Und wenn im Verlauf eines wissenschaftlichen Prozesses dieses Apriori entdeckt wird, ist seine Entdeckung nur darum möglich, weil es von Anfang an darin gegenwärtig war. Das ist der Zirkel, dem kein Religionsphilosoph entgehen kann. Und es ist keineswegs ein *circulus vitiosus*, denn jedes Verständnis geistiger Dinge ist zirkulär.

Der Zirkel jedoch, innerhalb dessen der Theologe arbeitet, ist enger als der des Religionsphilosophen. Er fügt dem „mystischen Apriori" das Kriterium der christlichen Botschaft hinzu. Der Religionsphilosoph will in seinen Begriffen allgemein und abstrakt bleiben, wie schon der Begriff „Religion" andeutet, der Theologe dagegen ist bewußt und mit Absicht spezifisch und konkret. Der Unterschied ist natürlich nicht absolut. Da die Erfahrungsgrundlage jeder Religionsphilosophie zum Teil durch die Kulturtradition bestimmt ist, zu der sie gehört (sogar die Mystik ist kulturell bedingt), umfaßt sie unweigerlich konkrete und spezielle Elemente. Der Philosoph versucht jedoch in seiner Eigenschaft als Philosoph von diesen Elementen zu abstrahieren und allgemeingültige Begriffe hinsichtlich der Religion zu schaffen. Der Theologe andererseits behauptet die Allgemeingültigkeit der christlichen Botschaft trotz ihres konkreten und speziellen Charakters. Er rechtfertigt diesen Anspruch nicht, indem er von der Konkretheit der Botschaft abstrahiert, sondern indem er ihre unwiederholbare Einzigartigkeit betont. Er betritt den theologischen Zirkel mit einer konkreten Überzeugung. Er betritt ihn als ein Glied der christlichen Kirche zur Erfüllung einer der wesentlichsten Funktionen der Kirche, nämlich ihres theologischen Selbstverständnisses.

Der Theologe will mehr sein als ein Religionsphilosoph. Er will die christliche Botschaft mit Hilfe seiner Methode allgemeingültig begründen. Das stellt ihn vor eine Alternative. Er kann die christliche Botschaft unter einen Religionsbegriff subsumieren. Dann gilt das Christentum als ein Beispiel religiösen Lebens neben anderen, gewiß als die höchste Religion, aber nicht als die endgültige und einzigartige. Eine solche Theologie hält sich außerhalb des theologischen Zirkels. Sie hält sich innerhalb des religionsphilosophischen Zirkels und seinen unbestimmten Horizonten, die eine Zukunft offen lassen für neue und vielleicht höhere Formen der Religion. Der Theologe bleibt trotz seines Wunsches, Theologe zu sein, Religionsphilosoph. Oder er wird wirklich Theologe, ein Interpret seiner Kirche und ihres Anspruchs auf Einmaligkeit und Allgemeingültigkeit. Dann betritt er den theologischen Zirkel und sollte zugeben, daß er es wirklich getan hat. Er sollte dann aufhören, den Anspruch zu erheben, seine Theologie auf empirisch-induktive oder metaphysisch-deduktive Weise gewonnen zu haben.

Aber selbst wenn sich der Theologe bewußt und offen auf den theologischen Zirkel eingelassen hat, steht er vor einem anderen ernsten Problem. Innerhalb des theologischen Zirkels muß er eine existentielle Entscheidung getroffen haben, er muß in der Situation des Glaubens stehen. Doch kann niemand von sich selbst sagen, daß er in der Glaubenssituation steht. Niemand kann sich selbst als Theologen bezeichnen, selbst wenn er zum Lehrer der Theologie berufen ist. Jeder Theologe ist sowohl ergriffen als auch entfremdet, er steht immer im Glauben *und* im Zweifel, er befindet sich innerhalb *und* außerhalb des theologischen Zirkels. Manchmal überwiegt die eine Seite, manchmal die andere, und er ist niemals sicher, welche Seite wirklich überwiegt. Daher kann nur ein Kriterium Anwendung finden: ein Mensch kann so lange Theologe sein, als er den Inhalt des theologischen Zirkels als das anerkennt, was ihn unbedingt angeht. Ob das der Fall ist, hängt nicht von seinem geistigen, moralischen oder emotionalen Zustand ab, auch nicht von der Intensität und Gewißheit des Glaubens oder von der Kraft der Wiedergeburt oder dem Grad der Heiligung. Vielmehr hängt es allein von seinem unbedingten Betroffensein durch die christliche Botschaft ab, sogar dann, wenn er geneigt ist, sie anzugreifen oder abzulehnen.

Dieses Verständnis der „theologischen Existenz" löst den Konflikt zwischen den orthodoxen und den pietistischen Theologen über die *theologia irregenitorum* (Theologie der Nichtwiedergeborenen). Die Pietisten haben gewußt, daß man ohne Glauben, Entscheidung, Bindung, ohne sich im theologischen Zirkel zu befinden, nicht Theologe sein kann. Sie haben jedoch die theologische Existenz mit der Erfahrung der Wiedergeburt gleichgesetzt. Die Orthodoxen haben dagegen protestiert aus dem Grund, weil niemand seiner Wiedergeburt gewiß sein kann, und weiter, weil es in der Theologie um objektive Sachverhalte geht, die von jedem Denker innerhalb und außerhalb des theologischen Zirkels gehandhabt werden können, soweit nur die geistigen Voraussetzungen gegeben sind. Heutzutage stehen die Orthodoxen und die Pietisten gemeinsam gegen die angeblich ungläubigen kritischen Theologen, während das Erbe des orthodoxen Objektivismus – der Absicht, wenn auch nicht der Leistung nach – von der empirischen Theologie übernommen wurde. Im Hinblick auf diesen immer wieder auflebenden Streit muß erneut festgestellt werden, daß der Theologe in den theologischen Zirkel gehört. Aber nur das ist das Kriterium seiner Zugehörigkeit: daß die christliche Botschaft ihn unbedingt angeht.

Die Lehre vom theologischen Zirkel hat eine methodische Konsequenz: weder die Einleitung noch ein anderer Teil des theologischen Systems ist die logische Grundlage für die anderen Teile. Jeder Teil hängt mit dem anderen zusammen. Die Einleitung setzt die Christologie und die Lehre von der Kirche voraus und umgekehrt. Die Anordnung richtet sich lediglich nach praktischen Gesichtspunkten.

2. *Zwei formale Kriterien jeder Theologie*

Die letzte Bemerkung bezieht sich ausdrücklich auch auf die Einleitung dieses Buches, die ein Versuch ist, Kriterien für jedes theologische Unternehmen zu liefern. Die Kriterien sind formal, da sie von den konkreten Einzelheiten des theologischen Systems absehen. Sie sind jedoch von der Ganzheit der christlichen Botschaft abgeleitet. Form und Inhalt können unterschieden, aber nicht voneinander getrennt werden (das ist der Grund, warum auch die formale Logik dem philosophischen Zirkel nicht entrinnen kann). Die formalen Kriterien sind nicht die Basis eines deduktiven Systems, sondern sie sind die methodischen Wächter an der Grenze der Theologie.

Wir haben den Ausdruck „was ihn unbedingt angeht" ohne Erklärung gebraucht. Es ist die abstrakte Übersetzung des großen Gebotes: „Der Herr, unser Gott, ist *ein* Gott. Und du sollst Gott, deinen Herrn, lieben von ganzem Herzen, von ganzer Seele, von ganzem Gemüte und von allen deinen Kräften." Das religiöse Betroffensein ist unbedingt und total, es macht alle anderen Arten von Betroffensein vorläufig. Das, was uns unbedingt angeht, ist von allen zufälligen Bedingungen der menschlichen Existenz unabhängig. Es ist total, kein Teil unser selbst und unserer Welt ist davon ausgeschlossen. Hier gibt es kein Ausweichen. Was uns unbedingt angeht, läßt keinen Augenblick der Gleichgültigkeit und des Vergessens zu. Es ist ein Gegenstand unendlicher Leidenschaft.

Das Wort „angehen" weist auf den „existentiellen" Charakter der religiösen Erfahrung hin. Wir können nicht angemessen vom „Gegenstand der Religion" sprechen, ohne gleichzeitig seinen Gegenstandscharakter zu verneinen. Das, was unbedingt ist, gibt sich selbst nur dem Zustand unbedingten Betroffenseins. Das Unbedingte ist kein „höchstes Ding", das wir in unverbindlicher Objektivität erörtern könnten. Es ist der Gegenstand völliger Hingabe, der auch die Aufgabe unserer Subjektivität fordert. Es ist das Objekt „unendlichen Interesses" (Kierkegaard), das uns zu *seinem* Objekt macht, wenn wir versuchen, es zu *unserm* Objekt zu machen. Aus diesem Grund haben wir Ausdrücke wie „*das* Höchste", „*das* Unbedingte", „*das* Universale", „*das* Unendliche" vermieden und haben von unbedingtem und totalem Betroffensein gesprochen. Selbstverständlich ist in jedem Betroffensein *etwas*, das betrifft, aber dieses „Etwas" sollte nicht als ein Gegenstand erscheinen, der *auch* erkannt und behandelt werden könnte, ohne daß er uns angeht. Darum ist dieses das erste formale Kriterium der Theologie: *Der Gegenstand der Theologie ist das, was uns unbedingt angeht. Nur solche Sätze sind theologisch, die sich mit einem Gegenstand beschäftigen, sofern er uns unbedingt angeht.*

Die negative Bedeutung dieses Satzes ist klar. Die Theologie muß sich auf das richten, was uns unbedingt angeht, und darf keine Rolle in der Arena vorläufiger Anliegen spielen. Die Theologie kann und soll keine Urteile über den ästhetischen Wert eines Kunstwerkes, über den wissenschaftlichen Wert einer physikalischen Theorie oder einer historischen Meinung, über die beste Methode medizinischer Heilung oder sozialen Wiederaufbaus, über die Lösung politischer oder internationaler Konflikte abgeben. Der Theologe als Theologe ist kein Sachverständiger in irgendwelchen Angelegenheiten von vorläufiger Bedeutung. Und umgekehrt, diejenigen, die Sachverständige in solchen Angelegenheiten sind, sollten als solche nicht den Anspruch erheben, auch in der Theologie Sachverständige zu sein. Das erste formale Prinzip der Theologie bewacht nicht nur die Grenzlinie zwischen unbedingtem und vorläufigem Betroffensein, es schützt die Theologie vor Übergriffen der Kulturgebiete ebenso wie diese vor Übergriffen der Theologie.

Aber das ist noch nicht die ganze Bedeutung des formalen Prinzips. Es kann zwar aus ihm nicht der Inhalt dessen, was uns unbedingt angeht, abgeleitet werden, aber es hat Konsequenzen für die Beziehungen zwischen dem, was uns bedingt angeht, und dem, was uns unbedingt angeht. Drei Beziehungen sind möglich: Die erste Beziehung ist gegenseitige Indifferenz, die zweite ist eine Beziehung, in der etwas Vorläufiges zu etwas Letztem, Unbedingten wird, und die dritte ist eine Beziehung, in der etwas Vorläufiges zum Träger dessen wird, was uns unbedingt angeht, ohne daß es selbst unbedingtes Gewicht erhält. Die erste Beziehung überwiegt im gewöhnlichen Leben mit seinem Hin und Her zwischen bedingten, bruchstückhaften, endlichen Situationen und Erfahrungen und solchen Augenblicken, in denen die Frage nach dem letzten Sinn des Lebens von uns Besitz ergreift. Eine solche Trennung widerspricht jedoch dem unbedingten und totalen Charakter des religiösen Anliegens. Sie stellt unser unbedingtes Anliegen auf gleiche Stufe mit bedingten Anliegen und beraubt es dadurch seiner Unbedingtheit. Eine solche Haltung widerspricht der Unbedingtheit der biblischen Gebote und des ersten theologischen Kriteriums. Die zweite Beziehung ist ihrem wirklichen Charakter nach götzendienerisch. Götzendienst ist die Erhebung von etwas Vorläufigem zu etwas Letztem und Unbedingtem. Etwas wesensmäßig Bedingtes wird als unbedingt genommen, etwas, das seinem Wesen nach ein Teil ist, erhält den Charakter von etwas Universalem, und etwas wesenhaft Endlichem wird unendliche Bedeutung verliehen. Das beste Beispiel dafür ist der heutige Götzendienst des religiösen Nationalismus. In der dritten Beziehung wird wie in der zweiten das Bedingte zum Träger des Unbedingten, aber das Bedingte wird nicht zu unbedingter Gültigkeit erhoben, noch wird es neben das Unbedingte gestellt, sondern in ihm und durch es hindurch verwirklicht sich das Unendliche. Von solcher Möglichkeit ist nichts ausgeschlossen. In jedem Vorläufigen und durch jedes Vorläufige hindurch kann das Letzte, Unbedingte sich verwirklichen. Wenn dies geschieht, wird das Vorläufige zu einem möglichen Gegenstand der Theologie. Die Theologie geht aber nur insofern damit um, als es ein Medium, ein Träger ist, der über sich selbst hinausweist.

Bilder, Gedichte und Musik können Gegenstand der Theologie werden, nicht unter dem Gesichtspunkt ihrer ästhetischen Form, sondern im Hinblick auf ihre Fähigkeit, durch ihre ästhetische Form gewisse Aspekte dessen auszudrücken, was uns unbedingt angeht. Physikalische, historische oder psychologische Einsichten können Gegenstand der Theologie werden, nicht wegen ihres Charakters als Formen der Erkenntnis, sondern wegen ihrer Fähigkeit, etwas von letzter Bedeutung zu enthüllen. Soziale Ideen und Handlungen, Gesetzesvorschläge und Verfahren, politische Programme und Entscheidungen können Gegenstand der Theologie werden, aber nicht hinsichtlich ihrer sozialen, gesetzlichen oder politischen Form, sondern im Hinblick auf ihre Fähigkeit, etwas uns unbedingt Angehendes durch ihre soziale, gesetzliche und politische Form zu verwirklichen. Persönlichkeitsprobleme und -entwicklungen, Erziehungsziele und -methoden, körperliche und geistige Heilungen können Gegenstand der Theologie werden, aber nicht unter dem Gesichtspunkt ihrer autonomen Form, sondern unter dem Gesichtspunkt ihrer Fähigkeit, durch ihre autonome Form etwas von letztem und unbedingtem Gewicht zu vermitteln.

Es entsteht nun die Frage: Was ist der Inhalt von dem, was uns unbedingt angeht? Die Antwort kann offensichtlich kein spezielles Objekt sein, nicht einmal Gott, denn auch das zweite Kriterium der Theologie muß formal und allgemein sein. Wenn mehr über die Natur dessen, was uns unbedingt angeht, ausgesagt werden soll, muß es von einer Analyse des Begriffs „was uns unbedingt angeht“ abgeleitet werden. *Das, was uns unbedingt angeht, ist das, was über unser Sein oder Nichtsein entscheidet. Nur solche Sätze sind theologisch, die sich mit einem Gegenstand beschäftigen, sofern er über unser Sein oder Nichtsein entscheidet.* Das ist das zweite formale Kriterium der Theologie.

Nichts kann von unbedingter Bedeutung für uns sein, das nicht die

Macht hat, unser Sein zu bedrohen und zu retten. Der Ausdruck „Sein" bezeichnet in diesem Zusammenhang nicht Existenz in Raum und Zeit. Existenz ist fortgesetzt bedroht und gerettet durch Dinge und Ereignisse, die keine unbedingte Bedeutung für uns haben. Aber der Ausdruck „Sein" bedeutet das Ganze der menschlichen Wirklichkeit, die Struktur, den Sinn und das Ziel der Existenz. All dies ist bedroht, es kann verloren oder gerettet werden. „Sein oder Nichtsein" – so verstanden – ist ein Anliegen von unbedingter, totaler und unendlicher Bedeutung. Unbedingt betroffen sein heißt: Betroffensein in der Ganzheit unseres Seins, nicht in einem Teil, sei es im Willen, sei es im Gefühl. Das, was den Menschen unbedingt angeht, ist das, was sein „Sein" bedingt, aber selbst *über* allen Bedingungen steht. Es ist das, was über seine letzte Bestimmung jenseits aller Zufälligkeiten der Existenz entscheidet.

Das zweite formale Kriterium der Theologie handelt nicht von einem speziellen Inhalt, einem Symbol oder einer Lehre. Es bleibt formal und daher offen für Inhalte, die das, „was über Sein oder Nichtsein entscheidet", auszudrücken imstande sind. Gleichzeitig schließt es aus der Theologie Inhalte aus, die nicht die Macht haben, „über Sein oder Nichtsein zu entscheiden". Gleichviel, ob es ein Gott ist, den man als ein Seiendes neben anderem Seienden auffaßt (selbst, wenn es das „höchste Seiende" wäre), oder ein „Engel", der in einem himmlischen Bereich wohnte (der sogenannten „geistigen Sphäre" des Okkultismus), oder ein Mensch, der übernatürliche Kräfte besitzt (auch wenn er ein „Gottmensch" genannt wird) – keiner von diesen ist ein Gegenstand der Theologie, wenn er der Kritik des zweiten formalen Kriteriums der Theologie nicht standzuhalten vermag, wenn er für uns nicht eine Angelegenheit von Sein oder Nichtsein ist.

3. Theologie und Christentum

Theologie ist die methodische Auslegung der Inhalte des christlichen Glaubens. Das ist schon in den vorangegangenen Aussagen über den theologischen Zirkel und über die Theologie als Funktion der christlichen Kirche enthalten. Nun erhebt sich die Frage, ob es eine Theologie außerhalb des Christentums gibt, und wenn ja, ob die Idee der Theologie in der christlichen Theologie in vollkommener und endgültiger Weise erfüllt ist. Tatsächlich erhebt die christliche Theologie diesen Anspruch. Ist es jedoch mehr als ein bloßer Anspruch, mehr als ein natürlicher Ausdruck der Tatsache, daß der Theologe innerhalb des theologischen Zirkels arbeitet? Hat er Geltung auch jenseits der Peripherie dieses Zirkels? Es ist die Aufgabe der apologetischen Theologie, nachzuweisen, daß der christliche Anspruch auch vom Standpunkt außerhalb des theologischen Zirkels Geltung hat. Die apologetische Theologie muß zeigen, daß Strömungen in allen Religionen und Kulturen sich auf die christliche Antwort zubewegen. Das bezieht sich auf die Lehren wie auf die theologische Interpretation der Theologie.

Im weitesten Sinne des Wortes ist die Theologie, der *logos* oder das rationale Wort in bezug auf Gott, so alt wie die Religion. Das Denken durchdringt alle geistigen Tätigkeiten des Menschen. Der Mensch wäre ohne Worte, Gedanken, Begriffe kein geistiges Wesen. Dies gilt im besonderen auch in der Religion, der allumfassenden Funktion im geistigen Leben des Menschen. Es war ein Mißverständnis von Schleiermachers Religionsbegriff (Religion = Gefühl der schlechthinnigen Abhängigkeit) und ein Symptom religiöser Schwäche, als die Nachfolger Schleiermachers die Religion in den Bereich des Gefühls als einer psychologischen Funktion unter anderen versetzten. Die Verbannung der Religion in die nichtrationale Ecke der subjektiven Empfindungen, um die Bereiche des Denkens und Tuns frei von religiöser Einwirkung zu halten, war eine bequeme Art, den Konflikten zwischen religiöser Tradition und modernem Denken zu entgehen. Aber diese Methode war das Todesurteil für die Religion, das die Religion selbst nicht anerkannte und nicht anerkennen konnte.

Jeder Mythos enthält einen theologischen Gedanken, der herausgearbeitet werden kann und schon in früher Zeit herausgearbeitet wurde. Die priesterliche Zusammenfassung verschiedener Mythen eröffnet häufig tiefe theologische Einsichten. Mystische Spekulationen, z. B. der Vedanta-Hinduismus, vereinigen meditative Erhebung mit theologischer Durchdringung. Metaphysische Spekulationen, wie in der klassischen griechischen Philosophie, verbinden rationale Analyse mit theologischer Schau. Ethische, juristische und rituelle Auslegungen des göttlichen Gesetzes schaffen eine andere Form von Theologie auf dem Boden des prophetischen Monotheismus. All das ist „Theo-logie", *logos* vom *theos*, eine rationale Auslegung der religiösen Substanz der Riten, Symbole und Mythen.

Die christliche Theologie bildet davon keine Ausnahme. Sie tut dasselbe, doch in einer Art, die den Anspruch erhebt, *die* Theologie schlechthin zu sein. Der Grund für diesen Anspruch ist die christliche Lehre, daß der göttliche *logos* – das göttliche Offenbarungswort und die Wurzel alles menschlichen *logos* – Fleisch geworden, daß das

Prinzip der göttlichen Selbstoffenbarung in dem Ereignis „Jesus als der Christus“ manifest geworden ist. Ist diese Botschaft wahr, dann hat die christliche Theologie ein Fundament erhalten, das das Fundament jeder anderen Theologie transzendiert und das selbst nicht transzendiert werden kann. Die christliche Theologie hat etwas erhalten, das absolut konkret und zugleich absolut universal ist. Kein Mythos, keine mystische Schau, kein metaphysisches Prinzip, kein heiliges Gesetz hat die Konkretheit eines persönlichen Lebens. Im Vergleich mit einem persönlichen Leben ist alles andere relativ abstrakt. Und doch hat keines dieser relativ abstrakten Fundamente der Theologie die Universalität des *logos,* der selbst das Prinzip der Universalität ist. Im Vergleich mit dem *logos* ist alles andere relativ partikular. Christliche Theologie ist *die* Theologie, insofern sie auf der Spannung zwischen dem absolut Konkreten und dem absolut Universalen beruht. Die priesterlichen und prophetischen Theologien können sehr konkret sein, doch fehlt ihnen die Universalität. Mystische und metaphysische Theologien können sehr universal sein, doch fehlt ihnen die Konkretheit.

Es erscheint paradox, wenn man sagt, daß nur dasjenige, was absolut konkret ist, auch absolut universal sein kann und umgekehrt; es beschreibt aber die Situation genau. Etwas, das rein abstrakt ist, hat eine begrenzte Universalität, da es auf die Wirklichkeiten beschränkt ist, von denen es abstrahiert worden ist. Etwas, das rein partikular ist, hat eine begrenzte Konkretheit, weil es andere Teilrealitäten ausschließen muß, um sich in seiner Konkretheit zu behaupten. Nur was die Kraft hat, alles Partikulare darzustellen, ist absolut konkret. Und nur, was die Kraft hat, alles Abstrakte darzustellen, ist absolut universal. Das führt zu einem Punkt, wo das absolut Konkrete und das absolut Universale identisch sind. Und das ist der Punkt, an dem die christliche Theologie einsetzt, der Punkt, der beschrieben wird als der „*logos,* der Fleisch wurde“.

Die Logoslehre als die Lehre von der Identität des absolut Konkreten mit dem absolut Universalen ist nicht eine theologische Lehre unter anderen; sie ist die einzig mögliche Begründung einer christlichen Theologie, die den Anspruch erhebt, *die* Theologie zu sein. Es ist nicht nötig, das absolut Universale den *logos* zu nennen; andere Begriffe, die aus anderen Traditionen stammen, könnten diesen Begriff ersetzen. Dasselbe gilt von dem Begriff „Fleisch“ mit seinen hellenistischen Anklängen. Jedoch kommt es darauf an, die Schau des Urchristentums zu akzeptieren, daß Jesus als der Christus alles Partikulare vertritt und die Identität zwischen dem absolut Konkreten und dem absolut Universalen darstellt. Sofern er absolut konkret ist, kann die Beziehung zu ihm eine völlig existentielle sein. Sofern er absolut universal ist, umfaßt die Beziehung zu ihm potentiell alle möglichen Beziehungen und kann daher unbedingt und unendlich sein. Der biblische Beleg für die eine Seite findet sich in den Briefen des Paulus, wenn er vom „Sein in Christus" spricht (2. Kor. 5, 17). Wir können nicht *in* etwas Partikularem sein, weil das Partikulare sich selbst von anderem Partikularen ausschließt. Wir können nur *in* dem sein, das zugleich absolut konkret und absolut universal ist. Der biblische Beleg für die universale Seite findet sich ebenfalls in den paulinischen Schriften, wenn Paulus von der Unterwerfung der kosmischen Mächte unter Christus spricht (Röm. 8). Nur was zugleich absolut universal und absolut konkret ist, kann den kosmischen Pluralismus bezwingen.

Es war nicht kosmologisches Interesse (Harnack), sondern eine Frage auf Leben und Tod für die Urkirche, die zur Verwendung der stoisch-philonischen Logoslehre führte, um die universale Bedeutung des Ereignisses „Jesus der Christus" auszudrücken. Damit verkündigte die Kirche ihren Glauben an den Sieg Christi über die dämonisch naturhaften Mächte, die den Polytheismus konstituieren und die Erlösung verhindern. Aus diesem Grunde kämpfte die Kirche verzweifelt gegen den Versuch des Arianismus, Christus zu einer der kosmischen Mächte – wenn auch der höchsten – zu machen, da er ihn damit sowohl seiner absoluten Universalität (er ist weniger als Gott) als auch seiner absoluten Konkretheit (er ist mehr als Mensch) beraubte. Der Halbgott Jesus der arianischen Theologie ist weder universal genug noch konkret genug, um die Basis der christlichen Theologie zu sein.

Es ist klar, daß diese Argumente die Behauptung des Glaubens, daß in Jesus dem Christus der *logos* Fleisch geworden ist, nicht beweisen. Sie zeigen jedoch, daß, falls diese Behauptung angenommen wird, die christliche Theologie ein Fundament hat, das tiefer ist als alles, was in der Religionsgeschichte als Grundlage einer Theologie betrachtet werden kann.

4. Theologie und Philosophie: Eine Frage

Die Theologie erhebt den Anspruch, einen besonderen Erkenntnisbereich darzustellen, der sich mit einem besonderen Gegenstand befaßt und eine besondere Methode anwendet. Dieser Anspruch verpflichtet den Theologen, Rechenschaft abzulegen, in welcher Weise er die

Theologie zu den anderen Arten von Erkenntnis in Beziehung setzt. Er muß zwei Fragen beantworten: Welche Beziehung besteht zwischen der Theologie und den Einzelwissenschaften und zwischen der Theologie und der Philosophie? Die erste Frage wurde indirekt durch die vorausgehenden Sätze über die formalen Kriterien der Theologie beantwortet. Wenn nur das, was uns unbedingt angeht, Gegenstand der Theologie ist, so hat sie nichts mit wissenschaftlichen Verfahren und Ergebnissen zu tun, und diese wiederum haben nichts mit Theologie zu tun. Die Theologie hat weder das Recht noch die Pflicht, gegenüber physikalischen oder historischen, soziologischen oder psychologischen Untersuchungen Vorbehalte zu machen. Und kein Ergebnis einer solchen Untersuchung kann direkt fördernd oder zerstörend für die Theologie sein. Der Beziehungspunkt von wissenschaftlicher Forschung und Theologie liegt in dem philosophischen Element, das sowohl die Wissenschaften als auch die Theologie enthalten. Daher verschmilzt die Frage nach der Beziehung von Theologie und Einzelwissenschaften mit der Frage nach der Beziehung von Theologie und Philosophie.

Die Schwierigkeit dieser Frage liegt zum Teil darin, daß es keine allgemein angenommene Definition von Philosophie gibt. Jede Philosophie schlägt eine Definition vor, die dem Interesse, dem Zweck und der Methode des Philosophen entspricht. Unter diesen Umständen kann der Theologe nur eine Definition von Philosophie vorschlagen, die weit genug ist, um die meisten bedeutenden Philosophien, die in der sogenannten Geschichte der Philosophie vorkommen, zu umfassen. Es wird daher vorgeschlagen, als Philosophie den Erkenntnisweg zur Wirklichkeit zu bezeichnen, auf dem die Wirklichkeit als solche Gegenstand des Erkennens ist. Wirklichkeit als solche oder Wirklichkeit als Ganzes ist nicht das Ganze der Wirklichkeit, sondern es ist die Struktur, die die Wirklichkeit zu einem Ganzen und daher zu einem möglichen Objekt der Erkenntnis macht. Das Wesen der Wirklichkeit als solcher zu erforschen bedeutet: jene Strukturen, Kategorien und Begriffe erforschen, die beim erkennenden Begegnen mit jedem Bereich der Wirklichkeit vorausgesetzt werden. Von diesem Gesichtspunkt aus ist die Philosophie definitionsgemäß kritisch. Sie sondert das vielfältige Material der Erfahrung von jenen Strukturen, die Erfahrung möglich machen. In dieser Hinsicht besteht kein Unterschied zwischen konstruktivem Idealismus und empirischem Realismus. Die Frage nach dem Charakter der allgemeinen Strukturen, die Erfahrung erst möglich machen, ist immer dieselbe. Es ist *die* philosophische Frage.

Diese kritische Definition von Philosophie ist bescheidener als jene philosophischen Versuche, ein vollständiges System der Wirklichkeit zu geben, das sowohl die Ergebnisse aller Einzelwissenschaften als auch die allgemeinen Strukturen vorwissenschaftlicher Erfahrung umfaßt. Ein solcher Versuch kann von „oben“ oder von „unten“ gemacht werden. Hegel arbeitete von „oben“, als er die kategorialen Formen in seiner Logik mit dem seiner Zeit zur Verfügung stehenden Material wissenschaftlicher Erkenntnis erfüllte und das Material den Kategorien anpaßte. Wundt arbeitete von „unten“, als er allgemeine und metaphysische Prinzipien aus dem verfügbaren wissenschaftlichen Material seiner Zeit abstrahierte und mit ihrer Hilfe das gesamte empirische Wissen ordnete. Aristoteles arbeitete sowohl von oben als von unten, als er metaphysische und naturwissenschaftliche Forschungen in gegenseitiger Wechselbeziehung durchführte. Das war auch das, was Leibniz vorschwebte, der eine universale Rechenmethode entwarf, um mit ihrer Hilfe die gesamte Wirklichkeit der mathematischen Analyse und Synthese zu unterwerfen. Aber in all diesen Fällen wurden die Grenzen des menschlichen Geistes, seine Endlichkeit, die ihn hindert, das Ganze zu erfassen, sichtbar. Kaum war das System fertig, als auch schon die wissenschaftliche Forschung seine Grenzen überschritt und es nach allen Richtungen hin zerriß. Nur die allgemeinen Prinzipien blieben übrig, sie wurden immer wieder diskutiert, in Frage gestellt, verwandelt, aber nie zerstört. Sie überstrahlten die Jahrhunderte, wurden von jeder Generation neu gedeutet, sie erwiesen sich als unerschöpflich und veralteten niemals. Diese Prinzipien sind der Gegenstand der Philosophie.

Andererseits ist diese Auffassung von Philosophie weniger bescheiden als der Versuch, die Philosophie auf Erkenntnislehre und Ethik zu reduzieren, worin das Ziel der Neukantianer und der ihnen verwandten Schulen im 19. Jahrhundert bestand. Sie ist auch weniger bescheiden als der Versuch, die Philosophie auf die formale Logik zu beschränken, wie es das Ziel des logischen Positivismus und ihm verwandter Schulen im 20. Jahrhundert war. Beide Versuche, der ontologischen Frage aus dem Wege zu gehen, blieben ohne Erfolg. Die späteren Anhänger der neukantischen Philosophie erkannten, daß jede Erkenntnistheorie Ontologie enthält. Das kann auch nicht anders sein. Da die Erkenntnis ein Akt ist, der selbst am Sein, oder genauer gesagt an einer „ontischen Beziehung“ teilhat, so muß jede Analyse des Erkenntnisaktes auf eine Seinsauslegung bezogen werden (vergl. Nicolai Hartmann).

Auch das Wertproblem wies auf eine ontologische Grundlegung der Gültigkeit der Werturteile hin. Wenn die Werte kein *„fundamen-*

tum in re" haben (vergl. Platos Identifikation des Guten mit den Wesensstrukturen, den Ideen), schweben sie im luftleeren Raum einer transzendenten Geltung, oder sie sind pragmatischen Erprobungen, die zufällig und willkürlich sind, ausgesetzt; es sei denn, sie enthielten eine heimliche Wesensontologie. Es erübrigt sich, die pragmatisch-naturalistische Linie des philosophischen Denkens zu diskutieren, denn sie hat sich – trotz der antimetaphysischen Äußerungen einiger ihrer Anhänger – in ausgesprochen ontologischen Begriffen wie Leben, Wachstum, Prozeß, Erfahrung, Sein (im umfassendsten Sinne des Wortes verstanden) ausgedrückt. Jedoch ist es nötig, die oben vorgeschlagene ontologische Definition der Philosophie den radikalen Versuchen, welche die Philosophie auf semantische Logik reduzieren wollen, gegenüberzustellen. Die Frage ist, ob man durch die Ausschaltung beinahe aller traditionellen philosophischen Probleme – wie es der logische Positivismus tut – der Ontologie erfolgreich entrinnen kann. Man fühlt, daß eine solche Haltung einen zu hohen Preis zahlt: die Philosophie wird dadurch irrelevant. Doch darüber hinaus kann man noch folgendes Argument anführen. Wenn die Verengung der Philosophie auf Semantik oder Wissenschaftslehre eine Sache des Geschmacks ist, braucht sie nicht ernst genommen zu werden. Wenn sie jedoch in einer Analyse der menschlichen Erkenntnisgrenzen begründet ist, dann beruht sie wie jede Erkenntnistheorie auf ontologischen Voraussetzungen. Es bleibt immer mindestens ein Problem, über das der logische Positivismus, wie alle semantischen Philosophien, eine Entscheidung treffen muß: Welches ist die Beziehung der Zeichen, Symbole oder logischen Operationen zur Wirklichkeit? Jede Antwort auf diese Frage sagt auch etwas über die Struktur des Seins aus. Sie ist ontologisch. Und eine Philosophie, die so radikal kritisch gegenüber allen anderen Philosophien ist, sollte selbstkritisch genug sein, um ihre eigenen ontologischen Voraussetzungen zu sehen und aufzudecken.

Die Philosophie stellt die Frage nach der Wirklichkeit als solcher. Sie fragt nach der Struktur des Seins. Und sie antwortet in Kategorien, Strukturgesetzen und Allgemeinbegriffen. Sie muß die Antwort in ontologischen Begriffen geben. Die Ontologie ist kein spekulativer oder phantastischer Versuch, eine Welt hinter der Welt aufzubauen; sie ist die Analyse jener Strukturen des Seins, die wir in jeder Begegnung mit der Wirklichkeit vorfinden. Das war auch der ursprüngliche Sinn von Metaphysik; aber die Vorsilbe „*meta*" hat heute die unausrottbare Vorstellung hervorgerufen, als gehe es um eine Verdoppelung dieser Welt durch einen transzendenten Seinsbereich. Deshalb ist es vielleicht weniger mißverständlich, wenn man von Ontologie statt von Metaphysik spricht.

Die Philosophie fragt notwendig nach der Wirklichkeit als solcher, es geht ihr um die Struktur des Seins. Die Theologie stellt notwendig dieselbe Frage, denn das, was uns unbedingt angeht, muß zur Wirklichkeit als solcher gehören, es muß zum Sein gehören. Sonst könnten wir ihm nicht begegnen, und es könnte uns nichts angehen. Es kann natürlich nicht ein Ding neben anderen Dingen sein, denn dann würde es uns nicht unbedingt angehen. Es muß der Grund unseres Seins sein, das, was über unser Sein oder Nichtsein entscheidet, die letzte und unbedingte Macht des Seins. Aber die Macht des Seins, sein unendlicher Grund oder das Sein-Selbst drückt sich in der Struktur des Seins aus. Deshalb können wir ihm begegnen, von ihm ergriffen werden, es erkennen und uns ihm zuwenden. Wenn die Theologie sich mit dem beschäftigt, was uns unbedingt angeht, dann setzt sie in jedem Satz die Struktur des Seins, seine Kategorien, Gesetze und Begriffe voraus. Die Theologie kann also der Frage nach dem Sein ebensowenig entgehen wie die Philosophie. Der Versuch des Biblizismus, nichtbiblische ontologische Ausdrücke zu vermeiden, ist ebenso zum Scheitern verurteilt wie entsprechende philosophische Versuche. Die Bibel selbst benutzt immer Kategorien und Begriffe, die die Struktur der Erfahrung beschreiben. Auf jeder Seite eines jeden religiösen oder theologischen Textes erscheinen diese Begriffe: Zeit, Raum, Ursache, Ding, Subjekt, Natur, Bewegung, Freiheit, Notwendigkeit, Leben, Wert, Erkenntnis, Erfahrung, Sein und Nichtsein. Der Biblizismus kann versuchen, die landläufige Bedeutung dieser Begriffe zu wahren, aber dann hört er auf, Theologie zu sein. Er muß dann die Tatsache umgehen, daß die philosophische Bedeutung dieser Kategorien die Sprache des täglichen Lebens seit vielen Jahrhunderten beeinflußt hat. Es ist überraschend, wie naiv theologische Biblizisten einen Ausdruck wie „Geschichte" gebrauchen, wenn sie vom Christentum als einer geschichtlichen Religion oder von Gott als dem „Herrn der Geschichte" sprechen. Sie vergessen, daß die Bedeutung, die sie mit dem Wort Geschichte verbinden, durch Jahrtausende der Geschichtsschreibung und der Geschichtsphilosophie geprägt wurde. Sie vergessen, daß geschichtliches Sein eine Weise des Seins zusätzlich zu anderem Sein ist, und daß, um es z. B. von dem Wort „Natur" zu unterscheiden, eine allgemeine Kenntnis von der Struktur des Seins vorausgesetzt wird. Sie vergessen, daß das Problem der Geschichte mit den Problemen von Zeit, Freiheit, Zufall, Zweck usw. verknüpft ist, und daß jeder dieser Begriffe eine Entwicklung ähnlich der des Geschichtsbegriffes durchgemacht hat. Der Theologe muß die Bedeutung der Begriffe, die er benutzt, ernstnehmen. Sie müssen ihm in ihrer ganzen Breite und Tiefe bekannt sein. Deshalb muß der systematische Theologe zum mindesten ein kritischer, wenn nicht sogar ein schöpferischer Philosoph sein.

Die Struktur des Seins und die Kategorien und Begriffe, die diese Struktur beschreiben, gehen jeden Philosophen und jeden Theologen mehr oder weniger ausdrücklich an. Weder der eine noch der andere kann die ontologische Frage vermeiden. Versuche auf beiden Seiten, diese Frage zu vermeiden, haben sich als vergeblich erwiesen. Angesichts dieser Lage wird die Frage um so drängender: Welches ist die Beziehung zwischen der ontologischen Frage, wie sie der Philosoph stellt und der ontologischen Frage, wie sie der Theologe stellt?

5. Theologie und Philosophie: Eine Antwort

Philosophie und Theologie stellen die Frage nach dem Sein. Aber sie fragen danach von verschiedenen Ausgangspunkten her. Die Philosophie beschäftigt sich mit der Struktur des Seins an sich, die Theologie mit dem Sinn des Seins für uns. Aus diesem Unterschied entstehen konvergierende und divergierende Tendenzen im Verhältnis zwischen Theologie und Philosophie.

Die erste Divergenz ist ein Unterschied in der Erkenntnishaltung des Philosophen und des Theologen. Obwohl er vom philosophischen *eros* getrieben wird, versucht der Philosoph doch, Distanz gegenüber dem Sein und seinen Strukturen einzunehmen. Er versucht, persönliche, soziale und historische Umstände auszuschalten, durch die eine objektive Betrachtung der Wirklichkeit beeinflußt werden könnte. Seine Leidenschaft ist die Leidenschaft für eine Wahrheit, die allgemein offen und allgemeiner Kritik unterworfen ist, die sich mit jeder neuen Einsicht wandelt, offen und mitteilbar ist. In all diesen Beziehungen fühlt sich der Philosoph vom Naturwissenschaftler, Historiker, Psychologen usw. nicht unterschieden. Er arbeitet mit ihnen zusammen. Das Material für seine kritische Analyse erhält er weitgehend durch die empirische Forschung. Wie alle Wissenschaften ihren Ursprung in der Philosophie haben, so tragen sie ihrerseits zur Philosophie bei; sie geben dem Philosophen neues und genau ausgearbeitetes Material an die Hand, das weit über das hinausgeht, was er von einer vorwissenschaftlichen Erkenntnis der Wirklichkeit erlangen kann. Natürlich kritisiert der Philosoph als Philosoph die Erkenntnis der Einzelwissenschaften nicht, noch erweitert er sie. Diese Erkenntnis bildet die Grundlage für seine Beschreibung der Kategorien, Strukturgesetze und Begriffe, die die Struktur des Seins konstituieren. In dieser Hinsicht ist der Philosoph vom Spezialwissenschaftler ebenso abhängig wie von seiner eigenen vorwissenschaftlichen Beobachtung der Wirklichkeit, oft sogar noch mehr. Dieser Wissenschaftsbezug (im weitesten Sinne des Wortes) stärkt die distanzierte Haltung des Philosophen. Selbst wenn es sich um die intuitiv-synthetische Seite seines Arbeitens handelt, versucht er, Einflüsse auszuschalten, die nicht ausschließlich von seinem Erkenntnisgegenstand her bestimmt sind[1].

Ganz im Gegensatz dazu ist der Theologe von seinem Erkenntnisgegenstand nicht abgerückt, sondern in ihn einbezogen. Er betrachtet seinen Gegenstand (der den Charakter eines Gegenstandes transzendiert) mit Leidenschaft, Furcht und Liebe. Das ist nicht der *eros* des Philosophen oder seine Leidenschaft für die objektive Wahrheit; es ist die Liebe, die *agape*, die die Heilswahrheit in persönlicher Entscheidung annimmt. Die Grundhaltung des Theologen ist Bindung an den Inhalt, den er erklärt. Distanzierung wäre ein Verleugnen des wahren Wesens seines Erkenntnisgegenstandes. Die Haltung des Theologen ist *existentiell*. Er ist in den Gegenstand seiner Erkenntnis einbezogen – mit seiner ganzen Existenz, mit seiner Endlichkeit und seiner Angst, mit seinen Selbstwidersprüchen und seiner Verzweiflung, mit den heilenden Kräften in ihm und in seiner sozialen Situation. Der Ernst jedes theologischen Satzes ergibt sich aus diesen existentiellen Elementen. Kurz, der Theologe ist durch seinen Glauben bestimmt. Jede Theologie hat zur Voraussetzung, daß sich der Theologe im theologischen Zirkel befindet. Das widerspricht dem offenen, unbegrenzten und wandelbaren Charakter der philosophischen Wahrheit. Es unterscheidet sich auch von der Weise, in der der Philosoph von der wissenschaftlichen Forschung abhängt. Der Theologe hat keine direkte Beziehung zum Wissenschaftler (einschließlich des Historikers, Soziologen und Psychologen). Er befaßt sich mit ihm nur, soweit es um philosophische Konsequenzen geht. Wenn er die existentielle Haltung aufgibt, wie es einige sogenannte empirische Theologen getan haben, kommt er notgedrungen zu Sätzen, deren Wahrheit von niemandem anerkannt wird, der nicht die existentiellen Voraussetzungen des angeblich empirischen Theologen teilt. Theologie ist notwendig existentiell, und keine Theologie kann dem theologischen Zirkel entrinnen.

---

1 Der Begriff eines „philosophischen Glaubens" scheint von diesem Gesichtspunkt aus fragwürdig. Siehe Karl Jaspers, Der philosophische Glaube, 1948.

Die zweite Divergenz zwischen Theologie und Philosophie ist der Unterschied in ihren Quellen. Der Philosoph sieht auf das Ganze der Wirklichkeit, um in ihr die Gestalt der Wirklichkeit als eines Ganzen zu entdecken. Er versucht kraft seiner kognitiven Funktion in die Strukturen des Seins einzudringen. Er nimmt an – und die Wissenschaft bestätigt beständig diese Annahme –, daß eine Identität oder wenigstens eine Analogie zwischen objektiver und subjektiver Vernunft, zwischen dem *logos* der Wirklichkeit als ganzem und dem *logos*, der in ihm wirkt, besteht. Der *logos* ist also gemeinsam. Jedes vernünftige Wesen nimmt an ihm teil, benutzt ihn, um Fragen zu stellen und um die erhaltenen Antworten zu kritisieren. Es gibt keinen besonderen Ort, die Struktur des Seins zu entdecken, es gibt keinen besonderen Ort, an dem man stehen müßte, um die Kategorien der Erfahrung zu entdecken. Der Ort, von dem aus man schauen muß, ist allenthalben, der Standort ist überhaupt kein Ort. Er ist reine Vernunft.

Der Theologe andererseits muß Ausschau halten, wo das, was ihn unbedingt angeht, sich manifestiert, und er muß dort stehen, wo ihn diese Manifestation erreicht und ergreift. Seine Erkenntnisquelle ist nicht der universale *logos*, sondern der *logos*, der „Fleisch wurde", das heißt der *logos*, der sich in einem bestimmten historischen Ereignis manifestiert. Und das Medium, durch das er die Manifestation des *logos* erfährt, ist nicht die allgemeine Vernunft, sondern die Kirche, ihre Traditionen und ihre gegenwärtige Wirklichkeit. Er spricht in der Kirche über den Grund der Kirche, und er spricht, weil er durch die Macht dieses Grundes und durch die Gemeinschaft, die auf ihm sich aufbaut, ergriffen ist. Der konkrete *logos*, den er anschaut, wurde ihm durch gläubige Bindung zuteil und nicht, wie der universale *logos*, auf den der Philosoph schaut, durch rationale Distanzierung.

Die dritte Divergenz zwischen Philosophie und Theologie bezieht sich auf ihren beiderseitigen Inhalt. Selbst wenn sie über denselben Gegenstand sprechen, meinen sie etwas Verschiedenes. Der Philosoph beschäftigt sich mit den Kategorien des Seins in bezug auf den Stoff, der von ihnen seine Struktur erhält. Er befaßt sich mit der Kausalität in Physik und Psychologie. Er analysiert die biologische oder historische Zeit; er erörtert den astronomischen und ebenso den mikrokosmischen Raum. Er beschreibt das erkenntnistheoretische Subjekt und die Beziehung von Person und Gemeinschaft. Er gibt eine Darstellung der Wesenszüge des Lebens und Geistes in ihrer gegenseitigen Abhängigkeit und Selbständigkeit. Er legt die Grenzen von Natur und Geschichte fest und versucht, in die Ontologie und Logik des Seins und Nichtseins einzudringen. Es ließen sich noch unzählige andere Beispiele anführen. Alle würden die kosmologische Struktur der philosophischen Sätze widerspiegeln. Der Theologe jedoch bezieht dieselben Kategorien und Begriffe auf die Frage nach einem „Neuen Sein". Seine Aussagen haben soteriologischen Charakter. Er diskutiert die Kausalität in bezug auf eine *„prima causa"*, den Grund der ganzen Reihe von Ursachen und Wirkungen; er befaßt sich mit der Zeit in bezug zur Ewigkeit und mit dem Raum in bezug zu des Menschen existentieller Heimatlosigkeit. Er spricht über die Selbstentfremdung des Subjekts, über das geistige Zentrum des persönlichen Lebens und über die Gemeinschaft als eine mögliche Verkörperung des „Neuen Seins". Er setzt die Strukturen des Lebens mit dem schöpferischen Grund des Lebens und die Strukturen des Geistes mit dem göttlichen Geist in Beziehung. Er spricht von dem Teilhaben der Natur an der „Heilsgeschichte" und über den Sieg des Seins über das Nichtsein. Auch hier wären die Beispiele unendlich zu vermehren. Sie zeigen die tiefe Kluft von Philosophie und Theologie in ihrem Inhalt.

Die Divergenz zwischen Philosophie und Theologie wird durch eine ebenso deutliche Konvergenz der beiden ausgeglichen. Auf beiden Seiten sind konvergierende Tendenzen am Werk. Der Philosoph, wie auch der Theologe, „existiert", und er kann über die Konkretheit seiner Existenz und über seine heimliche Theologie nicht hinwegspringen. Er ist von seiner psychologischen, soziologischen und historischen Situation bedingt. Und er lebt wie jedes menschliche Wesen in der Macht eines letzten Betroffenseins, ob er sich dessen voll bewußt ist oder nicht, ob er es wahrhaben will oder nicht. Es gibt keinen Grund, warum auch der wissenschaftliche Philosoph das nicht zugeben sollte, denn ohne ein letztes Betroffensein würde es seiner Philosophie an Leidenschaft, Ernsthaftigkeit und schöpferischer Kraft fehlen. Wohin wir auch blicken, wir finden überall in der Geschichte der Philosophie Ideen und Systeme, die den Anspruch erheben, von letzter Bedeutung für die menschliche Existenz zu sein. Gelegentlich enthüllt die Religionsphilosophie das, was hinter einem System als letztes Anliegen verborgen ist. Häufiger ist es die Art der ontologischen Prinzipien oder ein besonderer Abschnitt in einem System, wie z. B. die Erkenntnistheorie, Naturphilosophie, Politik und Ethik, Geschichtsphilosophie usw., die über das, was den Autor unbedingt angeht und seine versteckte Theologie am meisten zu enthüllen vermögen. Jeder schöpferische Philosoph ist ein heimlicher, oft sogar ausdrücklicher Theologe. Er ist Theologe in dem Maße, in dem seine existentielle Situation und das, was ihn unbedingt angeht, seine

Philosophie bestimmen. Er ist Theologe in dem Maße, in dem seine Intuition des universalen göttlichen *logos* durch eine partikulare Erscheinung des *logos* geformt ist. Solche partikulare Erscheinung des *logos* ist gebunden an einen bestimmten Ort und eine bestimmte Zeit, offenbart aber zugleich den Sinn des Ganzen. Und er ist Theologe in dem Maße, in dem der partikular erscheinende *logos* hingebende Teilnahme an einer besonderen Gemeinschaft ist. Es gibt kaum einen bedeutenden Philosophen, der nicht diese Zeichen eines Theologen aufweist. Aber der Philosoph will nicht Theologe sein. Er will dem universalen *logos* dienen. Er versucht, sich von seiner existentiellen Situation abzuwenden und einem Ort über allen Orten zuzuwenden. Der Widerstreit zwischen dem Streben, universal zu werden, und dem Schicksal, partikular zu bleiben, charakterisiert jede philosophische Existenz. Er ist ihre Last und ihre Größe.

Der Theologe trägt eine ähnliche Last. Anstatt sich von seiner existentiellen Situation und dem, was ihn unbedingt angeht, abzuwenden, wendet er sich beiden zu. Er tut das nicht, um ein Bekenntnis von ihnen abzulegen, sondern um die universale Geltung, die Logosstruktur dessen, was ihn unbedingt angeht, deutlich zu machen. Aber er kann das nur in einer Haltung des Abstandes gegenüber seiner existentiellen Situation und im Gehorsam gegenüber dem universalen *logos* tun. Das verpflichtet ihn, gegen jede Ausdrucksform dessen, was ihn unbedingt angeht, kritisch zu sein. Er kann keine Überlieferung und keine Autorität bejahen außer durch „Nein“ und „Ja“. Und es ist stets möglich, daß er nicht völlig vom „Nein“ zum „Ja“ übergehen kann. Er kann sich nicht dem Chor derer anschließen, die ungebrochen in der Bejahung leben. Er muß das Wagnis auf sich nehmen, daß er vielleicht über die Grenze des theologischen Zirkels getrieben werden könnte. Deshalb ist er den Frommen und Mächtigen in der Kirche verdächtig, obwohl sie selbst von dem Werk früherer Theologen, die in derselben Situation waren, leben. Weil die Theologie nicht nur dem konkreten, sondern auch dem universalen *logos* zu dienen hat, kann sie ein Stein des Anstoßes für die Kirche und eine dämonische Versuchung für den Theologen werden. Der Abstand, den jedes redliche theologische Arbeiten erfordert, kann die ebenso notwendige Verbundenheit des Glaubens zerstören. Diese Spannung ist Last und Größe aller theologischen Arbeit.

Dieser Dualismus von Divergenz und Konvergenz im Verhältnis von Theologie und Philosophie führt zu der doppelten Frage: Muß es notwendig einen Konflikt zwischen beiden geben, oder besteht die Möglichkeit einer Synthese beider? Beide Fragen müssen verneint werden. Es ist weder ein Konflikt nötig, noch ist eine Synthese möglich.

Ein Konflikt setzt eine gemeinsame Basis, auf welcher gekämpft wird, voraus. Aber es gibt keine gemeinsame Basis zwischen Theologie und Philosophie. Wenn der Theologe und der Philosoph miteinander streiten, so geschieht das entweder auf einer philosophischen oder einer theologischen Basis. Die philosophische Basis besteht in der ontologischen Analyse der Seinsgestalt. Wenn der Theologe diese Analyse nötig hat, muß er sie entweder vom Philosophen übernehmen, oder er muß selbst Philosoph werden. Gewöhnlich tut er beides. Wenn er die philosophische Arena betritt, sind sowohl Widersprüche als auch Übereinstimmungen mit anderen Philosophen unvermeidbar. Aber das ereignet sich alles auf der philosophischen Ebene. Der Theologe hat nicht das Recht, im Namen dessen, was für ihn von letzter Bedeutung ist, oder von der Plattform des theologischen Zirkels aus zu einer philosophischen Ansicht Stellung zu nehmen. Er ist verpflichtet, im Namen des universalen *logos* und von dem Ort aus, der kein Ort ist: von der reinen Vernunft her, eine philosophische Entscheidung zu treffen. Es ist gegen die Ehre des Theologen, und es ist für den Philosophen unannehmbar, wenn in einer philosophischen Diskussion der Theologe plötzlich sich auf eine andere Autorität als die der reinen Vernunft beruft. Ein Streit auf der philosophischen Ebene ist ein Streit zwischen zwei Philosophen, von denen der eine außerdem noch ein Theologe ist, aber es ist niemals ein Streit zwischen Theologie und Philosophie.

Oft wird jedoch der Streit auf der theologischen Ebene ausgetragen. Der heimliche Theologe im Philosophen streitet mit dem Theologen von Beruf. Diese Situation kommt häufiger vor, als es die meisten Philosophen gewahr werden. Da sie ihre Begriffe mit der redlichen Absicht, nur dem universalen *logos* zu gehorchen, entwickelt haben, geben sie die existentiell bedingten Elemente in ihren Systemen nur ungern zu. Sie meinen, daß solche Elemente, obgleich sie ihrem Werk Farbe und Richtung geben, seinen Wahrheitswert mindern würden. In einer solchen Situation muß der Theologe den Widerstand des Philosophen gegen eine theologische Analyse seiner Ideen brechen. Er kann dies durch einen Hinweis auf die Geschichte der Philosophie, welche zeigt, daß in jedem Philosophen von Rang existentielle Leidenschaft (letztes Betroffensein) und rationale Kraft (Gehorsam gegen den universalen *logos*) miteinander vereinigt sind und daß der Wahrheitswert einer Philosophie von der Verschmelzung dieser beiden Elemente in jedem ihrer Begriffe abhängt. Die Einsicht in diese Situation ist gleichzeitig Einsicht in die Tatsache, daß zwei Philosophen, von denen der eine außerdem ein Theologe ist, miteinander streiten können und ebenso zwei Theologen, von denen der eine außerdem ein Philosoph ist. Das ist aber niemals ein Konflikt zwischen Philosophie und Theologie, weil es keine gemeinsame Basis für einen solchen Konflikt gibt. Der Philosoph mag den philosophischen Theologen überzeugen oder nicht, und der Theologe mag den theologischen Philosophen bekehren oder nicht. In keinem Falle steht der Theologe als solcher gegen den Philosophen als solchen und umgekehrt.

Ebenso wie kein Konflikt zwischen Theologie und Philosophie möglich ist, gibt es zwischen beiden auch keine Synthese – aus demselben Grunde. Eine gemeinsame Basis fehlt. Die Vorstellung einer Synthese zwischen Theologie und Philosophie hat zu dem Traum einer „christlichen Philosophie" geführt. Dieser Ausdruck ist zweideutig. Er kann eine Philosophie bedeuten, deren existentielle Basis das historische Christentum ist. In diesem Sinne ist alle moderne Philosophie christlich, auch dann, wenn sie humanistisch, atheistisch oder bewußt antichristlich ist. Kein Philosoph innerhalb der abendländisch-christlichen Kultur kann seine Abhängigkeit vom Christentum leugnen, ebensowenig wie ein griechischer Philosoph seine Abhängigkeit von der apollinisch-dionysischen Kultur hätte verbergen können, selbst dann nicht, wenn er ein radikaler Kritiker der homerischen Götter gewesen wäre. Die moderne Auffassung von Wirklichkeit und ihre philosophische Analyse unterscheiden sich von entsprechenden Versuchen in vorchristlicher Zeit, ganz gleich, ob man in seiner Existenz von dem Gott des Berges Zion oder von dem Christus auf Golgatha bestimmt wird oder nicht. Man begegnet der Wirklichkeit in ganz verschiedener Weise, die Erfahrung hat andere Dimensionen und Ausrichtungen als im kulturellen Klima Griechenlands. Niemand ist imstande, aus diesem Zauberkreis herauszuspringen. Nietzsche, der es versuchte, kündigte das Kommen des Antichrists an. Aber der Antichrist hängt von Christus ab, gegen den er sich erhebt. Die frühen Griechen, nach deren Kultur Nietzsche sich sehnte, hatten den Christus nicht zu bekämpfen, bereiteten vielmehr unbewußt sein Kommen vor, indem sie die Fragen schufen, auf die er die Antwort gab, und die Kategorien bereitstellten, in denen die Antwort zum Ausdruck gebracht werden konnte. Die moderne Philosophie ist nicht heidnisch. Der Atheismus und die antichristlichen Bewegungen sind ebenfalls nicht heidnisch. Sie sind antichristlich in christlichen Begriffen. Die Spuren der christlichen Tradition können nicht ausgelöscht werden, sie sind ein *„character indelebilis"*. Selbst das Heidentum des Nationalsozialismus war nicht wirklich ein Rückfall ins Heidentum (ebensowenig wie Bestialität eine Rückkehr zur Bestie ist).

Der Ausdruck „christliche Philosophie" ist aber oft in einem anderen Sinne gemeint. Er soll eine Philosophie bezeichnen, die nicht auf den universalen *logos* schaut, sondern auf vermeintliche oder wirkliche Forderungen einer christlichen Theologie. Das kann auf zweierlei Weise geschehen: entweder ernennen die kirchlichen Autoritäten oder ihre theologischen Denker einen Philosophen der Vergangenheit zu ihrem „philosophischen Heiligen", oder sie verlangen, daß die zeitgenössischen Philosophen ihre Philosophie unter bestimmten Bedingungen und mit einem bestimmten Ziel entwickeln. In beiden Fällen wird der philosophische *eros* getötet. Wenn Thomas von Aquino offiziell zu *dem* Philosophen der römisch-katholischen Kirche ernannt wird, dann hat er aufgehört, für die katholischen Philosophen in dem durch die Jahrhunderte fortschreitenden philosophischen Dialog ein echter Partner zu sein. Und wenn heute von den protestantischen Philosophen verlangt wird, sie sollen die Idee der Persönlichkeit als ihr höchstes ontologisches Prinzip bejahen, weil es dem Geist der Reformation am meisten entspricht, dann wird das Werk dieser Philosophen verstümmelt. Es gibt nichts im Himmel und auf Erden noch jenseits davon, dem sich der Philosoph unterwerfen müßte außer dem universalen *logos* des Seins, wie er sich ihm in der Erfahrung mitteilt. Aus diesem Grunde muß die Idee einer „christlichen Philosophie" in dem engeren Sinne einer Philosophie, die programmatisch christlich ist, abgelehnt werden. Die Tatsache, daß jede moderne Philosophie auf christlichem Boden erwachsen ist und Spuren der christlichen Kultur zeigt, in der sie lebt, hat nichts mit dem widerspruchsvollen Ideal einer „christlichen Philosophie" zu tun.

Das Christentum benötigt keine christliche Philosophie in diesem engeren Sinne des Wortes. Der christliche Anspruch, daß der in Jesus als dem Christus konkret gewordene *logos* zugleich der universale *logos* ist, schließt auch den weiteren Anspruch ein, daß, wo immer der *logos* am Werk ist, er mit der christlichen Botschaft übereinstimmt. Keine Philosophie, die dem universalen Logos gehorsam ist, kann im Widerspruch zu dem konkreten Logos stehen, dem Logos, der „Fleisch geworden ist".

DAS PROBLEM DER THEOLOGISCHEN METHODE

(1947)

I. Methode und Wirklichkeit

Methodisch vorgehen bedeutet systematisch vorgehen, vor allem in der Wissenschaft. Es gibt keine Methode, unabhängig von ihrer Anwendung. Methodologische Überlegungen sind immer Abstraktionen von tatsächlich angewandten Methoden: Descartes' *Discours de la Methode* folgte Galileis Gebrauch der Methode der mathematischen Physik, brachte diese zu allgemeinem Bewußtsein und gab ihr philosophischen Ausdruck. Schleiermacher gründete die Methode, deren er sich in der *Glaubenslehre* bediente, auf das neue mystisch-romantische Verständnis der Religion und entwickelte daraus eine Methodologie der „inneren Erfahrung". Meine eigenen methodologischen Bemerkungen beschreiben die Methode, die ich in meinem Versuch, eine Theologie des „Gläubigen Realismus" zu entwickeln, angewandt habe. Mit dieser Theologie sollten sowohl Supranaturalismus wie Naturalismus überwunden werden.

Es taugt nichts, wenn eine Wissenschaft eine Methode aus einem anderen Wissensgebiet übernimmt, weil sie sich auf diesem Gebiet als erfolgreich erwiesen hat. So scheint mir, daß die Betonung der sogenannten empirischen Methode in der Theologie nicht auf wirklichen Bedürfnissen der Theologie beruht, sondern der Theologie durch den Druck eines methodologischen Imperialismus aufgezwungen worden ist, den das Modell der Naturwissenschaft ausübt. Die Unterwerfung der Theolcgie unter ein ihr fremdes Modell hat zu einer ungebührlichen Ausweitung des Begriffs „empirisch" geführt und zu mangelnder Differenzierung zwischen den verschiedenen Bedeutungen des Begriffs der Erfahrung in der Theologie. Gewisse Theologen verstehen unter Erfahrung die allgemeine menschliche Erfahrung, aus der sie durch Schlußfolgerungen zu dem Gegenstand der Religion gelangen wollen. Für andere ist Erfahrung die religiöse Erfahrung der Menschheit, die sie durch Einfühlung zu verstehen suchen. Zuweilen handelt es sich auch um die religiöse Erfahrung des Theologen selbst und der Gruppe, der er angehört und die ihm den Stoff für eine „empirische" Theologie liefert. In anderen Fällen wird ontologische Intuition als Erfahrung bezeichnet. Es ist zwar richtig, daß jede konkrete Wirklichkeit durch viele verschiedene Methoden erfaßt werden kann, je nach ihren verschiedenen Ebenen oder funktionellen Potentialitäten, und alle hier erwähnten und noch weitere Methoden können zu der Erforschung des so komplexen Phänomens der Religion beitragen. Aber weder sollte der irreführende Begriff der Erfahrung auf sie alle angewandt werden, noch sollte ein methodologischer Monismus geduldet werden, der sowohl die Chemie wie die Religion einschließt. Jede Wirklichkeit verlangt zu ihrem Verständnis eine bestimmte Methode, und dieser sollte man folgen; die Wirklichkeit bietet sich uns auf verschiedene Weisen dar, und unser Erkenntnisvermögen sollte für diese auch verschiedene Methoden finden. Eine einzige Methode auf alles anzuwenden verschließt uns den Zugang zu vielem und begrenzt das Bild, das wir von der Wirklichkeit gewinnen. Eine Welt, die wir uns nach dem Modell der klassischen Mechanik, der Hegelschen Dialektik oder den Statistiken der Verhaltensforschung bilden, ist keine erkenntnismäßige Erfüllung der Potentialitäten der Wirklichkeit. In dieser Hinsicht ist der echte Pragmatismus, der jeden Zugang offen läßt, realistischer als der dogmatische Empirismus, mit dem er zuweilen, sogar von seinen Anhängern, verwechselt wird.

Wir begegnen der Wirklichkeit – oder die Wirklichkeit drängt sich uns auf – manchmal auf komplexere Art, manchmal in bestimmten und deutlichen Elementen und Funktionen. Auf welche Art wir auch der Wirklichkeit begegnen, sie fordert immer unser Erkenntnisvermögen heraus und setzt es in Bewegung. Wie unser Erkenntnisvermögen sich betätigt, hängt von drei Faktoren ab: seiner eigenen Struktur, der Struktur der Wirklichkeit, auf die es stößt, und der Beziehung der beiden Strukturen zueinander. In einer methodischen Betrachtungsweise werden diese drei Faktoren unterschieden, analysiert und bewertet. Das Prius dieser Untersuchungen ist aber immer die Begegnung selbst, und nichts ist der Erkenntnis von größerem Nachteil als die Anwendung von Methoden, die eine wirkliche Begegnung[1] verhindern oder ihr Verständnis mit einem Vorurteil belasten.

Voraussetzung der Theologie ist, daß es eine besondere Begegnung mit der Wirklichkeit – oder eine besondere Art, wie sich die Wirklichkeit uns aufdrängt – gibt, die man gewöhnlich als „religiös" bezeichnet.

1 Nach meiner Meinung ist der Begriff „Begegnung" einer vortheoretischen Beziehung zur Wirklichkeit angemessener als der Begriff „Erfahrung", der seine spezifische Bedeutung so weit eingebüßt hat, daß er „gerettet" und das heißt, auf eine theoretisch geklärte Begegnung eingeschränkt werden muß.

Die religiöse Begegnung mit der Wirklichkeit, das letztgültige Anliegen oder das, was uns unbedingt angeht, kann von zwei Seiten betrachtet werden. Es kann als ein Ereignis neben anderen Ereignissen gesehen werden, das beobachtet und aus theoretischer Distanz beschrieben werden kann. Oder es kann als ein Ereignis verstanden werden, an dem der Betrachter existentiell teilhat. Im ersten Fall haben wir es mit dem Religionsphilosophen, im zweiten mit dem Theologen zu tun. Der Religionsphilosoph erkennt in der religiösen Begegnung etwas, das uns unbedingt angeht, er kann nicht umhin, dies als einen Zug fast aller repräsentativen religiösen Gestalten, Symbole und Bräuche in der Religionsgeschichte zu finden. Aber während er dieses Merkmal der Religion untersucht, ist er selbst nur theoretisch interessiert, nicht existentiell beteiligt. Das religiöse Anliegen ist nicht das seine, insofern er Religionsphilosoph ist. Er weist darauf hin und erklärt es, aber seine Arbeit ist kein Ausdruck seiner religiösen Begegnung mit der Wirklichkeit. Bei dem Theologen verhält es sich anders. Sein letztes Anliegen hat teil an allem, was er tut, wie es ein letztes Anliegen verlangt, selbst an seiner theoretischen Ausdeutung der religiösen Begegnung. Für den Theologen ist die Interpretation des letztgültigen Anliegens selbst ein letztgültiges Anliegen, ein religiöses Tun.

Diese Unterscheidung ist jedoch fragwürdig. In jeder Philosophie – nicht nur in jedem Philosophen – gibt es ein existentielles Element, das den Charakter einer unbedingten Entscheidung über den Sinn der Wirklichkeit hat. Je weniger nur technisch und je schöpferischer eine Philosophie ist, um so mehr zeigt sich in ihr, zumindest implizit, ein letztgültiges Anliegen. Keine schöpferische Philosophie kann ihr religiöses Fundament verleugnen. Daher stammt der ungeheure Einfluß der Philosophie nicht nur auf die Theologie, sondern auch auf die Religionsgeschichte. Und wie der Philosoph nicht ohne sein theologisches Fundament bestehen kann, so kann der Theologe nicht ohne sein philosophisches Werkzeug sein. Wer dies aufzugeben sucht, betrügt sich selbst. Seine Sprache, die ihm die Philosophie zur Verfügung gestellt hat, verrät ihn; das hat sogar Barth zugegeben.

Trotz alledem ist die Unterscheidung zwischen Theologie und Religionsphilosophie richtig und kann nicht ohne Gefahr aufgegeben werden. Unglücklicherweise hat die sogenannte „kontinentale“ Theologie die Funktion einer unabhängigen Religionsphilosophie in Verruf gebracht. Ebenso bedauerlich ist es, daß die amerikanische (nicht-fundamentalistische) Theologie ihrer Auflösung in allgemeine Religionsphilosophie keinen Widerstand leisten konnte und so zu einem selbstzerstörerischen Relativismus beigetragen hat.

Theologie ist die existentielle und zugleich methodische Deutung eines letztgültigen Anliegens. Diese Deutung ist existentiell, wenn sie im Geiste eines letztgültigen Anliegens getrieben wird, und sie ist methodisch, wenn sie das Anliegen systematisch auf das Ganze unserer Erfahrung bezieht. Die Theologie vereint semantisch und historisch diese beiden Elemente. Theologische Sätze sind folglich Sätze, die sich mit einem Gegenstand befassen, insofern er uns unbedingt angeht. Wenn dieses Kriterium angenommen wird, braucht kein Gegenstand von der Theologie ausgeschlossen zu werden, nicht einmal ein Stein; aber kein Gegenstand ist als solcher eine Angelegenheit der Theologie, selbst Gott nicht, sofern er Gegenstand einer Schlußfolgerung ist. Das macht die Theologie einerseits absolut universal, andrerseits absolut spezifisch. Die Theologie muß sich mit allem befassen, aber nur unter dem theologischen Kriterium, dem letztgültigen Anliegen.

Der Begriff „letztgültiges Anliegen“ oder „das, was uns unbedingt angeht“ ist selbst das Ergebnis einer theologischen Überlegung. Er bringt zwei Seiten der religiösen Erfahrung zum Ausdruck. Die eine Seite ist das absolute oder unbedingte oder letztgültige Element in der religiösen Erfahrung. Jedes religiöse Verhältnis und Symbol, jede religiöse Haltung und Handlung ist von unbedingtem Ernst, absolut entscheidend und transzendiert alles Vorläufige, Vergängliche und Bedingte. Die gesamte Religionsgeschichte ist Beweis für diese Seite der religiösen Erfahrung. Jede lebende Religion erhebt einen absoluten Anspruch; sie beansprucht das „ganze Herz“; sie duldet nichts Unbedingtes neben sich. Die andere Seite der religiösen Erfahrung ist die dynamische Gegenwart des Unbedingten, Letztgültigen als dauerndes, niemals endendes, konkretes und universales Anliegen, das immer fordert und schenkt, immer droht und verheißt. Als aktuelles Anliegen manifestiert es sich in den Gegebenheiten des Lebens, verändert jeden Bereich der Existenz und gebraucht jeden Bereich der Existenz zu seiner eigenen Manifestation in Symbolen und Handlungen; denn das religiöse oder letztgültige Anliegen weist auf den letzten Grund unseres Seins und den letzten Sinn unseres Lebens hin. Deshalb können wir das abstrakte Kriterium aller theologischen Arbeit folgendermaßen definieren: Sätze sind theologisch, die sich mit einem Gegenstand befassen, insofern er zum Grund unseres Seins gehört und insofern der Sinn unseres Lebens von ihm abhängt.

Das letztgültige Anliegen ist ein konkretes Anliegen, andernfalls könnte es kein wirkliches Anliegen sein. Selbst die Mystik braucht konkrete Traditionen und Symbole, um das zum Ausdruck zu bringen, was alles Konkrete transzendiert. Deshalb muß die Theologie alles, die Symbole, Institutionen und Ideen, auslegen, in denen sich ein letztgültiges Anliegen verkörpert hat. Die Theologie ist vor allem positiv: Sie arbeitet auf der Grundlage, mit dem Inhalt und in dem Geist einer konkreten Religion. Teilhabe an einer religiösen Wirklichkeit ist Voraussetzung jeder Theologie. Man muß innerhalb einer konkreten Religion stehen, um sie existentiell verstehen zu können. Das ist der „theologische Zirkel", dem die Theologie nicht entkommen kann und soll. Es ist kein *circulus vitiosus,* und seine Verleugnung wäre unehrlich, denn er könnte nur im Namen eines angeblich Unbedingten verleugnet werden, was sofort den gleichen Zirkel entstehen ließe.
In der Kirchengeschichte findet sich der theologische Zirkel in der Behauptung ausgedrückt, daß der Glaube Voraussetzung der Theologie sei (*pistis* geht der *gnosis* voraus, wie die Alexandriner sagten, oder *credo ut intellegam,* wie Anselm es, Augustin folgend, ausdrückte). Glaube bedeutet in diesem Zusammenhang überzeugte und tätige Teilnahme an dem Leben einer religiösen Gruppe, ihrer Tradition, ihren Spannungen und ihren Bräuchen, und nicht der persönliche Glaube des Theologen, wie man meinen könnte, wenn man das *credo ut intellegam* mißversteht. Es handelt sich um die geistige Substanz, aus der der Theologe schöpfen muß, selbst wenn er sich der Schwäche seines persönlichen Glaubens bewußt ist (und das ist jeder ehrliche Theologe).
Das letztgültige Anliegen, aus dem der christliche Theologe schöpft, ist im Christentum verkörpert. Wenn ein christlicher Theologe behauptet, daß das Christentum für ihn ein Element neben anderen Elementen der Religion sei, die er interpretieren will, so kann das zweierlei bedeuten: entweder, daß er kein Theologe, sondern ein Religionsphilosoph ist oder daß er eine neue religiöse Synthese vertritt, die wie alles Konkrete zugleich inklusiv und exklusiv ist und deshalb einen theologischen Zirkel darstellt, ebenso wie das Christentum. Da eine derartige konkrete Synthese innerhalb meines eigenen theologischen Zirkels noch nicht in Erscheinung getreten ist und da ich überzeugt bin, daß das Christentum alle denkbaren Elemente religiöser Wahrheit in sich aufnehmen kann, ohne dabei seine eigene Wahrheit aufzugeben, werde ich jetzt von der christlichen Theologie sprechen als der einzigen, die ich existentiell vertreten kann.

Die christliche Theologie ist ein Werk der christlichen Kirche. Ihre theologische Funktion ist eine ihrer wichtigsten Funktionen, die zwar auf ein Minimum beschränkt, aber niemals aufgegeben werden kann, solange es eine Kirche gibt. Andrerseits kann christliche Theologie nur von der Kirche betrieben werden. Der positive Charakter des letztgültigen Anliegens schließt „individuelle Theologie" aus. Der individuelle Theologe kann und soll angemessene Methoden der Interpretation finden, aber er kann das nicht finden, was er interpretieren soll. Konkret gesprochen: die christliche Theologie ist die Interpretation der Botschaft, daß Jesus der Christus ist, und der Symbole und Institutionen, die auf diese Botschaft gegründet sind. Sie ist die methodische Selbstinterpretation der christlichen Kirche sowohl im Hinblick auf ihr Fundament, die neue Wirklichkeit, die sich in Jesus als dem Christus manifestiert hat, wie im Hinblick auf das Leben in Vergangenheit und Gegenwart, das von dieser neuen Wirklichkeit bestimmt ist. Das ursprüngliche Dokument der neuen Wirklichkeit ist die Bibel; der Ausdruck des Lebens, das von ihr bestimmt ist, ist die Tradition.

IV. Die theologische Methode in der Behandlung von Bibel und Tradition

Bibel und Tradition liefern der theologischen Arbeit das Material. Die Bibel enthält drei Elemente, die jeweils von verschiedenem Einfluß auf die theologische Methode sind. Als erstes und grundlegendes enthält sie die entscheidende Manifestation dessen, was uns unbedingt angeht, in dem Bild von Jesus als dem Christus. Dies ist das Kriterium jeder christlichen Theologie und der theologischen Behandlung der Bibel. Die Bibel enthält als zweites die Aufnahme dieser Manifestation durch die frühe Kirche. Die Verfasser der Bibel waren immer sowohl Zeugen der neuen Wirklichkeit in Jesus als dem Christus, als auch Zeugen der Art, wie sie und die Gruppe, der sie angehörten, die neue Wirklichkeit aufnahmen. In dieser letzteren Funktion sind sie der Beginn der Tradition, in der ersteren weisen sie auf das hin, unter dessen Kriterium die Tradition und ihr eigener Beitrag zu ihr stehen. (Das hat Luther gemeint, wenn er die Bibel das „Wort Gottes" nannte, insofern sie „Christum treibet"; unter diesem Kriterium hat er den Kanon beurteilt.) Daraus folgt, daß nicht die Bibel selbst als Teil der Religionsgeschichte die Norm für die christliche Theologie abgibt, sondern die Bibel, insoweit sie echtes Zeugnis der neuen Wirklichkeit ist. Es ist die dauernde Aufgabe der christlichen Theologie (zusammen mit der Entwicklung des religiösen und historischen Verständnisses der Bibel), aus dem gesamten biblischen Material die Norm der christlichen Theologie zu entwickeln und diese Norm ebenso auf die Bibel wie auf die Tradition anzuwenden. Das dritte Element in der Bibel, das für die theologische Methode von Wichtigkeit ist, ist die Vorbereitung für die entscheidende Manifestation der neuen Wirklichkeit und ihre Aufnahme durch die Kirche. Im Alten wie im Neuen Testament, in ihrer Sprache und ihren Ideen und in den Riten, die sie beschreiben, finden sich Elemente einer allgemeinen Offenbarung, wie sie sich ereignet hat und sich dauernd in der menschlichen Religion im allgemeinen ereignet. Die religionsgeschichtliche Schule hat uns die Augen für diese Elemente geöffnet. Für die Methode der Theologie bedeutet das, daß jede theologische Aussage die religiöse Substanz beachten muß, die in der prophetischen und apostolischen Botschaft verwandelt und geläutert erscheint. Nur in diesem Sinn, aber in diesem Sinn sehr entschieden, gehört die Religionsgeschichte zu dem positiven Element der christlichen Theologie. Die Universalität des christlichen Anspruchs bedeutet, daß es keine Religion gibt, selbst nicht die primitivste, die nicht zu der Vorbereitung oder Aufnahme der neuen Wirklichkeit in der Geschichte beigetragen hat oder beitragen wird. In diesem Sinn muß der Theologe immer ein Heide und ein Jude und ein Grieche (d. h. Humanist) sein und deren geistige Substanz dem Kriterium der theologischen Norm unterwerfen. So z. B. tragen die Begriffe „Menschensohn", „Messias", „Gottessohn", „Kyrios", „Logos", die in der Religionsgeschichte erscheinen, in ihrer ursprünglichen Bedeutung zum Verständnis des Neuen Seins bei, aber diese Bedeutung muß zugleich der Kritik unterworfen und gerettet werden. Diese Methode, die Religionsgeschichte der Kritik zu unterwerfen und zu retten, wird von allen Verfassern der Bibel verfolgt. Der Theologe muß sie methodisch und schöpferisch anwenden.

Methodologisch betrachtet ist die Tradition, die mit der Bibel beginnt, keine Norm, sondern ein leitendes Prinzip. Damit ist die römisch-katholische Auffassung der Tradition verworfen, und mit der Unterwerfung der Bibel unter die theologische Norm ist auch der orthodoxe Protestantismus abgelehnt. Die Tradition kann für die christliche Theologie nicht normativ sein, weil es immer ein Element in ihr gibt, das der Kritik unterworfen werden muß und nicht sein eigener Richter sein kann. Aber der Theologe muß sich von der Tradition leiten lassen, weil sie Ausdruck der fortgesetzten Aufnahme der neuen Wirklichkeit in der Geschichte ist und weil ohne Tradition theologisches Arbeiten nicht möglich ist. Der Glaube gewisser Protestanten, daß sie, indem sie zweitausend Jahre christlicher Tradition überspringen, ein unmittelbares und existentielles Verhältnis zur Bibel herstellen können, ist naive Selbsttäuschung. Die lenkende Funktion der Tradition hat eine positive und eine negative Seite. Positiv ist, daß die Tradition die Fragen aufzeigt, die in der christlichen Botschaft enthalten sind, und auf die wichtigsten möglichen Antworten hinweist, sowie auf Punkte der Übereinstimmung und auf Meinungsverschiedenheiten unter den Christen. Negativ deutet die Tradition auf Antworten hin, die im allgemeinen vermieden oder von der Kirche als häretisch bezeichnet worden sind. Wer die Tradition ernst nimmt, muß auch die Häresien ernst nehmen und sich klar machen, daß eine Häresie nicht als abweichende Meinung, sondern als existentieller Angriff auf die theologische Norm oder als Entstellung der theologischen Norm im Namen der Theologie betrachtet wird. Niemand wird leichtfertig und ohne sich dessen bewußt zu sein, daß er die Teilhabe an der neuen Wirklichkeit aufs Spiel setzt, eine Meinung vertreten, die von der allgemeinen Kirche als häretisch bezeichnet worden ist. Das darf natürlich niemand daran hindern, seinem theologischen Gewissen zu folgen wie Luther in Worms; aber es sollte das theologische Gewissen schärfen.

Das positive Element der theologischen Methode ist historisch gegeben. Aber nichts ist zweideutiger als der Begriff „historisch". Als die anglikanische Kirche die apostolische Nachfolge zu einem ihrer Hauptdogmen machte, wollte sie damit die Fortsetzung der Manifestation der neuen Wirklichkeit in der Geschichte betonen. In diesem Sinn hat das Dogma das historische Element in der Kirche und der Theologie unterstrichen. Aber als die anglikanischen Theologen als Antwort auf die römisch-katholische Kritik den apostolischen Charakter ihres Episkopats mit einer dokumentarischen Wahrscheinlichkeit von 8000:1 zu rechtfertigen suchten, gebrauchten sie den Begriff „historisch" in einem anderen Sinn, nämlich in dem der Wahrscheinlichkeit (die niemals religiöse Gewißheit werden kann) von historischen Forschungsergebnissen. In diesem Augenblick, in dem sie zwei verschiedene Bedeutungen des Begriffs „historisch" miteinander verwechselten, war ihre religiöse Stellung wissenschaftlich erschüttert. Das gleiche läßt sich von der Bibelkritik sagen. Wenn der christliche Glaube auf eine Wahrscheinlichkeit selbst von 100 000:1 gegründet wird, daß Jesus dies oder jenes gesagt, getan oder erlitten habe, wenn das Christentum auf Geburtsurkunden von Nazareth oder auf Urkunden von Verbrechen des Pontius Pilatus gegründet wird, dann hat es seine Grundlage verloren. Das historische Ereignis, daß eine neue

Wirklichkeit in der Menschheit und in der Welt erschienen ist, eine Wirklichkeit, die sich in dem Bild von Jesus als dem Christus manifestiert, ist Sache eines empirischen Beweises geworden, wie ihn am besten ein Berichterstatter mit Kamera, Phonograph und Psychograph liefert. Da es im Jahre 30 n. Chr. noch keinen solchen Berichterstatter gab, muß er durch mehr oder weniger wahrscheinliche Mutmaßungen ersetzt werden. Aber so kann der historische Charakter von Jesus als dem Christus nicht erfaßt werden. Es ist bedauerlich, daß eine der größten Leistungen in der Religionsgeschichte, die radikale Kritik an der christlichen Legende durch die christliche Theologie, die ein ganzes System frommen Aberglaubens zerstörte, zu dem Zweck mißbraucht worden ist, dem christlichen Glauben eine pseudowissenschaftliche Grundlage zu geben. Wenn wir sagen, daß die theologische Methode eine historische Grundlage hat, so bedeutet das nicht, daß der Theologe mit Furcht und Zittern auf die nächste Post warten muß, die ihm eine neue, je nachdem kritischere oder konservativere Feststellung über ein wichtiges Ereignis aus dem „Leben Jesu" bringen kann, nach der er seinen Glauben und seine Theologie ändern muß, sondern es bedeutet, daß seine Theologie durch das Erscheinen der neuen Wirklichkeit in der Geschichte bestimmt ist, wie sie sich in dem vollen biblischen Bild von Jesus als dem Christus manifestiert und wie sie von den Verfassern der Bibel und der gesamten Tradition bezeugt wird.

V. Das Element der Unmittelbarkeit in der theologischen Methode

Das oben beschriebene positive Element gibt der Theologie ihren Inhalt, das rationale Element, das später erörtert werden soll, gibt ihr die Form, und das Element der Unmittelbarkeit, dem wir uns jetzt zuwenden, gibt das Medium der theologischen Arbeit ab. Ohne Teilhabe an der Wirklichkeit, von der die Theologie spricht, ist Theologie nicht möglich; sie ist die Luft, in der die Theologie atmet. Wir nennen diese Teilhabe „Erfahrung" im weiteren Sinn des Wortes, in dem die bloße Begegnung ebenso wie die bewußt reflektierte eingeschlossen sind. Erfahrung in beiden Bedeutungen ist das Medium, das Element, in dem die Theologie sich bewegt. Aber die religiöse Erfahrung des Theologen ist keine positive Quelle und keine Norm für die systematische Theologie. Die religiöse Erfahrung des Menschen hängt immer von der Denomination ab, der er angehört; die Erziehung durch seine eigene Kirche öffnet ihm den Zugang zu der religiösen Wirklichkeit. Später hinzukommende persönliche Erfahrungen bestätigen oder verwandeln seine frühen Erfahrungen. Aber er sollte niemals die frühen oder die späteren Erfahrungen bewußt zum Inhalt seiner Theologie machen. Sie werden diese natürlich beeinflussen, aber das geschieht ohne die Absicht des Theologen. Die Funktion des Mediums ist es, zu vermitteln und nicht sich zu verselbständigen. Schleiermacher hatte sich der Gefahr ausgesetzt, daß sein Begriff des „religiösen Bewußtseins“ mit „Erfahrung“ verwechselt wurde. Aber eine Theologie auf die Erfahrung begründen, widerspricht dem Grundprinzip der Reformation, nach dem der Theologe nicht auf die eigene Person blicken soll, sondern über sich hinaus auf die neue Wirklichkeit, die von dem eigenen Selbst befreit. Unsere Erfahrung bleibt immer veränderlich und fragmentarisch, sie kann keine Quelle der Wahrheit sein, obwohl ohne sie die Wahrheit nicht zu unserer Wahrheit wird.

Man kann sagen, daß die Religionsgeschichte, einschließlich der biblischen Religion und der Geschichte des Christentums, die religiöse Erfahrung der Menschheit enthält, und daß das positive Element der Theologie mit dem Inhalt dieser Erfahrung identisch ist. Diese Behauptung ist richtig, aber zweideutig. Der Inhalt einer solchen Erfahrung, z. B. derjenigen des Propheten Jesaja, ist das paradoxe Handeln Gottes in der Geschichte, und dieses göttliche Handeln transzendiert alle unmittelbare Erfahrung. Es hat sich dem Propheten auf eine Art manifestiert, die wir „Offenbarung“ nennen müssen. Freilich ist sich der Prophet dieser Situation bewußt, und in dieser Hinsicht handelt es sich um eine Erfahrung. Aber ausschlaggebend für den Propheten und für den Theologen ist nicht der Aspekt der Erfahrung, sondern der der Offenbarung. Aus dem Begriff „Offenbarung“ hat man eine übernatürliche Vermittlung von Wissen gemacht; es ist nicht leicht, diesen Begriff wie so viele andere von der falschen Bedeutung zu befreien, die ihm Supranaturalismus und Naturalismus gegeben haben. Aber es gibt kein angemesseneres Wort, das das ausdrücken könnte, worauf „Offenbarung“ hinweist, gewiß nicht der Ausdruck „religiöse Erfahrung“. Offenbarung ist die Manifestation des letzten Seins- und Sinngrundes des menschlichen Lebens (und implizit alles Lebens). Sie ist weder eine Frage objektiven Wissens und empirischer Forschung noch rationaler Schlußfolgerung. Sie ist etwas, was uns unbedingt angeht, was unsere ganze Person ergreift und was durch eine Reihe von Symbolen zu uns spricht. Offenbarung ist nicht auf eine besondere Geschichtsperiode, auf besondere Personen oder Schriften beschränkt.

Sie geschieht, wo immer sie will. Aber wir können von ihr nur sprechen, wenn sie Offenbarung für *uns* geworden ist, wenn wir sie existentiell erfahren haben. Aber nicht die Erfahrung, sondern die Offenbarung, die wir in unserer Erfahrung empfangen, ist der Inhalt aller Theologie.

Es gibt jedoch einen Punkt – und ich meine einen Punkt ohne Längen- oder Breitenausdehnung –, in dem Medium und Inhalt zusammenfallen. Es ist das Bewußtsein von dem Letztgültigen, Unbedingten-Selbst, dem *esse ipsum,* das den Unterschied zwischen Subjekt und Objekt transzendiert und als Voraussetzung allen Zweifels jenseits des Zweifels liegt. Es ist das Wahre-Selbst, die *veritas ipsa,* wie Augustin sie nannte. Wir dürfen diesen Punkt nicht Gott nennen (wie es im ontologischen Gottesbeweis geschieht), aber wir müssen ihn das in uns nennen, „was es uns unmöglich macht, Gott zu entfliehen". Es ist die Gegenwart des Elements des Unbedingten in der Struktur unseres Daseins, die Grundlage der religiösen Erfahrung. Man hat dieses Element das „religiöse *a priori*" genannt, aber wenn wir diesen Ausdruck gebrauchen (in der Bedeutung von *anima naturaliter religiosa*), müssen wir ihn allen Inhalts entkleiden und ihn auf die reine Potentialität reduzieren, Erfahrungen von der Art eines letztgültigen „unbedingten Anliegens" zu haben. Jeder Inhalt einer solchen Erfahrung hängt von der Offenbarung ab, d. h. von der besonderen Art, Form und Situation, in der sich diese Potentialität durch ein Anliegen aktualisiert, das zugleich konkret und unbedingt ist. Während die Gewißheit der reinen Unbedingtheit unbedingt, von nichts bedingt ist, ist ihre konkrete Verkörperung in Symbolen und Handlungen eine Sache des Schicksals und des wagenden Glaubens. Wenn wir von religiöser Erfahrung sprechen, müssen wir immer diese beiden, freilich untrennbaren Elemente unterscheiden: den Punkt des unmittelbaren Bewußtseins des Unbedingten, das ohne Inhalt ist, aber von bedingungsloser Gewißheit, und die Breite eines konkreten Anliegens, das inhaltsvoll ist, aber von der bedingten Gewißheit des wagenden Glaubens. Die Theologie beschäftigt sich mit dem zweiten Element, setzt aber das erste voraus und mißt jede theologische Behauptung an der Norm der Unbedingtheit des unbedingten Anliegens.

Theologie ist das rationale „Wort", der *logos* über Gott; die methodische Auslegung unseres letztgültigen Anliegens. Das rationale Element ist nicht die Quelle der Theologie, es gibt nicht ihren Inhalt ab, sondern ihre Form, und die Beziehung zwischen Form und Inhalt ist äußerst komplex.

Theologie wird oft mit systematischer Theologie identifiziert. Obwohl diese Identifizierung nicht richtig ist, da sie die historische und die praktische Theologie von ihrer Teilhabe an der Theologie als ganzer ausschließt, weist sie doch auf etwas Richtiges hin, nämlich den ihrem Wesen nach systematischen Charakter der Theologie. Das Wort System hat eine engere und eine weitere Bedeutung. In seiner engeren Bedeutung weist das Wort auf das Ideal einer deduktiven Methode hin, in der eine Gesamtheit von Sätzen, die wechselseitig voneinander abhängen, aus Grundprinzipien abgeleitet wird. Man hat versucht, ein derartiges System auf die Geschichte des christlichen Denkens anzuwenden. Aber das positive Element in der Theologie widerstrebt jedem so verstandenen System: es verlangt Offenheit und sprengt das geschlossene System. Das Wort System hat jedoch auch eine weitere Bedeutung. Dann bezeichnet es eine Gesamtheit von Aussagen, die einander nicht widersprechen, voneinander abhängig sind und nach einer bestimmten Methode entwickelt sind. In diesem Sinn war die gesamte klassische Theologie systematisch und kann keine Theologie, wie fragmentarisch sie auch sein mag, die Systematik aufgeben. Jedes sinnvolle Fragment ist implizit ein System, wie jedes System explizit ein Fragment ist, denn der Mensch, und besonders der Theologe, lebt in Bruchstücken, in der Wirklichkeit wie in seinem Denken.

Offensichtlich schließt der positive Charakter der Theologie eine rationale oder natürliche Theologie aus, wenn mit diesen Begriffen gemeint ist, daß eine distanzierte Analyse der Wirklichkeit ohne existentielle Teilhabe an einem letztgültigen Anliegen zu theologischen Aussagen führen kann. Selbst der rationale Unterbau, auf dem nach der Scholastik der offenbarte Überbau errichtet ist, hat überzeugende Kraft nur im Zustand des Glaubens. Auch wenn die logische Notwendigkeit und Richtigkeit der Argumente für die natürliche Theologie (mit Thomas und gegen Duns Scotus) anerkannt würden, könnte ihr keine existentielle Bedeutsamkeit ohne Offenbarung zugestanden werden.

Die Begriffe „natürliche Religion", „natürliche Offenbarung" oder „natürliche Theologie" sind äußerst irreführend. Wenn Religion das

Ergriffensein von einem letztgültigen Anliegen ist, kann „natürliche Religion" nur bedeuten, daß dieses Ergriffensein in einer Begegnung mit der Natur erfahren wird. Das ist nicht nur möglich und wirklich, sondern ist ein notwendiges Element jedes letztgültigen Anliegens; aber es kann nicht von anderen Elementen, wie persönlichen und gesellschaftlichen Elementen, getrennt werden, die ebenfalls zu dem letztgültigen Anliegen gehören. Die Begriffe „natürliche Offenbarung" und „natürliche Theologie" werden häufig auf ein Wissen von Gott angewandt, das durch Schlußfolgerung aus der Struktur der Wirklichkeit abgeleitet ist. Aber ob derartige Schlußfolgerungen richtig sind oder nicht, in keinem Fall sind sie Offenbarung und sollten nicht Theologie genannt werden; denn man kann nicht sinnvoll von Gott sprechen, wenn man ihn als ein Objekt betrachtet, das nicht zugleich der Grund unseres Sprechens von ihm ist. Man kann sinnvoll von Gott nur in einem Zustand existentiellen Ergriffenseins oder in einer Offenbarungssituation sprechen. In jeder anderen Situation wird das religiöse Wort „Gott" seines echten, d. h. seines religiösen Sinns beraubt. Deshalb können wir sagen: Es gibt eine Offenbarung durch die Natur, aber keine natürliche oder rationale Offenbarung; und: Die Theologie kann die Natur einbeziehen, aber natürliche Theologie gibt es nicht. Die Vernunft entwickelt theologische Sätze, aber sie erschafft sie nicht.

Die Frage ist jedoch, ob die Ausarbeitung des positiven Elements in der Theologie nicht ein rationales Element in die Substanz selbst hineinlegt. Die Dringlichkeit dieser Frage wird offensichtlich, wenn wir an die große Zahl philosophischer Begriffe denken, die im Laufe der Geschichte des christlichen Denkens für theologische Zwecke gebraucht worden sind.

Man kann zwischen zwei Typen der Theologie unterscheiden, der apologetischen und der kerygmatischen. In letzterer wird das *kerygma*, die Botschaft, weitergegeben, ausgelegt und entweder in biblischen Begriffen oder in solchen der klassischen Tradition systematisch geordnet. In der apologetischen Theologie wird die Botschaft zu dem vorphilosophischen und dem philosophischen Verständnis der Wirklichkeit in Beziehung gesetzt. Eine Apologie gibt Antwort auf Fragen, die an eine konkrete Religion gerichtet sind, oder auf die Kritik, die gegen eine konkrete Religion gerichtet ist. Aber Antworten können nur gegeben werden, wo der Fragende und der Antwortende eine gemeinsame Basis haben. Die apologetische Theologie setzt eine universale Offenbarung voraus, auf die sie hinweisen kann, weil sie von beiden Seiten anerkannt wird. Hier gewinnt das rationale Element seine größte Bedeutung und erfährt seine engste Verbindung mit dem positiven Element. Die Art, wie diese Verbindung hergestellt worden ist und hergestellt werden soll, kann man als „Methode der Korrelation" bezeichnen.

VII. Die Methode der Korrelation

Wenn die Theologie als existentielles Unternehmen verstanden wird, nehmen alle theologischen Aussagen die Form der Korrelation an. Luther hat dieses Prinzip häufig und entschieden in dem Ausdruck *ut credunt, ita habent* betont. Das bedeutet nicht, daß der Glaube seinen Inhalt selbst erzeugt – das wäre Luther als gotteslästerlich erschienen –, sondern daß die objektive und die subjektive Seite im Glauben aufeinander bezogen sind; denn Glaube ist Ausdruck der Einwirkung eines Letztgültigen auf die menschliche Person; er ist Ausdruck einer existentiellen Situation und nicht Annahme einer objektiven Behauptung. Deshalb stehen die objektive und die subjektive Seite in absoluter Abhängigkeit voneinander. Es ist immer ein Kennzeichen für die beginnende Auflösung einer Theologie, wenn sie die objektive Seite als quasiwissenschaftliche Aussage von der subjektiven trennt und die subjektive Seite als emotionalen „Willen zu glauben" trotz mangelnden Beweises versteht. Das Problem der Wahrheit kann in der Theologie nicht durch objektive Beweise, sondern nur durch existentielle Kriterien gelöst werden. In den prophetischen ebenso wie in den mystischen Schriften begegnen wir immer wieder dem einen Kriterium, dem unbedingten Charakter des Unbedingten. Das Symbol hierfür ist die „Majestät Gottes" oder seine Ausschließlichkeit gegenüber allen endlichen Ansprüchen (den Götzen) oder die unbedingte Abhängigkeit jeder Macht von der göttlichen Macht oder die Rechtfertigung durch die Gnade. Jede echte Häresie ist ein Angriff auf die Göttlichkeit des Göttlichen; sie schreibt einem Endlichen unendlichen Wert zu; sie macht das Unbedingte zu einem Bedingten, indem sie es beispielsweise menschlicher Moral oder Vernunft unterwirft. Die „Wahrheit" der Theologie der Reformatoren im Gegensatz zu den im Tridentinum aufgestellten Lehren lag in ihrer Betonung der Letztgültigkeit des letztgültigen Anliegens und nicht in der „wissenschaftlichen" Überlegenheit der protestantischen über die katholischen Lehren; es war eine existentielle, keine objektive Wahrheit. Der Streit der Theologen ist wichtig, weil er, zumindest im Prinzip, um die Frage von Sein oder Nichtsein geht.

Die Methode der Korrelation wird vor allem von der apologetischen Theologie angewandt. Frage und Antwort müssen einander so entsprechen, daß das religiöse Symbol als angemessene Antwort auf eine Frage verstanden werden kann, die mit der menschlichen Existenz gegeben ist und in primitiven, vorphilosophischen wie in philosophisch formulierten Begriffen gestellt werden kann. So wird z. B. die Frage, die mit der menschlichen Endlichkeit gegeben ist, durch Symbole beantwortet, die die Idee von Gott konstituieren. Das Symbol der Offenbarung ist eine Antwort auf Fragen, die die Vernunft über sich hinaus treiben. Das Symbol des Christus und seines Erscheinens unter den Bedingungen der Existenz ist eine Antwort auf Fragen, die aus der existentiellen Zerrissenheit und Verzweiflung des Menschen hervorgehen. Die Idee vom göttlichen Geist kann als Antwort von Fragen verstanden werden, die in der tragischen Zweideutigkeit des Lebens, vor allem des geistigen Lebens, liegen. Und die Frage nach dem Sinn der Geschichte wird durch das Symbol vom Reich Gottes beantwortet. In allen diesen Beispielen ist mit der Methode der Korrelation eine wechselseitige Abhängigkeit von Frage und Antwort gesetzt. Die Fragen, die mit der menschlichen Existenz gegeben sind, bestimmen den Sinn und die theologische Auslegung der Antworten, wie sie in den klassischen religiösen Ideen zu finden sind. Die Form der Fragen, gleich ob in primitiver oder philosophischer Sprache gestellt, entscheidet über die theologische Form, in der die Antworten gegeben werden. Und umgekehrt ist der Inhalt der Frage durch den Inhalt der Antwort bestimmt. Niemand kann Fragen, Gott, Offenbarung, den Christus usw. betreffend, stellen, der nicht bereits im Besitz einer gewissen Antwort ist. Wir können also sagen, daß die Fragen in bezug auf das letztgültige Anliegen des Menschen den Inhalt der Antworten in sich tragen und die Antworten durch die Form der Fragen geprägt werden. Hier ist das rationale Element der theologischen Methode von ausschlaggebendem Einfluß auf die theologischen Sätze – nicht dem Inhalt nach, sondern nach ihrer Form. Aber man kann nicht *a priori* sagen, wieviel Inhalt in der Form verborgen ist; das stellt sich erst im Laufe der theologischen Arbeit heraus und auch dann niemals vollkommen. Die Aufnahme der neuen Wirklichkeit ist immer durch die alte Wirklichkeit bedingt, die von ihr überwunden und erfüllt wird. Aus diesem Grund hat das frühe Christentum die Lehre vom *logos* entwickelt, der in Jesus als dem Christus auf einmalige Weise erschienen ist und doch zugleich das universale Prinzip der Offenbarung in Religion und Kultur vertritt. In diesem Sinn kann die alte Wirklichkeit als Vorbereitung für die neue Wirklichkeit verstanden werden; die philosophische Form der Frage ist im letzten Grunde auf den Inhalt der theologischen Antwort bezogen und steht ihr nicht als etwas Fremdes gegenüber. Ohne eine gewisse Logoslehre, selbst wenn der Begriff *logos* nicht gebraucht wird, scheint mir keine Theologie, vor allem keine apologetische Theologie, möglich.

Wenige Beispiele müssen genügen, um eine konkrete Vorstellung von der Methode der Korrelation zu geben. Wenn die Frage, die in der menschlichen Endlichkeit enthalten ist, die Frage nach Gott ist und die Idee von Gott die Antwort auf diese Frage, dann gewinnt die moderne Existenzanalyse der menschlichen Endlichkeit äußerste Bedeutung für die theologische Behandlung der Gottesidee. Gott wird dann die Antwort, die der menschlichen Angst und Kontingenz entspricht; er wird das Symbol eines „transzendenten Mutes", der die Kennzeichen der Endlichkeit, die völlige Unsicherheit und Verlassenheit, die Angst vor dem Tode usw. überwindet. So gewinnt die Gottesidee existentielle Bedeutung. Die allgemeine Sinnlosigkeit und die in sich widersprüchliche Frage nach der „Existenz Gottes" wird durch eine höchst sinnvolle Frage ersetzt, die sich auf unsere Partizipation an einer unendlichen Gemeinschaft, Gewißheit und Macht und einem unendlichen Sinn im göttlichen Leben richtet.

Ebenso wird die Frage, die in den selbstzerstörerischen Zügen im persönlichen und sozialen Leben des Menschen enthalten ist, als die Frage verstanden, auf die die wichtigste christliche Aussage, nämlich daß Jesus der Christus ist, die Antwort gibt. Wenn die Christologie sich auf diese Korrelation gründet, wird das Bild von Jesus als dem Christus zu der letztgültigen Manifestation der erlösenden Macht im Leben und in der Geschichte, zu dem Erscheinen einer neuen Wirklichkeit, einer Macht der Heilung und Versöhnung, die die „dämonischen" Mechanismen im persönlichen und gesellschaftlichen Leben überwindet. Dann bestimmt die Wiederentdeckung der widersprüchlichen Strukturen im Innern des Individuums und in der Gemeinschaft die Form unserer christologischen Antwort und gibt dieser Antwort existentielle Bedeutung für unsere Zeit. Die Methode der Korrelation befreit die Christologie von dem Historismus, der den christlichen Glauben an die neue Wirklichkeit auf zweifelhafte historische Wahrscheinlichkeit zu gründen versucht, und sie befreit die Christologie von der „Alchemie" der Lehre von den zwei Naturen, indem sie diese als Ausdruck des Paradoxes von der göttlich-menschlichen Einheit in einem menschlichen Leben versteht, die sich erhält trotz aller zerstörerischen Mächte in der menschlichen Existenz.

Die Methode der Korrelation wird, wie diese Beispiele zeigen, niemals von dem Streit zwischen Naturalismus und Supranaturalismus berührt. Sie beschreibt die Phänomene, wie sie sich dem religiösen Bewußtsein zeigen, im Lichte der menschlichen Situation, der Fragen, die mit dieser gegeben sind, und der Antworten, die die christliche Botschaft auf diese Fragen gibt. Die Theologie hat ihre korrelative und existentielle Funktion wieder entdeckt. Sie hat eine Theologie objektiver Behauptungen und subjektiver Gefühle überwunden und hat es sich wieder zur Aufgabe gemacht, Antwort auf Fragen zu geben, die unser letztgültiges Anliegen betreffen.

PHILOSOPHIE UND THEOLOGIE

(1940)

Der ungewöhnliche Name für den Lehrstuhl, den ich vertrete, ist „philosophische Theologie". Für mich paßt diese Bezeichnung besser als jede andere, da die Grenzlinie zwischen Philosophie und Theologie das Zentrum meines Denkens und Arbeitens ist. Aber hat der Ausdruck „philosophische Theologie" mehr als persönliche Bedeutung? Hat er einen objektiven Sinn? Ist er eine gerechtfertigte Wortkombination?

Auf diese Fragen werden einige entschieden negativ antworten. Der theologische Supranaturalismus europäischen wie auch amerikanischen Gepräges wird die philosophische Theologie als einen in sich widerspruchsvollen Begriff oder, schlimmer noch, als Verrat an der Theologie ablehnen. Andererseits könnten die Philosophen und die theologischen Humanisten – wenn auch vielleicht nicht so fanatisch wie die genannte Gruppe – die philosophische Theologie als eine unreine Mischung zweier nicht miteinander in Einklang zu bringender Denkmethoden ablehnen. Sie könnten zwar das Recht anerkennen, daß die Religion wie jeder andere Gegenstand philosophisch behandelt werden kann. Aber Religionsphilosophie ist nicht philosophische Theologie. Kann unsere Bezeichnung gegen diesen doppelten Angriff verteidigt werden?

Die Antwort liegt miteinbeschlossen in der Antwort auf die alte Frage nach dem Verhältnis von Philosophie und Theologie. Nach wenigstens zweitausend Jahren des Denkens, das der Lösung dieses Problems gewidmet war, ist es nicht leicht, eine neue Lösung zu bieten. Trotzdem muß es in jeder Generation immer wieder versucht werden, solange es Theologie überhaupt gibt, denn die Frage nach dem Verhältnis von Philosophie und Theologie ist die Frage nach dem Wesen der Theologie überhaupt.

Der Ausdruck „philosophische Theologie" weist auf eine Theologie hin, die einen philosophischen Charakter hat. Was heißt das? Zunächst einmal bedeutet es, daß es eine Theologie gibt, die keinen philosophischen, sondern irgendeinen anderen Charakter hat. Das ist in der Tat der Fall. Solange das theologische Denken besteht, gab es zwei Typen der Theologie: eine philosophische und eine – lassen Sie sie mich eine „kerygmatische" nennen. Kerygmatisch ist abgeleitet vom neutestamentlichen Wort *kerygma*, „Botschaft". Es ist eine Theologie, die den

Gehalt der christlichen Botschaft in einer geordneten und systematischen Weise wiederzugeben versucht, ohne Bezugnahme auf die Philosophie. Im Gegensatz dazu versucht die philosophische Theologie, wenngleich sie auf dem *kerygma* basiert ist, den Gehalt des *kerygma* in engem wechselseitigem Verhältnis zur Philosophie zu erklären. Die Spannung und gegenseitige Befruchtung zwischen diesen beiden Typen hat sich als eines der wichtigsten und folgenreichsten Ereignisse in der ganzen Geschichte des christlichen Denkens erwiesen. Der Kampf der frühkirchlichen Traditionalisten gegen die sich erhebende Logoschristologie, der Streit zwischen den Mystikern und den Dialektikern im frühen Mittelalter, zwischen Biblizismus und Scholastik im späten Mittelalter, zwischen den Reformatoren und den aristotelischen Scholastikern, der Angriff der Ritschlianer auf die spekulative Theologie und der Barthianer auf eine Religionsphilosophie – dies alles und noch viel mehr ist Folge des Nebeneinanders einer philosophischen und einer kerygmatischen Theologie. Diese Dualität ist natürlich. Sie liegt bereits in dem Wort „Theologie"; die Silbe „theo" weist auf das *kerygma* hin, in dem Gott sich offenbart, und die Silbe „logie" weist auf das Streben der menschlichen Vernunft hin, diese Botschaft zu empfangen. Es bedeutet weiter, daß die kerygmatische und die philosophische Theologie aufeinander angewiesen sind und daß sie in dem Augenblick im Unrecht sind, in dem sie sich gegenseitig ausschließen. Niemals existierte eine kerygmatische Theologie, die nicht philosophische Begriffe und Methoden verwendete. Und niemals existierte eine philosophische Theologie, sofern sie den Namen „Theologie" verdiente, die nicht den Gehalt der Botschaft zu erklären versuchte. Deshalb ist das theologische Ideal die vollkommene Einheit beider Typen, ein Ideal, das nur durch die größten Theologen erreicht wurde und selbst von ihnen nur annäherungsweise. Die Tatsache, daß jedes menschliche Schöpfertum seine typenmäßigen Grenzen hat, läßt es wünschenswert erscheinen, daß die theologischen Fakultäten einen Vertreter der kerygmatischen und einen der philosophischen Theologie besitzen, ob nun die letztere Apologetik, spekulative Theologie, christliche Religionsphilosophie oder philosophische Theologie genannt wird. Die Kirche kann ohne diesen Typ nicht auskommen, genausowenig, wie sie ohne den kerygmatischen Typ auskommen kann.

Es ist nicht meine Aufgabe, mich über die Natur der kerygmatischen Theologie ausführlicher zu äußern. Der radikalste Versuch, eine rein kerygmatische Theologie zu schaffen, wurde in unserer Zeit von Karl Barth unternommen. Aber im Gegensatz zu einigen seiner fanatischen Schüler ist er ehrlich genug, anzuerkennen, daß er philosophische

Sprache und Methoden nicht ganz vermeiden kann, da sogar unsere alltägliche Sprache durch die philosophische Terminologie und die philosophische Denkweise geformt ist. Es ist auch nicht meine Aufgabe, die schwierige Frage zu behandeln, ob es einen dritten Typus gibt, nämlich mystische Theologie, wie so oft gemeint wird. Oder ob die Mystik, wie ich behaupten möchte, ein Element jeder religiösen Botschaft ist und deshalb ein Wesenselement in beiden Typen der Theologie.

Was ist nun das Verhältnis von Philosophie und Theologie und was folglich die genaue Bedeutung der philosophischen Theologie? Um diese Frage zu beantworten, soweit sie überhaupt beantwortet werden kann, müssen wir versuchen, einige schwierige Wege abstrakten Denkens zu durchschreiten, für die ich Ihre Geduld erbitten muß.

Die Philosophie stellt die letzte Frage, die gestellt werden kann, nämlich die Frage nach dem, was Sein, einfach Sein bedeutet. Was auch immer das Objekt des Denkens sein mag, es ist immer etwas, das *ist* und nicht *nicht ist*. Aber was bedeutet dies Wort „*ist*"? Was ist der Sinn des Seins? In einer sehr feinen Analyse der Erfahrung leitet Santayana alle Erfahrung von Schocks ab, die wir empfangen und die den glatten Fluß unserer Intuition stören. Ich glaube, er hat recht. Und seine Einsicht sollte nicht nur dazu verwendet werden, den unbestimmten und schädlichen Gebrauch des Wortes „Erfahrung" abzuwehren, den wir in der populären Philosophie und Theologie finden, sondern auch zu einer tieferen, stärker aristotelischen Beschreibung der Erfahrung führen, aus der heraus Philosophie geboren wird. Es ist der philosophische Schock, die philosophische Erschütterung, der ungeheure Impetus der Fragen: Was ist der Sinn des Seins? Warum ist Sein und nicht vielmehr Nichtsein? Was ist die Struktur dessen, an dem jedes Seiende teilhat? Diese Fragen mögen erst spät in ihrer expliziten und rationalen Form gestellt werden, wenn sie auch den meisten mythologischen Schöpfungen zugrunde liegen. Auf jeden Fall sind sie wesentlich menschlich, denn der Mensch, wie Heidegger sagt, ist das Wesen, das fragt, was Sein ist. Diese Frage und diese Erschütterung, mit der sie uns ergreift, ist spezifisch menschlich. Sie ist die Grundlage des Humanismus und die Wurzel der Philosophie. Denn die Philosophie fragt die Frage nach dem Sein selbst. Das bedeutet, daß die Philosophie primär nicht nach dem spezifischen Charakter des Seienden fragt, dem der Dinge und der Geschehnisse, der Gedanken und Werte, der Seelen und Körper, die am Sein teilhaben. Die Philosophie fragt danach, was das Sein selbst ist. Deshalb haben alle Philosophen eine „erste Philosophie" entwickelt, wie es Aristoteles nennt, nämlich eine Deutung des Seins. Und von dieser gehen sie über zur Beschreibung der verschiedenen Arten des Seienden und zum System ihrer wechselseitigen Abhängigkeit, der Welt. Es ist leicht, zwischen Philosophie und Theologie einen einfachen Schnitt zu machen, wenn sich die Philosophie nur mit dem zweiten Bereich, der Wissenschaft, beschäftigt und versucht, deren letzte Ergebnisse in einem Weltbild zusammenzufassen. Aber bevor sie eine Beschreibung der Welt im Einklang mit aller wissenschaftlichen und nichtwissenschaftlichen Erfahrung in Angriff nimmt, versucht die Philosophie, das Sein selbst und die Kategorien und Strukturen, die allen Arten des Seienden gemeinsam sind, zu verstehen. Dies macht einen Schnitt zwischen Philosophie und Theologie unmöglich, denn wie auch immer das Verhältnis von Gott, Welt und Mensch sein mag, es liegt innerhalb des Rahmens des Seins, und jede Interpretation des Sinnes und der Struktur des Seins als Sein hat unvermeidlich Konsequenzen für die Deutung Gottes, des Menschen und der Welt in ihren wechselseitigen Beziehungen.

Dieser Begriff der Philosophie kann von verschiedenen Seiten aus abgelehnt werden. Die Entfaltung einer ersten Philosophie kann mit dem populären Argument angegriffen werden, daß sie eine Rückkehr zu altmodischer Metaphysik bedeute. Die Voraussetzung dieses Arguments ist der Zauber der Silbe „*meta*" in Metaphysik. Trotz der Feststellung in allen Lehrbüchern und Vorlesungen über Philosophie, daß die Metaphysik nur das Buch „nach der Physik" in der Sammlung der aristotelischen Schriften bedeutet, hat sie den Sinn bekommen, daß sie etwas sei, das jenseits der menschlichen Erfahrung liegt, willkürlicher Einbildung preisgegeben. Aber die Seinsfrage, die Frage der ersten oder fundamentalen Philosophie, ist die Frage nach dem, was uns näher ist als irgend etwas sonst. Wir sind es selber, sofern wir sind, und zugleich als menschliche Wesen fähig sind, zu fragen, was es heißt, daß wir sind. Es ist endlich Zeit, dieses mißbrauchte und verzerrte Wort Metaphysik aufzugeben, dessen Ablehnung die Entschuldigung für eine erschrekkende Seichtheit des Denkens geworden ist, mit der verglichen der primitive Mythos außerordentlich tief ist.

Eine weitere Kritik kann erstehen aus dem Anspruch der Erkenntnistheorie, die wahre erste Philosophie zu sein. Ich würde zugeben, daß dieser Anspruch in weitem Ausmaß gerechtfertigt ist. Parmenides, der erste und größte der Ontologen, wußte, daß das Sein und der Logos des Seins, das heißt, das rationale Wort, welches das Sein ergreift, zusammengehören, oder, wie wir sagen würden, daß Sein immer zugleich Subjekt und Objekt ist. Die Erkenntnistheorie hat unrecht, wenn sie vorgibt, ohne eine ontologische Basis zu bestehen. Das kann sie nicht.

Und diese Einsicht hat den Zusammenbruch der erkenntnistheoretischen Epoche der Philosophie in den letzten Jahrzehnten verursacht. Man kann nicht Erscheinung haben ohne ein Sein, das erscheint, oder Erkenntnis ohne ein Sein, das erkannt wird, oder Erfahrung ohne ein Sein, das erfahren wird. Sonst werden Erscheinung und Erfahrung nur zu anderen Worten für Sein, und das Seinsproblem wird nur in anderer Terminologie gestellt.

Wir müssen uns noch mit einer dritten Kritik auseinandersetzen. Es kann eingewandt werden, daß dem Menschen keine Annäherung an die Struktur und den Sinn des Seins möglich sei, daß das, was Sein ist, uns nur in der Mannigfaltigkeit des Seienden und in der Welt, in der wir alle vereint und miteinander in Beziehungen verbunden sind, offenbar wird. Es könnte gesagt werden: Sieh die Steine und Blumen, sieh die Tiere und Menschen, sieh die Geschichte und die Kunst, und du wirst lernen, was „Sein" ist, aber frage nicht nach dem Sein selbst über all dies hinaus. Darauf müssen wir antworten: Man kann es dem Menschen nicht verwehren, die menschlichste Frage zu stellen; kein Diktator kann das tun, selbst wenn er im Gewand des bescheidenen Positivismus oder Empirismus erscheint. Der Mensch ist mehr als ein Registrierapparat für sogenannte Fakten und ihre wechselseitigen Abhängigkeiten. Er will erkennen, sich erkennen als in das Sein geworfen, die Mächte und die Strukturen erkennen, die dies Sein in ihm und in seiner Welt beherrschen. Er will den Sinn des Seins erkennen, weil er Mensch ist und nicht nur ein erkenntnistheoretisches Subjekt. Deshalb überschreitet er und muß er notwendigerweise überschreiten alle die Warnungszeichen, die vom Skeptizismus vorsichtig errichtet und vom Pragmatismus dogmatisch gehütet werden. Der Sinn des Seins ist das, was ihn im tiefsten Grunde angeht. Die Frage danach ist die wirklich menschliche und philosophische Frage.

Diese Feststellung führt uns zum Wendepunkt, zu dem Punkt nämlich, an dem die Philosophie kerygmatischen und daher theologischen Charakter zeigt: denn dies ist die Aufgabe der Theologie – nach dem Sein zu fragen insoweit, als es das ist, was uns letztlich angeht. Die Theologie handelt von dem, was uns unausweichlich, letztlich, unbedingt angeht. Sie handelt davon nicht insoweit, als es *ist*, sondern als es *für uns* ist. In keiner theologischen Behauptung darf die Beziehung *auf uns* ausgelassen werden. Ohne das Element dessen, was uns letztlich angeht, ist eine Behauptung keine theologische Behauptung. Als Theologe kann und muß man über alles zwischen Himmel und Erde und jenseits des Himmels und der Erde sprechen. Aber man spricht nur dann theologisch davon, wenn man zeigt, wie es zu dem gehört, was uns letztlich angeht, zu dem, was über unser Sein oder Nichtsein entscheidet als unser ewiger letzter Sinn und unser Schicksal. Das ist das Wahre an der so vielfach mißverstandenen Behauptung, daß die Theologie eine praktische Disziplin ist. Versteht man „praktisch" im Gegensatz zu theoretisch, dann ist diese Behauptung vollkommen falsch, da Wahrheit ein Wesenselement dessen ist, was uns letztlich angeht. Wenn „praktisch" bedeutet, daß die Theologie ihren Gegenstand immer insoweit behandeln muß, als er uns in der innersten Tiefe unseres Seins betrifft, dann ist die Theologie praktisch. Aber da „praktisch" durch die populäre Verzerrung des Wortes eine antitheoretische Färbung gewonnen hat und seitdem die Ritschl-Schule – um die Theologie von der Philosophie abzutrennen – jene Definition der Theologie schuf, die die Wahrheit der Moral opferte, ist es angemessener, andere Begriffe zu verwenden, z. B. mit Sören Kierkegaard das Wort „existentiell" zu gebrauchen. Existentiell ist das, was unsere wirkliche Existenz in ihrer ganzen Konkretheit mit all ihren zufälligen Elementen, in ihrer Freiheit und Verantwortung, in ihrem Scheitern und in ihrer Entfremdung von ihrem wahren und wesenhaften Sein charakterisiert. Die Theologie denkt aus dieser existentiellen Situation heraus und nimmt ständig auf sie Bezug. Fragt die Theologie nach dem Sinn des Seins, so fragt sie nach dem letzten Grund und der letzten Macht, der letzten Norm und dem letzten Ziel des Seins insoweit, als es *mein* Sein ist und als der Abgrund und Grund meiner Existenz *mich* trägt; sie fragt nach der drohenden und verheißenden Macht über *meine* Existenz, nach der fordernden und richtenden Norm *meiner* Existenz, nach dem Ziel, das Erfüllung oder Verwerfung *meiner* Existenz bedeutet. Mit anderen Worten: Fragt die Theologie nach dem Sinn des Seins, so fragt sie nach Gott. Fragt sie nach den Mächten und Strukturen, die das Sein selbst und die Welt konstituieren, nach deren Beziehungen und Mannigfaltigkeit, so fragt die Theologie nach der Manifestation des Grundes, der Macht, der Norm und dem Ziel des Seins in diesen Bereichen des Seins. Sie fragt nach der Weise, in welcher der Mensch die Manifestation dessen, was ihn unbedingt angeht, annimmt oder sich ihr widersetzt. Sie fragt nach der Weise, in der die Natur das, was uns letztlich angeht, offenbart oder verhüllt. Sie fragt nach der Beziehung dessen, was uns geschichtlich angeht, zu dem, was uns letztlich angeht. Mit anderen Worten, sie fragt nach den göttlichen und dämonischen Kräften in uns selber, in unserer Welt, in der Natur wie in der Geschichte. Das ist existentielles Denken, das ist Theologie. Aber nun haben wir wieder einen Wendepunkt erreicht, diesmal den Punkt, an welchem die Theologie ihren philosophischen Charakter zeigt. Wenn wir uns mit dem Sinn des Seins befassen, insoweit er uns letztlich angeht, oder mit dem Menschen und der Welt, mit Natur und Geschichte insoweit, als das, was uns letztlich angeht, in ihnen erscheint, müssen wir den Sinn des Seins kennen, müssen wir die Strukturen und Mächte kennen, die die verschiedenen Bereiche der Existenz beherrschen.

Wir haben nach dem Objekt oder der Frage der Philosophie gesucht und entdeckt, daß den Impuls zur Philosophie ein theologisches Element gibt, etwas, das uns letztlich angeht. Wir haben nach dem Objekt oder der Frage der Theologie gesucht und gefunden, daß in der Theologie ein philosophisches Element eingeschlossen liegt – die Frage nach dem Sinn und der Struktur des Seins und seiner Manifestation in den verschiedenen Seinsbereichen. Philosophie und Theologie sind ebensowohl divergent wie konvergent. Sie sind insofern konvergent, als sie beide zugleich existentiell wie theoretisch sind. Sie sind insofern divergent, als die Philosophie grundsätzlich theoretisch und die Theologie grundsätzlich existentiell ist. Deshalb kann die Philosophie ihre existentielle Grundlage vernachlässigen und sich mit dem Sein und dem Seienden beschäftigen, als wenn sie uns nichts angingen. Und deshalb kann die Theologie ihre theoretischen Formen vernachlässigen und bloßes *kerygma* werden. Aber wie die Theologie immer wieder eine philosophische Theologie geschaffen hat, so haben die Philosophen immer wieder versucht, existentielle Bedeutsamkeit zu erlangen, eine prophetische Botschaft zu geben, eine Sekte zu gründen, eine religiös-politische Bewegung zu beginnen oder Mystiker zu werden. Aber sobald sie das taten, waren sie philosophische Theologen und wurden auch als solche von ihren Anhängern und Gegnern betrachtet. Die meisten schöpferischen Philosophen waren theologisch in diesem Sinne. Nur die nichtschöpferische Philosophie kann sich völlig von ihrer existentiellen Basis entfernen. In ihren Händen bleibt die leere Schale, nicht die Substanz der Philosophie zurück. Sie ist Schule und nicht Leben und deshalb keine Philosophie, sondern ein Handel mit alter philosophischer Handelsware.

Sowohl Philosophie als auch Theologie werden arm und verzerrt, wenn sie voneinander getrennt werden. Die Philosophie wird zum logischen Positivismus, der es der Philosophie verbietet, irgendein Problem, das uns ernstlich angeht, zu behandeln, sei es ein politisches, anthropologisches oder religiöses – eine sehr bequeme Flucht des philosophischen Denkens vor den erschreckenden Wirklichkeiten unserer Zeit. Oder sie wird zur reinen Erkenntnistheorie, schärft ständig das Messer des Denkens, aber schneidet niemals, da ein Schnitt auf eine Wahrheit hin, die uns angeht, Wagemut und Leidenschaft erfordert.

Oder sie wird zur Geschichte der Philosophie, zählt eine philosophische Meinung der Vergangenheit nach der anderen auf, hält sich selbst in vornehmer Distanz, glaubenslos und zynisch – eine Philosophie ohne existentielle Basis, ohne theologischen Grund, ohne theologische Macht. In der gleichen Weise wird die Theologie, wenn sie ihr philosophisches Anliegen völlig leugnet, ebenso arm und mißgestaltet wie die Philosophie ohne theologischen Impuls. Eine solche Theologie spricht von Gott als einem Wesen neben anderen, der Struktur des Seins unterworfen wie alles Seiende – Sterne, Menschen und Tiere –, er ist das höchste Seiende, aber nicht das Sein selbst, nicht der Sinn des Seins, und er ist daher ein barmherziger Tyrann, der in seiner Macht beschränkt ist, der uns zwar sehr viel angeht, aber nicht letztlich, nicht unbedingt; dessen Existenz, zweifelhaft, wie sie ist, bewiesen werden muß wie die Existenz eines neuen chemischen Elements oder eines umstrittenen Ereignisses in der vergangenen Geschichte. Eine solche Theologie trennt den Menschen von der Natur und die Natur vom Menschen, das Selbst von seiner Welt und die Welt vom Selbst. Sie ist dazu gezwungen, weil sie die Mächte und Strukturen des Seins nicht kennt, die den Menschen *und* die Natur, das Selbst *und* die Welt beherrschen, beide Seiten der Tragik unterwerfen und in beiden auf die Erfüllung hin arbeiten. Die Einheit des Seins in Mensch und Natur ist grundlegender als der Unterschied, der durch die menschliche Freiheit geschaffen ist. Eine Theologie, die unfähig ist, dies zu verstehen, schwankt notwendigerweise zwischen Moralismus und Naturalismus hin und her. Aber Sein ist mehr als Natur und mehr als Moral.

All dies ist nicht als ein Angriff auf eine echte und konsequente kerygmatische Theologie gedacht. Es wird nur gegen eine Theologie eingewendet, die nicht kerygmatisch genug ist, um sich von der Verwendung einer flachen Populärphilosophie fernzuhalten, oder die nicht philosophisch genug ist, um die fundamentalen Begriffe einer ernsthaften ersten Philosophie anzuerkennen.

Eine Konvergenz und eine Divergenz zwischen Theologie und Philosophie haben wir gefunden in bezug auf die Frage, die von beiden gestellt wird. Es gibt noch eine Konvergenz und Divergenz in bezug auf die Weise, in der diese Frage von beiden beantwortet wird. Der Sinn des Seins offenbart sich im Logos des Seins, das heißt im rationalen Wort, welches das Sein ergreift und umfaßt und in dem das Sein seine Verborgenheit, seine Dunkelheit überwindet und Wahrheit und Licht wird. Wahrheit heißt im Griechischen *aletheia*, „das Unverborgene". Im Wort, im Logos, hört das Sein auf, verborgen zu sein, in der rationalen Form wird es sinnvoll und verständlich. Das Sein und das Wort, in dem es konzipiert wird, können nicht voneinander getrennt werden. Daher ist, wo auch immer Seiendes ist, Logos des Seins, eine Form und Struktur, worin sein Sinn offenbart wird. Aber, wenn auch Logos in jedem Seienden ist, wird er doch nur in jenem Seienden ausgesprochen, welches das Wort hat, das rationale Wort, das Wort der Wahrheit und des Lichtes – das heißt im Menschen. Im Menschen kann der Sinn des Seins offenbar werden, weil der Mensch das Wort hat, das die Verborgenheit des Seins offenbar werden läßt. Aber obwohl jeder Mensch das Wort der Wahrheit potentiell hat, hat es nicht jeder Mensch aktuell, und kein Mensch hat es vollkommen. Deshalb fragt die Philosophie nach der Weise, in der der Mensch das offenbarende Wort finden kann, den Logos des Seins. Nur in einer Vision können einige wenige Erwählte es finden, antwortet Parmenides. Nur edle aristokratische Seelen können in die unendliche Tiefe der Seele blicken, sagt Heraklit. Nur der, der durch einen guten Dämon geführt wird, kann die rechte Entscheidung treffen, bekennt Sokrates. Nur dem Eingeweihten erscheint die Idee, und nur für ihn verschwindet die Dunkelheit der Höhle, in der die menschliche Vernunft gefangengehalten wird, kündet Plato durch den Mund der Diotima. Nur diejenigen, die freie Bürger sind, können das Glück der reinen Schau erreichen, behauptet Aristoteles. Nur einige wenige Weise erreichen den Stand der Vernunft, in dem sich der Logos des Seins enthüllen kann, verkünden die Stoiker. Nur in *einem* Menschen, fahren die christlichen Philosophen fort, ist der Logos vollkommen erschienen, voller Gnade und Wahrheit. Das ist der Punkt, an dem die Konvergenz von Philosophie und Theologie am mächtigsten ist. Ein theologischer Impuls trieb alle diese Philosophen zu einer Aussage über die konkrete Situation, in der der Logos des Seins erscheinen kann. In allen ihren einschränkenden Aussagen ist ein existentielles Anliegen enthalten. Und andererseits ist es ein philosophischer Begriff, in dem die Theologie des Logos ihr unbedingtes Anliegen von der Botschaft des Christus ausdrückt. Deshalb ist und muß die philosophische Theologie Logos-Theologie sein, während eine ausschließlich kerygmatische Theologie, wie diejenige Barths, die Logoslehre ablehnt.

Die Aufzählung der Philosophen, die die Frage nach dem Ort gestellt haben, an dem der Logos des Seins offenbar wird, könnte bis heute fortgesetzt werden. Für die mittelalterlichen Philosophen ist die christliche Kirche der einzige Ort, wo der Logos in seiner wahren Mitte erscheint. Für die Mystiker von Plotin bis Spinoza und für alle indischen Mystiker ist es die mystische und asketische Erhebung über alles Seiende, in der der Logos des Seins selbst erscheint. Für die Philosophen der modernen Aufklärung in allen europäischen Ländern ist es die dritte und End-Periode der Geschichte allein, in welcher der gebildete und harmonische Mensch für die Vernunft reif geworden ist. Für Fichte kann nur das selige Leben und für Hegel nur die Erfüllung der Geschichte Wahrheit gewährleisten. Für Marx ist es die Teilnahme am proletarischen Kampf und der Sieg in diesem Kampf, in dem die bloße Ideologie von der Wahrheit überwunden wird. Bei all diesen Männern, besonders bei Marx, wird die Frage nach dem Ort, an dem der Logos des Seins erscheint, ernst genommen. In ihnen allen ist die theologische Leidenschaft, das existentielle Fragen, deutlich. Angesichts dieser Reihe philosophischer Zeugen verblassen jene Schul- und Lehrbuchphilosophen zu völliger Bedeutungslosigkeit, die behaupten, daß die Philosophie lediglich eine Angelegenheit des Lernens und des Intellekts sei, selbst wenn sie eine größere Zahl darstellen sollten als die erwähnten. Es gibt keine Philosophie, die diesen Namen verdient, ohne daß sie die menschliche Existenz des Philosophen verändert, ohne daß der Philosoph von einem letzten Anliegen betroffen ist und ohne daß er glaubt, erwählt zu sein, erwählt, die Wahrheit zu ergreifen an dem besonderen Ort, an dem er steht.

Aber auch hier muß die Divergenz festgestellt werden. Obgleich die Philosophie die existentiellen Voraussetzungen der Wahrheit kennt, kann sie nicht dabei stehenbleiben. Sie wendet sich sofort dem Inhalt zu und versucht, ihn unmittelbar zu erfassen. In ihrem System abstrahiert sie von der existentiellen Situation, aus der die existentiellen Voraussetzungen geboren wurden. Sie anerkennt keine Bindung an besondere Traditionen oder Autoritäten. Sie überschreitet sie, indem sie nach dem Sein selbst jenseits aller Seinsformen, selbst der höchsten, sogar des Fragenden selbst, fragt. Die Philosophie fragt auf der existentiellen Basis des griechischen Stadtstaates und der Religion des Apollo und Dionysos, aber sie fragt nach der *Wahrheit selbst,* und es kann geschehen, daß sie deshalb verfolgt wird. Die Philosophie fragt auf der existentiellen und konkreten Basis der mittelalterlichen Kirche und Kultur. Aber sie fragt nach der *Wahrheit selbst,* und sie kann darüber zum Märtyrer werden. Die Philosophie fragt auf der existentiellen und konkreten Basis der bürgerlichen und proletarischen Gesellschaft und Kultur, aber sie fragt nach der *Wahrheit selbst,* und ihre Verbannung kann die Folge sein. Die Philosophie richtet sich, trotz ihrer existentiellen und konkreten Basis, unmittelbar auf den Sinn des Seins. Das ist ihre Freiheit, und das bringt es mit sich, daß ein Denker, der sich der Intention nach kirchlichen oder nationalen oder Klassen-Bindungen unterwirft, aufhört ein Philosoph zu sein.

Ganz anders ist der Theologe an die konkrete und existentielle Situation gebunden, in der er sich findet und die nicht nur die Basis, sondern auch das Objekt seiner Arbeit ist. Als Theologe ist er an die Erscheinung des Logos gebunden, nachdem er sie an diesem bestimmten Ort zu dieser bestimmten Zeit anerkannt hat. Als Theologe hat er es mit der Verwandlung der Existenz in der individuellen und sozialen Existenz des Menschen zu tun, er hat es zu tun mit dem, was uns letztlich angeht. Als Theologe kann er seine existentielle Situation nicht übersteigen, weder in persönlicher noch in sozialer Hinsicht. Sein Glaube und der Glaube seiner Kirche gehören intentional zu seinem Denken. Dies gilt sowohl von der philosophischen als auch von der kerygmatischen Theologie. Aber der philosophische Theologe versucht als Christ, in seiner Arbeit zu zeigen, daß die existentielle Situation der christlichen Kirche zugleich der Ort ist, an dem der Sinn des Seins als unser letztes Anliegen erschienen ist. Mit anderen Worten: er versucht zu zeigen, daß Jesus als der Christus der Logos ist.

Der methodische Weg, auf welchem dies getan werden muß, kann hier nicht erläutert werden. Es kann nicht gezeigt werden, wie Konflikte zwischen speziellen Formen der Philosophie und der christlichen Botschaft überwunden werden können. Das ist ein Gegenstand der konkreten Ausarbeitung. Noch kann hier gezeigt werden, warum in einer philosophischen Theologie die Philosophie die Begriffe und Kategorien und die in ihnen liegenden Probleme liefern und die Theologie die Antworten geben muß, die der Substanz der christlichen Botschaft entstammen. Ich möchte nur folgende Andeutungen geben: Die philosophische Theologie hat zu tun mit dem Begriff der *Vernunft* und den dazugehörigen Kategorien, und sie führt zu dem existentiellen Problem, das in der Vernunft enthalten ist und auf das die Antwort *Offenbarung* ist. Die philosophische Theologie hat zu tun mit dem Begriff des *Seins* und den dazugehörigen Kategorien, und sie führt zu dem existentiellen Problem, das im Sein enthalten ist und auf das die Antwort *Gott* ist. Die philosophische Theologie hat zu tun mit dem Begriff der *Existenz* und den dazugehörigen Kategorien, und sie führt zu dem existentiellen Problem, das in der Existenz enthalten ist und auf das die Antwort der *Christus* ist. Die philosophische Theologie hat zu tun mit dem Begriff des *Lebens* und den dazugehörigen Kategorien, und sie führt zu dem existentiellen Problem, das im Leben enthalten ist und auf das die Antwort der *Geist* ist. Die philosophische Theologie hat zu tun mit dem Begriff der *Geschichte* und den dazugehörigen Kategorien, und sie führt zu dem existentiellen Problem, das in der Geschichte enthalten ist und auf das die Antwort das *Reich Gottes* ist.

Dies ist die Aufgabe und der Weg einer philosophischen Theologie, die aus den oben gegebenen grundlegenden Definitionen folgen. Es ist eine ständig währende Arbeit, die von Jahrhundert zu Jahrhundert weitergeht, wie die Philosophie weitergeht und das Leben der Kirche weitergeht. Das Ende dieser Art philosophischer Theologie würde das Ende des universalen Anspruchs der christlichen Kirche sein, das Ende der Botschaft, daß Jesus der Christus ist. Was als unser letztes existentielles Anliegen erschienen ist, ist zugleich als der Logos des Seins erschienen. Dies ist der grundlegende christliche Anspruch und der unendliche Gegenstand der philosophischen Theologie.

DAS PROBLEM DES „PERSÖNLICHEN GOTTES“

Eine Auseinandersetzung mit Albert Einstein

(1940)

Vor einiger Zeit hielt Albert Einstein einen Vortrag über „Wissenschaft und Religion“.[1] Seine Ausführungen erregten heftigen Widerspruch sowohl bei Theologen wie bei religiös empfindenden Menschen, weil er die Idee eines „persönlichen Gottes“ verwarf. Wenn es nicht Einstein, der große Umgestalter unseres physikalischen Weltbildes, gewesen wäre, hätten seine Argumente nicht eine solche Erregung hervorgerufen, denn sie waren weder neu noch überzeugend. Aber aus dem Munde Einsteins als Ausdruck seiner geistigen und sittlichen Persönlichkeit wurden sie bedeutsam. Deshalb ist es gerechtfertigt, daß die philosophische oder apologetische Theologie sich mit Einsteins Kritik befaßt und darüber hinaus eine Lösung zu entwerfen versucht, die seine Kritik anerkennt, aber sie zugleich widerlegt.

Einstein greift die Idee eines „persönlichen Gottes“ von vier Seiten aus an: erstens, sie ist für die Religion nicht wesentlich; zweitens, sie schafft primitiven Aberglauben; drittens, sie ist ein Widerspruch in sich; viertens, sie widerspricht unserem wissenschaftlichen Weltbild.

Das erste Argument setzt eine Definition des Wesens von Religion voraus, das unberücksichtigt läßt, worin sich Religion von Ethik unterscheidet. Danach ist „Religion“ Anerkennung überpersönlicher Werte und Hingabe an sie. Aber die Frage, ob das eine angemessene Definition von Religion ist, kann erst beantwortet werden, wenn die andere Frage beantwortet ist, ob die Idee eines „persönlichen Gottes“ irgendeine objektiv gültige Bedeutung hat oder nicht. Darum müssen wir uns zuerst dem zweiten Argument, dem geschichtlichen, zuwenden. Es beweist nicht und kann auch nicht beweisen, warum primitive Vorstellungen ausgerechnet die Idee eines Gottes geschaffen haben sollen. Es besteht kein Zweifel, daß diese Idee von allen möglichen Formen des Aberglaubens und der Unmoral gebraucht und mißbraucht worden ist. Aber um mißbraucht zu werden, muß sie zuerst gebraucht worden sein. Ihr Mißbrauch sagt noch nichts über ihre Entstehung aus. Ange-

---

[1] Einstein hielt diesen Vortrag auf einer Konferenz über: *Science, Philosophy, and Religion,* die vom 9.–11. September 1940 in New York stattfand.

sichts der ungeheuren Wirkung, die die Gottesidee auf das menschliche Denken und Verhalten ausgeübt hat, ist die Theorie, daß sie das Ergebnis einer primitiven und willkürlichen Phantasie sei, völlig abwegig. Mythologische Phantasie kann Geschichten über Gott erfinden, aber nicht die Gottesidee selbst schaffen, weil diese Idee alle Erfahrung, die für die Mythologie wesentlich ist, übersteigt. In diesem Sinne sagt Descartes: „Das Unendliche in unserer Vernunft setzt das Unendliche voraus."

Das dritte Argument Einsteins wendet sich gegen die Idee eines „allmächtigen Gottes", der etwas moralisch und physisch Böses schafft, obgleich er andererseits gut und gerecht sein soll. Diese Kritik versteht unter „Allmacht Gottes", daß Gott alles und jedes, was geschieht, selbst getan oder zugelassen habe, und zwar im Sinne einer physikalischen Kausalität. Aber es ist eine alte und stets betonte Lehre der Theologie, daß Gott in allen Wesen gemäß ihrer besonderen Natur handelt, im Menschen gemäß seiner rationalen, in den Tieren und Pflanzen gemäß ihrer organischen und in den Steinen gemäß ihrer anorganischen Natur. Das Symbol der Allmacht bringt die religiöse Erfahrung zum Ausdruck, daß kein Element der Wirklichkeit und kein Ereignis in Natur und Geschichte die Macht hat, uns von der Gemeinschaft mit dem unendlichen und unerschöpflichen Grund des Seins und Sinns zu trennen. Was „Allmacht" bedeutet, kann man aus den Worten des Deuterojesaja (Jes. 40) entnehmen, die er zu den Verbannten in Babylon spricht. Er schildert die Nichtigkeit der Weltmächte angesichts der göttlichen Macht, die ihr geschichtliches Ziel durch eine winzig kleine Schar Verbannter erreicht. Was „Allmacht" heißt, ist auch aus den Worten des Paulus (Röm. 8) zu entnehmen, als er den wenigen Christen in den Elendsvierteln der damaligen Großstädte verkündet, daß weder Naturgewalten noch politische Mächte, weder irdische noch himmlische Kräfte uns scheiden können von der Liebe Gottes. Wenn die Idee der „Allmacht Gottes" aus diesem Zusammenhang herausgerissen und zu einer besonderen Form von Kausalität gemacht wird, dann wird sie nicht nur zu einem Widerspruch in sich, wie Einstein richtig sagt, sondern auch absurd und unreligiös.

Dies führt zu dem letzten und wichtigsten Argument Einsteins, wonach die Idee des „persönlichen Gottes" dem naturwissenschaftlichen Weltbild widerspricht. Bevor ich mich mit diesem Punkt auseinandersetze, möchte ich zwei methodische Bemerkungen machen. Zunächst, ich stimme mit Einstein völlig überein, wenn er die Theologen davor warnt, ihre Lehren in die Lücken der wissenschaftlichen Forschung einzubauen. Das war die völlig unzulängliche Methode einiger fanatischer

Apologeten in der Theologie des 19. Jahrhunderts, aber entsprach niemals der Einstellung irgendeines großen Theologen. Vor allem: die Theologie muß die Erforschung der gegenständlichen Welt in ihrer Totalität und ihrer gegenseitigen Abhängigkeit in Natur und Geschichte, im Menschen und seiner Welt der Wissenschaft überlassen. Und weiter: die Theologie muß die Darstellung der Strukturen und Kategorien des Seins und des *logos,* in dem das Sein offenbar wird, der Philosophie überlassen. Jede Einmischung der Theologie in die Aufgabenbereiche der Philosophie und Wissenschaft ist für die Theologie verhängnisvoll.

Zweitens möchte ich aber Einstein und jeden kritisch eingestellten Wissenschaftler bitten, an die Theologie mit der gleichen Fairneß heranzugehen, wie sie von jedem gefordert wird, der sich etwa mit der Physik auseinandersetzt; er muß gerechterweise die fortgeschrittenste und nicht irgendeine veraltete Form der Disziplin zum Gegenstand seiner Kritik machen. Nachdem Schleiermacher und Hegel Spinozas Lehre von Gott als wesentlichen Bestandteil für jede theologische Lehre von Gott anerkannt haben, geradeso wie die frühen Theologen, Origines und Augustin, Platos Lehre von Gott in ihr Denken aufgenommen hatten, ist es einfach nicht mehr statthaft, die primitivste Form der Vorstellung vom „persönlichen Gott" aufzugreifen, um diese Idee selbst zu bekämpfen. Die Vorstellung von einem „persönlichen Gott", der sich in das Geschehen in der Natur einmischt oder der als „eine unabhängige Ursache von Naturereignissen" betrachtet wird, macht Gott zu einem Naturobjekt unter anderen, zu einem Objekt unter Objekten, zu einem Seienden unter anderem Seienden, vielleicht zum höchsten, aber gleichwohl zu *einem* Seienden. Dies bedeutet in der Tat die Zerstörung nicht nur des physikalischen Systems, sondern mehr noch die Zerstörung eines jeden angemessenen Gottesgedankens. Es ist eine unsaubere Vermengung von mythologischen Elementen (die an ihrem Ort, nämlich im konkreten religiösen Leben, durchaus ihre Berechtigung haben) mit rationalen Elementen (die an ihrem Ort, nämlich bei der theologischen Interpretation religiöser Erfahrungen, ebenfalls ihre Berechtigung haben). Eine solche entstellte Gottesidee kann gar nicht scharf genug abgelehnt werden.

Um die Vorstellung von einem persönlichen Gott zu kennzeichnen, die in keiner Weise mit Wissenschaft oder Philosophie in Konflikt gerät, möchte ich einige schöne Worte Einsteins anführen: der echte Wissenschaftler „erreicht jene Demut des Geistes gegenüber der Größe der im Dasein verkörperten Vernunft, die in ihren tiefsten Tiefen dem Menschen unzugänglich ist". Wenn ich diese Worte richtig verstehe, so weisen sie auf einen gemeinsamen Grund des Ganzen der physikalischen Welt und der überpersönlichen Werte, einen Grund, der einerseits in der Struktur des Seins (in der physikalischen Welt) und des Sinns (im Guten, Wahren und Schönen) offenbar ist und der andererseits in deren unerschöpflicher Tiefe verborgen ist.

Dies ist nun das erste und grundlegende Element einer jeden durchdachten Gottesidee von den frühesten griechischen Philosophen bis zur heutigen Theologie. Die Offenbarung des Grundes und Abgrundes von Sein und Sinn schafft das, was die moderne Theologie die „Erfahrung des Numinosen" nennt. Solch eine Erfahrung kann verknüpft sein mit der Schau der „Größe der im Dasein verkörperten Vernunft" oder mit dem Glauben an die „Bedeutung und Erhabenheit der überpersönlichen Objekte und Ziele, die weder eine rationale Begründung erfordern, noch deren fähig sind", wie Einstein sagt. Die gleiche Erfahrung kann für die breite Masse verknüpft sein mit dem Eindruck, den bestimmte Personen, Ereignisse in Geschichte oder Natur, Gegenstände, Worte, Bilder, Melodien, Träume usw. auf die menschliche Seele ausüben, indem sie das Gefühl des Heiligen, d. h. der Gegenwart des Numinosen, erwecken. In solchen Erfahrungen lebt die Religion, und auf diese Weise versucht sie, die Gegenwart der göttlichen Tiefe in unserer Existenz und die Verbindung mit ihr aufrechtzuerhalten. Aber da diese Tiefe aller gegenständlichen Erfassung unzugänglich ist, muß sie in Symbolen zum Ausdruck gebracht werden.

Eines dieser Symbole ist „persönlicher Gott". Die gesamte klassische Theologie hat im Grunde zu allen Zeiten der Kirchengeschichte das Prädikat „persönlich" für das Göttliche nur symbolisch oder als Analogie gebraucht oder in der Weise, daß es zu gleicher Zeit bejaht und verneint wird. Es ist verständlich, daß in der religiösen Praxis das Symbolische in der Vorstellung vom „persönlichen Gott" nicht immer bewußt wird. Das ist aber nur dann gefährlich, wenn verfehlte theoretische oder praktische Folgerungen aus diesem Versagen gezogen werden. Dann sind Angriffe von außen und Kritik von innen die unausbleibliche Folge. Sie werden gerade von der Religion selbst herausgefordert. Ohne ein „atheistisches" Element kann der „Theismus" nicht aufrechterhalten werden.

Aber warum muß das Symbol des Persönlichen überhaupt gebraucht werden? Als Antwort kann man auf einen Ausdruck hinweisen, den Einstein selbst gebraucht hat: das „Über-Persönliche". Die „Tiefe des Seins" kann nicht durch Symbole ausgedrückt werden, die einem Bereich entnommen sind, der unter dem Persönlichen steht, aus dem Bereich der Dinge oder der unterpersönlichen Lebewesen. Das „Über-

Persönliche" ist kein „Es", oder genauer, es ist ebenso ein „Er" wie ein „Es"; und es steht gleichzeitig über beiden. Wenn aber das „Er"-Element weggelassen wird, dann verwandelt das „Es"-Element das angenommene Über-Persönliche in ein Unter-Persönliches, wie es gewöhnlich im Monismus und Pantheismus geschieht. Und solch ein neutrales „Unter-Persönliches" kann uns nicht in der Mitte unseres Personseins treffen; es kann zwar unser ästhetisches Gefühl oder unsere intellektuellen Bedürfnisse befriedigen, aber nicht unseren Willen umwandeln und nicht unsere Einsamkeit, Angst und Verzweiflung überwinden. Der Philosoph Schelling sagt: „Allein eine Person kann eine Person heilen." Das ist der Grund, warum das Symbol des „persönlichen Gottes" für eine lebendige Religion unentbehrlich ist. Es ist ein Symbol, kein Gegenstand, und es sollte niemals gegenständlich gedeutet werden. Und es ist ein Symbol neben anderen, die ausdrücken, daß unser Person-Zentrum durch die Offenbarung des unzugänglichen Grundes und Abgrundes des Seins ergriffen ist.

TRENNUNG UND EINIGUNG IM ERKENNTNISAKT

Probleme einer Ontologie des Erkennens

(1955)

I. Grundsätzliche Betrachtung

Die Polarität von Individualisation und Partizipation

Nur eine ausführlichere und vollständigere Analyse als sie hier möglich ist, würde den zahlreichen und schwierigen Problemen, die mit der Frage der kognitiven Partizipation verbunden sind, gerecht werden. Daher ist dieser Beitrag nur als ein Anfangsschritt in der Behandlung des Problems einer Ontologie des Erkennens anzusehen.

Der beste Ausgangspunkt für eine ontologische Untersuchung scheint die Möglichkeit der ontologischen Frage selbst zu sein. Was wir auch über Natur und Struktur des Seins sagen mögen – sei es offen in ontologischen oder verhüllt in antiontologischen Begriffen –, immer müssen wir die Frage beantworten: Wie ist es möglich, daß wir überhaupt nach dem Sein fragen? Welches ist die Struktur des Seins, die ein Fragen möglich macht? Die erste, wenn auch unvollständige Antwort lautet: Das Sein, soweit es Objekt des Fragens ist, setzt die Subjekt-Objekt-Struktur der Wirklichkeit voraus. Sein, betrachtet im Licht der Frage nach dem Sein, weist die strukturelle Polarität von Subjekt und Objekt auf. Diese ist aber die kognitive Seite einer allumfassenden Polarität – jener von Selbst und Welt. Fragen ist die Tätigkeit eines Ich-Selbst, ein Prozeß, der in einer Welt vor sich geht, zu der das Ich-Selbst gehört. Diese hochdialektische Polarität umfaßt noch andere polare Elemente; Individualisation und Partizipation bilden eines dieser Paare.

Individualisation weist auf das hin, was selbst-zentriert, was partikular ist. Als Selbst-zentriertes widerstrebt es der Verschmelzung in das Universale. Je stärker ein Teil zentriert ist, desto mehr ist er fähig, seine eigene Identität in einer unendlichen Mannigfaltigkeit von Beziehungen zu bewahren. Das Erkennen ist eine dieser Beziehungen.

Partizipation heißt wörtlich „Teilnahme", aber der Sinn dieses Wortes ist vieldeutig. Es kann bedeuten: „Anteil haben“, wie man Anteile einer Firma besitzt; oder: „teilhaben“, im Sinn der platonischen μέθεξις des Individuellen am Universalen; oder: „teilnehmen“, wie man z. B. an einer politischen Versammlung teilnimmt. In jedem dieser drei Fälle weist die Partizipation hin auf ein Element der Identität in dem, was verschieden, oder auf eine Zusammengehörigkeit dessen, was getrennt ist. Ob es sich um die Identität mit derselben Firma oder mit demselben Allgemeinen oder Ganzen, zu dem etwas als Teil gehört, handelt, in jedem Falle enthält Partizipation Identität. Aber es ist eine Identität, die in polarer Korrelation zu Verschiedenheit steht. Wie zu allen anderen Arten der Partizipation gehört auch zum Erkennen die Polarität von Identität und Verschiedenheit, und zwar einer Verschiedenheit, die durch die Trennung des zentrierten Selbst von jedem anderen Seienden bedingt ist.

Die Spannung zwischen Trennung und Partizipation im Erkenntnisakt

Es gibt Arten endlichen Seins, die so miteinander in Beziehung stehen, daß entweder eines dem anderen im Raum widersteht, oder daß sie sich gegenseitig kausal hervorbringen, oder eines dem anderen substantiell innewohnt. Andere Arten endlichen Seins hingegen stehen zueinander in einer Beziehung, die man am besten Begegnung nennt. Der Mensch, der zu der zweiten Art endlichen Seins gehört, begegnet einem anderen Seienden als anderem Seienden. Früher habe ich versucht, eine Ontologie der Begegnung auszuarbeiten von der Voraussetzung aus, daß es möglich sei, das Subjekt-Objekt-Verhältnis aus den Phänomenen abzuleiten, daß es jedoch unmöglich sei, Formen der Begegnung wie Liebe oder Erkennen verständlich zu machen, wenn man von der reinen Objektivität oder der reinen Subjektivität ausgeht, oder wie Spinoza und Schelling von einer vorgängigen Identität. Nicht die Identität, sondern die Polarität und im aktuellen Lebensprozeß die Begegnung liegen vor dem Erkennen. Die Wurzel „gegen“ in „begegnen“ (wie „contra“ in „encounter“) weist auf einen Begriff hin, der auch in „objectum“ enthalten ist, d. h. das, was dem entgegen geworfen wird, für den es ein Objekt ist. „Begegnung“ heißt von beiden Seiten kommen, sich in einer gemeinsamen Situation treffen und an dieser Situation dadurch partizipieren, daß man Teil der Situation wird. Erkennen ist solch eine Begegnung. Subjekt und Objekt treffen einander in der Situation des Erkennens. Beide sind Teile der Situation.

Aber um einander erkennend begegnen zu können, müssen Subjekt und Objekt für einander offen sein. Erkennender und Erkanntes müssen sich gegenseitig aufnehmen. Offenheit, eine Metapher, die dem räumlichen Denkbereich entnommen ist, wird häufig auf psychische und geistige Phänomene angewandt. Sie setzt voraus, daß die eigene Totalität etwas anderes in sich aufnehmen oder in eine andere Totalität aufgenommen werden kann. Als Leibniz die Offenheit der Monaden verwarf, mußte er jede Monade zu einer Welt für sich machen, einer geschlossenen, allumfassenden Totalität, die nichts aufnehmen kann, weil es nichts aufzunehmen gibt, das nicht schon gegenwärtig wäre. Daher kann keine Monade ein unmittelbares Wissen von einer anderen Monade haben. Aber diese Lehre von Leibniz zeigt in ihrer absurden Radikalität, wie wichtig „offene Türen und Fenster" auch für die Erkenntnis sind.

Aber Erkenntnis verlangt nicht nur Offenheit für Begegnung und Partizipation, sondern auch Trennung, Selbstbezogenheit und Distanz. Andernfalls bräche die Dynamik des Erkennenden zerstörend in die Struktur des Erkannten ein. Wo keine Trennung ist, gibt es keine Erkenntnis. Der Mensch hat Erkenntnis, weil er Welt hat, d. h. sich von seiner Umwelt lösen kann. Die Umwelttheorien über den Menschen übersehen, daß er, um eine Theorie haben zu können, d. h. etwas, das universal gültig zu sein beansprucht, über seine Umwelt hinausgeschritten sein und Welt haben muß. Ein Wesen, das durch seine Umwelt bestimmt ist, kann die Bedingungen der Erkenntnis, die wir Selbstbezogenheit und Distanz genannt haben, nicht erfüllen. Ein durch seine Umwelt bestimmtes Wesen ist kein Selbst im vollen Sinne und daher freier Selbstbezogenheit nicht fähig. Und ebensowenig ist es einer Distanz im vollen Sinne fähig, da es immer schon Teil seiner Umwelt ist.

Diese Einheit von Trennung und Partizipation in jedem kognitiven Akt ist es, die implizit in der alten Frage erörtert wird, ob Gleiches von Gleichem oder Ungleiches von Ungleichem erkannt wird. Empedokles, hierin Parmenides folgend, sagt, daß wir mit dem Feuer in uns das Feuer erkennen, mit der Liebe die Liebe, mit dem Haß den Haß. Bei Anaxagoras, der Heraklit folgt, wird das Warme aber vom Kalten erkannt, und der Geist kann deshalb alle Dinge erkennen, weil er selbst rein und mit den Dingen unvermischt ist: *πάντα ἔγνω νοῦς*. Die Beweise, die von der einen Seite für die Notwendigkeit der Partizipation und von der anderen Seite für die Notwendigkeit der Trennung in jedem Erkenntnisakt vorgebracht werden, haben beide ihre relative Gültigkeit. Es ist wichtig, sich zu vergegenwärtigen, daß der wissenschaftliche Typ des Denkens die Trennung, der metaphysische Typ des Denkens die Partizipation bevorzugt. Dies führt zu der Frage, ob nicht in der kognitiven Begegnung die verschiedenen Schichten der Wirklichkeit verschiedene Relationen zwischen den Elementen der Partizipation und der Trennung begünstigen. Die allgemeine Antwort ist nach der vorausgegangenen Erörterung klar: da Subjekt und Objekt an der Erkenntnissituation teilhaben, ändert sich die Situation des Ganzen immer dann, wenn sich die Form der kognitiven Begegnung ändert.

II. Erkenntnishaltung und Seinsschichten

Partizipation, Distanz und die phänomenologische Schau

Ohne daß ich Husserl in seiner Phänomenologie folge und die Existenz ausklammere, glaube ich doch, daß die platonische Tradition in allen ihren Abwandlungen recht hat, wenn sie die Frage nach den strukturellen Voraussetzungen der Erfahrung stellt. Es ist eine Frage, die der Empirismus niemals beantworten kann. Die Konstitution des Subjekts als Subjekt und entsprechend des Objekts als Objekt ist der eigentliche Gegenstand der phänomenologischen Frage. Die Phänomenologie hat diese Frage überzeugend neu formuliert und dadurch die philosophische Atmosphäre seit 1900 in vieler Hinsicht verändert. Jedoch verlor die Phänomenologie viel von ihrer Bedeutung, teils durch Übertreibungen – wie in Schelers Versuch, Bischöfe und Engel zum Objekt einer phänomenologischen Wesensschau zu machen –, teils durch die Unmöglichkeit, existentielle Entscheidungen allein schon durch die Wahl der Beispiele vermeiden zu können, und teils durch die Vermengung empirischer und phänomenologischer Aussagen. Jede kognitive Begegnung weist jedoch ein nicht reduzierbares, wenngleich unbestimmtes Minimum struktureller Voraussetzungen auf, die den legitimen Gegenstand phänomenologischer Forschung bilden. Der Beweis für ihr Vorhandensein ist offenkundig, da selbst der Angriff auf ihre Gültigkeit nicht ohne sie geführt werden kann. Für mich gehören die logischen, kategorialen und ontologischen Prinzipien zu dieser Seinsart, kurz alles, was die Struktur der kognitiven Begegnung und damit auch, wie es anfangs gezeigt wurde, die Struktur des Fragens ausmacht.

In diesem Zusammenhang hat Partizipation anscheinend die absolute Vorherrschaft über Trennung. Das Subjekt ist Teil des Prozesses, in dem es nicht nur dem Objekt begegnet, sondern auch seinem eigenen Begegnen. Der offenbare Mangel an Distanz hat die phänomenologische Schau verdächtig gemacht. Es sieht so aus, als sei keinerlei Nachprüfung möglich, als produziere das schauende Subjekt das, was es zu schauen wünscht. Seit den Zeiten Platos und Aristoteles' ist es zu keiner Einigung über die ersten Prinzipien gekommen, und Husserls Ideal der Philosophie als einer exakten Wissenschaft ist bei allen seinen Schülern zusammengebrochen (wie er mir einmal mit großem Kummer eingestanden hat).

Partizipation, Distanz und Herrschaftswissen

Max Scheler unterscheidet in seinen „Versuchen zu einer Soziologie des Wissens" drei Typen der Erkenntnis: Heilswissen, Bildungswissen und Herrschaftswissen. Wenn wir das „Bildungswissen" außer acht lassen, das keinen besonderen Erkenntnistyp darstellt, und wenn wir den Bereich des „Heilswissens" so erweitern, daß er auch das umfaßt, was heute existentielle Erkenntnis genannt wird, erhalten wir eine Skala, deren Pole das „Herrschaftswissen" auf der einen Seite und die existentielle Erkenntnis auf der anderen Seite bilden. Zwischen den Polen, die den Elementen der Trennung und Partizipation entsprechen, liegen verschiedene Mischungen von Herrschaftswissen und existentieller Erkenntnis der Wirklichkeit.

Das Herrschaftswissen wird repräsentiert durch die mathematischen Naturwissenschaften und jede wissenschaftliche Forschung, soweit sie deren Methoden folgt. Der Ausdruck Herrschaftswissen weist auf die enge Verbindung zwischen wissenschaftlicher Entdeckung und technischer Anwendung hin. Diese Verbindung reicht in die Tiefen der Methode selbst hinein, in Analyse, Experiment und Hypothese, und wurde von Anaxagoras schon gesehen, wenn er sagt, daß der völlig getrennte *νοῦς* jede Bewegung der ihn umgebenden Dinge beherrscht. Die Frage ist, ob es im Herrschaftswissen nicht außer Trennung auch Partizipation gibt. Ich finde sie an zwei Stellen: Zunächst, wie schon gezeigt, in der kategorialen Struktur, die mit jeder Subjekt- und Objekt-Begegnung gegeben ist, dann noch an einer anderen Stelle, nämlich in der wissenschaftlichen Erkenntnis, die durch Ausdrücke wie: „das Gegebene", „Wahrnehmung", „Information", „Vernehmen" und (vom gleichen Wortstamm) „Vernunft" angegeben wird. In diesen Ausdrücken wird die Metapher des Gebens und Nehmens zur Beschreibung des Erkenntnisaktes verwandt. Erkennen heißt, das in sich hineinnehmen, was durch die Sinne gegeben ist. Es wird vollkommen aufgenommen als das, was es wirklich ist, wie die Vorsilbe „ver" andeutet (ebenso „per" in *perception* und „piras" in *empiria).* Diese Aufnahme des wahrhaft Wirklichen formt und informiert (engl. to „in-form") das, was aufnimmt, d. h. das erkennende Selbst. Das Phänomen der wissenschaftlichen Wißbegier ist tiefer als das Wort zuzugestehen scheint. Es ist die Begierde, an dem zu partizipieren, was wirklich ist und durch seine Wirklichkeit unendliche Anziehung ausübt auf das Wesen, das fähig ist, der Wirklichkeit als Wirklichkeit zu begegnen. Partizipation an dem, das die Seins-Macht des wahrhaft Wirklichen hat, gibt demjenigen Erfüllung, der daran partizipiert. Die wissenschaftliche Wißbegier, die Begierde zu wissen um des Wissens willen, von Aristoteles jedem Menschen zugesprochen, wirft ein Licht auf die Grenze des Begriffs „Herrschaftswissen", und sie weist darauf hin, daß es sogar am wissenschaftlichen Pol ein Element der Partizipation gibt.

Partizipation und Verstehen

Die Bezeichnungen, die für das Phänomen des Verstehens gebraucht werden, zeigen ebenfalls, daß wir uns des Elementes der Partizipation bewußt sind. „Under-standing" heißt wörtlich: „stehen unter" dem Objekt. Verstehen benutzt ein ähnliches Bild. „Comprehendere" verwendet die Metapher des Ergreifens und Zusammentragens. In all diesen Worten liegt starker Nachdruck auf dem „Sein mit".

Wenn wir das Wort „Verstehen" gebrauchen, wollen wir ausdrücken, daß der Sinn eines Wortes, Satzes oder einer Gebärde ergriffen wird. Eine Sprache lernen heißt, in wachsendem Maß an den Bedeutungen eines besonderen Systems sprachlichen Ausdrucks zu partizipieren. Aber darüber hinaus ergeben sich zwei kognitive Probleme des Verstehens, das erste betrifft die Erkenntnis persönlicher Lebensprozesse, eigener wie fremder, das zweite die Erkenntnis des geistigen Ausdrucks der Lebensprozesse. Kurz gesagt geht es im ersten Fall um das Problem der Einfühlung, im zweiten um das Problem der Interpretation.

Die Vorherrschaft des Prinzips der Trennung in den modernen Erkenntnistheorien hatte zur Folge, daß man das Fremd-Verständnis als eine Schlußfolgerung aus dem Selbst-Verständnis zu beschreiben suchte. Das setzt voraus, daß das Individuum zunächst an sich selbst partizipiert und erst dann, mittelbar, an anderen. Tatsächlich sind jedoch Selbst-Verständnis und Fremd-Verständnis sekundäre Phänomene. Das primäre Phänomen ist das Verstehen der Begegnungssituation, an der ich selbst und die anderen partizipieren, ohne als Subjekt und Objekt getrennt zu sein. Das Kind macht die Erfahrung der Freundlichkeit oder des Zornes, noch bevor es die Teilnehmer an dieser Begegnung als Vater und als ein eigenes Selbst objektiviert. Die Partizipation geht der Objektivierung voraus. Erst wenn das Stadium der Objektivierung erreicht ist, kann die andere Person Gegenstand des Herrschaftswissens werden. Sie kann geprüft, berechnet und gehandhabt werden – sei es durch einen Testpsychologen in Amerika, einen Propagandisten in einem totalitären Staat oder irgendwo auf der Welt durch einen diplomatischen Ehepartner. Die Person ist ein Objekt des Herrschaftswissens geworden. Die Gemeinschaft des existentiellen Verstehens, des Verstehens durch Partizipation, ist zerbrochen.

Auch im Akt der Selbsterkenntnis gibt es zwei Ebenen. In der modernen psychologischen Fachsprache wird die bewußte Partizipation am eigenen Sein oft „Einsicht" genannt. Beide Silben dieses Wortes betonen die kognitive Partizipation. Der Sinn der Tiefenpsychologie wird jedoch völlig mißverstanden, wenn Einsicht als Erkenntnis und Selbstanwendung psychotherapeutischer Theorien interpretiert wird. Die Heilkraft einer solchen Erkenntnis muß mit Recht verneint werden. Einsicht ist heilendes Wissen, weil sie bewußte Partizipation an Situationen, Prozessen und Bestrebungen der Gegenwart und Vergangenheit ist, die verschüttet, verdrängt oder vergessen worden sind. Selbstverständnis partizipiert und wird Einsicht, nicht weil es Einsicht in eine äußerlich erinnerte, sondern in eine innerlich wieder aktivierte Vergangenheit ist. Jeder Analytiker weiß, daß die wissenschaftliche Kenntnis der beteiligten psychischen Prozesse eine Reaktivierung, Einsicht und Heilung fast unmöglich macht. Der Unterschied der kognitiven Ebenen wird dadurch deutlich.

Es sieht freilich aus, als sei in diesen Erkenntnishaltungen das Element der Trennung verlorengegangen und mit ihm das der Objektivität und die verifizierenden Kriterien. „Einsicht" kann zu einer Bezeichnung für fanatische Selbstbestätigung werden und das Verstehen der anderen Person zu einer Sache des Wunschträumens oder romantischer Idealisierung. Diese Schwierigkeit läßt sich nur durch eine exakte Darstellung der Partizipation überwinden. Das kognitive Kriterium fällt mit dem ethischen Kriterium zusammen: wahre Erkenntnis der anderen Person ist nur soweit möglich, als die Beziehung zu einer anderen Person weder verblendende Leidenschaft noch verschönernder Wunsch oder verzerrender Haß, vielmehr kritische und annehmende *ἀγάπη* ist – zu gleicher Zeit Distanz und Partizipation. Gleicherweise ist wahre Selbsterkenntnis nur möglich in dem Maße, in dem die *ἀγάπη* gegen mich selbst jegliche Ideologie und Rationalisierung meiner selbst weggeräumt hat.

Diese Feststellung über Einsicht und Partizipation können zur Überwindung eines recht alten Mißverständnisses der sokratischen Lehre beitragen, des Mißverständnisses des Satzes, daß Wissen Tugend sei. Wenn Erkenntnis als Herrschaftswissen verstanden werden müßte, dann wäre die sokratische Behauptung absurd. Aber weil Erkenntnis existentielle Erkenntnis bedeutet, nämlich die eigene kognitive Partizipation an dem, was essentiell menschlich ist, deshalb ist die sokratische Behauptung wahr. Denn der Akt, der eine solche Partizipation schafft, ist die Tugend selbst und schließt alle anderen Tugenden in sich.

Als nächstes wenden wir uns der interpretierenden Erkenntnis zu. Die Silbe „inter" in Interpretation weist darauf hin, daß man „zwischen" sein muß, um verstehen zu können. Man muß an dem geistigen Prozeß partizipieren, der in einem Text ausgedrückt ist. Man kann wohl philologische und existentielle Interpretation voneinander unterscheiden, aber nicht derart, daß man sie als zwei verschiedene Methoden hinstellt. Sie sind vielmehr die beiden Pole einer jeden wirklichen Interpretation. Es war eine recht unglückliche Entwicklung, als die protestantische Exegese als indifferente Philologie betrieben wurde, der man lediglich eine fromme Aufmachung gab. Der Begriff der kognitiven Partizipation muß als Waffe gegen ein Vorgehen dienen, für das es auch in Philosophie und Literatur manches Beispiel gibt. Die philologische Interpretation hat den exaktesten hermeneutischen Regeln zu folgen. Sie muß sich aber immer daran erinnern, daß sie nur in dem Maß sinnvoll ist, in dem das Schöpferische von einst mit der schöpferischen Kraft des Interpreten konfrontiert wird oder ganz allgemein in die interpretativen Potentialitäten der gegenwärtigen Periode hineinspricht. Wieder ist die Polarität von Trennung und Partizipation wirksam. Das philologische Element eines Interpretationsaktes zielt auf die unwandelbare Vergangenheit des Textes, der im wahrsten Sinne des Wortes „objektum" ist. Er muß rein erhalten und so wörtlich wie nur irgend möglich erklärt werden. Aber der Text wird nur verstanden, wenn eine Begegnung mit der Vergangenheit vor sich geht, wenn in dem interpretierenden Geist die Vergangenheit zum integrierenden Bestandteil der Gegenwart wird, sei es, daß sie verworfen, sei es, daß sie angenommen wird. Das gilt für jede neue Generation im Blick auf die Dokumente der Vergangenheit, und sogar für den Autor selbst, wenn er zu seinem eigenen Werk zurückkehrt. Wie jede Autobiographie zeigt, ist eine neue Union des Verstehens zwischen der Gegenwart und der Vergangenheit des Autors nötig. Hierin ist eine weitere wichtige Konsequenz enthalten. Es wird die Meinung abgelehnt, als ob die Vergangenheit völlig und unabänderlich abgeschlossen sei. Schöpferisches Verstehen formt die Vergangenheit um, insofern ein potentieller Sinn, der implizit in einem Text der Vergangenheit enthalten ist, durch die gegenwärtige Interpretation einen aktuellen Sinn erhält. Dann ist die Vergangenheit in ihrer Bedeutung verändert worden. Als Beispiel kann die Geschichte der Deutung der klassischen griechischen Kultur von ihrer eigenen Zeit bis zum heutigen Tag dienen. Jede nachfolgende Periode ist unwiderruflich vom klassischen Griechentum getrennt. Aber jede Periode erkennt durch Partizipation und verändert durch dieses Erkennen, was in den unwandelbaren Fakten der griechischen Vergangenheit enthalten ist. Ein neuer Sinn wird erfaßt, der über das hinausgeht, was die Griechen an Sinngehalt heraushoben, denn auch für sie war jede ihrer Schöpfungen für immer neue Deutung offen.

Die einzelnen Wissenschaften sind hier nicht behandelt worden, da in den meisten verschiedene Arten der kognitiven Begegnung zusammentreffen. Was über das Verstehen und das Verhältnis von Partizipation und Trennung gesagt wurde, ist gültig für geschichtliche Erkenntnis in allen ihren Verzweigungen, gilt für Biologie, Psychologie, Anthropologie und Soziologie in gleicher Weise. Es ließe sich auch zeigen, daß viele der methodischen Vorurteile, die in diesen Disziplinen ihr Unwesen treiben, durch eine sorgfältige und kritische Analyse der kognitiven Partizipation aufgehoben werden könnten. Außerdem könnte man aufweisen, bis zu welchem Grad die Wirklichkeit von Mensch und Gesellschaft im Erkenntnisprozeß übergangen oder verzerrt wird durch Methoden, in denen sich das Verstehen auf eine kausale, genetische oder gar funktionelle Erklärung reduziert.

Erkenntnis und Hingabe

Der letzte Typus der kognitiven Begegnung, der betrachtet werden muß, ist durch die entschiedene Vorherrschaft der Partizipation gekennzeichnet, und zwar einer totalen person-zentrierten Partizipation, die man kognitive Hingabe nennen kann.

Charakteristisch für diese Art der Erkenntnis ist das griechische Wort *γνῶσις* in seiner späteren Entwicklung. Zur Zeit des Neuen Testamentes bedeutete *γνῶσις* dreierlei: mystische Einung, Geschlechtsverkehr und eine Erkenntnis, die nicht *ἐπιστήμη* ist. Ganz offensichtlich vertritt in dieser Terminologie *γνῶσις* die Seite der Partizipation. Dem Wort *γνῶσις* zufolge ist die kognitive Hingabe analog der erotischen und der mystischen Hingabe. Trotzdem bleibt sie Erkenntnis und ist im System der Spätantike mit verfeinerten logischen und epistemologischen Analysen verbunden.

Das Problem der kognitiven Hingabe ist indes viel umfassender. Es bezieht sich auf alles, was religiöse Erkenntnis genannt wird, und auf deren methodische Auslegung, die Theologie genannt wird. Wenn Religion definiert wird als die Erfahrung dessen, was den Menschen unbedingt angeht, dann partizipiert das kognitive Element am Ganzen der religiösen Erfahrung. Der Begriff der Partizipation ist ein notwendiges und brauchbares Werkzeug für das Verständnis des kognitiven Elementes in der Religion und seiner Beziehung zum Erkenntnisakt im allgemeinen. Insofern religiöse Erkenntnis Trennung und Partizipation vereinigt, ist sie qualitativ von Erkenntnis in allen anderen Bereichen nicht verschieden; allerdings vereinigt sie die beiden in besonderer Weise. Nur wenn wir in einer Art methodischen „Imperialismus" das Herrschaftswissen zum Modell jener Erkenntnis machen, werden existentielle Erkenntnis und kognitive Hingabe zu sinnlosen Begriffen. Solchem Imperialismus sollte man sich überall und nicht nur im Religiösen widersetzen.

Partizipation in der kognitiven Hingabe heißt Ergriffen-werden in einer Dimension der eigenen Wirklichkeit und der Wirklichkeit überhaupt, die nicht durch die Subjekt-Objekt-Struktur der Endlichkeit bestimmt ist, sondern dieser Struktur zugrunde liegt. Hingabe in dieser Dimension heißt nicht, sich selbst als Subjekt an ein Objekt zu verlieren, auch nicht an das höchste Objekt, wie es der populäre Theismus fordert. Hingabe bedeutet vielmehr Partizipation der ganzen Person an dem, was über beides, Objektivität und Subjektivität, hinausreicht. Die Religion hat dies in unzähligen Symbolen ausgedrückt; ihnen ist allen gemeinsam, daß sie sowohl in negativen wie in positiven Begriffen interpretiert werden müssen. Sie verneinen, was sie bejahen, und bejahen, was sie verneinen (z. B. „Gott ist das Nächste und das Fernste"). Das ist eine notwendige Folge des Aktes, in dem in der religiösen Erkenntnis das Subjekt-Objekt-Schema transzendiert wird.

Doch es muß die Frage beantwortet werden: wie ist Erkenntnis möglich, wenn ihre Voraussetzung, die Subjekt-Objekt-Struktur der Wirklichkeit, transzendiert wird? Was bleibt vom Element der Trennung, der Objektivität, der Verifizierbarkeit in dieser Art Begegnung? Die Antwort ist: Erkenntnis ist eine ontische Beziehung und daher den Seinskategorien, insbesondere der Kategorie der Zeit, unterworfen. Es ist der Zeitunterschied zwischen dem Moment der einenden Partizipation und dem der trennenden Objektivierung, der die religiöse und in gewissen Maße jede Erkenntnis ermöglicht. Das bedeutet nicht, daß eine frühere Partizipation erinnert und zum Objekt der Erkenntnis gemacht wird. Sondern es bedeutet, daß der frühere Moment, nennen wir ihn den perzeptiven, in dem späteren, nennen wir ihn den reflexiven Moment, gegenwärtig ist und umgekehrt. Beide Momente wechseln miteinander ab und bilden in ihrer Gesamtheit die kognitive Begegnung. Dies ist die Situation in allen Bereichen, und das ist die Struktur, die religiöse Erkenntnis möglich macht.

Ich kann hier die kognitive Hingabe im allgemeinen und religiöse Erkenntnis im besonderen nicht ausführlicher behandeln. Was ich herausarbeiten möchte, ist dies: Der Begriff der kognitiven Partizipation beseitigt die Schranke zwischen den verschiedenen Formen der kognitiven Begegnung, und er rollt vor allem den eisernen Vorhang beiseite, der jetzt die religiöse Erkenntnis und das Herrschaftswissen trennt.

Es wurde eine faszinierende und überraschende Reise, als ich zu entdecken versuchte, auf welche Weise sich die verschiedenen Philosophien mit den ontologischen Prinzipien der Partizipation und der Trennung befaßt haben. Sie alle haben das Problem gekannt und es zugunsten der Vorherrschaft des einen oder anderen Prinzips entschieden. Aber keine von ihnen hat das entgegengesetzte Prinzip völlig beseitigen können, insbesondere dann nicht, wenn sie zum Phänomen der kognitiven Begegnung kamen. Die Einheit von Partizipation und Trennung in der kognitiven Situation wird immer ein fundamentales Problem der Philosophie bleiben, und immer wird die erstaunliche Wirklichkeit der Erkenntnis den Anlaß für jene kognitive Aufgabe bilden, die wir „Ontologie der Erkenntnis“ nennen.

DIMENSIONEN, SCHICHTEN UND DIE EINHEIT DES SEINS

(1959)

Es ist meine Absicht, einige Eigenschaften der Lebensprozesse zu beschreiben, die es uns möglich machen, sowohl die Einheit des Lebens als auch seine verschiedenen Manifestationen zu verstehen. Das Problem, dem ich mich zuwende, hat eine lange Geschichte in den Versuchen des Menschen, etwas von sich selbst und seiner Welt zu wissen. Und was noch wichtiger ist als das theoretische Problem selbst: Die verschiedenen Lösungen, die in der Geschichte des Denkens erschienen sind, hatten und haben erhebliche Konsequenzen für das menschliche Leben, insonderheit das sittliche und religiöse Leben. Es gibt keine sittliche Haltung ohne eine bewußte oder unbewußte Antwort auf die Frage nach der Einheit des Lebens. Und es gibt keine religiöse Aussage über den Menschen und seine Bestimmung ohne ein Urteil über das Verhältnis der verschiedenen Elemente, die sich im Leben des Menschen miteinander und gegeneinander bewegen. Diese Elemente sind in verschiedener Weise bezeichnet worden als sein Leib, seine Seele, sein Geist.

Aber das Problem der Einheit des Lebens kann nicht auf den Menschen beschränkt bleiben. In ihm erscheinen alle Elemente, die auch in Lebensprozessen der anderen Lebewesen vorhanden sind, und darum muß man, wenn man ihn und die Einheit seines Lebens verstehen will, die Einheit des Lebens in allen Dimensionen und Bereichen verstehen.

Die folgenden Ausführungen beschäftigen sich mit drei Problemgruppen: Zuerst soll der Unterschied zwischen Dimensionen und Schichten besprochen werden. Danach möchte ich die Lebensprozesse daraufhin untersuchen, welche der Dimensionen in den verschiedenen Prozessen vorherrschend ist. Drittens soll die Frage nach dem Charakter der Zweideutigkeit aller Lebensprozesse gestellt werden.

I.

Zuerst will ich sprechen von Dimensionen und Schichten in den Prozessen des Lebens. Wir wissen, daß echte repräsentative Symbole, wie sie in Geschichte, Kunst und Religion vorkommen, nicht willkürlich durch andere Symbole ersetzt werden können. Sie sind aus einer bestimmten Begegnung mit der Wirklichkeit geboren und sind so lange lebendig, wie diese Begegnung lebendig ist. Dann sterben sie oder werden verwandelt. Metaphern haben nicht den gleichen Charakter, obgleich auch sie mehr als bloße Zeichen sind, mehr als bloße Produkte von Konventionen, die beliebig miteinander ausgetauscht werden können. Metaphern weisen hin auf eine Analogie zwischen dem gewöhnlichen Sinn des Wortes, das in der Metapher gebraucht wird, und dem, auf was sie hindeutet. Dieser Analogie wegen kann die Wahl der rechten Metapher für die Lösung einer ganzen Serie von Problemen entscheidend sein. Auf Grund dieser Einsicht schlage ich vor, daß wir die Metapher „Schicht" durch die Metapher „Dimension" ersetzen. Das mag uns helfen, eine neue Sicht von Mensch und Leben zu gewinnen, eine Sicht, die im Gegensatz steht zu allen Formen des Dualismus, alten wie neuen.

Die Metapher Schicht für die verschiedenen Gebiete der begegnenden Wirklichkeit hat tiefe soziologische und religiöse Wurzeln. Sie ist eine Spiegelung der sozialen Ordnung sowohl im Religiösen wie im Profanen. Das Wort Hierarchie, das wahrscheinlich zuerst von dem theologischen Mystiker Dionysius Areopagita um 500 nach Ch. gebraucht wurde, bezeichnet sowohl religiöse wie profane Hierarchien. Im Mittelalter ist die Pyramide der weltlichen Mächte mit dem Kaiser an der Spitze heilig durch Weihe, und die Pyramide der religiösen Funktionen mit dem Papst an der Spitze ist heilig wegen ihres sakramentalen Fundaments. Hierarchisches Denken in diesem Sinne kann auf alle Bereiche der Wirklichkeit ausgedehnt werden. Es kann auf das Sein selbst angewandt werden, wenn man den kühnen Begriff von mehr oder weniger Sein gebraucht. Es ist auf den Menschen bezogen, wenn man ihn aufteilt in eine körperliche Grundlage, eine seelische Mitte und eine geistige Spitze. Auf die Natur ist es angewandt, wenn die anorganische, die organische und die psychische Schicht unterschieden werden. Hierarchisches Denken kann in der Ethik verwandt werden, wenn man bürgerliche Gerechtigkeit, durchschnittliche Sittlichkeit und mönchische Askese sich einander folgen läßt. Genauso kann es auf die Werte und deren Hierarchie bezogen werden. Und schließlich kann es in der Religion erscheinen, wenn das Natürliche und das Übernatürliche gegenübergestellt werden.

Der Protest gegen das Denken in hierarchischen Schichten wurde sowohl vom Protestantismus wie von der Renaissance erhoben. Beide fochten gegen die Hierarchie in der Beziehung des Menschen zum Göttlichen und Unbedingten. Für Luther gibt es keine Schichten der Annäherung an Gott. Ein jeder steht in der Schicht, die als die niedrigste betrachtet wird, nämlich der des Laien. Der Heilige ist ein Sünder, und der Sünder ist gerecht, nicht weil er eine höhere Stufe erklomm, sondern weil Gottes Vergebung sich auf ihn herabgelassen hat. Der höchste Grad menschlicher Vollendung ist noch unendlich entfernt vom Unendlichen. Die Hierarchien in bezug auf das Verhältnis zu Gott sind dadurch beseitigt. Zu demselben Ergebnis kommt der Humanismus der Renaissance. Sein klassischer Vertreter ist der Kardinal Nikolaus von Kues im Rom des 15. Jahrhunderts. Er sucht die Unendlichkeit des Unendlichen zu verstehen und sieht dabei ein, daß das Unendliche aufhören würde, unendlich zu sein, wenn das Endliche neben ihm stehen würde als ein begrenzender Bereich. Darum sprach er vom Zusammenfallen der Gegensätze *(coincidentia oppositorum)*, nämlich von der Gegenwart des Unendlichen im Endlichen und des Endlichen im Unendlichen. Wie für Luther Gott gegenwärtig ist in jedem Sandkorn, so ist für Cusanus das Zentrum der göttlichen Unendlichkeit gegenwärtig in jedem Punkt der Peripherie, in jedem endlichen Ding. Dies ist der andere Weg, auf dem das hierarchische Denken beseitigt wurde. Es ist der Weg, der schließlich zum modernen Humanismus führte.

Und nun frage ich, was hat dieses Stück Geistesgeschichte mit dem Austausch der beiden Metaphern zu tun, der Metapher der Schicht und der Metapher der Dimension? Die Antwort ist: Es gibt dem Austausch den historischen Hintergrund und die weite geschichtliche Perspektive. Es ist nicht sprachliche Willkür, sondern es ist eine logische Konsequenz dessen, was sich im modernen Bewußtsein ereignet hat, wenn wir gezwungen sind, von Dimensionen anstatt von Schichten zu reden.

Die gefährlichen und sogar zerstörerischen Konsequenzen des Denkens in Schichten sind offenkundig. Schichten sind in sich selbst fertige, sich gegenseitig ausschließende Sektoren der Wirklichkeit. Sie liegen übereinander und haben keine notwendige Beziehung zueinander. Es gibt keine innere Notwendigkeit, von der niederen zu der höheren Schicht zu gehen oder umgekehrt. Wenn man jedoch behauptet, daß eine solche Notwendigkeit besteht, dann hat man der Metapher Schicht schon ihren Sinn genommen. Wenn z. B. Leib und Geist als zwei verschiedene Schichten bezeichnet werden, dann ist ihr Verhältnis zufällig, und das eine könnte ohne das andere bestehen. Auf diese Weise ist keine Lösung des Leib-Geist-Problems möglich. Nur wenn man Leib und Geist als Dimension einer und derselben Wirklichkeit versteht, wird die Natur des Menschen verständlich. Denn nur dann ist verneint, daß sie einander fremd sind und daß sie einander stören. Wenn die Metapher Schicht gebraucht wird, dann sind körperliche

Triebe entweder völlig von geistigen Akten getrennt, oder sie greifen störend in dieselben ein und umgekehrt. Wo man so denkt, ist der Versuch naheliegend, die eine Seite zugunsten der anderen völlig zu eliminieren. Eine Art vereinfachter Monismus wird dann behauptet, dadurch, daß man den Geist auf körperliche Funktionen reduziert oder den Körper auf geistige Funktionen. Solche Vereinfachung durch Reduktion, sei sie materialistisch oder spiritualistisch, ist ausgeschlossen, wenn man von der Einheit vielfacher Dimensionen spricht.

Die Beziehung zwischen Körper und Geist ist *ein* Beispiel, die zwischen Organischem und Anorganischem ein anderes. Die Schwierigkeit, die Beziehung zwischen Organischem und Anorganischem zu beschreiben, wenn man in ihnen zwei Seinsschichten sieht, hat dazu geführt, daß man das Organische auf anorganische Prozesse zurückgeführt oder das Anorganische in organische Strukturen aufgelöst hat. Die Metapher „Dimension" hilft zu einem Verständnis des organischen Lebens im Verhältnis zu den physischen und chemischen Prozessen, die sich in ihm abspielen. Die Reduktion der einen Seite auf die andere wird unmöglich, und der zugrundeliegende Dualismus von Organischem und Anorganischem ist überwunden.

Ein drittes Beispiel für die Gefahren, die im Gebrauch der Metapher „Schicht" enthalten sind, ist die Beziehung von Kultur und Religion. Wenn Religion und Kultur als zwei Schichten verstanden werden, Religion als die obere, Kultur als die untere, dann sind die Konflikte zwischen den beiden, die sich in den vergangenen Jahrhunderten ereignet haben, unvermeidlich. Religion versucht, die Kultur zu beherrschen, und Kultur versucht, sich die Religion zu unterwerfen und sie zu einem Teil ihrer selbst zu machen. Wenn die Metapher „Dimension" gebraucht wird, dann wird Religion als die Tiefendimension der Kultur verstanden und Kultur als die Form, in der Religion erscheint.

Hinter diesen Beispielen liegt ein anderer, vielleicht der fundamentalste Dualismus im Verständnis unserer Welt. Es ist der Dualismus des Übernatürlichen und Natürlichen. Die Wirklichkeit ist aufgeteilt in eine Schicht übernatürlich-göttlicher Dinge und in eine Schicht natürlich-menschlicher Dinge. Die mythischen Symbole, Himmel und Hölle, werden wörtlich als Seinsschichten aufgefaßt. Die göttliche und die menschliche Natur sind so gegenüber gestellt, daß göttliche Akte störend in die Natur eingreifen. Aus solcher Auffassung folgt der verzerrte Wunderbegriff, der besagt, daß Gott die natürlichen Strukturen der Dinge aufheben muß, um sein Wirken in der Welt zu zeigen, obwohl diese natürlichen Strukturen von ihm selbst geschaffen und, wie die biblische Geschichte erzählt, von ihm als gut bezeichnet sind.

Diese mannigfachen Gefahren, für die die Metapher „Schicht" ein Symptom ist, können vermieden werden, wenn man Lebensprozesse unter der Metapher der „Dimension" sieht. Selbstverständlich ist es nicht der Wechsel der Metapher als solcher, der das neue Verständnis schafft, sondern es ist das neue Verständnis, das einen Wechsel der Metapher fordert. Eine falsche Metapher kann Verwirrung und Verzerrung schaffen, wie es sich in den letzten Jahrhunderten der menschlichen Geistesgeschichte immer wieder ereignet hat.

Die Metapher „Dimension" ist aus der Geometrie entnommen, wo man drei reale und darüber hinausgehend viele irreale Dimensionen unterscheidet. Wenn man von Lebensprozessen spricht, ist die Zahl der Dimensionen, die man metaphorisch nennen will, nicht begrenzt. Dimensionen haben die Eigenschaft, daß sie sich in einem Punkt treffen, aber nicht ineinander eingreifen. Sie liegen nicht nebeneinander oder übereinander oder untereinander. Sie liegen ineinander und sind in dem Punkt geeint, in dem sie sich treffen. Wenn die Metapher „Dimension" voll bewußt gebraucht wird und alle ihre Konsequenzen verstanden werden, dann haben wir es mit einer anderen Art Begegnung unseres Geistes mit unserer Welt zu tun, als wenn wir die Metapher „Schicht" benutzen. Selbstverständlich gibt es in allen Lebensprozessen Spannungen und Konflikte. Sie sind keineswegs verneint, im Gegenteil! Aber sie sind nicht von dem Unterschied der Schichten abgeleitet, sondern von den widersprechenden Elementen, die in allen Dimensionen des Lebens vorhanden sind. Es ist nicht der Unterschied des Organischen und Anorganischen, der die Konflikte in beiden Dimensionen hervorruft, sondern es ist die Zweideutigkeit der Kräfte, die in beiden Dimensionen wirksam wird. Es ist auch nicht der Unterschied des Organischen und des Seelischen, der Konfliktsituationen herbeiführt, sondern es ist die Zweideutigkeit der in beiden Dimensionen tätigen Kräfte. Es ist nicht der Unterschied der seelischen und der geistigen Dimension, der Konflikte in beiden verursacht, sondern es ist die Spannung der Kräfte und ihre zweideutige Mischung, die in beiden Dimensionen vorhanden ist.

Diese Sätze fordern weitere Verdeutlichung. Zunächst muß man fragen, was es bedeutet, wenn man sagt, daß etwas in einer Dimension geschieht. Es setzt voraus, daß es Bereiche von Dingen und Ereignissen gibt, in denen eine Dimension vorherrschend ist und in der die anderen ihr unterworfen sind. Es ist die Vorherrschaft einer Dimension, die uns zwingt, Bereiche wie das Organische, das Anorganische, das Psychische und das Geistige zu unterscheiden. Aber in jedem dieser Bereiche des Seins sind alle Dimensionen immer gegenwärtig, obgleich eine von ihnen den spezifischen Charakter dieses Bereiches bestimmt. Das Wort „Bereich“ hat einen halb politischen Klang und ist darum besonders geeignet, die Vorherrschaft einer Dimension über die andere auszudrücken.

Noch eine andere Erwägung ist hier nötig. Wenn ich behaupte, daß in allen Lebensprozessen alle Dimensionen des Lebens immer gegenwärtig sind, dann setze ich die fundamentale Unterscheidung des Potentiellen vom Aktuellen voraus. Beide, das Aktuelle wie das Potentielle, sind Wirklichkeiten, wobei das Potentielle das ist, das die „Macht zum Sein“ hat, diese Macht aber sozusagen noch nicht gebraucht hat. Das potentielle Sein ist noch nicht aktuell geworden. Selbstverständlich gibt es im anorganischen Bereich nichts aktuell Organisches, nichts aktuell Psychisches, nichts aktuell Geistiges, aber potentiell sind diese Dimensionen gegenwärtig. Im Atom ist die geistige Kraft potentiell gegenwärtig, die Shakespeares Hamlet geschaffen hat, genauso wie in den geistigen Akten, die Hamlet produzierten, die Bewegungen der Atome im Leib Shakespeares teilnahmen. Darum kann man sagen: Als Gott das Atom schuf, schuf er den Menschen als Potentialität – und umgekehrt: Mit der Schöpfung des Menschen als Potentialität war die Schöpfung des Atoms gegeben.

Wenn dem so ist, muß man fragen, woher kommen die Verschiedenheiten der Bereiche, die Verschiedenheiten, aus denen die falsche Metapher „Schicht“ abgeleitet ist? Die Antwort muß sein, daß die Gesamtbewegung des Universums es gewissen Potentialitäten erlaubt, aktuell zu werden, während andere von der Aktualisierung im gleichen Raum und zur gleichen Zeit ausgeschlossen sind. Milliarden von Jahren hat es auf der Erde bedurft, bis die Bewegung des Universums, sozusagen seine historische Dimension, die Aktualisierung von Wesen begünstigt hat, die unter der Herrschaft des Organischen stehen. In der Entwicklung des Universums gibt es nur verhältnismäßig wenige Plätze und Augenblicke, in denen Organismen zur Existenz kommen können und noch wenigere, in denen Träger der geistigen Dimension erscheinen können. Was wir sehen, ist ein System von Vorbedingungen für die Verwirklichung der Potentialitäten des Seins. Aber entwicklungsmäßige Vorbedingungen schaffen nicht eine Pyramide von Schichten.

II.

Wenn man nun fragt, wie die Dimensionen vom Potentiellen zum Aktuellen übergehen, so begegnet man den Antworten, die theologisch in der Diskussion zwischen Supranaturalismus und Naturalismus entwickelt wurden. In der Metaphysik gibt es ähnliche Antworten in der Diskussion zwischen den monistischen und den dualistischen Lehren vom Menschen, und in der wissenschaftlichen Diskussion stritt man über eine ewige und eine zeitlich bedingte Existenz der Arten.

Ich will mit dem letzten Problem anfangen: Die Metapher „Dimension“ weist metaphysisch auf die überzeitliche Potentialität aller Arten hin, während die Verwirklichung der Arten in Raum und Zeit von der Entwicklungslehre richtig beschrieben wird. Das beseitigt das Problem der Entstehung des Lebens im Universum als theologische oder metaphysische Frage und überläßt es der Wissenschaft, nach den Bedingungen für das Erscheinen von Organismen auf der Erde und für den Übergang von einer Art des Organischen zur anderen zu forschen. Das bestätigt auch die Gestalt-Theorie bezüglich der Relation der physikochemischen Prozesse zur organischen Gestalt. Nicht eine besondere Lebenskraft dirigiert die anorganischen Elemente in Richtung auf Entstehung, Bewahrung, Wachstum und Tod des Organismus, sondern die Potentialitäten, die in diesen Prozessen gegenwärtig sind und die innerhalb einer konkreten Gestalt Verwirklichung finden. Es ist richtig, wenn gesagt wird, die Gestalt sei das erste, weil sie die Strukturen schafft, innerhalb deren die chemischen Prozesse sich entfalten. Aber man muß dann hinzufügen, daß die Potentialitäten der organischen Dimension in den anorganischen Elementen vor jeder Aktualisierung vorhanden sind. Auf dieser Grundlage verlieren Fragen wie die nach einer synthetischen Produktion des Lebens ihre metaphysische und religiöse Bedeutung. Es mag möglich sein, die Vorbedingungen zu schaffen, aus denen Leben entsteht, aber die Dimension des Organischen liegt vor jeder Aktualisierung dieser Bedingungen.

Wenn wir nun zu der Einheit des Lebens im Menschen kommen, so haben wir es nicht nötig, die verschiedenen Formen des Dualismus oder des reduzierenden Monismus zu verwerfen. Wir haben das vorher getan. Aber wir müssen zeigen, was die vieldimensionale Einheitslehre für die Lösung alter und neuer Probleme des menschlichen Lebens bedeutet.

Vornean steht die Frage nach der Entstehung des Menschen aus verwandten tierischen Arten. Man zweifelt heute im allgemeinen nicht mehr an der Gültigkeit der Entwicklungslehre auch in dieser Beziehung trotz der Gegensätze innerhalb der Theorie selbst. Aber es ist auch heute noch römisch-katholische Lehre, daß an einem gewissen Punkt dieser Entwicklung eine menschliche Seele in einen anderweitig vollständigen menschlichen Organismus eingesenkt wird. Diese Lehre führt zu der Frage, wie sich das persönliche Selbst, das Zentrum und die

Quelle aller geistigen Funktionen zu der Dimension des Seelischen verhält. Das geistige Leben ist die Verwirklichung der inneren Möglichkeiten der psychischen Prozesse. Die einfachste Aussage oder Handlung ergibt sich aus einem reichen Material von Sinneseindrücken, von erinnerten und vorweggenommenen Bildern, von Begriffen, von Trieben und Gefühlen. Dieses Material hat in sich selbst die Potentialität, in einem Akt des Erkennens oder in einem sittlichen Akt geeinigt zu werden. Der Erkenntnisakt oder die moralische Handlung sind nicht das Resultat der psychologischen Elemente, die in ihm vereinigt sind, so wenig wie der lebende Organismus das Resultat der chemischen Prozesse ist, die in ihm vorkommen. Diese Prozesse gehen vielmehr in der Richtung einer neuen Dimension, der organischen im zweiten Falle, der geistigen im ersten Falle. In dieser Richtung wird gewählt, ausgeschieden, getrennt, vereinigt, umgeformt. Nicht eine besondere Wirklichkeit neben dem psychischen Material tut das, wie es auch keine spezielle Lebenskraft ist, die in den organischen Prozessen die Vereinigung zustande bringt. Es ist aber die Dimension des Geistigen, die im zentrierten Selbst verwirklicht ist und die erkenntnismäßige und sittliche Entscheidungen möglich macht.

Diese Betrachtungen weisen auf eine Lösung des Leib-Seele-Geist-Problemes hin, eine Lösung im Sinne der hier vertretenen vieldimensionalen Einheitslehre. Sie zeigen, daß die Lehre von einer Seele, die dem Leib und seinem Bewußtsein von sich selbst durch einen besonderen göttlichen Akt hinzugefügt ist, zum Verständnis der menschlichen Natur nichts beiträgt. Im Gegenteil: Sie fügt ein fremdes Element hinzu, das in die normalen Lebensprozesse störend eingreift, ganz gleich, ob der Eingriff angenommen oder verworfen wird. Das Geistige ist die Erfüllung des Organischen und seiner Potentialitäten, aber es ist nicht die Verzerrung des Organischen.

Ähnlich ist die Problematik hinsichtlich des Verhältnisses von Gott und der Welt. Hier muß ich freilich eine Warnung einfügen. Wenn man von Gott und göttlichen Dingen spricht, redet man analogisch oder symbolisch. Das, wovon die Theologie spricht, geht über alle zeitlichen und ursächlichen Bedingungen hinaus; es überbrückt auch den Gegensatz von Potentialität und Aktualität. Das Göttliche ist ewig, was es ist, und ist in jedem Lebensprozeß gegenwärtig als sein schöpferischer und bestimmender Grund. Wenn wir darum die vieldimensionale Einheitslehre auf die Beziehung zwischen Gott und Welt anwenden, so tun wir es symbolisch, genauso wie wir es tun, wenn wir von Gottes Macht und Liebe, von Schöpfung und Offenbarung reden. Wenn immer wir von Gott reden, reden wir symbolisch. Aber im analogen Sinn kann die Metapher „Dimension“ auf die Beziehung zwischen dem schöpferischen Grund des Seins und allem, was am Sein teilhat, angewendet werden. Das Göttliche ist nicht identisch mit einem höchsten Seienden. Der Superlativ „höchstes Seiendes“ ist ein Überbleibsel des hierarchischen Denkens, des Denkens in Schichten. Aber es gibt keine Schicht des Göttlichen. Gott ist symbolisch gesprochen die Dimension des Unbedingten in Sein und Sinn, gegenwärtig in allem, was ist und entfernt von allem, was ist. Solche Behauptungen rufen freilich fast unvermeidlicherweise die Furcht hervor, daß man pantheistisch denkt, was immer das fragwürdige Wort Pantheismus bedeuten soll. Oft ist es die Furcht vor solchem Pantheismus, die zu einer Art Theismus führt, der Gott als besonderes Wesen in eine besondere Schicht neben und über die Welt stellt und ihm dort einen begrenzten Bereich zuweist. Es ist deutlich, daß diese Gedanken zahlreiche äußerst wichtige Konsequenzen haben für Theologie und Religion und daß auch hier der Austausch von „Schicht“ durch „Dimension“ von fundamentaler Bedeutung ist. Es ist eine der notwendigsten Einsichten, die die Theologie zu entwickeln hat.

III.

Es scheint, daß die hier vertretene Einheitslehre des Lebens die Einheit so sehr betont, daß die Spannungen, Konflikte und Zweideutigkeiten des Lebens verdeckt sind. Doch gibt es keinen Lebensprozeß ohne solche Konflikte, ohne solche Zweideutigkeiten. Aber eine genaue Analyse der Lebensprozesse und ihrer Dynamik zeigt, daß man die Tiefe der Konflikte nur dann verstehen kann, wenn man sie nicht deutet als Konflikte zwischen Schichten, sondern als Konflikte von Elementen und Kräften, die in allen Schichten in gleicher Weise entstehen. Alle Lebensprozesse zeigen zwei Bewegungen, die zueinander gehören und gegeneinander gerichtet sind. Alles Lebende geht einerseits über sich hinaus, will über sich hinausgehen zu etwas Neuem. Aber es will sich in diesem Über-sich-Hinausgehen nicht verlieren, und darum drängt es zu sich selbst zurück. Es will sich wiederfinden. Ich gebe ein Beispiel, das mit unserer gegenwärtigen Situation unmittelbar zusammenhängt. Wenn man einem Redner zuhört, will man durch ihn in einer bestimmten Beziehung über das hinausgehoben werden, was man schon ist. Man will das Neue, das der Redner bringt, in sich aufnehmen, sich durch das, was er sagt, erweitern. Aber dies ist nur die eine Seite einer solchen Situation, denn man will nicht von dem Redner aus seinem eigentlichen Sein herausgerissen werden, man will nicht, daß er durch magische Worte das eigene Sein zerstört. Vielmehr, man will bleiben, was man ist. Man will nach Bereicherung durch den Inhalt der Rede zu sich selbst zurückkehren. Dieses einfache Beispiel des Zuhörens während einer Rede deutet auf einen Grundcharakter alles Lebens hin: das Über-sich-Hinausgehen und das Zu-sich-Zurückkehren aller Lebensprozesse. Aus diesem Grund-Phänomen können drei Hauptprozesse des Lebens abgeleitet werden. Sie sind in ihm enthalten. Ich nenne den ersten Prozeß die Selbst-Integration des Lebens, den zweiten die Selbst-Produktion des Lebens, den dritten die Selbst-Sublimierung des Lebens.

In Selbst-Integration, Selbst-Produktion und Selbst-Sublimierung geht das Leben über sich hinaus und kehrt zu sich zurück. In allen drei Fällen ist das Wort „Selbst“ gebraucht und das mit Absicht. Es bedeutet, daß kein Grundprozeß des Lebens durch Einwirkungen von außen verstanden werden kann. Es gibt kein Ding, das fähig wäre, in das Leben einzugreifen, denn jedes Ding gehört zum Leben selbst. Es gibt keine Wirkung, die von außen her das Leben zerbrechen und wiederherstellen könnte, denn es gibt kein „Außen“, wenn man vom Leben als Ganzem spricht. Das gilt auch vom göttlichen Lebensgrund, der nicht ein Lebensprozeß neben anderen Lebensprozessen ist, der nicht eine partikulare Ursache ist, von dem Eingriffe abgeleitet werden könnten, sondern der der Grund und die Tiefe und das Ziel aller Lebensprozesse ist. Die drei genannten Lebensprozesse, Selbst-Produktion, Selbst-Manifestation und Selbst-Sublimierung, finden in allen Bereichen des Lebens statt. In allen Bereichen unter der Herrschaft der jeweiligen Dimension integriert das Leben sich selbst, produziert es sich selbst und sublimiert es sich selbst. Aber damit ist die Beschreibung noch nicht vollständig. Neben dieser Funktion findet eine Gegenbewegung statt. Die Selbst-Integration kämpft in jedem Augenblick gegen Desintegration, die Selbst-Produktion wehrt sich gegen Destruktion, die Selbst-Sublimierung bricht durch die Tendenzen zur Profanisierung hindurch. In jedem Lebensprozeß findet Desintegration im Gegensatz zur Selbst-Integration statt, findet Destruktion im Gegensatz zu Selbst-Produktion statt, findet Profanisierung im Gegensatz zu Selbst-Sublimierung statt. In diesen widerstreitenden Lebenstendenzen haben wir den eigentlichen Grund für das, was wir als falsche dualistische Theorien des Lebens abgelehnt haben, aber der Kampf der Tendenzen des Lebens führt nicht zum Dualismus. Im Gegenteil, wenn man in Schichten denkt, kann man die Dynamik des Lebens in all diesen Prozessen nicht verstehen, denn nicht Geist und Leib streiten widereinander, sondern es sind in beiden, Geist und Leib, widerstrebende Tendenzen, die Konflikte schaffen. In *jedem* Lebensprozeß, unter der Vorherrschaft *jeder* Dimension vom Anorganischen bis zum Geistigen, gibt es die genannten Prozesse und ihren Gegensatz, gibt es Selbst-Integration und Desintegration, gibt es Selbst-Produktion und Destruktion, gibt es Selbst-Sublimierung und Profanisierung. Sie gehören untrennbar zueinander, und damit erhält das Leben einen Charakter, der fundamental ist für alles Leben, nämlich den Charakter der Zweideutigkeit. Jedes Leben, jeder Lebensakt, jeder Lebensprozeß zeigt in jedem Augenblick Zweideutigkeit. Und weil das so ist, entsteht aus dem Erlebnis der Zweideutigkeit des Lebens die Frage nach unzweideutigem Leben, nach einem Leben, das in religiöser Sprache „ewiges Leben" genannt wird. Es ist hier nicht der Ort, diese Grundgedanken zu einer vollen Lebensphilosophie zu entwickeln. Eine solche Lebensphilosophie könnte jedoch die Grundlage sein für ein neues Verständnis der religiösen Symbole des „ewigen Lebens", der „Erfüllung", des „Gerichts" und der „Vollendung".

Aber die Durchführung solcher Gedanken würde die Grenzen dieses Aufsatzes weit überschreiten. Ich möchte deshalb nur an einem Beispiel zeigen, was die vieldimensionale Einheit des Lebens bedeutet und was auf dieser Grundlage die Lehre von der Zweideutigkeit aller Lebensprozesse aufzeigen kann. Das Beispiel, das ich geben will, ist in gewisser Weise mehr als ein Beispiel, denn die Erfahrung mit dem Bereich dieses Beispiels ist es zum großen Teil, die mir selbst beides hat aufgehen lassen, das Verständnis der Einheit und das Verständnis für die Zweideutigkeit der Lebensprozesse.

Das Gebiet, von dem ich spreche, ist das Gebiet des Heilens. Man kann von einer vieldimensionalen Einheit des Heilens reden. Heilen ist die Überwindung der desintegrierenden Kräfte durch die Selbst-Integration des Lebens. Diese Überwindung kann und muß in allen Dimensionen stattfinden, damit Heilung stattfinden kann. Wir haben es bei allem Heilen mit der einen Wirklichkeit zu tun, die wir Mensch nennen. Nichts ist wichtiger für das Verständnis des Heilens als die Ablehnung jeder Zweiteilung oder Dreiteilung in der Beschreibung der menschlichen Natur. Der Mensch ist eine vieldimensionale Einheit, und das ist die Hauptthese, zu der ich in diesem ganzen Aufsatz führen wollte. Er strebt nach Zentrierung in allen Dimensionen seines Seins, nach Integration, und er unterliegt dem Verlust dieser Zentrierung in allen Dimensionen, und diesen Verlust nennen wir Krankheit. In allen Dimensionen muß geheilt werden, wenn überhaupt geheilt werden soll. Das ist in unserer Zeit deutlicher geworden, als es Jahrhunderte hindurch war.

Wir sprechen heute von psychosomatischer Medizin. Wir begreifen, daß es ein Heilen der Persönlichkeit nicht geben kann ohne ein Heilen der seelischen Grundlage, und daß umgekehrt weder die biologische noch die seelische Grundlage voll geheilt werden kann, ohne daß die geistige Persönlichkeit integriert ist. Und das hat an vielen Stellen praktische Konsequenzen gehabt. Ärzte und Theologen arbeiten in einer Weise zusammen, wie sie es vielleicht seit der Renaissance nicht mehr getan haben. Sie versuchen den Menschen als Menschen zu sehen. Sie bestreiten, daß es möglich ist, den Menschen zu teilen und dann in jedem Teil des Menschen Krankheiten zu überwinden. Nur Gesamt-Integration des menschlichen Lebensprozesses kann volle Integration in allen einzelnen Dimensionen bewirken. Die Theologen müssen heute lernen, was in den anderen Dimensionen mit einem Menschen geschieht, der zu ihnen kommt, um persönliche Beratung und Hilfe zu finden. Und die Ärzte müssen heute lernen, daß ohne seelische Integration es nicht möglich ist, dem Körper voll gerecht zu werden. Solche Realität unseres Lebens, wie es heute sich entwickelt hat, ist ein konkreter Ausdruck dessen, was hier in abstrakten Begriffen vorgelegt wurde. Es ist ein Beweis der Berechtigung und der Notwendigkeit, nicht mehr von Schichten, die nebeneinanderliegen, sondern von Dimensionen, die ineinanderliegen, im menschlichen Leben und in allem Leben zu sprechen. Es war der Wechsel einer Metapher, mit der diese Betrachtung anfing. Es ist eine universale Vision des menschlichen Seins und der Welt, die seine Welt ist, und darüber hinaus, es ist eine Vision des göttlichen Grundes beider, des Menschen und seiner Welt, mit der ich schließe.

ABSOLUTE UND RELATIVE FAKTOREN IN DER BEGEGNUNG DES MENSCHEN MIT DER WIRKLICHKEIT (1967)

Absolute und relative Elemente in der Erkenntnis

Das Unbehagen darüber, daß der Relativismus alle Bereiche des Lebens und Denkens erobert hat – eine Tatsache, die sich nicht mehr bestreiten läßt – hat mich dieses Thema wählen lassen. In den Naturwissenschaften zeigt sich der Sieg des Relativismus nicht nur in dem Vorläufigkeits-Charakter aller wissenschaftlichen Aussagen, sondern auch darin, daß die wissenschaftlichen Begriffe den Charakter von bloßen Modellen annehmen, daß beispielsweise Begriffe wie Atom und Molekül oder andere wie Energie und Bewegung auf der Grenze zwischen Begriff und Modell stehen. Das verleiht dem wissenschaftlichen Denken bereits einen relativistischen Anstrich. Stellt man die Frage, welches Modell oder welcher Begriff der Wirklichkeit am nächsten komme, kann man die Antwort erhalten: Keiner von ihnen; was wir vor uns haben, ist ein „Spiel", allerdings ein höchst nützliches.

In der zeitgenössischen Philosophie herrschen zumeist Positivismus und Formalismus vor. So wird die Antwort auf das Problem der menschlichen Existenz, das Problem unseres Seins oder Nichtseins, traditionellen Meinungen oder willkürlichen Entscheidungen überlassen und – als Reaktion auf diesen Zustand – dem Despotismus. Auch im Bereich der Ethik ist der Relativismus im Anwachsen, sowohl theoretisch wie praktisch. Schließlich untergräbt der Relativismus auch das heiligste und vielleicht problematischste aller Absolute, das Absolute der Religion. Dieser Tatbestand tritt in der weltweiten Begegnung der Religionen zutage und in der Kritik an der Religion durch den Säkularismus.

Es gibt jedoch Menschen – und ich gehöre zu ihnen –, die nicht gewillt sind, diese Situation hinzunehmen und sich dem absoluten Relativismus auszuliefern, nicht weil sie autoritär oder reaktionär wären, sondern aus ganz bestimmten Gründen, theoretischen wie pragmatischen.

Der logische Einwand gegen den Anspruch des Relativismus auf absolute Geltung besteht darin, daß „absoluter Relativismus" ein Widerspruch in sich selbst ist, eine unmögliche Kombination von Worten. Versucht man, diesen Widerspruch zu vermeiden, so wird der Relativismus seinerseits selbst relativ und hat nur relative Geltung, woraus folgt, daß ein Element des Absoluten in ihm nicht nur eine Möglich-

keit, sondern sogar eine Notwendigkeit ist – andernfalls wäre es nicht möglich, überhaupt Behauptungen aufzustellen.
Aber auch praktisch ist der absolute Relativismus eine Unmöglichkeit. Wenn man von mir verlangt, daß ich mich total dem Relativismus ausliefere, kann ich nur antworten: „Aber ich lebe! Ich weiß, was die Prädikate ‚wahr' und ‚falsch' bedeuten; ich tue das, was ich ‚besser' rechtfertigen kann als etwas anderes. Ich verehre etwas, das mich unendlich angeht und das für mich heilig ist." Die Frage ist also: Wie kann man solche Behauptungen aufstellen, wenn der Relativismus unsere letzte Weisheit ist? In den verschiedenen Bereichen der menschlichen Begegnung mit der Wirklichkeit muß es etwas Absolutes geben, das ein sinnvolles Leben möglich macht, oder das Leben wäre ähnlich dem Chaos vor der Schöpfung, wie die Genesis es beschreibt. Deshalb glaube ich, daß es ein Dienst am Leben selber ist, dieses Absolute zu suchen und seine Gültigkeit und seine Grenzen aufzuzeigen.

Subjekt und Objekt

Ich will mit dem abstraktesten und schwierigsten Gebiet beginnen, das zugleich auch das theoretisch fundamentale ist, nämlich mit dem Gebiet der Erkenntnis. Was bedeutet hier „absolut"?
Absolut (aus dem Lateinischen *absolvere* = von etwas lösen) bedeutet losmachen, befreien von allem Begrenzenden, von allen partikularen Bezügen und von dem Grund aller partikularen Bezüge, der Beziehung von Subjekt und Objekt. Das Wort „absolut" ist heute vieldeutig; für viele Menschen ist es mit dem Bild eines absoluten Wesens, das oft mit Gott identifiziert wird, verbunden. Das ist natürlich nicht das, was ich meine. Darum ist es angebracht, die Bedeutung von „absolut" mit Hilfe anderer Begriffe zu erklären, und zwar mit Hilfe gewisser Begriffspaare, wie denen des Unbedingten und des Bedingten, des Letztgültigen und des Vorläufigen, des Unendlichen und des Endlichen. Ich bevorzuge den Begriff „Letztgültiges" oder „Letztwirkliches" in einem Ausdruck wie „letztes Anliegen", den Begriff des „Unbedingten" in bezug auf den Charakter des moralischen Imperativs (was auch sein Inhalt sein möge) und den Begriff des „Unendlichen" im religiösen Bereich. Alle diese Begriffe deuten auf dasselbe hin, nämlich auf etwas, das dem Wandel des Relativen widersteht. Die Frage ist: Setzt die Idee der Wahrheit etwas Absolutes und Unbedingtes voraus, und wenn dies der Fall ist, kann dieses Absolute durch Erkenntnisprozesse gefunden werden? Ist alle mensch-

liche Erkenntnis relativ, oder gibt es etwas Absolutes in ihr? Dabei möchte ich von vornherein betonen, daß es so etwas wie absolute Erkenntnis nicht gibt; sie ist unmöglich.

Erkenntnis gründet sich auf die ursprüngliche Einheit von Subjekt und Objekt und setzt deren notwendige Trennung und mögliche Wiedervereinigung voraus. In dieser Hinsicht gleicht die Erkenntnis der Liebe, wie die griechischen Philosophen wußten. Das griechische Wort *gnosis* für Erkenntnis hat dreierlei Bedeutung: sexuelle Liebe, die Erkenntnis der Essenzen oder Wesenheiten und die mystische Einung mit dem Göttlichen. Sowohl Erkenntnis wie Liebe sind Formen der Einung des Getrennten, das jedoch zusammengehört und nach Vereinigung strebt. Beide fußen auf ursprünglicher Einheit, notwendiger Trennung und möglicher Wiedervereinigung.

Dies enthüllt die Zweideutigkeit der Subjekt-Objekt-Struktur der menschlichen Erfahrung, an der wir alle teilhaben, von der wir wissen und der wir in fast jedem Augenblick begegnen. Eine Struktur, die es mir als Subjekt ermöglicht, dich als Objekt und sogar mich selbst als Objekt zu betrachten, ist notwendig, um Wahrheit zur aktuellen Wirklichkeit zu machen. Sie ist eine Voraussetzung für die Existenz der Wahrheit. Andererseits ist sie problematisch, denn in jedem Augenblick, in dem wir die Wahrheit erreichen, haben wir auf irgendeine Art die Spaltung zwischen Subjekt und Objekt überwunden. Die Frage nach dem Absoluten in der Erkenntnis ist identisch mit der Frage, wie die unvermeidliche Spaltung zwischen Objekt und Subjekt im Erkenntnisakt überwunden werden kann.

Es gibt drei Situationen, in denen Subjekt und Objekt gleichsam zusammenfallen. Die erste ist die materiale Einheit von Subjekt und Objekt in jeder Sinneswahrnehmung. Nehmen wir beispielsweise an, ich sehe eine gewisse Farbe, nämlich Rot. Diese Erfahrung ist vorhanden, selbst wenn es sich um einen Traum oder eine Wahnvorstellung handelt. Was diese Erfahrung verursacht, kann zweifelhaft sein, aber die Erfahrung selbst, die Erfahrung von Rot als solcher, ist unmittelbar und gewiß. Was ich sehe, ist nicht mehr Objekt meines Sehens; es ist in mir, und ich bin in ihm. Die Spaltung ist überwunden, und die vollständige Wirklichkeit ist ein gegenseitiges Ineinander. Dies ist das erste Beispiel eines absoluten Faktors in der Erkenntnis. Es ist ein unmittelbares Wissen, das den Charakter des Absoluten hat.

Der zweite Fall, in dem die Trennung von Subjekt und Objekt überwunden ist, ist nicht material, sondern formal. Es ist die logische Struktur des Verstandes, die in jeder Sinneswahrnehmung vorhanden und in jeder Beschreibung und Erklärung des Inhalts einer Sinnes-

wahrnehmung wie in jeder methodischen Darstellung vorausgesetzt ist. Diese logische und semantische Struktur ist das zweite Element eines Absoluten in unserer Erfahrung. Aber wiederum muß ich, um Irrtümer zu vermeiden, betonen, daß es keine Theorie der Logik oder der Semantik gibt, die an sich absolut ist. Es gibt viele derartige Theorien; das Absolute in ihnen ist die Struktur, die ihnen zugrunde liegt und die erst die Bildung einer Theorie ermöglicht. Wer eine neue Theorie der Logik oder der Semantik aufstellt, muß sich zu diesem Zweck der Logik und der Semantik bedienen. Er setzt voraus, worüber er eine Theorie zu entwickeln versucht. Die Struktur des Verstandes macht die Bildung einer Theorie erst möglich, nicht zuletzt einer Theorie über die Struktur des Verstandes. Dieses gleiche Absolute ist auch in jeder Begründung des Relativismus vorausgesetzt. Wer den Relativismus verteidigt, setzt voraus, daß die logische Struktur seines Arguments Gültigkeit hat; deshalb kann der konsequente Relativist keinen Beweis führen, er kann nur den Kopf schütteln.
Sinneswahrnehmungen und logische Struktur weisen auf ein noch fundamentaleres Absolutes hin – die Gewißheit, die selbst ein relativistischer Philosoph von sich als relativistischer Philosoph hat. Dies ist der alte Beweis gegen den radikalen Skeptizismus, den Männer wie Augustin, Descartes und viele andere geführt haben. Was unser Problem betrifft, so kennt der Vertreter des Relativismus keinen Zweifel an sich selbst als Vertreter des Relativismus. Gegen seinen Willen ist er einem Absoluten ausgeliefert, das sowohl das Absolute der Sinneswahrnehmungen wie das Absolute der logischen Form umgreift.
Aus alledem geht hervor, daß der Begriff der Erkenntnis an sich eine absolute Struktur innerhalb des veränderlichen relativen Wissens voraussetzt. Der menschliche Verstand könnte seine Zentriertheit, sein Identitätsbewußtsein nicht bewahren ohne etwas, das in dem Fluß des veränderlichen Relativen absolut bliebe. Jeder Erkenntnisakt ist Ausdruck des Widerstandes gegen die Gefahr, in diesem Fluß unterzugehen.
Einer der aufschlußreichsten absoluten Faktoren im Denkprozeß ist die Macht, Fragen zu stellen. Denken wir einmal darüber nach – tun wir sonst nichts, sondern denken nur darüber nach, vielleicht eine ganze Stunde lang, was es bedeutet, daß es Wesen gibt, Menschen genannt, die Fragen stellen können. In diesem einfachen Phänomen ist eine ganze Welt enthalten; hier enthüllt sich die wechselseitige Abhängigkeit von Subjekt und Objekt, die jedem Erkenntnisakt zugrunde liegt. Das fragende Subjekt besitzt in der Frage schon etwas von dem Objekt, über das es fragt – andernfalls könnte es die Frage

nicht stellen. Aber es bleibt von dem Objekt seines Nachdenkens getrennt und strebt nach Einung mit ihm, das heißt, es strebt nach Wahrheit. Haben und Nicht-Haben ist das Wesen des Fragens, und jeder Fragende bestätigt durch sein Fragen diese Struktur als eine absolute Struktur für den Menschen als solchen.

Die Absolutheit der Essenzen

Wir haben absolute Faktoren in der menschlichen Erfahrung gefunden. Gibt es auch absolute Faktoren in der Wirklichkeit, die wir erfahren? Ja, es gibt sie.

In jeder Begegnung mit der Wirklichkeit finden sich drei Komponenten: Essenzen, Strukturen und das Sein-Selbst. Denkt man etwa an eine Begegnung mit Rot, so kann man sagen, daß sich in dieser Erfahrung zwei völlig verschiedene Faktoren zeigen: wir treffen auf Wesen (die rot sind) und auf Qualitäten von Wesen (ihre Röte).

Wesen – beispielsweise menschliche Wesen (oder Tische, Wände, Bäume) – sind eingebettet in den Fluß des Relativen. Sie gehen und kommen; sie verändern sich, verbergen sich, erscheinen und verschwinden wieder. *Sie sind;* aber ihr Sein ist Werden, und ihr Werden ist ein Prozeß gegenseitiger Begegnungen. Wie wir Menschen, uns selber eingeschlossen, anderen Lebewesen und Dingen begegnen, so begegnen diese uns und einander. Alles begegnet allem anderen, entweder direkt als einem Teil seiner Umgebung oder indirekt als einem Teil der Welt. In diesen Begegnungen manifestiert sich Sein als Werden.

Diese Auffassung des Seins als Werden hat für viele Zeitgenossen – Philosophen, Dichter und alle Intellektuellen – etwas Faszinierendes, und diese Faszination trägt wesentlich zu dem Sieg des Relativismus in unserer Zeit bei. Blicken wir jedoch auf uns selbst und analysieren wir diese Faszination, so entdecken wir, daß sie der Tatsache zu verdanken ist, daß wir selber nicht nur in dem Fluß der veränderlichen Begegnungen stehen, sondern auch über ihnen. Wir können dieses Werden anschauen, wir wissen von ihm, es ist uns angenehm, oder wir fürchten uns vor ihm, und diese Macht, es zu erkennen, ist ein Absolutes, was uns ermöglicht, das Relative zu verstehen und uns von ihm faszinieren zu lassen.

Es gibt mehrere absolute Faktoren in dem Fluß der relativen Begegnungen: der erste ist das Absolute, das Sprache ermöglicht; der zweite das Absolute, das Verstehen ermöglicht, und der dritte das Absolute, das Wahrheit ermöglicht.

Die menschliche Sprache dient einerseits der Bezeichnung oder Benennung und andererseits der Mitteilung. Mitteilung können Tiere ebenso wie Menschen durch Laute erzielen. Aber Sprache als Bezeichnung setzt eine Fähigkeit voraus, die unter den uns bekannten Wesen nur der Mensch besitzt, die Fähigkeit zur Abstraktion, die Macht, durch die Sprache Universalien zu schaffen.

Nehmen wir wieder unser Beispiel von der Wahrnehmung einer Farbe, eine Erfahrung, in der Subjekt und Objekt nicht getrennt sind. Die Wahrnehmung des roten Gegenstandes ist nur die eine Seite dieser Erfahrung, die andere Seite ist das Erkennen der Farbe Rot, wo wir ihr auch begegnen. In dem roten Gegenstand sehen wir das Rote schlechthin; in dem partikularen roten Gegenstand erscheint das universale Rot. Diese Erkenntnis setzt die Fähigkeit zur Abstraktion voraus. Das Wort „Abstraktion" steht heute nicht mehr in Ehren, man zieht ein Wort wie „Ideation" vor. Ich möchte jedoch dem Begriff „Abstraktion" den Platz zurückgeben, den er verdient. Geistig nehmen wir die Essenz Rot in jedem roten Gegenstand wahr. (Essenz bedeutet hier das gleiche, was Platon *eidos* = Idee nannte.) Dieses Rot ist universell gegenwärtig in jedem roten Gegenstande, dem wir begegnen, und der Begriff „rot" entsteht mit dieser Wahrnehmung, nämlich der Wahrnehmung der Essenz Rot. Rot als Essenz ist kein Ding unter anderen, sondern ist die überzeitliche Potentialität aller roten Dinge im Universum. Sie ist absolut, insofern sie unabhängig ist von ihren besonderen Erscheinungen und selbst von einer Situation, in der kosmische Ereignisse das Rot zum Verschwinden brächten. Veränderungen im Universum mögen eines Tages das Erscheinen von Rot verhindern, aber einmal war es vorhanden, und die Essenz Rot steht über diesen Veränderungen. (Man denke an das Erscheinen des Menschen auf der Erde. Lange, vielleicht Billionen von Jahren, war es unmöglich; schließlich jedoch wurde das Wesen, das wir als „Mensch" bezeichnen, Wirklichkeit. Aber niemals hätte der Mensch wirklich werden können, wenn die Essenz Mensch nicht zu den Potentialitäten des Seins gehörte.) Die Kraft der Abstraktion befähigt uns, Rot in allen roten Gegenständen zu erkennen, einen roten Gegenstand an Stelle eines grünen zu kaufen, und umgekehrt; das heißt, die Abstraktion befreit uns von der Bindung an das Partikulare, indem sie uns die Macht verleiht, Universalien zu schaffen.

Ein anderer Typ von Essenzen sind Klassen und Gattungen. In jeder Kiefer begegnen wir als erstes diesem besonderen Baum in unserem Garten, zweitens der Klasse „Kiefer", welche uns das Wort „Kiefer" prägen und eine Kiefer und keine Eiche pflanzen läßt, und drittens der Gattung „Baum", welche uns das Wort eingibt und uns einen Baum und keinen Strauch pflanzen läßt. Als weitere Gattungen können wir noch „Pflanze" und „organisches Lebewesen" erwähnen, das wir etwa einem plastischen Kunstwerk in unserem Garten vorziehen. Durch Abstraktion haben wir Sprache, durch Sprache die Freiheit der Wahl und durch Freiheit der Wahl die Möglichkeit zu unendlichen technischen Schöpfungen. Es ist aufschlußreich, daß in dem Mythus vom Paradies, wie er in der Genesis erzählt wird, die Sprache (das heißt die Benennung von Tieren und Pflanzen) mit der technischen Tätigkeit (der Bebauung des Gartens) verbunden ist. All dies wäre nicht möglich ohne das Absolute, das wir „Essenzen" nennen und das die Entstehung der Sprache ermöglicht.

Jetzt möchte ich eine Frage aufwerfen, die wichtige religiöse Implikationen hat: Läßt sich der Begriff der Essenz auch auf das menschliche Individuum anwenden? Gewiß, es gibt eine universale Essenz „Mensch", gewöhnlich als „menschliche Natur" bezeichnet, die es uns möglich macht, von „dem Menschen" zu sprechen und Menschen als Menschen zu erkennen. Aber gibt es darüber hinaus auch eine Essenz Sokrates oder Augustin, eine Essenz von dir oder mir, etwas, das von unserem zeitlichen Werden unabhängig ist?

Es gibt philosophische Richtungen, die eine derartige Essenz leugnen, beispielsweise die aristotelische, und andere, die sie bejahen, beispielsweise die neuplatonische und augustinische. Man kann die positive Ansicht pragmatisch verteidigen, denn es gibt eine Gruppe von Menschen, die dem Individuum eine Essenz zuschreiben, die in ihm also etwas Absolutes sehen. Sie drücken das nicht in Form einer Philosophie aus, sondern durch ihre Werke. Es sind die Künstler, die in Gemälden und Skulpturen, Dichtungen und Biographien essentielle Bilder von Idividuen schaffen. Sie versuchen, das Absolute, Essentielle darzustellen, das durch die zeitliche Erscheinung eines menschlichen Wesens hindurchscheint.

Individuelle menschliche Essenzen werden auch in Personennamen ausgedrückt, und Personennamen als solche sind etwas Erstaunliches. Die religiösen Mythen wußten noch, was ein Name bedeutet. In der biblischen Literatur ruft Gott den Menschen beim Namen, und es heißt, daß sein Name in das Buch des Lebens eingetragen werde. Aber auch Dämonen haben Namen, und es ist die Tat des Erlösers, daß er diese Namen nennt und dadurch die Macht der Dämonen bricht. Es gibt Märchen, in denen eine Gestalt versucht, ihren Namen geheimzuhalten, weil ihn zu verraten etwas Essentielles, Überzeitliches offenbaren würde. In allen diesen Fällen handelt es sich um „individuelle

Essenz“ oder die Essenz eines Individuums, die absolut ist im Gegensatz zu seiner veränderlichen zeitlichen Existenz. Diese Anerkennung einer individuellen Essenz ist von Bedeutung für die symbolische Beschreibung der Ewigkeit und des ewigen Lebens. Sie setzt der Herrschaft der Kategorie des Werdens eine entschiedene Grenze.

Das Absolute der Seinsstrukturen

Es gibt eine zweite Gruppe von absoluten Faktoren in der erkenntnismäßigen Begegnung des Menschen mit der Wirklichkeit – die Seinsstrukturen, die die Welt des Werdens zu einer *Welt* machen, Welt als Einheit unendlicher Mannigfaltigkeit, als Uni-versum, als Kosmos verstanden. (Das griechische Wort *kosmos* bedeutet sowohl Welt wie Ordnung, zentrierte Einheit.) Wie die Macht der Abstraktion zur entdeckung der Essenzen in unserer Begegnung mit der Wirklichkeit führt und von den Essenzen zu Universalien und ihrer Manifestation in der menschlichen Sprache, so führt die Macht, in unserer Begegnung mit der Wirklichkeit Fragen zu stellen, zu der Entdeckung universaler Seinsstrukturen, in denen sich die Gesamtheit alles Relativen bewegt. Die Erforschung dieser Strukturen ist eine nie endende Aufgabe.

Bestimmte Gruppen von ihnen hat man als „Kategorien“ bezeichnet, beispielsweise Kausalität und Substanz, Qualität und Quantität. Andere hat man „Anschauungsformen“ genannt, wie Raum und Zeit. Daneben gibt es die sogenannten „Polaritäten“, wie Selbst und Welt, Individuation und Partizipation, Dynamik und Form, Freiheit und Schicksal. Außerdem gibt es Strukturen, die man „Seinsweisen“ nennen könnte, wie Essenz und Existenz, Endlichkeit und Unendlichkeit. Eine andere Gruppe hat man im Mittelalter „Transzendentalien“ genannt, wie das Gute, das Wahre, das Sein-Selbst.

Wir können uns hier nicht auf diese geradezu unendlichen philosophischen Probleme einlassen; wir können sie nur anführen, soweit sie eine Beziehung zu unserem Thema haben. Absolute Faktoren innerhalb der Relativitäten der Wirklichkeit, der wir begegnen, treten dauernd zutage, in dem Denken der Skeptiker wie der Dogmatiker, der Relativisten wie der Absolutisten, der Pluralisten wie der Monisten. Sie treten im alltäglichen Gespräch ebenso in Erscheinung wie in Literatur und Philosophie, selbst noch in einer radikal antimetaphysischen Philosophie. Wir leben in den Strukturen, die sie dem Sein geben, sie liefern uns die ontologische Sicherheit, ohne die wir weder denken noch handeln können. Man bedenke, was geschehen würde, wenn sich die Seiten dieses Buches plötzlich umwenden würden, ohne daß wir sie berührten. In diesem Augenblick würde unsere ganze Welt zusammenbrechen, denn die Kategorie der Kausalität wäre verschwunden; und das würde den Skeptiker ebensosehr erschüttern wie den Dogmatiker. Oder, um die Kategorie der Substanz als Beispiel zu nehmen: mit ihrem Verschwinden wäre unsere Identität verloren. Der Dichter Kafka behandelt dieses Thema in seiner Erzählung „Die Verwandlung", in der ein Mensch in ein Insekt verwandelt wird. Daß uns diese Geschichte so entsetzt, zeigt, wie stark wir an die Kategorie der Substanz, die unsere Identität garantiert, gebunden sind. Diese sicheren Grundstrukturen ermöglichen es unserem Verstand, die Unsicherheit, Veränderlichkeit und Relativität der Dinge, denen wir begegnen, zu erforschen. Sie geben unserem Denken ebenso Struktur wie der Wirklichkeit.

Aber jetzt muß ich den Relativisten zu Wort kommen lassen. Er weist zu Recht auf die Tatsache hin, daß die Qualität der Zeit, obwohl Zeit eine Bedingung unserer endlichen Existenz ist, zu verschiedenen Zeiten verschieden verstanden worden ist, beispielsweise durch Aristoteles und Einstein. Das gleiche trifft auf die Kategorie der Kausalität zu; obwohl sie in jeder Erklärung impliziert ist, befinden sich ihre Definition und die Unterscheidung ihrer verschiedenen Typen in dauernder Veränderung. Und obwohl jede Bauersfrau, die das Wort „Substanz" noch nie gehört hat, diese Kategorie anwendet, wenn sie sich als Individuum von ihrem Mann unterscheidet, besteht noch immer Uneinigkeit zwischen Philosophen und Theologen des Abendlandes wie des Orients über die Bedeutung dieser Kategorie. Das ist der Einwand des Relativisten gegen absolute Seinsstrukturen.

Auf diese Kritik eingehend, gebe ich zu, daß unsere Aufstellung von bestimmten Kategorien und unsere erkenntnismäßige Erfassung ihres Charakters relativ sind. Trotzdem muß ich daran festhalten, daß in dem Streit über die Bedeutung der Kategorien diese selbst stets wirksam sind, was auch immer ihr Charakter ist und welche Bedeutung ihnen auch von Philosophen zugeschrieben werden mag. Ohne ihre regulierende Gegenwart wäre der Streit um ihre Bedeutung nicht möglich. Das Vorhandensein ihrer fundamentalen Strukturen ist nicht abhängig von unseren Versuchen, sie zu definieren und ihre Bedeutung zu verstehen.

Wenn nun der Relativist sich in seinem Angriff gegen absolute Faktoren in der erkenntnismäßigen Begegnung mit der Wirklichkeit gegen die Polaritäten wendet und diese entwertet, indem er den einen Pol leugnet und damit auch den anderen Pol untergräbt, kann man ihn

leicht darauf aufmerksam machen, wie tief er selbst in den Strukturen verwurzelt ist, deren fundamentales Wesen er leugnet. Man nehme als Beispiel eine wichtige Polarität, die Polarität von Freiheit und Schicksal. Der Relativist wird sie als unsinnig oder als wertlos für den Erkenntnisakt bezeichnen oder als metaphysische Spekulation verwerfen. Aber das Leben kann ihn plötzlich vor eine Entscheidung stellen, sei es eine theoretische oder eine praktische. Nach ernsthafter Überlegung trifft er seine Entscheidung, zu der er, wie er glaubt, weder durch äußeren noch durch inneren Zwang getrieben worden ist; auch hält er sie nicht für willkürlich. Er war frei in seiner Entscheidung, weder allein vom Schicksal noch allein von seiner Freiheit bestimmt. Seine Entscheidung kam aus dem einenden Zentrum seiner gesamten Person, in dem, von ihm zur zentrierten Einheit geformt, seine gesamten Lebenserfahrungen eingeschlossen sind, seine körperlichen Regungen bis zum Augenblick der Entscheidung und sein Schicksal, dieses und kein anderes Individuum zu sein.
Diesen Überlegungen kann er nicht entgehen. Er leugnet zwar die Polarität von Freiheit und Schicksal, aber in dem Augenblick, in dem er eine Entscheidung fällen muß – vielleicht über eine Theorie der Freiheit –, bewegt er sich zwischen diesen beiden Polen. Wenn er, um dies nicht zugeben zu müssen, den einen der beiden Pole leugnet, etwa den Pol der Freiheit, dann ist er kein Relativist mehr, sondern ist zum dogmatischen Anhänger des Determinismus geworden. Dann ist seine Entscheidung für den Determinismus jedoch seinerseits determiniert, ist ein bloßes Ergebnis seines Schicksals, hat keinen Wahrheitswert und sollte ihn auch nicht beanspruchen, denn es gab keine Alternative für ihn. Solche Erwägungen zeigen, daß die Polaritäten absolute Faktoren in den Relativitäten der kognitiven Begegnung mit der Wirklichkeit sind.
Zusammenfassend können wir sagen: Jede einzelne von unseren Behauptungen über das Absolute in unserer Erkenntnis ist relativ; das gilt auch für meine eben aufgestellten Behauptungen. Aber die absoluten Faktoren selbst, die in ihnen enthalten sind, sind nicht relativ. Man kann ihnen nicht entgehen. Auch wenn ich gegen sie eingetreten wäre, hätte ich mich ihrer bedienen müssen.

Die Absolutheit des Seins-Selbst

Wir haben über den absoluten Charakter der Essenzen gesprochen, die die Sprache, und über den absoluten Charakter der Seinsstrukturen, die das Verstehen ermöglichen. Wir kommen jetzt zu dem Absoluten, das allen anderen absoluten Faktoren ebenso wie den relativen zugrunde liegt, dem Absoluten, das die Idee der Wahrheit ermöglicht. Dieses Absolute ist das Sein-Selbst.

Man kann jede Behauptung verneinen, aber nicht die Behauptung, daß Sein *ist*. Wenn man fragt, was dieses „ist“ bedeutet, findet man, daß es die Negation möglichen Nichtseins ist. „Ist“ bedeutet „ist nicht nichts“. Nichtsein ist nicht konkret vorstellbar, man kann es nur als Bedrohung erfahren. Deshalb kann die Philosophie – als metaphysische Aussage und mit logischer Begründung – sagen, daß Sein die Macht ist, dem Nichtsein zu widerstehen. Das ist das fundamentalste aller absoluten Prinzipien. Man kann alles Partikulare, was immer es auch sei, leugnen, aber nicht das Sein, denn auch das negative Urteil ist selbst noch ein Akt des Seins und nur möglich durch Sein. Sein ist das fundamentale Absolute.

Wir wollen nun den Relativisten wieder zu Wort kommen lassen. Er sagt, daß diese Behauptung so wahr sei, wie sie leer ist. Der Begriff „Sein“ mag fundamental für das Denken sein, weil sich das Denken auf das richtet, was *ist;* aber „Sein-Selbst“ ist eine bloße Abstraktion, die für alles gilt, was ist. Dies indes bedeutet, daß man in ihm nichts als ein völlig leeres Absolutes hat. So viel würde der Relativist vielleicht zugeben. Aber die Frage ist: Ist Sein eine leere Abstraktion?

Es gibt zwei verschiedene Begriffe von Sein. Der eine ist durch die radikalste Abstraktion gewonnen und bedeutet: nicht dieses, nicht jenes, nichts Partikulares sein, sondern einfach „sein“. Das ist in der Tat eine leere Abstraktion. Der andere Begriff von Sein entspringt zwei tiefen Erfahrungen, einer negativen und einer positiven. Die negative Erfahrung ist der Schock, den das Nichtsein auslöst, und der Menschen, die von Natur Philosophen sind, theoretisch vorstellbar ist. Der Nicht-Philosoph kann ihn einfach als Mensch im Gedanken an seinen Tod erfahren. Aber das Sein kann auch positiv erfahren werden, und zwar in dem Erlebnis des *eros*, der Liebe zum Sein als solchem, einer gleichsam mystischen Beziehung zum Sein-Selbst. Augustin bezeichnete sie als *amor amoris* und Spinoza als *amor intellectualis*. Man könnte sie auch ein Gefühl für das „Heilige“ des Seins als solches nennen, was dies auch immer sein mag. Dieses Sein transzendiert alles Partikulare, ohne zu einem leeren Begriff zu werden, denn es umfaßt alles Partikulare. Sein, so verstanden, ist Macht des Seins und ist von unendlicher Fülle, ein unerschöpfliches, aber unbestimmtes Absolutes. Es ist das Fundament der Wahrheit, denn es transzendiert Subjekt und Objekt. Es ist das Fundament des Guten, denn es enthält alles Sein in seiner essentiellen Natur und (wie wir noch sehen

werden) die Norm aller moralischen Gebote. Schließlich ist es identisch mit dem Heiligen, dem Grund alles dessen, was Sein hat.
Auch mit dieser Beschreibung des Absoluten ist die Relativität in der kognitiven Begegnung mit der Wirklichkeit nicht geleugnet. Aber sie zeigt, daß Relativismus nur auf der Grundlage einer Struktur von absoluten Faktoren möglich ist. Das Absolute liegt nicht in Feststellungen mit absolutem Anspruch auf Wahrheit, sondern ist Ausdruck der Tatsache, daß die Wirklichkeit, der wir begegnen, eine Struktur, einen *logos* hat. Die Wirklichkeit ist strukturiert, auch wenn sie sich ständig verändert und ihre Struktur immer wieder anders beschrieben wird.
Vielleicht erscheint das Absolute in meiner Beschreibung als etwas rein Theoretisches, so daß nicht ersichtlich ist, wie es moralische oder religiöse Implikationen haben kann. Aber es gibt Menschen, für die theoretische Probleme existentiell sind, eine Frage von „Sein oder Nichtsein", denn *theoria* bedeutet, die Dinge „anschauen" und sich auf diese Art mit ihnen einen. Meine Darlegungen richten sich an diese Menschen, ich selbst gehöre zu ihnen. Für uns ist die Frage der kognitiven Begegnung mit der Wirklichkeit, die Frage von absoluten und relativen Faktoren in dieser Begegnung ein existentielles Anliegen – ein Anliegen, das die ganze Person betrifft. Hoffentlich wird sie das für viele Menschen; letzten Endes nämlich ist Erkennen ein Akt der Liebe.

Absolute und relative Elemente in der moralischen Entscheidung

Im vorhergehenden Kapitel fanden wir ein Absolutes einerseits als Wahrheitsgewißheit in den unmittelbaren Sinneswahrnehmungen und andererseits in der logischen Struktur des Verstandes. Ich will hier ein Zitat anführen, das eigentlich in das erste Kapitel gehört hätte und aus der Korrespondenz zwischen Locke und Leibniz stammt. Locke schrieb: „Es gibt nichts im Verstand, was nicht in den Sinnen ist." Und Leibniz antwortete: „Außer dem Verstand selbst." Das ist es, was ich meinte, als ich von der logischen Struktur des Verstandes sprach. Weiter fanden wir absolute Faktoren in den Begriffen, die die Sprache ermöglichen, nämlich in den Universalien, und in den Strukturen, die das Verstehen ermöglichen, nämlich in den Kategorien und den Polaritäten des Seins. Schließlich fanden wir ein Absolutes in dem, was im Mittelalter „Transzendentalia" genannt wurde, nämlich im Guten, im Wahren und im Sein-Selbst (oder im Sein als Sein).

Wir kommen jetzt zu einem weiteren Punkt: der Begegnung des Menschen mit der Wirklichkeit in Form seiner moralischen Erfahrung. Als erstes will ich auf den absoluten Charakter des moralischen Imperativs hinweisen. Das moralische Gebot, das an uns ergeht, ist ein unbedingtes Gebot. Daß die Inhalte des moralischen Imperativs mit der menschlichen Situation in Raum und Zeit wechseln, ändert nichts an der formalen Absolutheit des moralischen Imperativs selbst. In dem Augenblick, in dem wir etwas, unter welchen Bedingungen auch immer, als unsere moralische Pflicht anerkennen, ist diese Pflicht eine unbedingte. Ob wir die Pflicht anerkennen oder nicht, ist eine andere Frage, die später zu erörtern ist; aber sobald wir sie als moralische Pflicht anerkennen, ist sie unbedingt, und nichts sollte uns davon abhalten, sie zu erfüllen.

Dieser Gedanke ist am deutlichsten in Kants Begriff des „kategorischen Imperativs" zum Ausdruck gebracht. Der moralische Imperativ ist kategorisch, bedeutet: er ist unbedingt, nicht-hypothetisch, das heißt, er kann nicht von Begründungen außerhalb seiner selbst abgeleitet werden. Wenn man den moralischen Imperativ auf die Furcht vor Strafe gründete, würde man ihn zu einem bedingten Imperativ machen, der von Konventionen der Gesellschaft und ihren Belohnungen und Strafen abhinge. Er wäre nicht mehr unbedingt und von absolutem Ernst, denn man könnte der Strafe auf geschickte Weise entgehen. Wenn man den moralischen Imperativ auf die Berechnung dessen gründete, was sich auf lange oder kurze Sicht am nützlichsten erweist, wie es manche philosophischen Schulen versuchen, würde man ihn von der Richtigkeit dieser Berechnungen abhängig machen, und er wäre nicht mehr unbedingt und von absolutem Ernst. Wenn man ihn auf Autorität gründete, sei es einer irdischen oder einer himmlischen, die nicht mit dem moralischen Prinzip selbst identisch ist, wäre er nicht mehr unbedingt, und wir müßten ihn sogar verwerfen.

Um dies zu verstehen, müssen wir uns sowohl mit der Entwicklung des moralischen Bewußtseins in der Geschichte wie mit seiner Entwicklung hier und jetzt beschäftigen, denn in jedem einzelnen menschlichen Wesen entwickelt sich das moralische Bewußtsein von neuem. Sein Ursprung liegt in der Begegnung der Person mit einer anderen Person. Einer anderen Person begegnen, bedeutet, auf eine absolute Grenze stoßen, denn jede Person verlangt als Person, daß sie nicht als Mittel benutzt wird. Wir können als erkennende und handelnde Wesen in allen Richtungen und allen Dimensionen der Welt vorwärtsstreben und uns dabei aller Arten von Mitteln bedienen. Aber plötzlich begegnen wir einer Person, einem Wesen, das uns durch sein bloßes Dasein gebietet: „Bis hierher und nicht weiter! Du mußt mich als Person anerkennen, du kannst mich nicht als Mittel gebrauchen!“ Das gleiche sagen wir zu dieser Person; wir verlangen beide, als Person anerkannt zu werden, unser beider Forderung ist gleich unbedingt.

Ein Ding kann gebraucht werden; aber wenn wir eine Person gebrauchen, mißbrauchen wir damit nicht nur sie, sondern auch uns selbst; denn wenn ich eine Person als Ding gebrauche, verliere ich selbst meine Würde als Person. Aus dieser Tatsache entspringt der unbedingte Charakter des moralischen Imperativs. Hiermit ist allerdings nur eine Norm beschrieben, deren Gültigkeit wir jedoch erfahren können. In Wirklichkeit hat man immer gegen diese Norm verstoßen, man hat sie gebrochen und vergewaltigt; und wir vergewaltigen sie fortwährend. Aber in ihr zeigt sich die Struktur der moralischen Natur des Menschen, die wir erkennen können, gleich ob wir ihr folgen oder gegen sie verstoßen.

Wenn wir jetzt fragen: Warum ist dieser moralische Imperativ unbedingt gültig?, dann müssen wir antworten: weil es unser wahres, essentielles Sein ist, das uns in dem moralischen Gebot gegenübertritt und eine Forderung an unser existentielles Sein mit allen seinen Problemen und Verzerrungen stellt. Wenn wir gegen diese Forderung handeln, die unser wahres Sein an uns stellt, vergewaltigen wir uns selbst. Aber wenn das moralische Gebot (was auch immer sein Inhalt sein mag) uns von etwas anderem als unserem wahren Sein auferlegt würde, wenn es uns von außen oder durch irgendwelche Autorität auferlegt würde, wäre es für uns kein unbedingtes Gebot. Dann könnten und müßten wir uns ihm sogar widersetzen, weil es unsere Würde als Person vernichtet.

In der religiösen Ethik wird das moralische Gesetz als göttliches Gesetz bezeichnet, das den „Willen Gottes“ ausdrückt. „Wille Gottes“ ist ein symbolischer Ausdruck, den wir deuten müssen, um den Verdacht zu beseitigen, er beschreibe die Willkür eines himmlischen Tyrannen.

Gottes Wille ist uns durch das Wesen, als das er uns geschaffen hat, mitgeteilt, das heißt durch unsere wahre Natur, unser essentielles Sein. Gottes Wille ist kein willkürlicher Befehl vom Himmel; er ist die Struktur unseres wahren Seins, das im moralischen Gebot zu uns spricht. Wenn wir eins wären mit unserem essentiellen Sein, wäre das Gebot überflüssig. Dann wären wir, was wir sein sollen, und handelten, wie wir handeln sollen. Dann gäbe es kein „Du sollst!“, sondern einfaches Dasein.

Das ist jedoch nicht der Fall. Wir sind unserem wahren, unserem essentiellen Sein entfremdet, und deshalb steht es uns entgegen, gebietet uns, und sein Gebot ist unbedingt. Man könnte fragen: Warum sollte ich nicht gegen mich handeln und nicht auf das Gebot meines wahren Seins hören? Warum sollte ich mich nicht zerstören und meine Würde als Person opfern? Diese Frage können wir nur beantworten, indem wir uns einer anderen Dimension zuwenden, der Dimension des Heiligen. Vom Standpunkt des Heiligen gesehen, gehören wir nicht uns selbst, sondern gehören dem, von dem wir kommen und zu dem wir zurückkehren – dem ewigen Grund alles Seienden. Das ist die letzte Begründung für die Heiligkeit der Person, für ihre essentielle Unverletzlichkeit und folglich für den unbedingten Charakter des moralischen Gebotes, unser essentielles Sein nicht zu zerstören – dieses Sein, das uns überantwortet ist und das wir zerstören können. Dies ist der erste und grundsätzliche Schritt zu einem Verständnis des Absoluten, das im moralischen Imperativ enthalten ist. Ich wiederhole: Das moralische Gebot ergeht an uns durch unser ewig gültiges, wahres Sein; dieses spricht zu uns und verlangt von uns, daß wir es nicht zugrunde gehen lassen oder zerstören.

Die Relativität der moralischen Inhalte

Wir müssen nun die andere Seite des moralischen Imperativs betrachten, die Relativität der moralischen Inhalte. Im Gegensatz zu dem unbedingten Charakter des moralischen Imperativs selbst sind seine Inhalte dauerndem Wechsel unterworfen. Dafür gibt es drei Hauptgründe. Der erste, fundamentale Grund ist die Konkretheit aller Situationen, die moralische Entscheidungen verlangen. Der zweite sind die Veränderungen in der zeitlichen Dimension, der Wechsel der Zeiten. Der dritte sind die Unterschiede in der räumlichen Dimension, die lokalen Unterschiede, die Unterschiede von Gruppen, Kulturen und Religionen, die, selbst wenn sie einer einzigen politischen Einheit angehören, sich nebeneinander behaupten und eine pluralistische Gesellschaft konstituieren.

An dieser Stelle muß ich einen Gedanken entwickeln, der dem Ziel unserer Untersuchung zu widersprechen scheint: ich muß das Absolute in Frage stellen, das heißt das falsche Absolute, um das wahre Absolute zu entdecken. Ich will das tun, indem ich das falsche Absolute relativiere. Wir kommen auf die drei Gründe für die Relativität der moralischen Inhalte zurück. Als ersten Grund nannten wir die Konkretheit der Situation, in der wir moralische Entscheidungen zu fällen haben. Damit meine ich nicht eine Entscheidung zwischen gut und böse, vorausgesetzt, daß wir wissen oder zu wissen glauben, was gut und was böse ist, sondern die Wahl zwischen verschiedenen Möglichkeiten, die sich gleicherweise als moralisch gut anbieten. In einer normalen Situation sind nicht viele solcher Möglichkeiten gegeben; wir brauchen nicht häufig Entscheidungen zu treffen, und oft ist es möglich, sie gänzlich zu vermeiden. Das scheint der sicherste Weg zu sein, denn Entscheidungen bedrohen die Sicherheit, die feststehende moralische Gesetze uns geben. Diese lassen uns glauben, daß wir wissen, was gut ist, gleich ob wir es tun oder nicht. In dieser Hinsicht scheint keine Unsicherheit zu bestehen. Wir fühlen uns sicher innerhalb moralischer Traditionen, die sich in Gesetzen, in gesellschaftlichen Konventionen oder in philosophischen und theologischen Ideen ausdrükken. Ihnen zugrunde liegen häufig alte heilige Gesetze, wie die Zehn Gebote, die für Juden und Christen und die gesamte abendländische Welt gültig sind. Diese traditionellen Moralgesetze sind durch Gewohnheit und Erziehung zu einem Teil unserer Natur geworden; sie sind ihr durch religiösen und sozialen Druck, durch Drohungen und Versprechungen eingepflanzt worden; sie haben ein zuverlässig funktionierendes Gewissen erzeugt, das unmittelbar reagiert und seiner sicher ist, ohne sich der Qual einer Entscheidung unterziehen zu müssen. Eine Kultur von dieser Art ist wie eine Insel, die weder äußeren Gefahren noch innerer Spaltung ausgesetzt ist. Sie ist eine statische, keine dynamische, eine monistische, keine pluralistische Kultur. Sie wird in ihrer Gesamtheit als absolut gültig akzeptiert; individuelle Entscheidungen werden nicht verlangt. Aber eine derartige Insel hat es niemals gegeben, und unsere gegenwärtige Wirklichkeit entspricht ihr bestimmt nicht. Kein moralisches System hat jemals vollständig eindeutige Anleitungen für das moralische Handeln gegeben, und der Hauptgrund dafür liegt in der Einzigartigkeit jeder konkreten Situation. Die Gesetze – und ich denke hier wieder an die Zehn Gebote – sind einerseits zu abstrakt, um auf jede konkrete Situation anwendbar zu sein, und andererseits sind sie nicht abstrakt genug, um als allgemeine Prinzipien gelten zu können; sie sind von der Kultur abhängig, aus der sie hervorgegangen sind.

Das mosaische Gesetz, der Dekalog, verbietet beispielsweise das Töten. Wenn man das hebräische Wort *katla* mit „Mord“ übersetzt, bleibt die Frage offen, wie sich Mord von Töten im allgemeinen unterscheidet; die Frage der Todesstrafe oder des Tötens im Krieg oder aus Selbstverteidigung wird nicht beantwortet. Ein anderes Beispiel ist das Gebot, Vater und Mutter zu ehren. Dieses Gebot fußt auf der feudalen Tradition des absoluten Gehorsams. Wie kann es auf die liberale demokratische Situation angewandt werden und auf die Notwendigkeit, uns von der Autorität der Eltern zu befreien? Theologen und Gesetzgeber haben diese Probleme erkannt und haben unzählige Kommentare zu den alten Gesetzen geschrieben. In dem Augenblick jedoch, in dem uns eine ganz bestimmte konkrete Situation vor eine moralische Entscheidung stellt, werden wir uns kaum um diese Kommentare kümmern. Sie könnten uns letztlich auch keine wirkliche Antwort geben, denn keiner ihrer Verfasser war jemals genau in der gleichen Lage, in der wir uns in einem solchen Augenblick befinden. Deshalb müssen wir es wagen, selbst zu entscheiden.

Ein zweiter Grund für die mangelnde Sicherheit in den moralischen Systemen ist die Tatsache, daß in jeder konkreten Situation mehr als *ein* Gesetz anwendbar ist. Wir nennen das einen Konflikt der Pflichten, und wir alle sind ihm im Leben dauernd ausgesetzt. Aus dem Gespräch mit Ärzten habe ich erfahren, welch schweres Problem bei todkranken Patienten die Wahl zwischen Ehrlichkeit und Mitleid bedeutet. Dem Patienten die Wahrheit sagen, ist Grausamkeit, sie ihm vorenthalten, ist eine Entwürdigung des Menschen in ihm. Dieser Konflikt besteht, und kein Kommentar kann dem Arzt in dieser konkreten Situation, diesem einzigartigen Individuum als Patienten gegenüber, genau sagen, was er tun soll. Er selbst muß die Entscheidung treffen, und seine Entscheidung mag die falsche sein.

Das dritte relative Element im moralischen Inhalt ist die Relativität des Gewissens. Ich habe von der „Verinnerlichung der Gesetze" gesprochen, die das Gewissen unmittelbar reagieren läßt. Aber auch damit ist uns nichts Absolutes gegeben. Das Gewissen kann gespalten sein, und die Gesetze, die in ihm verinnerlicht sind, können einander widersprechen und miteinander im Kampf liegen. Oder unser Mut, etwas Neues zu wagen, kämpft gegen unsere Bindung an die Tradition, die unser Gewissen geprägt hat. Außerdem kann das Gewissen sich irren. Man kann an gewisse Nationalsozialisten denken, die mit gutem Gewissen Greueltaten begingen, weil „die Stimme Gottes", die für sie die Stimme Hitlers war, sie von ihnen verlangte. Keine äußere Autorität kann uns von der Bürde befreien, inmitten der Relativitäten der menschlichen Situation selber Entscheidungen zu treffen. Wenn wir diese schwere Verantwortung, die uns als Person auferlegt ist, einer äußeren Autorität, sei es einer weltlichen oder einer religiösen, überantworten, verringern wir zwar die Qual der Entscheidung, aber wir verringern auch unsere Würde als Person.

Diese Probleme bestehen in jeder Kultur; aber in unserer Kultur, die so durchaus dynamisch ist, sind sie ungeheuer intensiviert. Gewiß gibt es auch in alten und statischen Kulturen dynamische Entwicklungen. Kulturen werden durch schöpferische Individuen langsam verändert, so daß sich die Veränderung kaum bemerkbar macht; aber daneben gibt es plötzliche und radikale Umwälzungen durch politische Revolutionen, die eine neue Gesellschaftsschicht zur Herrschaft bringen und damit auch die bisher geltenden Werte, Gesetze und moralischen Sitten verändern. Neue Ideologien werden der Gesellschaft auferlegt; diese werden allmählich „verinnerlicht" und schaffen so ein neues moralisches Bewußtsein.

Das gleiche spielt sich in religiösen und philosophischen Revolutionen ab, wie etwa der Reformation, dem Humanismus, dem Naturalismus und dem Existentialismus. Die bestehenden Traditionen werden untergraben und neue werden geschaffen. Mit diesen Revolutionen gehen häufig technische Revolutionen einher, die die äußere Welt verändern; diese ziehen moralische Veränderungen nach sich, die zunächst verdeckt bleiben und erst allmählich sichtbar werden. Selbst wenn moralische Theorien diesen Veränderungen zu folgen suchen, kann das praktische Leben nicht auf ihre Ergebnisse warten; jeder Augenblick fordert Entscheidungen.

Der Relativismus, den diese zeitlichen Veränderungen verursachen, wird durch wachsende räumliche Annäherung und gegenseitige Beeinflussung verschiedener Kulturen verstärkt. Wenn in der gleichen politischen Gemeinschaft verschiedene Traditionen nebeneinander bestehen, haben wir eine pluralistische Gesellschaft wie diejenige, in der wir leben. Wenn wir einen Blick auf die Geschichte werfen, erkennen wir, daß eine solche pluralistische Gesellschaft nicht vor dem siebzehnten Jahrhundert entstehen konnte. Voraussetzung für sie war die Relativierung der kulturellen Werte durch die Renaissance und der religiösen Traditionen durch die Reformation. Bis zum Jahre 1600 war die abendländische Gesellschaft in religiöser Hinsicht monolitisch. Der Pluralismus setzte sich erst langsam und unter Schwierigkeiten durch, hauptsächlich unter dem Einfluß des schrecklichsten aller Kriege, des Dreißigjährigen Krieges. Heute leben wir in einer entschieden pluralistischen Gesellschaft. Wir alle wissen es, wenn wir es auch nicht theoretisch formulieren, denn wir erfahren es auf allen Gebieten, dem politischen, dem kulturellen und dem religiösen.

Nachdem ich die Hauptursachen des Relativismus beschrieben habe, will ich jetzt auf einige seiner weitreichenden Wirkungen eingehen. Keinem von uns ist es noch möglich, moralischen Entscheidungen zu entgehen. Jedes Urteil, beispielsweise über die junge Generation – und das sage ich denen, die der älteren Generation angehören, – muß darauf Rücksicht nehmen, daß wir in einer dynamischen und pluralistischen Gesellschaft leben. Auf den jungen Menschen liegt heute eine schwere Last, wenn sie moralisch den richtigen Weg finden wollen. Diese Situation haben sie nicht selbst verschuldet; deshalb sollten wir sie nicht eilfertig verurteilen. Viele Menschen, auch unter der jungen Generation, versuchen, Entscheidungen auszuweichen, indem sie der Tradition folgen, in der sie aufgewachsen sind. Andere vermeiden moralische Entscheidungen, indem sie schlau zu berechnen versuchen, was das Vorteilhafteste für sie ist, und zuweilen haben sie Erfolg damit, wenn auch nur vorübergehend. Aber es gibt viele, die der Situation nicht ausweichen und mutig die Last auf sich nehmen, die der Relativismus und die Wahl zwischen den Alternativen, von denen ich sprach, ihnen auferlegen. Ich denke beispielsweise an die Wahl zwischen Religion und Säkularismus in unserem Leben und Denken oder an die Wahl zwischen einer konservativen und einer liberalen politischen Haltung, zwischen nationalen und übernationalen Interessen. Oder es kann sich um die Entscheidung zwischen Bejahung und Verleugnung unserer Erfüllung, besonders in sexueller Hinsicht, handeln oder um eine Entscheidung zwischen der unbefragten Annahme der elterlichen Autorität und dem Durchbruch zur eigenen Reife oder um eine Entscheidung zwischen unbeschränktem Konkurrenzkampf im Berufs- und Geschäftsleben und einem Leben, dessen Sinn in seiner inneren Erfüllung gesehen wird ohne Rücksicht auf äußeren Erfolg. Oder es kann eine Entscheidung sein zwischen einer dauernden Selbstaufgabe, dem Verzicht auf ein eigenes erfülltes Leben (wie der Selbstaufgabe von Töchtern für ihre Eltern oder von Müttern für ihre Kinder), sowie der Pflicht, die eigenen Potentialitäten zu entwickeln. Menschen, die vor solche und unzählige andere Entscheidungen gestellt sind, stellen die Frage nach dem Absoluten in der moralischen Entscheidung mit äußerstem Ernst. Sie wissen, daß das Wagnis, das jede Entscheidung bedeutet, sie in vielerlei Hinsicht an den Rand der Selbstzerstörung führen kann. Deshalb suchen sie nach Prinzipien, nach Leitsternen, die ihnen auf dem endlosen Meer der Relativitäten die Richtung weisen. Die eine Entscheidung haben sie bereits getroffen: die Entscheidung, Entscheidungen nicht auszuweichen, und dies ist die wichtigste und die mutigste Entscheidung, wenn sie sich an sie halten. Sie haben den sicheren Hafen der Tradition verlassen, nun suchen sie nach Leitsternen.

Viele befinden sich in dieser Lage, wenn sich auch nicht alle ihrer im gleichen Maße bewußt sind und wenn sie auch nicht für alle gleich extrem ist. Das alltägliche Leben stellt uns vor Entscheidungen, die keineswegs immer dramatisch sind. Aber durch viele kleine Entscheidungen vollziehen wir oft eine große Entscheidung, bevor wir uns bewußt werden, daß wir bereits entschieden haben.

Prinzipien der moralischen Entscheidung

Wir wollen jetzt nach Leitsternen, wie ich sie genannt habe, suchen, das heißt nach Prinzipien für die moralische Entscheidung. Sie sind das Absolute in der Relativität der moralischen Inhalte und die Kriterien, die uns zwar nicht von der Notwendigkeit befreien, Entscheidungen zu treffen, uns aber doch davor bewahren, der Willkür und dem Zufall zu verfallen. Das lateinische Wort für „Entscheidung", *decisio,* bedeutet zugleich „Abschneiden". Jede Entscheidung ist notwendigerweise ein Abschneiden, nämlich ein Abschneiden anderer Möglichkeiten, und kann aus eben diesem Grunde willkürlich sein, vom Zufall bedingt, ohne bestimmende Normen. Deshalb müssen wir fragen, ob es richtunggebende Prinzipien gibt, mit deren Hilfe wir echte Entscheidungen von der Zwanghaftigkeit willkürlicher Entscheidungen unterscheiden können. Solche Prinzipien müßten einerseits absolut, andererseits relativ sein. Ein letztes Prinzip für unsere moralischen Entscheidungen muß beides sein: Fehlte ihm die Absolutheit, so könnte es uns nicht davor bewahren, uns in dem Chaos der Relativitäten zu verlieren; fehlte ihm die relative Seite, so bliebe es ohne Beziehung auf unsere konkrete Situation und könnte keinen moralischen Inhalt abgeben.

Wir können bei der Suche nach einem solchen Prinzip von dem Absoluten ausgehen, von dem wir sprachen, dem unbedingten Imperativ, jede Person als Person anzuerkennen. Wenn wir nach dem Inhalt fragen, den dieses absolute Prinzip uns gibt, so finden wir zunächst einen negativen Inhalt, nämlich das Verbot, eine Person als Ding zu behandeln. Das scheint wenig zu sein, ist jedoch viel: es ist der Kern des Gerechtigkeitsprinzips.

Die Idee der Gerechtigkeit hat viele Aspekte. Für Plato war Gerechtigkeit die Tugend, die alle anderen Tugenden in sich schließt. Aristoteles betonte die proportionale Gerechtigkeit, die jedem gibt, was seinem Wert entspricht. Die Stoiker betonten das Element der Gleichheit in der Gerechtigkeit und verlangten die Emanzipation von Frauen, Kindern, Fremden und Sklaven.[1]

Im Alten Testament nimmt das Prinzip der Gerechtigkeit ein anderes Element in sich auf. *Zedaquah* ist mehr als die prinzipielle Anerkennung der anderen Person und mehr als die proportionale Gerechtigkeit, die jedem zubilligt, was er verdient – sie ist schöpferische Gerechtigkeit, denn sie verwandelt den anderen; sie erhebt den, dem sie gewährt wird, in einen höheren Stand; sie gibt ihm mehr, als was ihm zukommt.

Im Neuen Testament kommt zu dem Prinzip der Gerechtigkeit ein weiteres Element, das jedoch keinem der anderen Elemente widerspricht. Es ist das Element der Liebe, in der Sprache des Neuen Testaments *agape* genannt. Ich gebrauche das griechische Wort wegen der Vieldeutigkeit des Wortes Liebe. *Agape* ist die Erfüllung der schöpferischen Gerechtigkeit des Alten Testaments. Sie findet ihren höchsten Ausdruck in der Aufopferung für die geliebte Person, mit der auf

[1] (Den folgenden Absatz hat Tillich auf dem Tonbandtranskript in Klammern gesetzt; es ist ein Exkurs, der den Hauptgedankengang unterbricht, weshalb er hier als Anmerkung gebracht wird.) – Dieser Aspekt der Gerechtigkeit kann zum Problem der Sozialethik führen. Die Frage ist, ob es für das Absolute, das die persönliche moralische Entscheidung bestimmt, Analogien in den Entscheidungen einer sozialen Gruppe gibt, die durch ihre Führer getroffen werden. Eine solche Analogie kann jedoch nur beschränkte Geltung haben, und zwar vor allem, weil eine Gruppe kein bestimmtes Zentrum hat, wie eine Person es besitzt. Eine Gruppe ist keine Person, und das verändert das gesamte Bild. Diejenigen, die, anscheinend aus moralischen Gründen, die Analogie so weit wie möglich treiben und den Staat zur Person machen, wollen auf diese Art den Staat den gleichen Prinzipien unterwerfen wie das Individuum, sich selbst eingeschlossen. Tatsächlich jedoch bereiten sie auf diese Art nur der Diktatur den Weg; denn in dem Augenblick, in dem der Staat zur Person gemacht wird, wird der Führer zum Zentrum, von dem die Entscheidungen ausgehen, und es gibt keine Norm mehr, nach der er kritisiert werden kann. Aus diesem Grund warne ich alle, für die die Sozialethik ein wichtiges Anliegen ist, davor, diese Analogie zu weit zu treiben. – Es gibt noch einen zweiten, ebenso wichtigen Grund, warum das Gerechtigkeitsprinzip nicht in gleicher Weise auf Gruppen wie auf Individuen angewandt werden kann, nämlich die Tatsache, daß soziale Gruppen eine Machtstruktur besitzen und deshalb nicht einfach wie Individuen beurteilt werden können. Das Individuum hat hinsichtlich seiner Beziehung zu einer sozialen Gruppe wie dem Staat vielerlei Entscheidungen zu treffen, und für diese gelten die Prinzipien, von denen wir hier sprechen. Aber die Beziehungen der Gruppen oder Staaten zueinander und zu Individuen liegen in einer anderen Dimension und verlangen andere Maßstäbe. Gerechtigkeit ist allerdings ein Prinzip, das auch für sie gilt, aber es ist nicht die Gerechtigkeit, die für Individuen gilt, die sich in der Situation befinden, moralische Entscheidungen treffen zu müssen.

diese Art eine tiefe Einung vollzogen wird. *Agape* geht also weit über die bloße Anerkennung der anderen Person als Person hinaus. Sie strebt nach Vereinigung mit dem anderen und mit allem, von dem der Mensch getrennt ist.

Liebe als *agape* ist das absolute moralische Prinzip, nach dem wir gefragt haben. Um zu verstehen, was dieser Begriff bedeutet, müssen wir ihn von allen irreführenden Nebenbedeutungen befreien. Liebe als *agape* schließt das Grundprinzip der Gerechtigkeit in sich ein. Wer anderen Gerechtigkeit versagt und statt dessen behauptet, daß er sie liebe, hat den Sinn der *agape* völlig mißverstanden; er verbindet Ungerechtigkeit mit Sentimentalität und nennt es Liebe. *Agape* darf auch nicht mit anderen Formen der Liebe verwechselt werden, mit Liebe als *libido*, als Freundschaft, als Mitleid und als *eros*. *Agape* steht zwar mit diesen allen in Zusammenhang und kann mit ihnen vereint werden; aber sie ist zugleich das Kriterium, unter dem sie alle stehen. Ihre Größe liegt darin, daß sie den andern annimmt und erträgt, auch wenn er unannehmbar und schwer zu ertragen ist. Ihr Ziel ist eine Vereinigung, die mehr ist als Einigkeit auf Grund von Sympathie und Freundschaft. Sie kann Vereinigung trotz Feindschaft sein. Seine Feinde lieben ist keine Sentimentalität, die Feindschaft bleibt bestehen. Aber trotz ihrer nehme ich den anderen nicht nur als Person an, sondern ich vereine mich mit ihm in etwas, das über ihm und mir steht, nämlich in dem letzten Grund seines und meines Seins.

Agape ist das erste Element in dem Prinzip, nach dem wir suchen, wenn wir eine moralische Entscheidung fällen. Das zweite Element ist die konkrete Situation, der die Liebe sich zuwendet. Die Liebe hört hin auf diese Situation, sie sieht sie in ihrer ganzen Konkretheit und erforscht die tiefsten Regungen der anderen Person. Wir können heute solche Regungen besser verstehen, als man das in früheren Zeiten konnte, weil uns die Einsichten der Psychologie und der Soziologie in die inneren und äußeren Bedingungen der menschlichen Situation zu Gebote stehen. Diese können der Liebe helfen, die konkrete Situation zu sehen und auf sie zu hören.

Diese hinhörende Liebe, die auf den anderen eingeht, tritt an die Stelle des automatischen Gehorsams gegen die moralischen Gebote. Auch diese Gebote stammen aus moralischen Einsichten, die dann jedoch zu moralischen Gesetzen erstarrt sind; und kein moralisches Gesetz kann uns die moralische Entscheidung ersparen und uns vor einem moralischen Wagnis bewahren. Wir können uns bei ihm Rat holen, aber das ist auch alles; das wird deutlich, wenn wir um Rat gefragt werden. Wenn ein Student zu mir kommt, der vor einer schweren moralischen

Entscheidung steht, halte ich ihm nicht die Zehn Gebote vor oder die Worte der Bergpredigt oder irgendwelche anderen Gesetze, auch nicht die der humanistischen Ethik. Ich sage ihm vielmehr, daß er sich fragen soll, was ihm die *agape* in seiner Situation gebietet, und daß er diesem Gebot folgen soll, selbst wenn es Tradition und Konvention widerspricht. Allerdings muß ich ihm auch klarmachen, daß er sich mit seinem Entschluß tragischen Folgen aussetzt. In den moralischen Geboten, ebenso wie in anderen Gesetzen und Traditionen, hat sich die Weisheit der Jahrhunderte verkörpert, und wer ihnen nicht folgt, muß gewillt sein, Tragik auf sich zu nehmen.

Das führt uns zu einer allgemeinen Betrachtung über die Funktion des Gesetzes, der Zehn Gebote, der Gebote der Bergpredigt oder der Briefe der Apostel und der Gesetze anderer Religionen. Diese Gesetze selbst sind nicht absolut, aber sie sind aus dem absoluten Prinzip der *agape* abgeleitet, der Liebe, die mit Gerechtigkeit vereint ist, und sind in unzähligen konkreten Situationen der menschlichen Geschichte erprobt worden. Die moralischen Gebote, wo wir ihnen auch in der Geschichte begegnen, sind Ausdruck der moralischen Erfahrungen der Menschheit. Sie können Schöpfungen der Weisheit genannt werden, der göttlichen Macht, die Gott bei der Erschaffung der Welt zur Seite stand und „öffentlich am Wege steht" und die Menschen ermahnt (Sprüche 8). Die Gesetze enthalten die moralische Weisheit aller Zeiten und dürfen nicht leichtfertig verachtet werden. Nur wo wir einsehen, daß das Gesetz für eine konkrete Situation unanwendbar ist, sind wir berechtigt, gegen es zu verstoßen.

Zum Schluß möchte ich über diejenigen, die es wagen, echte moralische Entscheidungen zu treffen, noch zweierlei sagen. Indem sie mutig ihre Entscheidung treffen und sich dabei von dem Prinzip der *agape*, die auf die konkrete Situation hinhört, und von der Weisheit der Zeiten leiten lassen, tun sie etwas nicht nur für sich selbst und für die, die von ihren Entscheidungen betroffen werden, sondern auch etwas, das hierüber hinausgeht. Sie verwirklichen Möglichkeiten des geistigen Lebens, die bis dahin nicht sichtbar waren; sie tragen schöpferisch zur Entwicklung des moralischen Bewußtseins in der Zukunft bei. Darin liegt die schöpferische Möglichkeit eines moralischen Lebens, die heute vor allem für die jüngere Generation vorhanden ist. Sie bedeutet allerdings eine schwere Bürde für die jungen Menschen, denn sie setzt diese einer Unsicherheit aus, die die Unsicherheit, die auch frühere Generationen kannten, bei weitem übertrifft. Für diese war das Problem noch: Tue ich das Gute, von dem ich weiß, daß es gut ist? Dieses Problem wird zwar immer bestehen, aber heute kommt ein weiteres Problem hinzu, nämlich die Frage: Was ist das Gute? Darüber müssen die jungen Menschen selbst entscheiden, und jede Entscheidung ist ein moralisches Wagnis. Aber wenn wir auch eine falsche Entscheidung treffen, die uns Leiden bringt, so kann doch das schöpferische Element, das in jeder ernsthaften Wahl enthalten ist, uns Mut verleihen, neue Entscheidungen zu wagen.

Das ist das erste, was ich allen denen sagen möchte, die es wagen, wirkliche moralische Entscheidungen zu treffen. Und nun das zweite: Je ernsthafter wir alle Faktoren bedenken, die zu einer solchen Entscheidung beitragen, die absoluten ebenso wie die relativen, um so gewisser können wir sein, daß eine Macht in der Tiefe des Lebens uns annimmt trotz des Verstoßes gegen das Leben, dessen wir uns durch eine falsche Entscheidung schuldig machen.

Die Mischung aus Absolutem und Relativem gibt der moralischen Entscheidung ihre Größe und setzt sie Gefahren aus. In ihr ist die Würde und die Tragik des Menschen begründet, seine schöpferische Freude und die Qual über seine Verfehlungen. Deshalb sollten wir nicht versuchen, der Entscheidung auszuweichen, weder in Willkür ohne Norm noch in Sicherheit ohne Freiheit.

Das Heilige: das Absolute und das Relative in der Religion

Die beiden ersten Kapitel haben drei verschiedene Tatbestände aufgezeigt. Als erstes wurden die relativen Faktoren in der kognitiven und der moralischen Begegnung des Menschen mit der Wirklichkeit – sowohl auf seiten des Subjekts wie auf seiten des Objekts – beschrieben. Zweitens wurden Elemente des Absoluten inmitten der Relativitäten erkannt, sowohl auf der subjektiven wie der objektiven Seite. Im Bereich der Erkenntnis waren diese absoluten Elemente die Struktur des Verstandes, die Sinneseindrücke ermöglicht, obwohl sie selbst keine Sinneserfahrung ist; die Universalien, die die Sprache ermöglichen, und die Kategorien und Polaritäten, die das Verständnis der Wirklichkeit ermöglichen. Im moralischen Bereich fanden wir das Absolute in dem unbedingten Charakter des moralischen Imperativs, was auch sein Inhalt sein möge, in dem Prinzip der Gerechtigkeit, das jede Person als Person anerkennt, und in dem Prinzip der *agape*, der Liebe, die die Gerechtigkeit in sich einschließt und zugleich über sie hinausgeht und das Relative und das Absolute vereinigt, indem sie auf jede konkrete Situation eingeht.

Aber darüber hinaus haben die beiden ersten Kapitel noch auf etwas drittes hingewiesen, das fundamentaler ist als Kategorien und Universalien, nämlich das Sein-Selbst jenseits der Spaltung in Subjekt und Objekt – das Problem unseres dritten Kapitels. Oder mit anderen Worten: Indem wir das Prinzip der Wahrheit und das Prinzip des Guten beschrieben, kamen wir zu der Quelle aller absoluten Faktoren in unserer Begegnung mit der Wirklichkeit, zum Absoluten-Selbst. Die Begegnung mit ihm ist die Begegnung mit dem Heiligen.[2]

Wir hätten das Absolute-Selbst auch auf einem anderen Weg erreichen können, beispielsweise durch eine Analyse der ästhetischen Begegnung mit der Wirklichkeit. Dieser Bereich scheint zwar vollständig vom Relativismus beherrscht zu sein; man behauptet, über den Geschmack ließe sich nicht streiten. Aber man kann sehr wohl die Frage diskutieren, ob ein modernes Gemälde oder eine antike Skulptur Kunstwerke sind oder nicht. Es gibt gewisse absolute Kriterien für die Beurteilung von Kunstwerken, wenn man Kunst von anderen Funktionen wie Technik, Naturwissenschaft usw. unterscheidet: Ein Kunstwerk enthält etwas Absolutes, insofern es Ausdruck der letzten unbedingten Wirklichkeit ist. Es stellt ein Stück der endlichen Wirklichkeit dar, die es durch seine schöpferische Kraft transparent macht für das Unbedingt-Wirkliche. Das gibt allen großen Kunstwerken einen unerschöpflichen Sinn. In diesem Hinweis auf etwas, das jenseits des Werks selber liegt, ist das Absolute im Bereich der schöpferischen Kunst gegenwärtig, das trotz allen Wechsels in Stil und Geschmack vorhanden ist.

Es gibt noch einen anderen Weg zum Absoluten-Selbst, nämlich den Weg durch den gesellschaftlich-politischen Bereich. Hier zeigt sich das Absolute vor allem in der Heiligkeit der Gesetze, die sich auf die eine oder andere Art in den meisten Rechtssystemen ausdrückt. Das Gefühl für die Heiligkeit des Gesetzes hat selbst die allgemein gewordene Säkularisierung überlebt und zeigt sich beispielsweise noch in Eidesformeln und in einer quasi-rituellen Haltung des Gerichts, derzufolge ein Verstoß gegen das Gericht als säkularisierter Verstoß gegen Gott und als eine Art Blasphemie betrachtet wird. Wir finden die gleiche Haltung noch in der Ehrfurcht vor dem Landesrecht und, besonders in Amerika, vor dem gesellschaftlich-politischen Fundament des Staates, der Verfassung. Oder wir finden sie in dem mythisierten „Willen des Volkes", den mythisierten Staatsgründern oder dem ebenso mythisierten Kaiser oder König von Gottes Gnaden (unter einem von denen

[2] Die Übersetzung der beiden vorangehenden Absätze folgt dem Tonband, da sie in der amerikanischen Ausgabe stark verändert sind.

ich noch aufgewachsen bin). Gesetze und Verfassungen wechseln, aber ihre rechtliche und soziale Gültigkeit als solche ist absolut; sie wurzelt in dem Heiligen selbst.

Der Weg zum Absoluten-Selbst, zu dem Grund alles Absoluten in den partikularen Bereichen, ist ein anagogischer, das heißt aufwärtsführender Weg. Wir sind hier nicht von der letzten Wirklichkeit oder von der Existenz Gottes ausgegangen, sondern von den verschiedenen Bereichen, in denen der Mensch der Wirklichkeit begegnet, dem kognitiven, dem moralischen und – gewissermaßen unter dem Strich – dem ästhetischen und dem gesellschaftlich-politischen, und haben gesehen, daß hier absolute Faktoren vorhanden sind, ohne die diese Begegnungen nicht möglich wären. Weiter haben wir gefunden, daß es in jedem dieser Faktoren einen Punkt gibt, an dem er über sich hinausweist auf das Absolute-Selbst, das wir als das Heilige erfahren. Im kognitiven Bereich nannten wir diesen den Grund des Seins, im moralischen das Gute selbst. Mit anderen Worten: Wir haben auf dem Weg der Analyse herausgefunden, daß in dem Universum von Relativitäten etwas Absolutes gegenwärtig ist, das über sich hinausweist auf das Absolute-Selbst. Diese Methode hat uns der Aufgabe enthoben, Beweise für die Existenz eines absoluten Wesens zu liefern, ob es Gott, das Eine, Brahman-Atman, Schicksal, Natur oder Leben genannt wird. Das Absolute, zu dem uns unsere Analyse geführt hat, ist kein absolutes Wesen, das ein Widerspruch in sich selbst wäre, sondern ist das Sein-Selbst.

Die Begegnung des Menschen mit dem Heiligen

In der vielfältigen Begegnung mit der Wirklichkeit begegnet der Mensch auch dem Heiligen. Aber diese Begegnung ist ihrem Wesen nach keine Begegnung *neben* den anderen, sondern eine Begegnung *in* den anderen. Sie ist die Erfahrung des Absoluten-Selbst. Erst nachdem wir diesen Punkt klargemacht haben, können wir von einer partikularen Begegnung mit dem Heiligen sprechen, nämlich der Religion im traditionellen Sinn des Wortes.

In der Begegnung mit dem Heiligen ist die Erfahrung des Absoluten als solchen nicht nur impliziert, sondern bewußt angestrebt. Das ist entscheidend zum Verständnis der Religion. Es ist das absichtliche Daraufhinstreben, dem Absoluten als solchem zu begegnen, was die Religion zur Religion macht und sie zugleich unendlich transzendiert. Das Element des Absoluten ist am mächtigsten ausgedrückt in dem großen Gebot:

„Du sollst Gott, deinen Herrn, lieben von ganzem Herzen, von ganzer Seele, von ganzem Gemüte und mit allen deinen Kräften." Das ist Absolutheit in religiöser Sprache, und es ist, um ein Geständnis zu machen, die Basis für meine Definition der Religion als Ergriffensein von einem unbedingten Anliegen. Dieses Gebot ist jüdisch-christlich, aber es gibt in allen Religionen ähnliche Ausdrucksformen für das Absolute. Viele Religionen kennen eine absolute Drohung und eine absolute Verheißung, die beispielsweise als Hölle und Himmel versinnbildlicht werden und als Ausdruck für die psychologischen Zustände äußerster Verzweiflung und höchster Seligkeit verstanden werden können. Diese Symbole für ein Absolutes brechen in die Relativität unserer gewöhnlichen Erfahrung ein, unseres Leids und unserer Lust, unserer Freude und unserer Sorge, unserer Hoffnung und unseres Zweifels. Sie stehen für zwei absolute Möglichkeiten, die von unserer Beziehung zu dem Unbedingten-Selbst abhängig sind. Im Islam, im Hinduismus, im Mahajana-Buddhismus und im Christentum und Judentum finden sich mächtige Symbole für diese Idee, in denen sich die absolute Ernsthaftigkeit unserer Beziehung zum Heiligen, zum Absoluten-Selbst ausdrückt.

Diese Auffassung des Heiligen stimmt mit Rudolf Ottos Analyse des Heiligen überein. Der Name Rudolf Otto ist für mich mit der Erinnerung an wunderbare Stunden in den zwanziger Jahren verbunden, in denen wir zusammen über die Hügel und durch die Wälder um Marburg wanderten und uns über Probleme des Christentums und der asiatischen Religionen unterhielten. Er war ein großer Kenner dieser Religionen und hatte wiederholt Reisen nach Asien unternommen. In seiner Analyse des Begriffs des Heiligen beschreibt er dieses zuerst als Mysterium; es ist das Absolute-Selbst, der Grund aller absoluten Elemente, die wir in den verschiedenen Bereichen der Begegnung des Menschen mit der Wirklichkeit gefunden haben. Es kann weder aus unseren endlichen Erfahrungen in Form einer Beweisführung abgeleitet werden, noch kann es in seinem Wesen vom endlichen Verstand begriffen werden. Trotzdem können wir eine Beziehung zu dem haben, was uns und allen menschlichen Wesen ein Mysterium ist, und können um diese Beziehung wissen, wenn wir das Mysterium auch nur als das Mysterium unseres Seins und des Seins überhaupt begreifen, nämlich als das Mysterium: Warum ist etwas und ist nicht vielmehr nichts? Otto beschreibt das Mysterium durch die Reaktionen, die es in uns auslöst als *mysterium tremendum* und als *mysterium fascinosum,* je nachdem ob es in uns Grauen, Schrecken und Schauder erregt oder uns anzieht, entzückt, beseligt. Das *tremendum* ist der äußerste Schrecken darüber, daß wir unsere Erfüllung verfehlen können, das *fascinosum* ist das äußerste Verlangen, sie zu erreichen. Die Beispiele, die Otto aus den verschiedenen Religionen heranzieht, zeigen deutlich, daß die Menschen in diesen Erfahrungen dem Absoluten als solchem begegnet sind, das die einzelnen Elemente des Absoluten transzendiert, die wir in den verschiedenen Begegnungen mit der Wirklichkeit finden.

Die beiden Begriffe der Religion

Jetzt erhebt sich eine Frage, die für unsere ganze heutige Kultur von Wichtigkeit ist: Ist die Begegnung mit dem Absoluten-Selbst auf unsere Erfahrungen innerhalb dessen, was wir gewöhnlich „Religion" nennen, beschränkt? Die Antwort darauf kann nur sein: Gewiß nicht! Das geht schon aus der Tatsache hervor, daß wir das Absolute außerhalb der Religion gefunden haben. Man könnte sagen, daß es für jedermann etwas gibt, das ihm heilig ist, selbst für den, der die Erfahrung des Heiligen leugnet. Wir können hier an das anknüpfen, was wir oben gesagt haben, daß das Absolute auf verschiedene Art erfahren werden kann, nämlich indirekt und direkt. Entsprechend können wir zwei Begriffe der Religion unterscheiden, einen weiteren und einen engeren. Religion im weiteren Sinn erscheint als Dimension des Unbedingten in den verschiedenen Funktionen des menschlichen Geistes. Sie ist – metaphorisch gesprochen – die Dimension der Tiefe, der unausschöpflichen Tiefe des Seins, die in diesen Funktionen indirekt erscheint. Direkt begegnen wir in diesen Bereichen etwas anderem, etwa der Wahrheit, dem moralischen Imperativ, der Gerechtigkeit oder der ästhetischen Ausdruckskraft. In diesen allen ist das Heilige gegenwärtig, aber indirekt, es ist im Profanen verborgen und wird durch die Strukturen des Profanen als heilig erfahren. Religion auf dieser Grundlage und in ihrem universalen Sinn kann bezeichnet werden als das Ergriffensein von einem Unbedingten, das sich in verschiedenen Formen manifestiert. Diese Definition trifft auch auf den engeren Begriff der Religion zu. In ihr ist jedoch die Erfahrung des Heiligen eine direkte. Ich habe sie gewöhnlich als die Erfahrung des Heiligen in einer besonderen Verkörperung seiner selbst beschrieben, wie einem heiligen Ort oder einer heiligen Zeit, einer heiligen Person oder einem heiligen Buch, Bild oder Sakrament. Diese direkte Begegnung mit dem Heiligen findet meist innerhalb einer heiligen Gemeinschaft statt, die im Abendland durch eine Kirche, einen Orden oder eine religiöse Bewegung vertreten ist. Sie drückt den besonderen

Charakter ihrer Erfahrung des Heiligen in gewissen Symbolen aus, in Bildern, im Kult und in Regeln für das moralische und soziale Leben der Gruppe. Dies ist Religion im engeren und traditionellen Sinn.
Religion im ersteren, weiteren Sinn richtet sich auf das Absolute jenseits aller Unterschiede von Religion und Nicht-Religion; Religion im zweiten, engeren Sinn repräsentiert das Absolute vermittels direkter konkreter Symbole. Daraus folgt, daß das Heilige, das Absolute-Selbst, jede konkrete Religion transzendiert und über sie richtet. Das Unbedingte in Sein und Sinn kann letztlich nicht an einem heiligen Ort oder in einer heiligen Handlung, das heißt in einer besonderen Religion, eingefangen werden. Aber diese eben aufgestellte Behauptung, daß das Unbedingte in keiner besonderen Religion eingefangen werden kann, kann selbst nur auf dem Boden einer besonderen Religion gemacht werden, einer Religion, die fähig ist, ihre eigene Partikularität zu transzendieren und damit vielleicht die Macht hat, auch andere Religionen der Kritik zu unterwerfen. Die Religion im weiteren Sinn ist das Fundament für die Religionen im engeren Sinn und ihr Richter. Daraus ergeben sich wichtige Konsequenzen sowohl für die Beziehung der Religionen zueinander wie für die Beziehung der Religion zu dem Bereich des Säkularen. Die erste von ihnen ist, daß der Säkularismus, der gewöhnlich von der Kirche verdammt wird, eine positive religiöse Funktion erhält. Dies zu zeigen ist ein Hauptzweck meiner Darstellung.

Die Dämonisierung der Religion

Es gibt ein Phänomen, das wir die Dämonisierung der Religion nennen können. Das Dämonische ist mehr als Irrtum und Verzerrung, ja selbst mehr als ein beabsichtigtes Böses, es ist ein negatives Absolutes. Es ist die Erhebung von etwas, in dem Negatives und Positives gemischt sind, zu einem absoluten Wert. Es ist die Vergottung eines Zweideutigen; etwas, in dem Positives und Negatives, Schöpferisches und Zerstörerisches, zweideutig vereint sind, wird als unzweideutig positiv, als in sich selbst heilig betrachtet. Auf die Religion angewandt, heißt das, daß eine besondere Religion Anspruch darauf erhebt, mit dem religiös Absoluten identisch zu sein, und jede Kritik an sich verwirft. Dies führt innerhalb der Religion zu dämonischer Unterdrückung von Zweifel, Kritik und ehrlicher Suche nach Wahrheit; und es führt nach außen zu den dämonischsten und – in physischer wie geistiger Hinsicht – zerstörerischsten Kriegen, den Religionskriegen. Diese Folgen sind unvermeidlich, wenn eine besondere Manifestation des Heiligen mit dem Heiligen selbst identifiziert wird.

Ein klares Beispiel für die Dämonisierung einer Religion, wie sie sich innerhalb der Religion auswirkt, ist – im christlichen Bereich – die Inquisition, und für eine solche, die sich nach außen kehrt, der Dreißigjährige Krieg. Aber in der Geschichte aller Religionen gibt es ähnliche Ereignisse. Die unmittelbare Folge des Dreißigjährigen Krieges war die entschiedenste Säkularisierung in der gesamten Geschichte. Die säkulare Macht, der Staat, mußte die Herrschaft an sich reißen, um Europa vor der völligen Selbstvernichtung zu bewahren. Zur gleichen Zeit erschütterten die säkularisierte Philosophie und der Fortschritt der Naturwissenschaften mit ihrer relativierenden Wirkung den Anspruch der kämpfenden Kirchen auf Absolutheit. In diesem Zusammenhang kann der Säkularismus als Urteil des wahren Absoluten über die dämonischen Ansprüche der besonderen Religionen oder religiösen Gruppen auf Absolutheit betrachtet werden.

Die Quasi-Religionen [3]

Der Prozeß der Säkularisierung und der Relativierung hat heute, nach weiteren Jahrhunderten, theoretisch und praktisch einen kaum noch zu übertreffenden Höhepunkt erreicht, den ich am Anfang dieser Abhandlung zu beschreiben suchte. Aber diese Situation hat zu einer Gegenbewegung geführt, zu einem Streben nach einem neuen Absoluten auf der Basis des Säkularismus. Dieses Absolute tritt in den sogenannten Quasi-Religionen zutage und ihren Folgen, den Quasi-Religionskriegen, wie wir sie heute erleben. Wer wie ich miterlebt hat, wie sich die Menschen, besonders die Jungen, in neue Bewegungen mit Absolutheitsansprüchen wie Faschismus, Nationalsozialismus und Kommunismus stürzen, der durchschaut den quasi-religiösen Charakter dieser Bewegungen. Sie erheben – wie die traditionellen Religionen – ihr Grunddogma über alle Zweifel und dehnen seine Geltung auf alle Gebiete des Lebens aus. Moralische Entscheidungen werden durch Gebote bestimmt, die von diesem Dogma abgeleitet sind und zunächst von einer äußeren Autorität ausgehen, dann aber – was das gefährlichere ist – zum Teil des Volksgewissens werden. Rechtsprinzipien und Gesellschaftsstrukturen werden in strenger Übereinstimmung mit dem Grund-

[3] Dieses Thema hat Tillich ausführlich behandelt in: „Das Christentum und die Begegnung der Weltreligionen", GW V, 51–98.

dogma entwickelt; ein Ritual wird eingeführt, das das herrschende System sanktioniert, und die Künste müssen dazu dienen, es zu glorifizieren. Das Ergebnis sind Lebensformen, die im Dienst eines alles beherrschenden Absoluten stehen, einer absoluten Autorität unterworfen sind und zu absoluten Prinzipien auf allen Gebieten führen. Wir sind heute von solchen Systemen umgeben.

Neben ihnen besteht jedoch ein anderes politisch-kulturelles System, das wir gewöhnlich als „westliche Kultur" bezeichnen und das sich in den angelsächsischen Ländern, besonders in Amerika, ausgebildet hat. Wir könnten es als quasi-religiösen liberalen Humanismus bezeichnen. Es hat im Namen seiner eigenen absoluten Ideen, des Liberalismus und des Humanismus, gegen den Absolutismus des Faschismus und des Kommunismus gekämpft und hat den ersteren zumindest vorläufig besiegt, während es den letzteren weiter bekämpft. Unser System ist den anderen dadurch überlegen, daß es sowohl den in sich widersprüchlichen absoluten Relativismus einerseits wie den dämonisierten Absolutismus der quasi-religiösen Systeme andererseits zu vermeiden sucht. Aber wir dürfen uns nicht über unsere eigene Haltung täuschen: auch unser System ist ein quasi-religiöses. Seine absoluten Elemente sind höchst eindrucksvoll in der amerikanischen Verfassung verkörpert und wirken sich auf alle Gebiete unseres Lebens aus. Aber unserem System ist es gelungen, ein äußerst feines Gleichgewicht zwischen seinem prinzipiellen absoluten Element und seinem fast unbeschränkten Relativismus herzustellen – ein Gleichgewicht, das jedoch dauernd gefährdet ist. In seinem Kampf gegen die absoluten Ansprüche der anderen Systeme kann der liberale Humanismus leicht die Formen übernehmen, die er bekämpft; auch kann er indirekt die Kritik seiner liberalen Bürger unterdrücken. Zudem kann er äußerlich in eine Zwangslage geraten, in der er den Humanismus durch Mittel verteidigen muß, die ihrer Natur nach inhuman sind. Der liberale Humanismus kann mit tragischer Notwendigkeit innenpolitisch den Liberalismus und außenpolitisch den Humanismus opfern. Wenn er beides vermeiden will, kann es sogar geschehen, daß er sein eigenes absolutes Element aufgeben muß und praktisch wie theoretisch dem totalen Relativismus verfällt.

Die Vereinigten Staaten kämpfen heute ernsthaft gegen die drohende kulturelle und moralische Auflösung an. Den Anhängern des liberalen Humanismus wird der Kampf dadurch erschwert, daß auf ihrer Seite auch solche stehen, die nicht an den liberalen Humanismus glauben und sich dem Kampf zur Förderung eines neuen absoluten Nationalismus verschrieben haben, der dem ähnelt, gegen den Amerika im

Namen der Freiheit und der Humanität zu Felde gezogen ist. Solche unerwünschten Verbündeten treiben die Verteidiger des liberalen Humanismus in die entgegengesetzte Richtung, nämlich in einen extremen Relativismus.

Ich hoffe, daß ich mit dieser Analyse ein Problem beschrieben habe, das mich ebensosehr bewegt wie die jüngere Generation, für diese aber noch wichtiger ist, denn es ist ihr Schicksal, das in diesen Konflikten entschieden wird.

Kann eine besondere Religion universalen Anspruch auf Absolutheit erheben?

Nach diesem Exkurs über die Quasi-Religionen kommen wir nun zu einer Frage, die sich Ihnen gewiß schon aufgedrängt hat: Wenn sich in der Religion das Absolute-Selbst, der Grund aller absoluten Faktoren, manifestiert, gibt es dann vielleicht eine Religion, die vor allen anderen Religionen Absolutheit für sich beanspruchen kann? Tatsächlich haben die meisten großen Religionen diesen Anspruch erhoben und erheben ihn noch immer, vor allem das Christentum, der Islam und die jüdische Religion. Andere Religionen haben sich für absolut nur innerhalb eines beschränkten Kulturbereiches erklärt. Ich nenne diese letzteren die Lieblinge der Anthropologen, denn diese sind immer glücklich, wenn sie eine Religion mit der Kultur irgendeiner entfernten pazifischen Insel identifizieren und so ihrer eigentlichen Bedeutung berauben können. Aber unter diesen Religionen finden sich auch große Religionen, die nur nie missioniert haben, wie der Schintoismus in Japan, der Hinduismus in Indien und der Konfuzianismus in China. Diese haben niemals universale Geltung beansprucht, sondern nur Geltung für ihren Kulturbereich; sie repräsentieren das Phänomen einer partikularen Absolutheit, die sich mit ihrer Partikularität zufriedengibt und nicht versucht, über sie hinauszugehen. Diesen beiden Religionsgruppen steht eine andere Religion gegenüber, die vor allem in negativer Hinsicht wichtig ist, nämlich der Buddhismus. Im ursprünglichen Buddhismus gibt es keine Götter; in seiner späteren Entwicklung jedoch erkennt er Verkörperungen des Buddha-Geistes an und kann, wie seine Vertreter behaupten, auch prophetische Gestalten wie Moses, Jesus und Mohammed in sich aufnehmen. Dies erscheint wie eine radikale Selbst-Relativierung, ist es aber nicht; denn die Aufnahme fremder göttlicher Wesen ist nur möglich, weil diese, indem sie dem Buddhismus einverleibt werden, ihre ursprüngliche Bedeutung verlieren. Innerhalb ihrer eigenen Religionen sind sie konkrete Verkörperungen des positiven und exklusiven Absoluten und nicht relative Manifestationen des Geistes, der in Buddha lebte und immer wiederkehren kann. Unsere Frage betrifft also Religionen, die Absolutheit für eine besondere Offenbarungserfahrung beanspruchen: Judentum, Christentum und den Islam. Die sektiererischen Bewegungen, die es in anderen Religionen gibt, sind anderen Ursprungs und beanspruchen keine absolute Gültigkeit für sich. Außerdem gibt es synkretistische Religionen wie den Bahaismus, der dadurch allumfassend sein will, daß er Elemente aus vielen Religionen in sich aufnimmt, aber kein eigentlich neues Grundprinzip aufstellt.

Es sind die drei Israel entstammenden Religionen, die uns vor die Frage stellen, ob eine besondere Religion universalen Anspruch auf Absolutheit erheben kann. Der Kampf der Propheten gegen die Abgötterei hat diesen Anspruch zu einem allgemeinen Problem gemacht. Der exklusive Monotheismus, wie er sich im Alten Testament findet, ist seinem Wesen nach absolutistisch. Er mußte exklusiv sein, weil er einen ungeheuren Kampf gegen die Abgötterei, das heißt gegen die dämonische Erhebung eines Endlichen zum Göttlichen, zu kämpfen hatte. Die Abgötter, gegen die er kämpfte, vertraten einen endlichen Bereich, ein besonderes Land oder Volk oder waren Vergottungen von Elementen wie Wasser und Luft, von Funktionen des menschlichen Geistes oder von spezifischen menschlichen Tugenden wie Weisheit, Macht, Gerechtigkeit. Gegen diese Erhebung einzelner Bereiche zu göttlichen Wesen kämpften die Propheten für die Absolutheit des Absoluten. Man darf das Problem von Monotheismus und Abgötterei nicht entwerten, indem man es als eine Frage der Zahl betrachtet. In dem Kampf gegen die Abgötterei ging es nicht darum, daß der eine Gott der Vielheit von Göttern als überlegen entgegengestellt wurde, sondern darum, daß der eine Gott das Absolute, Unbedingte, Letztgültige repräsentierte. Das Ergebnis dieses Kampfes war, daß die Absolutheit des Absoluten anerkannt wurde und einzelne absolute Elemente zu Attributen des einen Absoluten reduziert wurden und daß besondere Tugenden wie Wahrheit und Gerechtigkeit zu Attributen des Göttlichen wurden. Als solche erhielten sie dann universale Gültigkeit, so daß Gott sogar sein auserwähltes Volk verwerfen kann, wenn es gegen die Gerechtigkeit verstößt. Dieses einzigartige Ereignis, daß das Volk, das die Absolutheit des Absoluten repräsentiert, von dem Absoluten-Selbst verworfen wird, ist die größte innerreligiöse Manifestation des Absoluten. Deshalb kann die Bibel nicht ohne das Alte Testament und ohne den Kampf der Propheten auskommen.

Aus alledem geht hervor, daß der innerreligiöse Kampf des Absoluten gegen das Relative, das für sich Absolutheit beansprucht, eine Notwendigkeit ist. Er erscheint überall in der Geschichte und besonders in der Religionsgeschichte als der Kampf Gottes gegen die Religion. In jedem Menschen ist eine Neigung zur Abgötterei vorhanden, und in der Religion ist diese Neigung besonders stark. Der Versuch der Jünger, Jesus als Abgott zu gebrauchen, und Jesu Widerstand gegen diesen Versuch ist eines der Hauptthemen des Neuen Testaments. Daß Jesus dieser Versuchung widerstanden hat, gibt dem Christentum im Prinzip das Kriterium gegen sich selbst an die Hand, und dadurch, daß es in sich selbst das Kriterium besitzt, kann es zum Kriterium für alle anderen Religionen werden. Das Christentum darf seine Funktion als Kriterium jedoch nicht ausüben, indem es anderen Religionen ihre Gültigkeit bestreitet oder sie als „falsche Religionen" verwirft, sondern es muß in der Begegnung mit ihnen diese zu dem Punkt führen, an dem sie selbst über sich urteilen können.

Jede Religion hat eine Tiefendimension, die jedoch durch ihre Konkretheit verdeckt ist. In den meisten Religionen wird ein Kampf gegen die Verzerrung des Absoluten gekämpft, und als Ergebnis eines solchen Kampfes haben sich die großen mystischen Religionen des Ostens entwickelt. Aber in keiner Religion ist der Kampf jemals radikal genug gewesen, um das Absolute vollkommen von seinen Verzerrungen zu befreien. Deshalb dürfen wir in dem Dialog mit den Anhängern anderer Religionen nicht versuchen, diese zu bekehren, sondern müssen versuchen, sie in die Tiefe ihrer eigenen Religion zu führen, in der sie dem Absoluten begegnen und erkennen, daß ihre Religion selbst nicht das Absolute ist.

Aus dieser Einsicht folgt erstens, daß der Anspruch einer Religion auf Absolutheit nur der Anspruch sein darf, daß sie das Absolute mit relativen und endlichen Mitteln bezeugt. Die Religion ist nur ein Mittel. Je mehr sie dieses im Sinne ihrer essentiellen Natur gebraucht, um so mehr weist sie über sich hinaus auf das hin, von dem sie Zeugnis ablegt und dessen Manifestation sie ist. Zweitens darf sich die Beziehung zwischen den Religionen nicht in erster Linie auf den Versuch zur Bekehrung gründen, sondern muß ein Versuch sein, in der gegenseitigen Begegnung, gebend und nehmend zugleich, zu der Tiefe der Religion durchzudringen bis zu dem Punkt, an dem die Begegnung mit dem Heiligen-Selbst uns von der Bindung an eine besondere Manifestation des Heiligen befreit. Aus einem solchen Dialog mag sich ein Übertritt von einer Religion zu einer anderen ergeben, aber das ist nicht sein Zweck. Und schließlich drittens: Die Beziehung der Religionen zu der säkularen Welt und dem Säkularismus muß von beiden Seiten her geändert werden. Die Religion darf die Unabhängigkeit der anderen Funktionen des menschlichen Geistes – der Kunst, der Wissenschaft, des Rechts, der Gesellschaft und des Staates – nicht antasten; sie darf sich nicht in deren Tätigkeit einmischen und diese zu beherrschen versuchen. Andererseits muß die säkulare Welt das Recht der Religion achten, sich auf das Unbedingte-Selbst zu richten und die Erfahrung des Heiligen in ihrer eigenen Sprache und in besonderen Formen zum Ausdruck zu bringen.

Der Kampf um das Absolute in der säkularen Welt vollzieht sich innerhalb des säkularen Bereiches selbst und ist ihm nicht von irgendwelchen religiösen Bestrebungen aufgezwungen. Er ist die Reaktion auf einen Zustand, dem die Sinnstruktur fehlt. Die Religionen müssen diesen Kampf anerkennen und dürfen ihn nicht durch anmaßenden Absolutismus ersticken. Sie müssen auf alle hören, die die Frage nach dem Absoluten, gleich ob innerhalb oder außerhalb der Kirche, mit unbedingtem Ernst stellen.[4]

Die Suche des Menschen nach dem Grund des Seins

In diesen drei Kapiteln habe ich etwas von dem zu beschreiben versucht, was uns heute alle bewegt. Ich habe von Relativitäten gesprochen, von der Flut, von der wir umgeben sind und in der wir nach einem Absoluten suchen. In der ersten Hälfte unseres Jahrhunderts war das Verlangen nach einem Absoluten in der europäischen Jugend so stark, daß sie jedem folgte, der ihr ein Absolutes zu geben versprach, wenn es auch ein dämonisches Absolutes war. Wenn es aber so ist, daß der Mensch nicht ohne etwas leben kann, das er unbedingt ernst nehmen kann, wie er es auch nennen mag, dann sollten wir in unserer liberal-humanistischen Kultur nach einem solchen Absoluten suchen, freilich ohne den Fanatismus und die Verzweiflung, die die damalige Jugend in Europa zur Tat antrieb und schließlich zu der weitgehenden Zerstörung des ganzen Kontinents führte. Wir sollten es tun, solange es noch nicht zu spät ist, und wir sollten dabei theoretisches Verstehen mit praktischem Handeln verbinden. Und wir sollten es in dem Bewußtsein tun, daß wir selbst uns des letzten Sinns in unserem Leben stärker vergewissern müssen.

[4] Der letzte Absatz ist einem ersten Entwurf entnommen; er findet sich nicht in dem Vortrag selbst, ist aber in die amerikanische Ausgabe, wenn auch an etwas anderer Stelle, aufgenommen.

BIBLISCHE RELIGION UND DIE FRAGE NACH DEM SEIN (1955)

I. Grundbegriffe

1. Der Sinn des Begriffs „biblische Religion"

Schon der Titel „Biblische Religion und die Frage nach dem Sein" mag zu einer Reihe skeptischer Fragen Anlaß geben. Dieser Skeptizismus könnte noch vermehrt werden durch unsere Behauptung, daß biblische Religion und Ontologie eine letzte Einheit bilden und eine tiefe gegenseitige Abhängigkeit aufweisen, trotz der ungeheuren Spannung zwischen beiden. Man wird demgegenüber sicher fragen: Ist nicht die Eigenart der biblischen Religion dem Wesen der Philosophie ganz und gar entgegengesetzt? Zerstört nicht die biblische Religion die Bollwerke menschlichen Denkens durch die Macht der göttlichen Offenbarung, von der sie Zeugnis gibt? War nicht Karl Barths prophetischer Protest gegen die Synthese von Christentum und Humanismus das große theologische Ereignis der letzten Jahrzehnte? Hat nicht Barth die radikale Trennung von Christentum und Philosophie, die Kierkegaard hundert Jahre vorher vorgenommen hatte, für unsere Zeit neu formuliert? Ist nicht die Überzeugung, daß man mit dem Versuch, Philosophie und biblische Religion zu verbinden, der Verkündigung des Evangeliums einen Dienst erweist, ein unangebrachter Rückfall in die theologische Situation an der Jahrhundertwende? Dies sind Fragen, die uns in den Erörterungen dieser Schrift immer von neuem beschäftigen werden.

Der Begriff „biblische Religion" gibt manche Probleme auf. Wenn die Bibel als das Dokument der endgültigen Selbst-Manifestation Gottes aufgefaßt wird – in welchem Sinne kann man dann von biblischer Religion sprechen? Religion ist eine Funktion des menschlichen Geistes; nach neueren Theologen ist sie der vergebliche Versuch des Menschen, Gott zu erreichen. Die Religion bewegt sich vom Menschen zu Gott, während die Offenbarung von Gott zum Menschen kommt, und ihre erste Wirkung ist es, daß sie die religiösen Bemühungen des Menschen erschüttert. Es gibt viele Theologen, mehr in Europa als in Amerika, die die Offenbarung nicht nur der Philosophie, sondern auch der Religion gegenüberstellen. Für sie stehen Religion und Philosophie unter dem gleichen Gericht, da beide Versuche des Menschen sind, zu sein wie Gott; beide sind dämonische Erhebungen des Menschen über seine Kreatürlichkeit und Endlichkeit. Und von beiden ist die Religion die gefährlichere, weil die Philosophie, wenigstens im Prinzip, auf die technischen Probleme der Logik und Erkenntnistheorie beschränkt werden kann. Wäre dies wahr, dann würde eine Gegenüberstellung von Philosophie und biblischer Religion unmöglich sein, weil es so etwas wie biblische Religion nicht gäbe. Und Philosophie würde entweder eine harmlose logische Untersuchung oder dämonische *hybris* sein. Das Adjektiv „biblisch" würde „Offenbarung" und nicht „Religion" als Substantiv fordern.

Wir müssen dieses Argument ernst nehmen. Amerikanische Theologen wären erstaunt zu hören, daß ich von deutschen Lesern meiner Bücher scharf kritisiert worden bin, weil das Wort „Religion" häufig in ihnen erscheint. Obwohl diese Kritiker mit meiner Grundauffassung übereinstimmen, können sie nicht verstehen, daß ein moderner Theologe das Wort „Religion" in positivem Sinne gebraucht. Für sie ist das meiste von dem, was wir „Religion" nennen, Teufelswerk. Wenn man von „biblischer Religion" spricht, so heißt das für sie, daß man die Bibel ihres Offenbarungscharakters beraubt und sie als Menschenwerk oder, noch schlimmer, als Dämonenwerk auffaßt.

Aber jeder, der das sagt, beweist damit, daß auch er eine Religion hat. Diese Kritiker vergessen, daß Offenbarung empfangen werden muß und daß der Name für das Empfangen der Offenbarung „Religion" heißt. Sie vergessen, daß Offenbarung um so mehr offenbart, je mehr sie zum Menschen in seiner konkreten Situation spricht, zur besonderen Aufnahmefähigkeit seines Geistes, zu seiner besonderen sozialen Lage und zum besonderen historischen Augenblick. Offenbarung ist niemals Offenbarung im allgemeinen, wie universal ihr Anspruch auch sein mag. Sie ist immer Offenbarung für jemand und für eine Gemeinschaft in einer bestimmten Umgebung und unter einmaligen Umständen. Wer eine Offenbarung empfangen hat, legt deshalb von ihr Zeugnis ab entsprechend seiner Individualität sowie der sozialen und geistigen Lage, in der die Offenbarung ihm zuteil geworden ist. Mit anderen Worten, er tut es in Begriffen seiner Religion. Das macht den Begriff „biblische Religion" sinnvoll. Jede Stelle des Alten und des Neuen Testaments ist zugleich Offenbarung und Religion. Die Bibel ist ein Dokument sowohl der Selbst-Manifestation Gottes als auch der Art, in der Menschen die Offenbarung aufgenommen haben. Und es ist nicht so, daß einige Worte und Sätze zur ersteren und andere zur letzteren gehören, sondern in ein und derselben Stelle sind Offenbarung und Annahme der Offenbarung untrennbar verbunden. Derjenige, der von göttlicher Offenbarung berichtet, gibt zugleich einen Bericht von seiner eigenen Religion. Der Grundirrtum des Fundamentalismus besteht darin, daß er den Anteil der empfangenden Seite in einem Offenbarungsgeschehen übersieht und daher *eine* individuelle und bedingte Form der Annahme des Göttlichen mit dem Göttlichen selbst identifiziert. Aber es gibt auch andere Formen. Sogar in der Bibel finden wir Unterschiede zwischen den priesterlichen und den prophetischen Schriften, zwischen frühen und späten Traditionen in den vier Evangelien. Das gleiche finden wir bei den Klassikern der Kirchengeschichte und in den konfessionellen Interpretationen der Bibel bis zum heutigen Tag. Die verschiedenen Arten der Interpretation charakterisieren die religiöse Seite der biblischen und kirchlichen Tradition; sie sind Gefäße der Offenbarung.

Die Offenbarung kann von ihnen nicht getrennt werden. Wer das ignoriert, muß notwendig die Unterschiede auf der empfangenden Seite leugnen und die eigene Form der Annahme mit einer vermeintlich unwandelbaren, unveränderlichen Offenbarung gleichsetzen. Aber es gibt keine reine Offenbarung. Wo immer das Göttliche offenbar wird, offenbart es sich „im Fleisch", das heißt in einer konkreten physischen und historischen Wirklichkeit; das gilt auch für die biblischen Schriftsteller. Das also bedeutet biblische Religion. Es ist ein höchst dialektischer Begriff.

2. Der Sinn der Frage nach dem Sein

Dieser Charakter des biblischen Schrifttums macht die Gegenüberstellung von biblischer Religion und Philosophie möglich und notwendig. Aber eine solche Gegenüberstellung würde unmöglich sein, wenn die Philosophie nur in logischer Analyse und erkenntnistheoretischer Forschung bestünde. Sicherlich, die Arbeit an diesen Werkzeugen des philosophischen Denkens ist sehr wichtig. Aber Philosophie, „Liebe zur Weisheit", bedeutet sehr viel mehr als das. Mir scheint, daß die älteste Definition der Philosophie zugleich die modernste ist, eine Definition, die immer gültig war und gültig bleiben wird: Philosophie ist jenes erkennende Bemühen, in dem es um die Frage nach dem Sein geht. In Übereinstimmung mit dieser Definition gab Aristoteles eine Zusammenfassung der griechischen Philosophie, in der er die folgenden Perioden der Philosophie bis zur Renaissance vorausnahm und sogar die moderne Form der gleichen Fragestellung vorbereitete. Die Frage nach dem Sein ist nicht die Frage nach irgendeinem einzelnen Seienden, seiner Existenz und seinem Wesen, sondern es ist die Frage danach, was es bedeutet zu *sein*. Es ist die einfachste, tiefste und absolut unerschöpfliche Frage – die Frage, was es bedeutet, wenn man sagt, daß etwas *ist*. Dieses Wort „ist" verbirgt das Rätsel aller Rätsel, das Geheimnis, daß überhaupt etwas ist. Jede Philosophie bewegt sich um dieses Geheimnis, ganz gleich, ob sie die Frage offen stellt oder nicht; jede Philosophie hat, ob sie es zugibt oder nicht, eine Teilantwort darauf, ist aber immer in Verlegenheit, eine volle Antwort zu geben. Die Philosophie ist immer in einer *aporia* (Weglosigkeit), wie die Griechen sagten, das heißt in einem Zustand der Ratlosigkeit über die Natur des Seins. Für unsere Untersuchung möchte ich das Wort „Ontologie" gebrauchen, abgeleitet von *logos* (das Wort) und *on* (Sein); Philosophie ist also das Wort vom Sein, das Wort, das das Sein ergreift, seine Natur offenbar macht und es aus seiner Verborgenheit ins Licht der Erkenntnis führt. Die Ontologie ist das Zentrum aller Philosophie. Sie ist, wie Aristoteles sagte, „die erste Philosophie" oder, wie man sie unglücklicherweise auch nannte, „Metaphysik"; so heißt das Buch, das in der Sammlung der Aristotelischen Schriften auf die Bücher der Physik folgte. Dieser Name war und ist unglücklich, weil er das Mißverständnis weiterträgt, daß die Ontologie sich mit überempirischen Wirklichkeiten beschäftigt, mit einer Welt hinter der Welt, die nur in spekulativer Einbildung existiert. In allen Bereichen der Theologie – der historischen, praktischen und systematischen Theologie – gibt es Theologen, die glauben, daß man die Gegenüberstellung von Philosophie und biblischer Religion dadurch umgehen könne, daß man die Philosophie mit dem identifiziert, was sie „metaphysische Spekulation" nennen und was sie damit auf den Abfallhaufen vergangener Irrtümer werfen können, geistiger und moralischer Irrtümer. Ich möchte alle jene, die diese Sprache gebrauchen, so nachdrücklich wie möglich auffordern, uns zu sagen, was sie unter Metaphysik und unter Spekulation verstehen; und dann möchte ich ihre Definition vergleichen mit dem, was die klassischen Philosophen von Anaximander bis Whitehead gesagt haben. *Speculari,* die Wurzel des Wortes „Spekulation", bedeutet „auf etwas hinsehen". Es hat gar nichts zu tun mit der Erschaffung eingebildeter Welten, eine Anklage übrigens, die die Philosophen mit gleichem Recht gegen die Theologen erheben könnten. Es erfüllt mit Erbitterung, wenn man sieht, wie Theologen, die die Begriffe des Alten und des Neuen Testaments erklären, sehr viele Ausdrücke gebrauchen, die durch die mühsame Arbeit der Philosophen und die Schöpferkraft des spekulativen Geistes geschaffen wurden, und dann mit billigen Vorwürfen das verwerfen, was ihre

Sprache außerordentlich bereichert hat. Kein Theologe sollte als Theologe ernst genommen werden, selbst wenn er ein großer Christ und ein großer Gelehrter ist, wenn seine Arbeit beweist, daß er die Philosophie nicht ernst nimmt.

Um also die „schwarze Magie“ von Worten wie „metaphysische Spekulation“ zu vermeiden, wollen wir von Ontologie als der grundlegenden Arbeit derer sprechen, die nach Weisheit streben (*sophia* im Griechischen, *sapientia* im Lateinischen) und die Erkenntnis der letzten Prinzipien suchen. Und noch genauer: wir wollen von ontologischer *analysis* sprechen, um zu zeigen, daß man auf die Dinge schauen muß, wie sie uns gegeben sind, wenn man die Prinzipien, die Strukturen und die Natur des Seins entdecken will, das in allem, was ist, sich verkörpert.

Auf der Grundlage dieser ontologischen Analyse versucht die Philosophie, die Gegenwart des Seins und seiner Strukturen in den verschiedenen Bereichen des Seienden aufzuzeigen, in der Natur und im Menschen, in der Geschichte und in der Welt der Werte, in der Erkenntnis und in der Religion. Aber auf jeden Fall ist dies nicht die Hauptsache, mit der die Philosophie sich beschäftigt, sondern das Auffinden der konstitutiven Prinzipien des Seins-Selbst, dessen, was immer gegenwärtig ist, wenn ein Ding teilhat an der Macht zu sein und an der Macht, dem Nicht-Sein zu widerstehen.

Philosophie in diesem Sinne ist keine Angelegenheit der Neigung oder Abneigung. Es ist eine Angelegenheit des Menschen als Menschen; denn der Mensch ist das Seiende, das die Frage nach dem Sein stellt. Deshalb philosophiert jedes menschliche Wesen, ebenso wie jedes menschliche Wesen moralisch und politisch, künstlerisch, wissenschaftlich und religiös handelt. Natürlich gibt es bei der Ausübung dieser Funktionen unendliche Unterschiede im Grad, in der Bildung und der schöpferischen Kraft unter den einzelnen Menschen; aber es gibt keinen Unterschied im Wesen der Funktion selbst. Die ruhelose Frage des Kindes: „Warum ist dies so, warum ist das nicht so?“ und Kants grandiose Beschreibung in seiner Kritik des kosmologischen Gottesbeweises, wo Gott sich selbst fragt: „Warum bin ich?“, sind das gleiche dem Wesen nach, wenn auch unendlich verschieden in der Form. Der Mensch ist von Natur ein Philosoph, da er unausweichlich die Frage nach dem Sein stellt. Er tut das in Mythos und Epos, in Drama und Dichtung, im Bau und Wortschatz jeder Sprache.

Es ist die besondere Aufgabe der Philosophie, diese Frage ins Bewußtsein zu heben und die Antworten methodisch zu durchdenken. Die vorphilosophische Weise, die Frage nach dem Sein zu stellen und zu beantworten, bereitet den Weg des Philosophen vor. Die Philosophie kam erst nach einer langen Vorgeschichte zu sich selbst. Ohne Homers Dichtung, die dionysischen Mysterien und die solonischen Gesetze und vor allem ohne den Genius der griechischen Sprache hätte sich keine abendländische Philosophie, wie es sie heute gibt, entwickelt. Und jeder, der an der Sprache, der Kunst, dem Kultus und dem sozialen Leben einer Kultur partizipiert, schafft zugleich mit an ihrer Philosophie. Er ist ein vorphilosophischer Philosoph, und die meisten Menschen sind auch heute nach dem Aufkommen einer methodischen Philosophie noch in derselben Lage. Aber etwas hat sich geändert seit diesem Beginn: nicht nur bestimmt die Vorphilosophie die Philosophie, sondern auch die Philosophie bestimmt die Vorphilosophie. Die Sprache in der nichtphilosophischen Literatur und im täglichen Gebrauch, die ebenfalls eine Form von Vorphilosophie ist, ist zweifellos abhängig von früheren philosophischen Begriffen. Und auch die, die antiphilosophisch eingestellt sind, entgehen dem nicht. Auch der Verächter der Philosophie arbeitet nicht nur an ihr mit, sondern ist ein Schüler dessen, was er verachtet. Diese gegenseitige Abhängigkeit zwischen Vorphilosophie und Philosophie gilt auch innerhalb der biblischen Religion und aller anderen religiösen und theologischen Literatur, auch dann, wenn sie aus einer streng antiphilosophischen Haltung heraus geschrieben ist. Der Geistliche einer fundamentalistischen Richtung, der zu mir sagte: „Warum brauchen wir Philosophie, wenn wir doch alle Wahrheit in der Offenbarung besitzen?", bemerkte nicht, daß er durch eine lange Geschichte philosophischen Denkens bestimmt war, wenn er die Worte „Wahrheit" und „Offenbarung" gebrauchte, eine Geschichte, die diesen Worten den Sinn gab, in dem er sie gebrauchte. Wir können der Philosophie nicht entrinnen, weil die Wege, auf denen wir ihr entrinnen wollen, gebaut und gepflastert sind von der Philosophie selbst.

II. Menschliche Existenz und die Frage nach dem Sein

1. Der Mensch und die Frage nach dem Sein

Man kann mit Recht sagen, daß der Mensch das Seiende ist, das Fragen stellen kann. Wir wollen einen Augenblick darüber nachdenken, was es bedeutet, eine Frage zu stellen. Es schließt zunächst die Tatsache ein, daß wir das, wonach wir fragen, nicht haben. Wenn wir es hätten, würden wir nicht danach fragen. Aber um nach etwas fragen zu können, müssen wir es teilweise schon haben; sonst könnte es nicht zum

Gegenstand einer Frage werden. Der, der fragt, hat und hat nicht zu gleicher Zeit. Wenn der Mensch das Seiende ist, das die Frage nach dem Sein stellt, so hat er das Sein, nach dem er fragt, und hat es nicht. Er ist von ihm getrennt, obwohl er zu ihm gehört. Sicherlich gehören wir zum Sein – seine Macht ist in uns –, sonst würden wir nicht sein. Aber wir sind auch getrennt von ihm; wir besitzen es nicht vollständig. Unsere Macht zu sein, ist begrenzt. Wir sind eine Mischung von Sein und Nicht-Sein. Das ist genau das, was gemeint ist, wenn wir sagen, daß wir endlich sind. Der Mensch in seiner Endlichkeit stellt die Frage nach dem Sein. Wer unendlich ist, stellt die Frage nach dem Sein nicht; denn als unendliches Wesen hat er die vollkommene Macht des Seins. Er ist mit ihm identisch, er ist Gott. Und ein Seiendes, das nicht gewahr wird, daß es endlich ist (und nach dem gegenwärtigen Stande unserer Erfahrung gilt das für alles Seiende außer dem Menschen), kann nicht fragen, weil es nicht über sich selbst und seine Grenzen hinausgehen kann. Aber der Mensch kann und muß fragen; er kann der Frage nicht aus dem Wege gehen, denn er gehört zur Macht des Seins, von dem er andererseits getrennt ist. Und er weiß beides: daß er zu ihm gehört und daß er von ihm getrennt ist.

Wir haben unser Thema „Biblische Religion und die Frage nach dem Sein" genannt. Statt dessen könnten wir auch sagen „Biblische Religion und das Suchen nach letzter Wirklichkeit". In dieser Formulierung haben wir nämlich eine ausgezeichnete Interpretation dessen, was mit Sein im Sinne der ontologischen Fragestellung gemeint ist. Das Wort „letzte" weist nämlich zugleich auf eine Wirklichkeit hin, die nur „vorläufig" ist. Beide Worte, „letzte" und „vorläufig", sind zeitliche Metaphern, aber sie drücken die Weise aus, in der wir unserer Welt begegnen. Jedes Ding, dem wir begegnen, scheint uns wirklich zu sein, ein wahrhaft Seiendes. Aber wir bemerken bald, daß seine Wirklichkeit vergänglich ist; es war, aber jetzt ist es nicht mehr. Das Nicht-Sein hat es sozusagen verschlungen. Oder wir bemerken, daß es verschieden ist von dem, was es zu sein schien; und wir unterscheiden zwischen seiner Oberfläche und den tieferen und wirklicheren Schichten. Aber bald erweist sich, daß auch diese Schichten nur Oberfläche sind, und wir versuchen in noch tiefere Schichten einzudringen, zur letzten Wirklichkeit eines Dinges. Es gibt jedoch kein Ding, das von allen anderen Dingen isoliert wäre. Und in je tiefere Schichten wir eindringen, um so weniger ist es möglich, sie getrennt von allen anderen und vom Ganzen der Wirklichkeit zu betrachten. In der alltäglichen Begegnung des Menschen mit dem Menschen erscheint jeder als ein isolierter Einzelner. Wenn wir aber zu den Schichten des persönlichen Daseins gelangen, die durch die Tiefenpsychologie neu entdeckt worden sind, dann begegnen wir der Vergangenheit, den Vorfahren, dem kollektiven Unbewußten, der lebenden Substanz, an der alle Lebewesen partizipieren. Bei unserer Suche nach dem „wirklich Wirklichen" werden wir von einer Schicht zur anderen getrieben bis zu einem Punkt, wo man überhaupt nicht mehr von Schicht sprechen kann, wo wir nach dem fragen müssen, was der Grund aller Schichten ist – der Grund, der ihnen Struktur und Macht zu sein gibt. Das Suchen nach letzter Wirklichkeit jenseits von allem Seienden, das wirklich zu sein scheint, ist das Suchen nach dem Sein-Selbst, nach der Macht des Seins in allem, was ist. Es ist die ontologische Frage, die Grundfrage aller Philosophie.

Die vorstehenden Überlegungen bereichern unser Verstehen der menschlichen Situation. Wir philosophieren, weil wir endlich sind und weil wir wissen, daß wir endlich sind. Wir sind eine Mischung von Sein und Nicht-Sein, und wir wissen darum. Wir begegnen einer Welt, zu der wir gehören und die in dieser Begegnung die gleiche Mischung von Sein und Nicht-Sein aufweist, die unsere menschliche Situation ausmacht. Es ist also unsere Endlichkeit in ihrer Wechselbeziehung mit der Endlichkeit unserer Welt, die uns zum Suchen nach letzter Wirklichkeit treibt, die uns die Frage nach dem Sein stellen heißt. Dieses Suchen ist die Folge unserer Begegnung als endlicher Wesen mit einer endlichen Welt. Weil wir zwischen Sein und Nicht-Sein stehen und nach einer Seinsform verlangen, die über das Nicht-Sein in uns selbst und in unserer Welt triumphiert, darum philosophieren wir. Ist dies eine gültige Beschreibung der menschlichen Situation, dann kann es keinen Zweifel geben, daß die philosophische Frage so ursprünglich und unvermeidlich ist wie die religiöse Frage und daß die Konfrontation von Ontologie und biblischer Religion eine notwendige Aufgabe ist.

2. *Philosophische Einwände*

Bevor wir uns denjenigen Wesenszügen der biblischen Religion zuwenden, die für eine solche Gegenüberstellung wichtig sind, müssen wir uns mit möglichen Einwänden gegen unsere Auffassung der Philosophie beschäftigen. Es wird uns jeder darin zustimmen, daß nur die Philosophie selbst entscheiden kann, was Philosophie sein soll; denn es gibt keine Erkenntnissphäre über ihr, die diese Entscheidung treffen könnte. Doch wäre es nicht gerecht gegen andere Arten von Philosophie und der Gegenüberstellung von Philosophie und biblischer Religion nicht angemessen, wenn man nur *eine* Auffassung von Philosophie zu dieser Gegenüberstellung zuließe. Aber die entscheidende Frage ist, ob unsere Definition der ontologischen Frage nur für eine bestimmte Art von Philosophie zutrifft oder ob in ihr etwas universal Menschliches gegeben ist und in ihrer methodischen Erarbeitung etwas universal Philosophisches? Bevor wir diese Frage beantworten, müssen wir zwei Probleme klären. Das erste Problem ist die Frage, ob es sinnvoll ist, daß man einen Begriff, der eine lange und reiche Geschichte hat, auf eine Weise definiert, die dieser Geschichte ganz und gar widerspricht. Einige Vertreter der modernen Logik, die die ganze Philosophie vor dem Entstehen des logischen Positivismus und der Erkenntnistheorie verwerfen, brauchen trotzdem aus freiem Willen den Begriff „Philosophie" für ihre eigene Arbeit. Für sie ist die ontologische Frage sinnlos und ohne Erkenntniswert. Sie gehört zum Bereich des Emotionalen und kann bestenfalls zu einem ästhetischen Ausdruck von Gefühlen führen. Wenn sie recht hätten, dann würde die Gegenüberstellung dessen, was *sie* Philosophie nennen, mit der biblischen Religion so absurd sein wie die Gegenüberstellung von Elektrophysik und biblischer Religion. Indessen haben einige die Grenzen ihrer Arbeit bemerkt und zugegeben, daß es wichtige philosophische Aussagen außerhalb des Bereichs des reinen und angewandten logischen Kalküls gibt. Einige würden sogar zugeben, daß eine ontologische Aussage bedeutsam sein könnte. Und sie müßten das sogar zugeben, denn ihre eigenen Aussagen über die Beziehung von Erkenntnis und Wirklichkeit sind selbst bedeutsame ontologische Aussagen, auch dann, wenn sie nicht wahr sind. Und wenn man ontologische Aussagen überhaupt als bedeutsam ansieht, dann ist ihre Beziehung zum religiösen Ausdruck ein ursprüngliches Problem.

Das zweite Problem wird von den Ontologen selbst aufgeworfen. Sie fragen nach dem „Sein" vom Standpunkt einer Philosophie des Werdens. „Sein" aber scheint zu einer statischen Welt zu gehören, zu einer Wirklichkeit, die einem unbeweglichen Block gleicht, während die reale Wirklichkeit unwiderleglich den Charakter des Werdens hat. Zweifellos ist eine Definition der Ontologie, die das Statische dem Dynamischen in der Wirklichkeit vorordnet, nicht nur voreingenommen und falsch, sondern hat auch ernste Konsequenzen für die Gegenüberstellung von Philosophie und biblischer Religion. Ein statisches Letztes und der lebendige Gott sind offensichtlich unvereinbar. Aber das Sein als solches hat weder statische noch dynamische Wesenszüge; es steht vor jeder Einzelbestimmung. Es bedeutet die Ur-Tatsache, daß etwas ist und nicht nichts, und es bedeutet die Macht, dem Nicht-Sein zu widerstehen. Selbstverständlich hat dieser Widerstand dynamischen Charakter, und die Macht des Seins ist in vielen Kraftzentren wirksam. Aber sie alle partizipieren an der Macht des Seins, am Sein-Selbst.

Hierin liegt auch die Antwort auf einen dritten Einwand, der von einer empirischen Philosophie erhoben wird. In ihr wird die ontologische Frage nicht verneint, aber sie wird gedeutet als Frage nach den allgemeinsten Strukturen und Bezügen der Wirklichkeit und den Methoden ihrer Analyse. Begriffe wie Sein-Selbst oder die Macht des Seins scheinen ihr idealistisch oder mystisch – jedenfalls jenseits von empirischer Beweisbarkeit. Es ist nun meine Absicht zu zeigen, daß die ontologische Frage auch dieser Art von Philosophie zugrunde liegt. Wie für die beiden vorigen Argumente gilt das auch hier. Wollte man in Ausdrücken der Philosophiegeschichte sprechen, so müßte man sagen, daß eine nominalistische Ontologie den philosophischen Empirismus vom Hochmittelalter bis zur Gegenwart hin bestimmt hat. Das Sein ist nach dieser Schau der Wirklichkeit durch Individualisierung und nicht durch Partizipation bestimmt. Alle individuellen Dinge, auch Menschen als Bewußtsein-Zentren, stehen nebeneinander, schauen aufeinander und auf das Ganze der Wirklichkeit. Sie versuchen, Schritt für Schritt von der Peripherie zum Zentrum vorzudringen, haben aber keinen direkten Zugang dazu, keine unmittelbare Teilhabe an anderen Individuen und an der universalen Macht des Seins, die die Individualisierung schafft. Die ungeheure historische Bedeutung dieser Philosophie, sowie andererseits die Grenzen ihrer Schau der Wirklichkeit können hier nicht erörtert werden. Aber etwas daran muß hervorgehoben werden: es ist eine Schau der Wirklichkeit als einer Ganzheit. Sie setzt eine Seinsstruktur voraus, die jedoch verschieden ist von anderen möglichen Auffassungen über die Struktur des Seins; z. B. vom mittelalterlichen Realismus, der heute „Idealismus" genannt wird. Sie ist eine Ontologie besonderer Art, aber sie verändert die grundlegende Auffassung vom Wesen der Philosophie nicht. Selbst wenn sie die Ontologie ablehnt, setzt sie doch eine Antwort auf die ontologische Frage voraus – die Frage nach dem Sein.

3. *Die philosophische Haltung*

Eine letzte Überlegung soll die Erörterung über den Sinn der Philosophie abschließen. Es ist die Frage nach der philosophischen Haltung. Die Beschreibung der Art, wie das ontologische Problem aus der menschlichen Situation entspringt, setzt voraus, daß in jedem ursprünglichen Philosophieren zwei Funktionen des menschlichen Geistes wirksam werden. Die eine wird gewöhnlich die „theoretische" genannt, die andere die „existentielle". Der Philosoph begegnet der Wirklichkeit mit jenem Staunen, das der Anfang aller Erkenntnis ist. Er macht Entdeckungen, definiert sie und verwirft sie auf Grund neuer Entdeckungen. Er kommt ins Gespräch mit anderen, die vom gleichen Drang nach Erkenntnis ergriffen sind. Durch „Ja" und „Nein" werden Irrtümer überwunden, und die Wirklichkeit erschließt sich dem Geist. Erfolgreiche Untersuchungen führen zur Entfaltung von Methoden und Kriterien, die nun bei vielen Gegenständen der Forschung angewendet werden können. Man sucht Beweise für die Richtigkeit der Ergebnisse und findet sie. Und man entdeckt einige alles umfassende Prinzipien und unterscheidet sie vom immerwährenden Fluß der Dinge und Geschehnisse. Seit tausenden von Jahren hat es jeder Philosoph von neuem unternommen, jene Grundbegriffe zu bestimmen, die man gewöhnlich „Kategorien" nennt, ihr Wesen und ihre Beziehung zu Geist und Wirklichkeit. Und schließlich transzendiert er sie sogar und versucht zum Sein-Selbst zu gelangen, dem letzten Ziel alles Denkens. Er tut das, nicht um die Natur des Seins zu definieren, ein unmögliches Unternehmen, da das Sein die Voraussetzung jeder Definition ist; er tut es, um *das* zu finden, was immer gegenwärtig ist und sich doch immer verbirgt. All dies geschieht mit derselben Strenge, mit demselben logischen und methodischen Gebrauch der Vernunft, mit dem ein Mathematiker oder Physiker oder Historiker arbeitet. Aber der Philosoph wird von einem Schritt zum anderen bis hin zum letzten Schritt, der Frage nach dem Sein-Selbst, durch etwas anderes getrieben: das existentielle Element. Dieses „Andere" kann mit Plato der *Eros* zur Idee, mit den Stoikern das Streben nach Weisheit, mit Augustinus das Sehnen nach der Wahrheit-Selbst genannt werden; man kann es mit Spinoza als die intellektuelle Liebe zur Substanz, mit Hegel als Leidenschaft für das Absolute, mit Hume als Befreiung von Vorurteilen oder mit Nietzsche als Willen zur Teilhabe am schöpferischen und zerstörerischen Lebensprozeß bezeichnen: immer gibt es eine treibende Kraft in der Tiefe seines Seins, die den Philosophen zum Philosophen macht. Die Frage nach dem letzten Grund der Wirklichkeit entsteht nicht durch ein theoretisches Interesse, das absieht von der Totalität menschlichen Seins, sondern sie entsteht aus jener seltenen Verbindung von Leidenschaft und Denken. Diese Verbindung macht den Philosophen groß. Seine Existenz ist in sein Fragen mit einbezogen; deshalb stellt er die Frage nach dem letzten Grund der Wirklichkeit – die Frage nach dem Sein-Selbst. Auf der anderen Seite ist es aber nicht so, daß das theoretische Element vom existentiellen Element verschlungen würde. Im Gegensatz zur Haltung des Heiligen, des Propheten und des Dichters strömt die Leidenschaft des Philosophen für das Unendliche in seinen Willen zur Erkenntnis. Er will *erkennen;* er will wissen, was Sein bedeutet, welches seine Strukturen sind und wie man in sein Geheimnis eindringen kann. Er ist Philosoph.

III. Die Grundlage des biblischen Personalismus

1. Der personhafte Charakter der Erfahrung des Heiligen

Im ersten Kapitel haben wir versucht, die beiden Grundbegriffe biblische Religion und Ontologie zu erklären und sodann das Wesen der Frage nach dem Sein und die Notwendigkeit, diese Frage zu stellen, erörtert. Nun wollen wir die besonderen Wesenszüge der biblischen Religion und die Fragen, die aus ihrer Konfrontation mit der Ontologie entstehen, analysieren. Wenn wir das tun, so gewahren wir etwas, was bereits anfangs deutlich wurde – daß der Begriff „biblische Religion" für zwei Dinge steht: die göttliche Offenbarung und die Annahme der Offenbarung durch den Menschen.

Sofern sie Sache menschlicher Rezeptivität ist, gehört die biblische Religion zum Ganzen der Religionsgeschichte. Jeder, der etwas vom historischen Werden der biblischen Religion weiß, weiß auch, wie stark der Einfluß der Religionen ringsumher dabei mitsprach und wieviel Analogien zwischen der biblischen Religion und den anderen Religionen festgestellt werden können. Aber das berührt das christliche Urteil nicht, daß in der biblischen Form der menschlichen Rezeptivität, die zur Religionsgeschichte gehört, Offenbarung gegenwärtig ist, und zwar nicht nur eine Offenbarung unter anderen, sondern eine Offenbarung, die das Kriterium aller anderen Offenbarungen bildet, der vergangenen wie der zukünftigen.

Es ist meine Absicht, einige Züge der biblischen Religion (und mit ihr der Offenbarung) in ihrem radikalen und kompromißlosen Charakter aufzuzeigen. Sie dürfen keinesfalls dabei so weit verwässert werden, daß es leicht wird, sie mit der Frage nach dem Sein zu verbinden. Im Gegenteil möchte ich jene Züge der biblischen Religion schildern, die unausweichlich zu einem Konflikt mit der Ontologie zu führen scheinen. Das Zentrum der antiontologischen Haltung in der biblischen Religion ist ihr Personalismus. Nach jedem Wort der Bibel offenbart sich Gott als Person. Die Begegnung mit ihm und die Begriffe, in denen diese Begegnung beschrieben wird, sind durch und durch personhaft.

Wie können diese Begriffe dann aber mit der Frage nach dem Sein zu einer Synthese gebracht werden? Das ist die zentrale Frage.

Es gibt keine Religion, die das Heilige, das dem Menschen in seiner religösen Erfahrung begegnet, nicht personifiziert. In jeder Religion ist ein Stück endliche Wirklichkeit der Mittler für die Begegnung mit dem Heiligen. Alles kann zum Medium der Offenbarung werden, zum Träger göttlicher Macht. „Alles", das umfaßt nicht nur alle Dinge in Natur und Kultur, in der Seele des Menschen und in der Geschichte; „alles" umschließt auch Prinzipien, Kategorien, Wesenheiten und Werte. Durch Sterne und Steine, Bäume und Tiere, Wachstum und Untergang; durch Werkzeuge und Häuser, Plastik und Lied, Gedicht und Prosa, Gesetz und Sitte; durch Gliedmaßen unseres Körpers und Kräfte unseres Geistes, Familienbande und freie Gemeinschaften, Führergestalten der Geschichte und nationale Erhebung; durch Zeit und Raum, Sein und Nicht-Sein, Ideale und Tugenden – durch alles hindurch kann das Heilige uns begegnen. Alles, was ist, real oder ideell, ist irgendwann im Verlauf der Religionsgeschichte zum Medium des göttlichen Geheimnisses geworden. Aber in dem Augenblick, wo etwas diese Rolle übernahm, erhielt es auch ein persönliches Gesicht. Selbst Werkzeuge und Steine und Kategorien wurden personhaft in der religiösen Begegnung, der Begegnung mit dem Heiligen. *Persona,* wie das griechische *prosopon,* meint den individuellen und zugleich universal bedeutungsvollen Charakter des Schauspielers auf der Bühne. Denn Person ist mehr als Individualität. „Person" ist Individualität im menschlichen Bereich mit Selbst-Bezug und Welt-Bezug und deshalb mit Vernunft, Freiheit und Verantwortlichkeit. Sie gründet in der Begegnung eines Ich-Selbst mit einem anderen Selbst, einer Begegnung, die oft „Ich-Du-Beziehung" genannt wird und die nur in Gemeinschaft mit anderen Personen möglich ist. Diese Grundeigenschaften des personhaften Seins schließen andere ein, so die Möglichkeit, zu fragen und Antworten zu erhalten, wie wir sie oben beschrieben haben. Wenn wir von „Personifizierung" in der religiösen Erfahrung sprechen, so übertragen wir alle diese Züge auf die Träger des Heiligen, obwohl sie sie in Wirklichkeit nicht haben. Weder ein Stein noch eine Tugend ist auf sich selbst bezogen oder hat Freiheit und Verantwortlichkeit. In welchem Sinne können wir dann solche persönlichen Eigenschaften einem unterpersönlichen Seienden zusprechen? Wir können das tun, wenn wir es nicht als Gegenstand eines Erkenntnisaktes auffassen, sondern als Element einer Begegung, nämlich der Begegnung mit dem Heiligen. Es wird Teil dieser Begegnung, nicht als Ding oder Wert, sondern als Träger von etwas jenseits seiner selbst. Dieses Etwas jenseits seiner selbst ist das Heilige, die numinose Gegenwart dessen, was uns unbedingt angeht. Der Mensch kann das Heilige erfahren in allem und durch alles, aber als das Heilige kann es nicht weniger sein als er selbst ist; es kann nicht unterpersönlich sein. Nichts, was weniger ist als wir, nichts, was uns nicht im Zentrum unserer Person begegnet, kann uns unbedingt angehen. Es ist sinnlos, danach zu fragen, ob das Heilige selbst personhaft *ist* oder ob seine Träger Personen *sind*. Wenn „ist" und „sind" eine objektive Erkenntnis ausdrücken sollen, dann sind die Träger des Heiligen gewiß *nicht* personhaft. Aber darum handelt es sich hier nicht. Die Frage heißt: Was wird aus ihnen als Elementen der religiösen Begegnung? Und dann ist die Antwort klar, nämlich, daß sie personhaft werden. Vielleicht sollte man nicht von Personifizierung, wörtlich „Persönlich-Machung", sprechen, weil darin die Herstellung von etwas Unwahrem und Künstlichem zu liegen scheint, was als Zugeständnis an den primitiven Geist notwendig wäre. Die personhafte Begegnung in der religiösen Erfahrung ist so wirklich wie die Begegnung von Subjekt und Objekt im Erkenntnisbereich oder die Begegung von Vision und Deutung in der künstlerischen Erfahrung. In diesem Sinne drückt der religiöse Personalismus eine Wirklichkeit aus, nämlich die Wirklichkeit innerhalb der religiösen Begegnung.

Wo immer das Heilige erfahren wird, hat die Erfahrung offensichtlich den Charakter einer Begegnung von Person zu Person. Das läßt sich leicht an den sogenannten „primitiven Religionen" und ihren personhaften Gottheiten zeigen, wie untermenschlich sie auch sein mögen. Man geht mit ihnen um, wie man mit Personen umgeht. Ebenso ist es leicht, den personhaften Charakter der Begegnung mit dem Heiligen in den großen mythologischen Religionen aufzuzeigen. Alle Götter in den Mythen sind personhaft; sie alle sind ein „Du" für ein menschliches Ich. Der Mensch kann zu ihnen beten und sie durch Opfer oder sittliches Verhalten beeinflussen. Die Mystik versucht, diese Ich-Du-Beziehung zwischen Gott und dem Menschen zu transzendieren; das gelingt den großen Mystikern, wenigstens in ekstatischen Momenten. Aber die Religionen, in denen die Mystik entstanden ist, in Indien, China, Persien und auch in Europa, sind personalistisch. Sie haben personhafte Götter, die angebetet werden, selbst wenn man weiß, daß über ihnen das überpersönliche *Eine* ist, der Grund und Abgrund alles Person-Seins. Ein indischer Brahmane, mit dem ich ein Gespräch hierüber hatte, machte mir sehr klar, daß er im transpersonalistischen Denken der klassischen Tradition Indiens lebe. Aber als religiöser Hindu sagte er, daß die Macht des Brahman sich für uns personhaft macht. Er beschränkte das personhafte Element in der Religion nicht auf den Bereich der menschlichen Subjektivität und bezeichnete es nicht als Illusion; er beschrieb es als eine innere Eigenschaft der überpersönlichen Macht des Brahman. In jeder Religion begegnet uns das Heilige in personhaften Bildern.

2. *Die Eigenart des biblischen Personalismus*

Der Personalismus der biblischen Religion muß vor dem Hintergrund der universalen Religion gesehen werden, die er in einzigartiger Weise zugleich repräsentiert und verneint. In der Struktur der religiösen Begegnung als Ich-Du-Beziehung ist der Personalismus der Bibel wie der Personalismus jeder anderen Religion enthalten. Aber der biblische Personalismus ist von dem jeder anderen Religion verschieden. insofern er die Idee einer persönlichen Beziehung enthält, die ausschließlich und radikal ist. Jede Religion nennt ihren Gott „Du", z. B. im Gebet. Die biblische Religion tut das auch, aber sie schließt die Elemente des Gebets aus, die es in eine Person-Ding-Beziehung verwandeln würden, z. B. die *„do-ut-des"* – oder die Geschäftsbeziehung, die aus dem göttlichen „Du" ein Mittel für eigene Zwecke macht. Die biblische Religion hat im Kampf gegen eine solche Haltung den vollen Sinn des Personalen entdeckt. Der unbedingte Charakter des biblischen Gottes macht die Beziehung zu ihm radikal personhaft. Denn nur das, was uns im Zentrum unserer persönlichen Existenz trifft, geht uns unbedingt an. Der Gott, der unbedingt ist in Macht, Forderung und Verheißung, ist der Gott, der uns erst ganz zur Person macht und der folglich ganz personhaft ist in unserer Begegung mit ihm. Es ist nicht so, daß wir zuerst wissen, was Person ist und dann diesen Begriff auf Gott anwenden. Sondern in der Begegnung mit Gott erfahren wir zuerst, was Person sein soll, wie sie sich von allem Unterpersönlichen unterscheidet und wie sie gegen das Absinken ins Unterpersönliche geschützt werden muß.

Wenn biblische Religion nicht nur personhaft ist, sondern vielmehr der Ursprung des vollen Sinnes von *Person*, wie kann dann der nichtpersönliche Begriff „Sein" unbedingte Bedeutung haben und Gegenstand unendlicher Leidenschaft sein? Ist diese erste Gegenüberstellung nicht auch die letzte, nämlich das Ende aller Versuche, eine Synthese zwischen Ontologie und biblischer Religion herzustellen? Ist nicht Gott in der religiösen Begegnung *eine* Person unter anderen, als ein *Ich* bezogen auf ein *Du* und umgekehrt? Und wenn das so ist, ist er nicht *ein* Seiendes, während die ontologische Frage die Frage nach dem Sein-Selbst stellt, die Frage nach der Macht des Seins in und über allem

Seienden? Wird nicht in der ontologischen Frage Gott selbst transzendiert?

Hier wollen wir das Problem in dieser radikalen Form stehen lassen und uns einigen besonderen Zügen im Personalismus der biblischen Religion zuwenden.

IV. Personalismus und Gott-Mensch-Beziehung

1. Der Charakter der Gott-Mensch-Beziehung als Wechselbeziehung

Jede Beziehung zwischen Personen beruht auf freier Gegenseitigkeit. Wenn eine der beiden nicht imstande ist, als *Person* zu handeln, so tritt eine Ich-Ding-Beziehung an die Stelle der Ich-Du-Korrelation. Obwohl in der biblischen Religion Gott der ist, der gibt, und der Mensch der, der empfängt, ist doch die Gegenseitigkeit in der Gott-Mensch-Beziehung immer gegenwärtig und wird ständig zum Ausdruck gebracht ohne jede Furcht, daß dadurch die absolute Hoheit Gottes eingeschränkt würde. Gott antwortet in verschiedener Weise auf verschiedenartiges Handeln der Menschen. Das würde also bedeuten, daß er teilweise von ihnen abhängig ist. Er hätte anders geantwortet, wenn der Mensch anders gehandelt hätte, als er es tat. Das kann auch nicht anders sein; denn in einer Beziehung von Person zu Person ruft ein personhaftes Handeln der einen Seite eine personhafte Reaktion auf der anderen Seite hervor. Eine Reaktion ist personhaft, wenn sie dem freien, verantwortlichen und entscheidungsbewußten Zentrum der Person entspringt. Im Bereich unterpersönlicher Objekte wird jede Reaktion determiniert durch die Aktion, die sie hervorrief, durch die Natur des Objekts, auf das sich das Handeln richtet, und durch den Gesamtzusammenhang, innerhalb dessen die Handlung geschieht. Das ist zum Teil auch im persönlichen Bereich der Fall. Aber hier kommt ein neuer Faktor hinzu: das Objekt, auf das sich das Handeln richtet, ist nicht völlig determiniert, weil es wesenhaft Subjekt ist. Es ist frei, sich zu entscheiden, wie es handeln will: es ist Person. Deshalb kann man seine Reaktion nur zum Teil vorausberechnen, und sie ist im letzten ungewiß. Das schafft die lebendige Gegenseitigkeit in einer Beziehung von Person zu Person. Wir handeln oder sprechen; aber wir wissen niemals mit Sicherheit im voraus, wie wir auf das Handeln des anderen antworten werden. Jeder Augenblick einer lebendigen Beziehung enthält ein Element der Unsicherheit. Eine solche freie Gegenseitigkeit zwischen Gott und Mensch ist der Grund des dynamischen Charakters der biblischen Religion. Gott gebietet; der Mensch gehorcht oder gehorcht nicht. Gott plant; der Mensch bejaht oder widerspricht. Gott verheißt; der Mensch glaubt oder glaubt nicht. Gott droht; der Mensch antwortet mit Furcht oder mit Hochmut, oder er wandelt seinen Sinn. Und die Haltung Gottes wandelt sich entsprechend. Der drohende, zornige Gott wird zum liebenden, gnädigen Gott. Gott, der richtet und verdammt, wird zu einem Gott, der vergibt und errettet. Der Mensch betet, und Gott erhört ihn oder erhört ihn nicht. Der Mensch drängt und fordert, und Gott weist ihn zurück. Der Mensch wartet, und Gott nimmt ihn an. Der Mensch haßt, und Gott antwortet mit Liebe. Es besteht eine freie personhafte Gegenseitigkeit zwischen ihnen, die keiner vorgegebenen Regel unterworfen ist; es ist wirkliches Leben mit allen Merkmalen des Unerwarteten, Irrationalen und Intimen, die zu einer lebendigen Beziehung gehören.

Nichts scheint dem ontologischen Begriff des „Seins“ mehr zu widersprechen als diese Gegenseitigkeit zwischen Gott und Mensch. Wie kann ein Seiendes auf das „Sein-Selbst“ einwirken, wie kann das Sein-Selbst wiederum auf irgendein einzelnes Seiendes bezogen sein? Wie kann ein Seiendes den Grund des Seins, in dem und aus dem heraus es lebt, beeinflussen? Wie kann das Sein-Selbst sich verändern, wenn es doch, seinem Wesen nach, die Kategorien der Veränderung wie Zeit, Raum, Kausalität und Substanz transzendiert? Ist nicht der Gott der freien Wechselbeziehung den Kategorien unterworfen, die das Sein-Selbst transzendieren muß? Zerstört die Ontologie nicht alle Beziehungen freier Gegenseitigkeit, in denen der biblische Gott lebt? Ist sie nicht der Todesstoß für alle lebendige Religion und vor allem für die biblische Religion?

2. *Biblischer Personalismus und das Wort*

Die Wechselbeziehung von Person zu Person verwirklicht sich durch das Wort. Man ist dadurch auf eine Person bezogen, daß man zu ihr spricht, und man bleibt mit ihr nur in Beziehung, wenn sie antwortet. Unter gewissen Umständen können Zeichen und Gebärden an die Stelle des gesprochenen Wortes treten. Aber sie sind sinnvoll nur in bezug auf Worte, auf die gesprochene Sprache. Der biblische Personalismus wird am klarsten sichtbar in der Bedeutung, die das Wort im biblischen Schrifttum hat. Gottes Worte, die Worte der Propheten, die Worte Jesu und die Worte der Apostel und Prediger erscheinen auf jeder Seite der Bibel. Der theologische Biblizismus hat für gewöhnlich die Form einer „Theologie des Wortes“. Er erhielt diesen Charakter in der Reformation und bekam ihn von neuem in der neureformatorischen Theologie von heute. Im Hinblick auf den biblischen Personalismus ist das leicht zu verstehen. Das Wort richtet sich an das im Menschen, was ihn zur Person macht, an sein Zentrum, das Vernunft, Verantwortlichkeit und freie Entscheidung umfaßt. Das Wort vermittelt einen Sinn, den man verstehen muß; man muß ihn beurteilen, annehmen oder ablehnen in freiem Verstehen und freier Entscheidung. All das geschieht durch den Menschen als Person. Das Wort richtet sich an das Person-Zentrum. Offenbarung durch das Wort achtet die Freiheit des Menschen und seinen personhaften Selbst-Bezug. Der Mensch wird aufgefordert zu hören; aber es steht ihm frei, sich zu verweigern. Er soll nicht überwältigt werden durch das Wort wie bei der Zauberei, wo das Wort eine physische Wirkung hervorruft, oder wie in der Magie, wo es psychische Wirkungen hat, oder in der Suggestion, wo das Wort zum Zwecke emotionaler Beeinflussung gebraucht wird. Solcher Gebrauch des Wortes ist möglich; aber dabei wird immer das eigentliche Wesen des Wortes ausgeschaltet, nämlich Träger von Sinn zu sein. Alle diese Möglichkeiten kommen sowohl in der Bibel wie in der ganzen Religionsgeschichte vor; aber sie werden bekämpft, zur Bedeutungslosigkeit herabgemindert und in der biblischen Religion fast ganz aufgehoben. Das Wort als Träger von Sinn wirkt auf alle Seiten des geistigen Lebens im Menschen ein, auf seine ganze Persönlichkeit. Es wendet sich an den Intellekt; es klärt den Menschen auf über seine Situation, seine aktuelle und ideelle Beziehung zu Gott, zur Welt und zu sich selbst. Es wendet sich an den Willen, vornehmlich im Alten, aber auch im Neuen Testament. Das Wort Gottes ist vor allem das Gebot Gottes, der Ausdruck seines Willens und seiner Absichten; es ist Mittel zur Erschaffung und Erhaltung des Universums. Das Wort Gottes gibt Gesetze und führt Völker und Individuen; es herrscht über die Geschichte als ganze und vollendet sie. Und das Wort wendet sich an das Herz des Menschen in Drohung und Verheißung, in Zorn und Liebe, in Verwerfung und Annahme. Das Wort spricht zur Person als ganzer, zum freien, verantwortlichen und entscheidungsbewußten Zentrum der Person.

Die Ontologie denkt in anderen Kategorien. Das Sein-Selbst ist gegenwärtig in allem, was ist; und alles, was ist, partizipiert am Sein. Wir sprechen *zu* jemand, aber wir haben teil *an* etwas. In der ontologischen Partizipation erfassen wir das, dessen Teil wir sind oder das an uns teilhat, unmittelbar. Hören auf das gesprochene Wort gibt uns nur mittelbare Erkenntnis von dem verborgenen Denken und Wollen einer Person, von deren Zentrum wir ausgeschlossen sind. Während in der Offenbarung durch das Wort der, der sich offenbart, getrennt bleibt von dem, der die Offenbarung empfängt, versucht die Ontologie, in die Macht des Seins einzudringen, die Macht des Seins, der wir begegnen, wenn wir uns selbst begegnen. Subjekt und Objekt befinden sich in der ontologischen Forschung sozusagen an ein und derselben Stelle. Sie sprechen nicht miteinander. Es scheint, als ob die Ontologie dem Gott der Offenbarung das Wort wegnähme und ihn zum Schweigen brächte. An dieser Stelle wollen wir wieder die Frage in dieser radikalsten Form stehen lassen und uns anderen Elementen der biblischen Religion zuwenden.

V. Personalismus und die Manifestationen Gottes

1. Personalismus und Schöpfung

Alle Manifestationen Gottes sind Manifestationen durch das Wort, wie es dem Wesen der biblischen Religion entspricht. Das gilt zu allererst für die Schöpfung. Der biblische Personalismus unterscheidet sich durch die Lehre von der Schöpfung deutlich vom Personalismus anderer Religionen. Diese Lehre war der Punkt, an dem die frühe Kirche einen Kampf auf Leben und Tod gegen die religiösen Strömungen der spätantiken Welt führte. Sie war der Punkt, an dem die Kirche am Alten Testament als ihrer eigenen Voraussetzung festhielt. Die Lehre von der Schöpfung ist es, wovon die Lehren von dem Christus, von der Erlösung und der Vollendung abhängen. Ohne sie würde das Christentum als unabhängige Bewegung aufgehört haben. Die Lehre von der Schöpfung hat zwei Hauptfunktionen. Erstens betont sie die Abhängigkeit alles Geschaffenen von Gott und folglich die wesensmäßige Gutheit der Schöpfung. Sie bewahrt die christliche Interpretation der Existenz vor einer dualistischen Spaltung zwischen einem guten und einem bösen Gott. Sie schützt die personhafte Einheit des einen Gottes. Zweitens betont sie den unendlichen Abstand zwischen dem Schöpfer und dem Geschöpf. Sie stellt das Geschaffene außerhalb des schöpferischen Grundes. Sie verneint jede Partizipation des Geschöpfes an der schöpferischen Substanz, aus der es hervorgeht. Die Lehre von der Schöpfung durch das Wort hebt den Abstand zwischen Schöpfer und Geschöpf besonders stark hervor. Es war richtig und angemessen, daß die späteren jüdischen und christlichen Theologen von der Schöpfung aus Nichts sprachen, denn sie ist eins mit der Schöpfung durch das Wort. Sie bedeutet, daß es keine Substanz gibt, weder eine göttliche noch eine widergöttliche, aus der das endliche Seiende sein Sein erhält. Es empfängt sein Sein durch das Wort, den Willen Gottes und seine Schöpferkraft. Die Lehre von der Schöpfung durch das Wort verneint jede substantielle Partizipation des Menschen an Gott. Sie ersetzt substantielle Identität durch personhafte Distanz.

Die Ontologie spricht vom Sein-Selbst als dem Grund von allem, was ist. Sie spricht von der einen Substanz, aus der alles endliche Seiende gemacht ist. Sie spricht von der Identität des Unendlichen mit dem Endlichen. Sie spricht vom endlichen Geist, durch den der absolute Geist sich selbst will und erkennt. Es scheint, als ob die Ontologie das Unendliche in das Endliche auflöse oder das Endliche in das Unendliche. Die Ontologie scheint Gott seines schöpferischen Wortes zu berauben; sie gerät entweder in den Bereich des metaphysischen Dualismus oder des metaphysischen Monismus. In beiden Fällen wird der Abstand zwischen Gott und Mensch aufgehoben, der in der biblischen Religion so machtvoll zum Ausdruck kommt.

2. *Personalismus und Christologie*

Der biblische Personalismus vollendet sich in der Botschaft, daß das Wort Gottes in einem personhaften Leben geschichtliche Gestalt wurde, im Leben Jesu, der aus diesem Grunde der Christus genannt wird. Die biblische Religion im Alten und im Neuen Testament ist eine Religion von Menschen, die in der Kraft des Geistes Gottes den Willen Gottes verkünden und den Bund zwischen Gott und Israel, zwischen Gott und der Menschheit bewahren. Der Gott, der dem Menschen als Person begegnet, handelt in der Geschichte durch Personen und ihre inneren Erfahrungen. Gewiß gibt es in der Religion sowohl des Alten als auch des Neuen Testaments viele nicht-persönliche Elemente: Gemeinschaftstradition, rituelle Ordnungen, Gesetzesvorschriften, sakramentales Handeln, Schriften und Hierarchien. Ohne diese religiösen Objektivationen hätte die biblische Religion nicht leben und dauern und eine ununterbrochene Reihe großer Persönlichkeiten hervorbringen können. Andererseits sind aber diese Objektivationen abhängig von den großen Persönlichkeiten und werden gewandelt durch sie. Ihre Erfahrungen und Kämpfe und ihre Verkündigung schufen den Geist der biblischen Religion. Aber in ihnen allen kann die Offenbarung, die sie weitergeben, noch von ihrer Person getrennt werden. Es ist das Wort, das offenbart, das Wort, das der Prophet oder der Apostel empfängt und durch das er zum Medium der Selbst-Manifestation Gottes wird, wenn er es auch ohne ein personhaftes Leben, das dem göttlichen Wort offenstand, nicht hätte empfangen können. Aber nicht dieses personhafte Leben als solches hat

Offenbarungscharakter, nicht sein Sein, sondern etwas, das durch sein Sein hindurch mitgeteilt wird. Jesus gebrauchte auch die Worte der Propheten, aber darüber hinaus sind seine Worte Ausdruck seines Seins; seine Worte sind in Einheit mit seinem Tun und Leiden. Alles zusammen, Worte, Tun und Leiden, weist auf ein personhaftes Zentrum hin, das völlig bestimmt ist durch die Gegenwart Gottes, durch den „Geist ohne Maß". Das macht Jesus zum Christus. Das Wort erscheint *als* Person und erst in zweiter Linie in den Worten einer Person. Das Wort, das Prinzip der Selbst-Manifestation Gottes, das Wort, das als Person erscheint, ist die Vollendung des biblischen Personalismus. Das bedeutet, daß Gott so sehr Person ist, daß wir nur in einem personhaften Leben erkennen können, was er ist. Gott kann Mensch werden, weil der Mensch Person ist und weil Gott personhaft ist. Und andererseits wird erst offenbar, was Person sein soll, wenn Gott in einer Person erscheint. Die Grenzen der persönlichen Existenz des Menschen sind in ihr überwunden; die unterpersönlichen Elemente, die in sie eindringen und sie zerstören möchten, sind ausgeschlossen. Das Person-Zentrum beherrscht den ganzen Menschen, weil es mit dem Person-Zentrum göttlichen Lebens verbunden ist.

Die ontologische Frage, die Frage nach dem Sein in allem Seienden und jenseits von allem, was ist, scheint die Wirklichkeit zu entpersönlichen. Der Logos, der innerhalb der biblischen Religion das Herz Gottes nur in einem konkreten personhaften Leben offenbaren kann, ist innerhalb der Ontologie gegenwärtig in allem Seienden. Die Ontologie generalisiert, während die biblische Religion individualisiert. Das Suchen nach letzter Wirklichkeit, nach dem Sein-Selbst, scheint jene konkrete Wirklichkeit, in der das Unbedingte personhaft gegenwärtig ist, nicht zu kennen. Der universale Logos scheint den Logos, der Fleisch, d. h. historische Wirklichkeit im personhaften Leben eines individuellen Selbst geworden ist, in sich aufzunehmen und damit zu vernichten. Und nun erhebt sich die Frage: Gibt es überhaupt eine Möglichkeit, Ontologie und biblische Religion zu verbinden, wenn die Ontologie die zentrale Aussage der biblischen Religion, daß Jesus der Christus ist, nicht annehmen könnte?

3. Personalismus, Geschichte und Eschatologie

Die biblische Religion hat eine geschichtliche Auffassung der Wirklichkeit. Die Erzählungen des Alten Testaments sind nicht nur Legenden aus einer vergangenen Geschichte Israels. Das sind sie auch; aber darüber hinaus sind sie Berichte von den Taten Gottes, der für sein letztes Ziel *wirkt:* die Errichtung seines Reiches in Israel und in der ganzen Menschheit. Die Idee des Bundes zwischen Jahve und seinem Volk, die Idee vom „Rest" des Volkes und vom messianischen Zeitalter, die Verkündigung Jesu, daß das Reich Gottes nahe sei, das Gefühl der ersten Christen, zwischen zwei Zeitaltern zu leben (d. h. zwischen dem Kommen des Christus und der letzten Erfüllung) – all das ist eine geschichtliche Interpretation des Geschichtsprozesses. Und nicht nur des Geschichtsprozesses, denn das ganze Universum wird in geschichtlicher Perspektive gesehen. Das Symbol des Bundes wird nicht nur auf die Beziehung zwischen Gott und dem Volke angewandt, sondern auch auf das Verhältnis zwischen Gott und der Natur. Die Ordnungen der Natur sind analog der Ordnung des moralischen Gesetzes. Die Natur kann sie nicht durchbrechen, und Gott will sie nicht durchbrechen. Der Mensch allein kann den Bund mit Gott brechen und hat ihn gebrochen. Aber selbst dann will Gott ihn nicht brechen, sondern ihn hindurchtragen durch die Geschichte. Kosmischer Anfang und kosmisches Ende werden auf diese Weise hineingenommen in die geschichtliche Schau der Wirklichkeit. Das sind aber keine kosmologischen Notwendigkeiten in dem Sinne, in dem die Stoiker vom Weltbrand am Anfang und Ende jeder Zeitperiode sprechen. Es sind vorgeschichtliche, aber nicht ungeschichtliche Bedingungen der Geschichte. Die geschichtliche Schau der biblischen Religion macht selbst das Universum geschichtlich.

Die Geschichte der Erlösung ereignet sich innerhalb dieses kosmischen Rahmens. Geschichte ist in der biblischen Religion Heilsgeschichte. Vom vorgeschichtlichen Fall Adams bis zur nachgeschichtlichen Vereinigung aller Dinge in Gott läuft eine gerade Linie; sie beginnt mit Noah und Abraham und endet mit dem Wiederkommen des Christus. Die Geschichte ist weder Ausdruck der natürlichen Möglichkeiten des Menschen, noch der tragische Kreislauf seines Werdens und Vergehens; Geschichte schafft das Neue. Mit dem Christus ist ein Neues Sein im Weltprozeß erschienen; durch ihn hat die Geschichte Sinn und Mitte erhalten.

Entsprechend dem übergeschichtlich-geschichtlichen Beginn des Weltprozesses erwartet die biblische Religion das geschichtlich-übergeschichtliche Ende der Welt. Die biblische Religion ist endgerichtet. Sie glaubt an die vollständige Verwandlung der Struktur der Erde in etwas Neues, an eine Erneuerung aller Wirklichkeit. Und diese neue Wirklichkeit ist das Ziel, zu dem alle Geschichte und mit ihr das ganze Universum in einmaliger nicht umkehrbarer Bewegung hinführt.

Und wieder fragen wir: Wie kann das alles mit dem Suchen nach letzter Wirklichkeit, mit der Frage nach dem Sein, verbunden werden? Ist nicht die Ontologie der Versuch, die dauernden Strukturen der Wirklichkeit zu analysieren? Und ist nicht der Begriff des Seins-Selbst, an dem alles, was ist, partizipiert, notwendig ungeschichtlich? Schließt nicht die ontologische Interpretation der Wirklichkeit das geschichtlich Neue aus? Werden nicht besonders menschliche Sünde und göttliche Gnade durch sie als ontologische Notwendigkeiten gedeutet, und wird nicht die Sünde dadurch ihres Charakters als einer freien verantwortlichen Tat des menschlichen Person-Zentrums beraubt? Wird nicht ebenso der Gnade ihr Charakter eines freien personhaften Aktes Gottes genommen? Sind Sünde und Gnade, wenn sie in dieses ontologische Bezugssystem hineingenommen werden, noch Sünde und Gnade? Und weiter: Kann man von einem Ziel des Weltprozesses sprechen, wenn das Neue in der Geschichte ausgeschaltet wird? Kann man die eschatologische Schau der Welt, den transzendenten Ursprung und das transzendente Ende von allem, was ist, aufrechterhalten? Unterhöhlt nicht die Ontologie den Sinn von Hoffnung in der biblischen Religion?

Wir haben nun den biblischen Personalismus in einigen Hauptzügen erörtert; aber wir haben eine ganze Seite der biblischen Religion ausgelassen: ihr Verständnis des Menschen und seiner Situation. Hierüber zu sprechen wird die erste Aufgabe des nächsten Kapitels sein. Wenn wir jedoch die Ergebnisse dieses Kapitels betrachten, so scheint kein weiteres Kapitel möglich zu sein. Die Gegenüberstellung der biblischen Religion und ihres Personalismus und des Impersonalismus der Ontologie scheint jeden Versuch einer Synthese auszuschließen. Es wird aber zum Teil die Aufgabe des folgenden und des ganzen letzten Kapitels sein, aufzuzeigen, daß es nicht so ist und daß jeder der beiden Bereiche den anderen zu seiner eigenen Verwirklichung braucht. Dieser Bezug läßt sich aber keinesfalls an der Oberfläche feststellen. Es ist notwendig, daß wir in die Tiefe beider eindringen, in das Wesen der biblischen Religion und in das Wesen der Ontologie, um ihre gegenseitige Abhängigkeit aufzudecken.

VI. Der Mensch im Lichte des biblischen Personalismus

1. Der biblische Personalismus und die ethische Existenz des Menschen

Die Gegenüberstellung der biblischen Religion und der Ontologie beschränkte sich bisher auf die objektive Seite der Religion, auf den Lehrgehalt des biblischen Glaubens und auf den begrifflichen Ausdruck des ontologischen Denkens. Die Situation des Menschen im Stande des Glaubens und die Situation des Menschen, der die Frage nach dem Sein stellt, haben wir jedoch bisher noch nicht berührt. Wir müssen nun die subjektive Seite der biblischen Religion analysieren und sie mit der subjektiven Seite der ontologischen Fragestellung konfrontieren. Diese Gegenüberstellung wird uns zu dem Punkte führen, wo die positive Beziehung zwischen biblischer Religion und Ontologie zum ersten Male zutage tritt. Dies wird der Wendepunkt von der vorläufigen zu einer endgültigen Gegenüberstellung sein. Die letztere soll in entgegengesetzter Reihenfolge herausgearbeitet werden; sie soll mit der subjektiven Seite der biblischen Religion beginnen und sodann zur objektiven Seite zurückkehren, bis wir dahin gelangt sind, von wo wir ausgegangen waren: zur Idee Gottes im Verhältnis zum Sein-Selbst, zur letzten Wirklichkeit, nach der die Ontologie fragt.

Die Existenz des Menschen vor Gott ist vom Standpunkt der biblischen Religion aus vor allem ethische Existenz. In den ersten Kapiteln der Genesis wird dies häufig geäußert und zwar mit großem Nachdruck. Der Mensch ist ins Paradies gestellt mit einem Gebot und mit einem Verbot. Er wird versucht und entscheidet sich gegen das Gebot; er verliert seine Unschuld und die Einheit mit der Natur und den anderen Menschen. Neue Versuchungen tauchen auf, und der Mensch wird zum Mörder seines Bruders. Die Angst der Schuld treibt ihn von Ort zu Ort. Gottlosigkeit und Sittenlosigkeit breiten sich aus, und dann kommt die Sintflut über die Menschheit. Der Bund zwischen Gott und dem auserwählten Volk hat als „Magna Charta“ das mosaische Gesetz, das den Dekalog enthält. Der Zorn der Propheten richtet sich gegen die, die im Namen des Bundes Ungerechtigkeiten begehen; und die ganze Geschichte Israels ist bestimmt durch das Problem von Gehorsam und Ungehorsam bei den Führern des Volkes und beim Volk selbst. Johannes der Täufer macht die Abkunft von Abraham abhängig von der Erfüllung des Gesetzes. Jesus legt das Gesetz neu aus, zeigt seine radikalen Folgerungen und faßt es zusammen im Gebot der Liebe. Alle Bücher des Neuen Testaments, die Briefe des Paulus ebenso wie die des Jakobus sind gefüllt mit ethischem Gehalt. Der Verfasser der Johanneischen Schriften betont trotz seiner mystischen und ontologischen Tendenzen auf das eindringlichste das Gebot der Liebe, dessen Mißachtung die Beziehung zu Gott zerstört.

All dies ist bekannt; und doch sollten wir uns zuweilen der überwältigenden Wucht des ethischen Gehalts der biblischen Religion überlassen. Und wenn wir das täten, würden wir bemerken, in welcher Weise das Wesen der Ethik im biblischen Personalismus bestimmt wird.

Der Mensch ist immer vor eine Entscheidung gestellt. Er muß sich entscheiden für oder gegen Jahve, für oder gegen den Christus, für oder gegen das Reich Gottes. Die biblische Ethik ist kein System von Tugenden und Lastern, von Gesetzen und Ratschlägen, von Belohnung und Strafe. All dies fehlt nicht; aber es steht in einem größeren Rahmen, nämlich dem Bereich der konkreten personhaften Entscheidung. Jede Entscheidung ist dringlich; sie muß jetzt getroffen werden. Wenn sie getroffen ist, hat sie weitreichende Folgen. Jede Entscheidung ist immer eine letzte Entscheidung – eine Entscheidung von unendlichem Gewicht. Sie entscheidet über das Schicksal des Menschen. Sie entscheidet über das Schicksal der Völker, das des auserwählten sowie der anderen. Jede Generation in jedem Volk muß sich von neuem entscheiden für oder gegen die Gerechtigkeit, für oder gegen den, der der Gott der Gerechtigkeit ist. Und in jedem Volk, auch im auserwählten Volk, bedeutet die Entscheidung gegen die Gerechtigkeit Selbst-Zerstörung. Kein sakramentales Handeln, obgleich es im Namen Gottes geschieht, kann den, der Recht und Gerechtigkeit verletzt, vor dem Zorn Gottes bewahren. Die sittliche Entscheidung bestimmt das Schicksal des Einzelnen: sein ewiges Schicksal hängt von seiner Entscheidung für oder gegen den Christus ab. Aber die Entscheidung für oder gegen den Christus wird auch von Menschen getroffen, die nicht einmal seinen Namen kennen. Entscheidend ist allein, ob sie im Sinne des Gebotes der Liebe, für das der Christus steht, handeln oder nicht. Wer in diesem Sinne handelt, zeigt, daß er in die Einheit der Vollendung aufgenommen ist. Gegen das Gebot der Liebe handeln bedeutet, von der Vollendung ausgeschlossen und in die Verzweiflung des Nicht-Seins geworfen zu sein. Das ist biblische Ethik. Sie hat wenig zu tun mit der bürgerlichen Ethik, die darin besteht, daß man einige Dinge nicht tut, die man für schlecht hält, und einige Dinge tut, die für recht gehalten werden. Biblische Ethik bedeutet: in letzter Entscheidung stehen für oder gegen Gott. Die biblische Ethik macht uns zur Person, weil sie uns vor diese Entscheidung stellt.

Was hat die ontologische Frage, selbst wenn sie ein letztes Anliegen wäre, zu tun mit der sittlichen Entscheidung in der biblischen Religion? Ist nicht der nicht-persönliche Charakter des ontologischen Prinzips dem Ruf zur sittlichen Entscheidung genau entgegengesetzt? Steht nicht der erkennende *eros* des Philosophen den Forderungen des Gottes der Liebe gleichgültig gegenüber? Wird nicht der Gegensatz zwischen Gut und Böse von der Ontologie außer acht gelassen? Ist nicht der religiöse Hintergrund der Ontologie mystische Partizipation, während die biblische Religion den Abstand zwischen sittlichem Gebot und sittlichem

Gehorsam voraussetzt? Beraubt nicht die Ontologie die biblische Religion ihrer unbedingten sittlichen Leidenschaft? Hat nicht Kierkegaard recht, wenn er Hegel anklagt, daß er die Person und ihre ethische Existenz der theoretischen Intuition geopfert habe?

Bedeutet das alles nicht, daß die Gegenüberstellung nun den Punkt erreicht hat, wo es sich zeigt, daß die Synthese zwischen ontologischem Denken und biblischer Religion nicht nur unmöglich, sondern im ethischen Sinne gefährlich ist und daher abgelehnt werden muß?

2. Der biblische Personalismus und die soziale Existenz des Menschen

Was über die ethische Existenz des Menschen gesagt wurde, gilt auch für seine soziale Existenz. Gott ruft Familien, Völker, Gemeinschaften innerhalb eines Volkes und die Gemeinschaft, die alle Völker transzendiert, die „Gemeinde Gottes", die Kirche. Und es ist das Ziel Gottes in der Geschichte, die Einzelnen nicht als Einzelne zu retten, sondern sie als Glieder seines Reiches aufzunehmen in die Gemeinschaft alles Seienden in Gott. Deshalb richtet sich die Botschaft der Propheten und Apostel an Gemeinschaften. Sie selbst werden persönlich berufen; aber ihre Botschaft ist für das Volk bestimmt, dem sie angehören, oder für die Kirche, deren Glieder sie sind. Sie sind keine Fremdlinge in der Gemeinschaft, der sie Gericht und Verheißung übermitteln. Sie leben und denken und sprechen innerhalb der Erfahrungen und Traditionen ihres Volkes. Sie gebrauchen seine Symbole und bemühen sich um seine Probleme. Das ist der Grund für die konservative Haltung der Prophten des Alten Testaments gegenüber der Religion der Vergangenheit, der Haltung Jesu und der Apostel gegenüber dem Alten Testament und der Reformatoren gegenüber der frühen Kirche. Der Prophet verläßt die Gemeinschaft nicht, wenn er auch von ihr ausgestoßen wird; aber er verwendet ein Element ihrer Tradition gegen eine entartete Tradition. Der Prophet beabsichtigt nicht, eine neue Gemeinschaft zu schaffen, und gerade aus diesem Grunde tut er es oft gegen seinen Willen. Der Prophet braucht Einsamkeit, nicht das Allein-Sein der Getrenntheit, sondern die Einsamkeit dessen, der die Gemeinschaft geistig in diese seine Einsamkeit mitnimmt, um dann später in Person wieder zu ihr zurückzukehren. Die biblische Religion spricht häufig von der Einsamkeit der „Männer Gottes", aber selten von ihrem Allein-Sein und der Getrenntheit von der Gruppe, die sie ablehnt.

Die ontologische Frage wird im Allein-Sein gestellt, selbst wenn der Denker als aktives Glied am Leben der Gemeinschaft teilnimmt. Viele

Philosophen haben dieses Allein-Sein erfahren. Heraklit hat es erfahren, und es trieb ihn in Bitterkeit und Arroganz. Sokrates hat es erfahren, und er nahm es an und gab ein Beispiel des Mutes, der solches Allein-Sein auf sich nimmt. Die Stoiker haben es erfahren, die sich selbst als die Weisen fühlten in einer Welt von Narren. Spinoza hat es erfahren, dessen Allein-Sein der Einsamkeit der Mystiker verwandt war. Auch die Skeptiker der Antike haben es erfahren; sie gingen in die Wüste, um niemals zurückzukehren. Und ebenso war es die Erfahrung der modernen Skeptiker, die sich in Zeiten des Dogmatismus vor der Intoleranz unter vielerlei Masken verbargen. Das alles muß so sein; denn der erste Schritt zum schöpferischen Philosophen ist der radikale Zweifel. Er stellt nicht nur Traditionen und Symbole der Gemeinschaft, zu der er gehört, in Frage, sondern auch alles, was man die „natürliche Weltanschauung" nennt, die Voraussetzungen des gesunden Menschenverstandes von „jedermann". Wer ernsthaft die Frage stellt „Warum ist etwas, warum nicht nichts?", hat den Schock des Nicht-Seins erfahren und hat im Denken alles, was ist, in Natur und Menschheit transzendiert. Er hat (gewöhnlich ohne es zu beabsichtigen) die Bande zu jeder Glaubensgemeinschaft gelöst. Und wieder könnte man fragen: Ist es nicht unmöglich, die Einsamkeit des Propheten, die ihn an die Gemeinschaft bindet, zu vereinen mit dem Allein-Sein des Philosophen, das ihn von der Gemeinschaft trennt? Und erfährt nicht jeder von uns, sei er nun der biblischen Religion verbunden oder zum radikalen Zweifel getrieben, etwas vom Schicksal des Propheten und etwas vom Schicksal des Philosophen in sich selbst, wenn auch in weniger radikaler Form?

Dieser Konflikt liegt der gegenwärtigen Diskussion über *eros* und *agape* zugrunde. Die biblische Religion fordert und gibt jene Art von Liebe, die das Neue Testament *agape* nennt. Die Philosophie von Plato an preist den *eros*, der die Seele bei ihrem Suchen nach letzter Wirklichkeit, bei der Frage nach dem Sein, beflügelt. Wenn *agape* und *eros* sich ausschließen, ist es hoffnungslos, eine Synthese zwischen biblischer Religion und Ontologie zu suchen. Die *agape* trachtet nach dem, was konkret, individuell, einmalig, hier und jetzt ist. Die *agape* meint die Person, den anderen, der gegen nichts anderes und gegen niemand anderen ausgetauscht werden kann. Er kann auch nicht unter Begriffe subsumiert werden. Er muß angenommen werden trotz aller allgemeinen Gesichtspunkte, die seine Annahme verhindern könnten, wie etwa moralische Urteile, die sich auf allgemeine Normen gründen, oder soziale Unterschiede, die Gleichgültigkeit oder gar Feindseligkeit rechtfertigen würden, oder psychische Eigentümlichkeiten, die eine volle Gemeinschaft mit ihm verhindern. *Agape* bejaht das Konkrete trotz der Macht des Universalen, die das Konkrete zu vernichten sucht. *Eros* – ein Wort, das in der biblischen Religion nicht gebraucht wird – schaut auf das Universale, die ewigen Wesenheiten (Ideen), von denen das Konkrete nur ein schwacher Abglanz ist. *Eros* strebt über die individuellen Dinge und Personen hinaus. Er braucht das Konkrete nur als Ausgangspunkt. Aber dann transzendiert er es und löst es in das Universale auf. Die Erfüllung des *eros* ist die mystische Einigung mit dem *Einen,* in dem alle Konkretheit verschwunden ist. Ontologische Leidenschaft hat den Charakter des *eros.* Die Bejahung des anderen in seiner Konkretheit ist *agape.* Ist eine Einigung zwischen diesen beiden möglich? Widerspricht nicht das Suchen nach letzter Wirklichkeit, die Frage nach dem Sein, nicht nur der Hoffnung und dem Glauben, sondern auch der Liebe? Und wie kann etwas, was die Liebe verneint, mit der biblischen Religion zusammen gehen?

3. Glaube und Sünde in der biblischen Religion

Die ethische und soziale Existenz des Menschen beruht in der Bibel auf seiner religiösen Existenz. Das biblische Wort für religiöse Existenz heißt „Glaube". Nur in diesem Sinne soll es hier und im folgenden gebraucht werden. Glaube ist das Ergriffensein durch etwas, was uns unbedingt angeht. Und da nur das, was Grund unseres Seins und Sinnes ist, uns unbedingt angeht, können wir auch sagen: Glaube ist das Ergriffensein unserer Existenz in ihrem letzten „Woher" und „Wohin". Er ist ein Ergriffensein der ganzen Person; er ist das allerpersönlichste Anliegen, das alle anderen Anliegen bestimmt. Er ist nicht etwas, was herbeigezwungen werden kann; nicht etwas, was wir durch den Willen zu glauben hervorrufen können; sondern er ist das, was uns ergreift. Es ist, biblisch ausgedrückt, der Heilige Geist, der in unserem Geist wirkt und Glauben schafft. Dieser Glaubensbegriff hat wenig zu tun mit der populären Auffassung des Glaubens als Glaube an etwas Unglaubhaftes, als Unterwerfung unter eine Autorität, der man vertraut, oder als Risiko, etwas, was nur wahrscheinlich ist, für gewiß zu halten. Solche Deutungen, für die die Theologen ebenso verantwortlich sind wie populäres Mißverständnis, liegen unterhalb der Ebene, auf der die Gegenüberstellung von Ontologie und biblischer Religion stattfinden muß. Es wäre gut, wenn Philosophen und Gelehrte damit aufhörten, die Religion für etwas anzuklagen, was die üblichste Verzerrung der Religion ist – nämlich das intellektualistische und das voluntaristische Mißverständnis des Glaubens. Wenn jedoch der Begriff des Glaubens so häufig und so radikal entstellt wird und wenn sogar Theologen und, wie man hinzufügen muß, Predigt und Unterricht der Kirche dafür verantwortlich sind, muß es da nicht ein Element im biblischen Begriff des Glaubens geben, das fast unwiderstehlich zu solchen Mißverständnissen führt? Und ist nicht der personalistische Charakter des biblischen Glaubensbegriffes gerade die Ursache für diese Schwierigkeit? Und schließlich: Ist es nicht gerade diese Schwierigkeit, die eine Synthese zwischen biblischem Glauben und autonomer Vernunft endgültig verhindert?

Glaube in biblischer Schau ist ein Akt der ganzen Person. Wille, Erkenntnis und Gefühl gehören dazu. Er ist ein Akt der Selbst-Hingabe, des Gehorsams, der Zustimmung. Jedes dieser Elemente muß in ihm gegenwärtig sein. Gefühlsmäßige Hingabe ohne Zustimmung und Gehorsam würde das Person-Zentrum ausschalten. Es wäre ein Zwang und keine freie Entscheidung. Intellektuelle Zustimmung ohne Gefühlsbeteiligung verkehrt die religiöse Existenz in einen nicht-personhaften Erkenntnisakt. Willensmäßiger Gehorsam ohne Zustimmung und Gefühl führt zu Entpersönlichung und Sklaverei. Glaube eint und transzendiert die einzelnen Funktionen des menschlichen Geistes; er ist der am meisten personhafte Akt der Person. Aber jede Funktion des menschlichen Geistes neigt zu einer Art Imperialismus. Sie versucht, unabhängig zu werden und über die anderen zu herrschen. Sogar die biblische Religion ist nicht ohne Symptome in dieser Richtung. Der Glaube rückt manchmal in die Nähe emotionaler Ekstase; manchmal ist er in Gefahr, bloßer moralischer Gehorsam zu werden; und manchmal nähert er sich dem Punkt, wo er zur intellektuellen Unterwerfung unter eine Autorität zu werden droht. Das hat folgenden Grund:

Biblischer Glaube ist der Glaube einer Gemeinschaft, eines Volkes oder einer Kirche. Wer an diesem Glauben partizipiert, partizipiert auch an seinen Symbolen und Riten. Es ist notwendig, daß die Gemeinschaft ihre eigenen Grundlagen in Aussagen formuliert, die den Unterschied zu anderen Gemeinschaften deutlich machen und sie gegen Entstellungen schützen. Wer sich mit der Glaubensgemeinschaft verbindet, muß ihre Glaubensäußerungen, das Glaubensbekenntnis der Gemeinschaft, annehmen. Er muß zustimmen, ehe er aufgenommen werden kann. Diese Zustimmung kann Ausdruck einer personhaften Hingabe sein; aber sie kann auch zu einer bloß intellektuellen Zustimmung werden und die Tendenz einschließen, den Glauben auf einen Erkenntnisakt zu reduzieren. In diesem Moment würde der Begriff „Glaube" seinen wahren Sinn verlieren. Anstatt das Ergriffensein durch das, was uns unbedingt angeht, zu sein, würde er zur Annahme einer Summe von Lehren werden. Darauf deuten Ausdrücke wie „der christliche Glaube", der „Glaube der Kirche", „Bewahrung unseres Glaubens" oder in klassischer Formulierung *fides quae creditur* („der Glaube, der geglaubt wird"). Auch die biblische Religion enthält Tendenzen, die in diese Richtung treiben. Das konnte nicht anders sein, da sie Religion einer soziologisch und massenpsychologisch bedingten Gruppe war.

Aber wenn Glaube diesen konkreten Charakter hat, wie kann es dann eine Synthese mit dem radikalen Zweifel und dem radikalen Suchen nach Wahrheit geben, die die Ontologie charakterisieren? Ist nicht die Zerstörung des Glaubens, das Sich-Heraushalten aus jeder organisierten Lehre die Vorbedingung jedes ehrlichen Philosophierens, und entfaltet sich nicht die Ontologie in der Macht der menschlichen Vernunft, in einer Haltung der Kritik und Distanz, die das genaue Gegenteil von Annahme und personhafter Hingabe sind? Fordert nicht die Ontologie eine Haltung unpersönlicher Objektivität, die dem biblischen Personalismus in jeder Hinsicht widerspricht? Und wenn die Ontologie den Glauben verneint, verneint sie dann nicht die ganze biblische Religion?

Ein Zentralbegriff der biblischen Religion, die Sünde, ist von uns bisher nur kurz erwähnt worden. Sünde ist ein religiöser Begriff, der das Gegenteil von Glauben bezeichnet. Das Wesen der Sünde ist Unglaube, der Stand der Entfremdung von Gott, die Flucht vor ihm, der Widerstand gegen ihn, die Erhebung bedingter Anliegen zum Rang dessen, was uns unbedingt angeht. Der Mensch ist an die Sünde gebunden mit allen Funktionen seines Seins, da er in seinem Person-Zentrum von Gott entfremdet ist. Weder sein Gefühl, noch sein Wille, noch sein Intellekt sind von der Perversion ihres wahren Wesens, das heißt von der Sünde ausgenommen. Die Macht des Intellekts ist ebenso entfremdet und geschwächt wie die sittliche Kraft. Keine von beiden ist imstande, die Vereinigung mit Gott herzustellen. Nach der biblischen Religion kann geistige Bemühung so wenig die letzte Wahrheit erlangen, wie sittliches Streben Vollkommenheit erreichen kann. Wer danach strebt, vertieft die Entfremdung. Das war die Verkündigung von Paulus, Augustinus und Luther. Nur wer im Stande des Glaubens am Guten und Wahren partizipiert, kann nach den Normen der Wahrheit handeln. Die Partizipation geht dem Handeln und Denken voran; denn die Partizipation verleiht ein Neues Sein, in dem Sünde oder Entfremdung überwunden sind. Und Partizipation an dem, was uns unbedingt angeht, ist Glaube. Das bedeutet, daß der Glaube, der die Sünde dadurch überwindet, daß er Vergebung und ein Neues Sein empfängt, dem Suchen nach letzter Wirklichkeit, nach der Wahrheit selbst vorangehen muß. Nur im Stande des Neuen Seins aller Dinge kann das Sein-Selbst erreicht werden.

Die Ontologie ist ein Werk des rationalen Denkens. Sie stellt die Frage nach Sünde und Erlösung nicht. Sie unterscheidet nicht zwischen wesenhafter und entfremdeter Vernunft, und sie schaut nicht aus nach einer wiedergeborenen Vernunft. Sie beginnt da, wo sie ist, und strebt unmittelbar auf das Sein-Selbst zu. Die Bibel erhebt häufig Protest gegen die Philosophie, nicht weil sie die Vernunft überhaupt gebraucht, sondern weil sie eine entfremdete Vernunft zur Erkenntnis Gottes anwendet. Aber nur der Geist Gottes kennt Gott und verleiht denen Erkenntnis von Gott, die von ihm ergriffen sind, die im Stande des Glaubens stehen. Wie zu Anfang, so müssen wir jetzt am Ende dieser Gegenüberstellung fragen: Gibt es irgendeine Möglichkeit, die entgegengesetzten Wege der Ontologie und der biblischen Religion zusammenzuführen? Und die Antwort scheint zu sein: Der Konflikt ist unlösbar. Punkt für Punkt zeigte sich, zunächst in der objektiven und dann in der subjektiven Seite der biblischen Religion eine Unvereinbarkeit mit dem Wesen der Ontologie. Viele kommen nie über diesen Gegensatz hinaus und ziehen daraus die Konsequenz in der einen oder anderen Richtung. Es ist verständlich, daß manche die biblische Religion vollkommen ablehnen, weil sie in der Tiefe ihres Seins, in ihrem intellektuellen und sittlichen Gewissen aufgerufen sind, die radikale Frage zu stellen – die Frage nach Sein und Nicht-Sein. Sie halten sich lieber außerhalb des Christentums, als daß sie sich einer Religion beugen, die die ontologische Fragestellung verbietet. Es ist aber ebenso verständlich, daß viele gläubige Christen vor den Gefahren der ontologischen Frage zurückschrecken, die das in Zweifel zieht, was ihnen das Heiligste ist und unendliche Bedeutung für sie hat. Aber es gibt auch einige unter uns, die keine dieser beiden Möglichkeiten annehmen wollen; und ich glaube, daß keine von beiden Möglichkeiten ein Dienst an der Wahrheit und damit an Gott ist. Wenn wir aber einen dritten Weg suchen, so müssen wir auf den Protest all derer gefaßt sein, die bezweifeln, daß ein dritter Weg möglich ist.

Seit dem Zusammenbruch der großen Synthese zwischen dem Christentum und dem modernen Geist, um die sich Schleiermacher, Hegel und der Liberalismus des 19. Jahrhunderts bemüht hatten, ist eine große Müdigkeit über die Menschen gekommen, die nicht die eine oder die andere Alternative annehmen können. Sie sind zu enttäuscht, um noch nach einer neuen Synthese zu suchen, nachdem so viele Versuche mißlungen sind. Aber wir haben keine Wahl, wir müssen es von neuem versuchen! Und wir wollen das tun, indem wir die Frage stellen: Gibt es in der Geisteshaltung und den Begriffen der biblischen Religion Elemente, die eine Synthese mit der Frage nach dem Sein nicht nur zulassen, sondern fordern? Und umgekehrt, enthält nicht das ontologische Denken Elemente, die die Ontologie für das Anliegen der biblischen Religion öffnen?

4. Glaube, Zweifel und die ontologische Frage

Mit diesen Fragen vor Augen wollen wir nun das Verhältnis von Glaube und Zweifel analysieren. Hier muß die erste Entscheidung gesucht werden, die in gewisser Weise alle folgenden bestimmt.

Frühere Erörterungen haben uns schon auf diese Entscheidung vorbereitet, als wir die beiden Elemente in der Haltung des Philosophen darlegten: das theoretische und das existentielle Element. Wir sprachen von einer Verbindung von Vernunft und Leidenschaft, von Distanz und Teilhabe. Der Mensch steht zwischen Sein und Nicht-Sein; und er realisiert beides, seine Endlichkeit und das Unendliche, zu dem er gehört, wenn er die Frage nach dem Sein stellt. Das Sein ist ein unendliches Anliegen für ihn, da seine eigentliche Existenz in dieser Frage beschlossen liegt. Aber der Glaube ist, wie wir sahen, auch eine Sache unendlicher Leidenschaft; er ist das Ergriffensein durch das, was uns unbedingt angeht. Der Mensch, der die Frage nach dem Sein, nach der letzten Wirklichkeit, stellt, und der Mensch, der im Stande des Glaubens lebt, sind gleich in Hinsicht auf den unbedingten Charakter ihres Anliegens.

Aber wir müssen noch einen Schritt weitergehen. Zwei letzte Anliegen nebeneinander kann es nicht geben. Wenn es sie gäbe, dann würde das eine oder das andere oder beide nicht unbedingt sein. Und in der Tat schließt das eine der beiden Anliegen das andere ein. Das letzte Anliegen des Glaubens ist das, was in Wahrheit unbedingt ist und deshalb Grund des Seins und Sinnes für den gläubigen Menschen. Er stellt die Frage nach der letzten Wirklichkeit implizit; er muß voraussetzen, was jeder gläubige Christ voraussetzen muß, daß in den Symbolen seines Glaubens die Antwort auf die Frage nach der letzten Wirklichkeit enthalten ist. Als Glaubender beschäftigt er sich nicht mit ontologischer Forschung; aber es geht ihm um die Wahrheit, und das heißt um letzte Wirklichkeit. Nur wenn Gott unbedingte, letzte Wirklichkeit ist, kann er der sein, der uns unbedingt angeht; nur dann kann er Gegenstand der Hingabe, des Gehorsams und der Zustimmung sein. Glaube an etwas, was nur vordergründige Wirklichkeit hat, ist Götzendienst; in ihm wird einem vorläufigen Anliegen der Charakter der Unbedingtheit verliehen. Glaube schließt die ontologische Frage ein, sei sie nun explizit gestellt oder nicht. Die Kirche wußte von den frühesten Zeiten an um diesen Tatbestand und stellte die Frage explizit in dem Augenblick, wo sie dem ontologischen Anliegen in der hellenistischen Welt begegnete. Das ist der Grund, warum wir jenen Biblizismus nicht anerkennen sollten, der von Ritschl und Harnack ausgegangen ist. Sie klagten die frühe Kirche an, sie habe die biblische Religion verraten, da sie eine positive Verbindung zwischen ihrer Botschaft und der Ontologie, der Frage nach der letzten Wirklichkeit, hergestellt habe. Was Harnack die Hellenisierung des Evangeliums nannte, war in Wirklichkeit die Annahme der ontologischen Frage auf der Basis der biblischen Religion. Sie war unvermeidlich, nicht nur weil es notwendig war, das Evangelium in die hellenistische Welt einzuführen, sondern auch, weil die Entdeckung der ontologischen Frage durch den griechischen Geist universale Bedeutung hat. Sie ist Ausdruck der menschlichen Situation als solcher. An diesem Punkt war die frühe Kirche im Recht, wie fragwürdig ihre konkreten Lösungen auch sind. Und ihre Kritiker im 19. Jahrhundert waren im Unrecht, so dankbar wir ihnen auch für ihre mutige und erfolgreiche Analyse des überlieferten Dogmas der alten Kirche sein müssen.

Der Glaube enthält die ontologische Frage. Aber ist nicht die Ontologie wie ein Fremdkörper im Glauben, und zerstört sie nicht den Glauben mit ihrer mächtigsten Waffe, dem Zweifel, wenn ihre Frage ausdrücklich gestellt wird? Sollte der Glaube die Ontologie nicht besser im Mutterschoß festhalten und niemals zulassen, daß sie geboren werde? Oder ohne bildlichen Ausdruck, muß die Kirche das Suchen nach letzter Wirklichkeit nicht in den Grenzen ihrer Autorität halten – wie es die römische Kirche tatsächlich tut?

Das ist die fundamentale Frage des Verhältnisses von Glaube und Zweifel. Glaube und Zweifel widersprechen sich wesensmäßig nicht. Glaube ist die beständige Spannung zwischen sich selbst und dem Zweifel an sich selbst. Diese Spannung erreicht nicht immer die Schärfe eines Kampfes; aber sie ist im geheimen immer gegenwärtig. Das unterscheidet den Glauben von logischer Evidenz, wissenschaftlicher Wahrscheinlichkeit, traditionsgebundener Selbstgewißheit und ungebrochener Unterwerfung unter die Autorität. Glaube schließt beides ein: die unmittelbare Erfahrung von etwas Unbedingtem und den Mut, das Wagnis der Unsicherheit auf sich zu nehmen. Glaube sagt „Ja“, trotz der Angst des „Nein“. Er beseitigt das „Nein“ des Zweifels und die Angst vor dem Zweifel nicht; er baut kein Schloß zweifelsfreier Sicherheit – nur ein neurotisch verkehrter Glaube tut das. Er nimmt das „Nein" des Zweifels und die Angst der Unsicherheit in sich auf. Der Glaube umschließt sich selbst und den Zweifel an sich selbst. Deshalb enthält er sich selbst und die ontologische Frage, deren Vorbedingung der radikale Zweifel ist. Solch ein Glaube braucht das freie Suchen nach letzter Wirklichkeit nicht zu fürchten. Er braucht die Ontologie nicht im kirchlichen Raum einzuschließen. Er ist protestantisch dem Wesen nach, ganz gleich, ob er im historischen Protestantismus oder in der Bibel erscheint.

Der Philosoph befindet sich in einer Situation, in der ebenfalls ein „Nein" und ein „Ja" verbunden sind. Wir haben anfangs behauptet, daß Fragen zweierlei voraussetzt: ein Haben und ein Nicht-Haben. Man kann die ontologische Frage nicht stellen, ohne wenigstens ein vorphilosophisches Wissen davon zu haben, was „Sein" bedeutet. Jeder partizipiert am Sein, und jeder erfährt das Sein, wenn er Seiendem begegnet: Personen, Dingen, Geschehnissen, Wesenheiten. Und jeder partizipiert am Nicht-Sein und erfährt es in Trennung und Tod, in Schuld und Zweifel. Dies ist die konkrete Situation, in der der Philosoph nach letzter Wirklichkeit fragt. Wie der Gläubige lebt er in einer bestimmten Welt von Erfahrungen und Symbolen. Er ist nicht an sie gebunden, aber auch nicht von ihnen getrennt, er bezweifelt, was er weiß; aber er tut das auf der Basis von etwas anderem, was er weiß; denn es gibt kein „Nein" ohne ein vorhergehendes „Ja". *Der Philosoph hat nicht und hat; der Gläubige hat und hat nicht.* Das ist die Basis, auf der Ontologie und biblische Religion sich finden. Wir wollen in den letzten Kapiteln die verschiedenen Elemente der Gegenüberstellung von dieser Perspektive aus untersuchen.

VII. Die ontologischen Probleme der subjektiven Seite der biblischen Religion

1. Bekehrung in Religion und Philosophie

In den letzten Ausführungen gelangten wir zum Wendepunkt des ganzen Buches: dem Problem von Glaube und Zweifel in der biblischen Religion und der Ontologie. Die strukturelle Identität beider wurde offenbar, während in den vorhergehenden Kapiteln nur der Gegensatz zwischen ihnen in seiner radikalen und erschreckenden Schärfe sichtbar wurde. In der Erörterung von Glaube und Zweifel zeigten sich zum ersten Male bestimmte analoge Strukturen zwischen den beiden gegensätzlichen Polen. In beiden, in der biblischen Religion und in der Ontologie, ist ein letztes unbedingtes Anliegen die treibende Kraft; in beiden wird das „Nein“ des Zweifels in das „Ja“ des Mutes aufgenommen; in beiden findet eine Partizipation an konkreten Erfahrungen und Symbolen statt und gibt der Frage und der Antwort den inneren Gehalt. In beiden Fällen macht ein letztes Vertrauen in die Macht des Seins Hingabe und Suchen des Menschen möglich. Durch diese Gleichartigkeit bleibt eine Seite für die andere offen. Beide stehen auf der Grenze zwischen „Ja“ und „Nein“, zwischen Sein und Nicht-Sein. Das unbedingte Anliegen der Wahrheit, das zum Suchen nach letzter Wirklichkeit führt, ist ein Teil des unbedingten Anliegens, die Frage nach der Existenz des Menschen zu stellen, des Menschen, der imstande ist, die Frage nach seinem Sein und dem universalen Sein zu stellen.

Auf der Basis dieser Analyse von Glaube und Zweifel in der biblischen Religion und in der Ontologie wollen wir jetzt neu überprüfen, was in unserer ersten Gegenüberstellung ein unvereinbarer Gegensatz zu sein schien. Und zwar wollen wir beginnen mit der biblischen und der ontologischen Sicht der menschlichen Situation und von da Schritt für Schritt zurückgehen zur objektiven Seite des biblischen Personalismus und den ontologischen Ideen, mit denen sie konfrontiert wurde.

Die Vernunft ist nach theologischer Auffassung nicht nur endlich und deshalb unfähig, das Unendliche zu erfassen, sondern sie ist auch entfremdet von ihrer wesensmäßigen Vollkommenheit. Die Vernunft steht wie alles im Menschen unter der Knechtschaft der Entfremdung. Es gibt keinen Teil des Menschen, der vom universalen Schicksal der Sünde ausgenommen wäre. Für die kognitive Funktion der Vernunft bedeutet dies, daß sie erblindet und unfähig geworden ist, Gott zu erkennen. Die Augen der Vernunft müssen durch die offenbarende Gegenwart des Geistes Gottes im menschlichen Geist geöffnet werden. Nur wenn das geschieht, kann die Wahrheit von der menschlichen Vernunft erfaßt werden.

Es gibt zu diesem Gedanken eine überraschende Analogie in der Geschichte der Philosophie. Einige der größten Philosophen, die nach dem Sein gefragt haben, sprechen ihre Erkenntnis in einer Form aus, die der Sprache der Bibel sehr ähnlich ist. Der Ausdruck „Blindheit“ für den alltäglichen Geisteszustand wird zu allen Zeiten im philosophischen Denken gebraucht. Die Erfahrung, aus dem Schlaf der natürlichen Weltanschauung zu erwachen, das plötzliche Gewahrwerden des Lichtes der ontologischen Frage, das Zerbrechen der Oberfläche, an der man bisher dahinlebte – alle diese Ereignisse werden wie eine religiöse Bekehrung beschrieben. Diejenigen, die zum Licht erwacht sind, fragen leidenschaftlich nach der letzten Wirklichkeit, nach dem Sein. Sie sind anders als die, die nicht danach fragen. Plato beschrieb es so, daß sie nicht mehr an die Schatten in der Höhle gebunden sind; sie sind befreit und fähig, die wahre Wirklichkeit zu erkennen. Sie haben eine heilende Verwandlung und eine erleuchtende Offenbarung erfahren. Nur weil dies ihnen geschah, können sie ernsthaft und mit Erfolg die Frage nach dem Sein stellen. Die Ontologie setzt eine Bekehrung voraus, ein Öffnen der Augen, eine offenbarungsartige Erfahrung. Sie ist niemals Sache einer distanzierten Beobachtung, der Analyse und Synthese. Nur wer teilhat an der letzten Wirklichkeit, nur wer ihr als unbedingtem existentiellem Anliegen begegnet ist, kann versuchen, sinnvoll von ihr zu sprechen. In dieser Hinsicht gilt, daß zum Philosophieren Glaube gehört; nicht ein Glaube, der an vorgeschriebene Lehren glaubt (das ist nicht Glaube, sondern Fürwahrhalten), sondern Glaube als Ergriffensein von dem, was uns unbedingt angeht. Wenn der Ausdruck „philosophischer Glaube" überhaupt gebraucht werden kann, so sollte er nur im Sinne von „Glauben an das, was uns unbedingt angeht", nämlich das „höchste und letzte Objekt der Liebe zur Weisheit", gebraucht werden.

Gewiß sind philosophische Bekehrung und philosophischer Glaube nicht identisch mit Bekehrung und Glaube in der biblischen Religion. Diese sind gleichmäßig auf alle Funktionen des geistigen Lebens bezogen, auf die ganze Person des Menschen. Es gibt keinen Vorrang der kognitiven Funktion wie bei der philosophischen Bekehrung und dem philosophischen Glauben. Aber sogar die philosophische Bekehrung und der philosophische Glaube sind nicht auf die kognitive Funktion beschränkt; denn diese Funktion kann von den anderen Funktionen nicht getrennt werden: Die philosophische Bekehrung wandelt nicht nur das Denken des Philosophen, sondern auch sein Sein. Aber sein Sein bleibt im Hintergrund, während es in der religiösen Bekehrung im Vordergrund steht; deshalb ist die religiöse Bekehrung umfassender. Sie schließt die Möglichkeit der philosophischen Bekehrung ein, ebenso wie der religiöse Glaube die Möglichkeit des ontologischen Bewußtseins einschließt. Nicht bei jedem Menschen – faktisch nur bei wenigen – wird diese Möglichkeit zur Wirklichkeit. Aber in jedem Menschen ist sie als Möglichkeit vorhanden.

2. *Ethik der Gnade und Ethik der Entscheidung*

Als wir zuerst die Ontologie und die Ethik der biblischen Religion einander gegenüberstellten, waren es zwei Züge der ethischen Existenz des Menschen, bei denen der Konflikt unlösbar schien: die Situation der

Entscheidung und der Abstand zwischen Gott und Mensch. Die Bibel kennt die inneren Probleme beider. Wir entscheiden; wir glauben, daß wir imstande sind, frei zu entscheiden; und nach der Entscheidung werden wir gewahr, daß es gar nicht unsere eigene Kraft war, die entschied, sondern eine Macht, die durch uns hindurch die Entscheidung getroffen hat. Wenn wir eine Entscheidung treffen für das, was wir wesenhaft sind und darum sein sollten, so ist es eine Entscheidung aus der Gnade. Wenn es aber eine Entscheidung ist, die dem widerspricht, was wir wesenhaft sind, so ist es eine Entscheidung, in der wir von dämonischen Kräften besessen sind. Luther drückte das so aus, daß der Mensch wie ein Pferd sei, das entweder von Gott oder vom Teufel geritten wird. Aber weder die Bibel noch die Reformatoren glauben, daß dadurch die Verantwortlichkeit des Menschen und die Freiheit seiner Entscheidung aufgehoben sind. Jedoch liegt hier ein tiefes ontologisches Problem vor – das Problem von Freiheit und Schicksal. Wenn Paulus allen Nachdruck darauf legt, daß Gott alles zu unserem Heil wirkt und daß er uns zugleich aufruft, selbst unser Heil zu wirken, so gebraucht er die Kategorien „Freiheit" und „Schicksal", obwohl die Worte selbst nicht vorkommen. Wer aber diese Kategorien auch nur indirekt anwendet, muß ihren ursprünglichen Sinn kennen; er muß die ontologische Struktur beschreiben, zu der sie gehören. In unseren früheren Erörterungen schien es, daß „Freiheit" ein ethischer und „Schicksal" ein ontologischer Begriff sei. Aber jetzt hat uns der religiöse Begriff der Gnade gezeigt, daß das nicht so ist –, daß beide Begriffe, Freiheit und Schicksal, ebenso zur Ontologie gehören wie zur Ethik und daß beide transzendiert und geeint sind in den religiösen Symbolen Sünde und Gnade. Das gilt nicht nur im Hinblick auf Individuen, sondern, wenn auch in begrenztem Maße, für Gemeinschaften und schließlich für das Ganze der Weltgeschichte.

Der andere Hauptpunkt, wo der Konflikt zwischen der Ontologie und dem ethischen Charakter der biblischen Religion unlösbar scheint, ist der Gegensatz von Partizipation und Gehorsam. Das ontologische Wissen um den Grund des Seins setzt Partizipation voraus. In der sittlichen Entscheidung ist Gehorsam gefordert und damit die Trennung zwischen dem, der gebietet, und dem, der gehorcht. Dieses Problem wird in der biblischen Religion als „Gesetz der Liebe" behandelt, in einem Begriff also, der die Spannung zwischen Partizipation und Distanz in sich schließt. Es ist ein Gesetz, und das Gesetz steht über mir und möglicherweise gegen mich. Aber es ist das Gesetz der Liebe, und Liebe ist die Macht, die das Getrennte eint. Biblisches, traditionelles und mystisches Christentum stimmen in der Aussage überein, daß das sittliche Handeln nur dann vollkommen oder überhaupt möglich ist, wenn es aus der Einigung Gottes mit dem Menschen in der Liebe zu Gott entspringt, der Liebe zu Gott, die ihrerseits die Antwort ist auf Gottes Liebe zum Menschen. Wer mit dem Willen Gottes geeint ist, handelt freiwillig nach dem Gesetz und tut mehr, als das Gesetz befiehlt. Er handelt aus der Partizipation heraus, nicht aus dem Bezug von Befehl und Gehorsam. Wer nicht am Sein Gottes partizipiert, das das Sein der Liebe ist, kann nicht handeln, wie es dem Sein Gottes entspricht. Wer nicht am Guten selbst partizipiert, kann nicht gut sein. Auch hier wieder macht Paulus diese Teilhabe vom Geist Gottes abhängig, und der Geist Gottes ist nichts anderes als die Kraft Gottes, die in uns gegenwärtig ist. Ohne dies Teilhaben ist weder eine Erkenntnis Gottes noch die Liebe zu Gott möglich. Die Einigung durch Partizipation gehört nicht allein auf die ontologische Seite, und die Distanz von Gebot und Gehorsam gehört nicht allein auf die ethische Seite. Beide Seiten sind ontologisch und ethisch zugleich, und beide sind geeint und transzendiert im Begriff der Liebe. Deshalb brauchen wir nicht nur eine Ethik der Liebe, sondern auch eine Ontologie der Liebe, wie Augustinus sie hat. Wer immer das Verhältnis von Liebe und Gesetz zu erklären versucht, gebraucht die grundlegenden ontologischen Kategorien der Partizipation und Individualisation und setzt den ontologischen Gegensatz von essentiellem und existentiellem Sein voraus (ohne den es kein Gesetz geben könnte, das gegen uns steht). Als Theologe sollte man wohl beachten, was für Kategorien man anwendet, selbst wenn man versucht, philosophische Begriffe zu vermeiden.

3. Einsamkeit und Liebe in biblischer Religion und Ontologie

Wir haben das Alleinsein des Philosophen der Zugehörigkeit des Propheten zur Gemeinschaft gegenübergestellt, und wir haben den *eros*, der zum Suchen nach letzter Wirklichkeit, zur Frage nach dem Sein führt, mit der *agape* der biblischen Religion konfrontiert. Aber das ist nicht das letzte Wort zum Problem. Zunächst: der Prophet und jeder religiöse Mensch kennt nicht nur die Einsamkeit, in die er sich zurückzieht, sondern auch das letzte Alleinsein in der Frage nach der Existenz selbst. Es gibt Augenblicke (Beschreibungen davon füllen die Seiten der religiösen Literatur), in denen der religiöse Mensch sich ganz und gar verlassen fühlt, verlassen vom anderen Menschen, von Gott und von sich selbst. Die Traditionen und Symbole der Gemeinschaft, zu der er gehört, sind sinnlos für ihn geworden. Er gewahrt seine Endlichkeit, die begrenzten Möglichkeiten der Partizipation, die Unwirklichkeit seiner Welt. Sein Alleinsein wird ihm bewußt, sein Alleinsein im Tode und in der Schuld. Der Philosoph andererseits bleibt nicht dauernd allein. Er kehrt in die Gemeinschaft zurück, von der er sich durch sein radikales Fragen getrennt hatte. Alle großen Philosophen haben versucht, ihre Einsichten der Gemeinschaft, aus der sie kamen, weiterzugeben. Sie kritisierten Mythen und Moral, Konventionen und Vorurteile häufig so leidenschaftlich, wie die Propheten es taten. Das Suchen nach letzter Wirklichkeit machte sie nicht unempfindlich für den Zustand derer, unter denen sie lebten. Oft reagierten sie auf die Haltung ihrer Zeitgenossen mit prophetischem Zorn, prophetischer Verzweiflung und prophetischer Hoffnung. Und einige von ihnen wurden Märtyrer wie die Propheten. Wer aus der Haltung des Glaubens spricht und wer aus der Haltung des Philosophen spricht –: beide machen die Erfahrung, daß die Menschen, zu denen sie sprechen, Ohren haben und nicht hören und Augen haben und nicht sehen. Die Ontologie ebenso wie die biblische Religion ist ein Stein des Anstoßes für alle, die den alltäglichen Weg der Konvention gehen. Und beide, die ontologische und die religiöse Botschaft, bringen Lasten und Gefahren für die, die sie zu verkünden haben.

Die Beziehung von Ontologie und biblischer Religion zur sozialen Existenz des Menschen wurde unter dem Titel „*eros* und *agape*" behandelt. Wo die *agape* (der biblische Ausdruck für „Liebe") in einen absoluten Gegensatz zum *eros* (der platonische Ausdruck für „Liebe") gebracht wird, gibt es keine positive Beziehung zwischen biblischer Religion und Ontologie. Aber das setzt eine Verzerrung des Sinnes bei beiden, der *agape* und dem *eros*, voraus. Das Neue Testament gebraucht den Ausdruck *eros* nicht, weil *eros* zu jener Zeit eine antiplatonische, ausgesprochen sinnliche Bedeutung erhalten hatte. Aber das Neue Testament lehrt explizit und implizit, daß Teilhaben am Geist Gottes oder dem Logos beides bedeutet: Liebe und Wahrheit. Die Sehnsucht nach Gott ist zugleich die Sehnsucht nach ihm als Liebe und die Sehnsucht nach ihm als Wahrheit. Wenn die Sehnsucht nach ihm als Liebe *agape* genannt wird, so sollte man die Sehnsucht nach ihm als Wahrheit *eros* nennen. Und das würde auch dem ursprünglichen Sinn von *eros* entsprechen (zum Beispiel in Platos *Symposion*). Der *eros* treibt die Seele durch alle Schichten der Wirklichkeit bis hin zur letzten Wirklichkeit, zur Wahrheit selbst, die zugleich das Gute selbst ist. Im späteren Altertum wird die Einheit von Liebe und Verlangen nach letzter Wirklichkeit in dem dreifachen Sinn des Wortes „*gnosis*" zum Ausdruck gebracht; *gnosis* als Erkenntnis, sexuelle Einigung und mystische Einswerdung. Sicherlich fügt die *agape* ein neues entscheidendes Element zur antiken Idee der Liebe hinzu, aber sie verneint den Trieb nach einender Erkenntnis mit der letzten Wirklichkeit, dem Sein-Selbst nicht. Die *agape* reicht hinab zum Niedrigsten, vergibt ihm seine Entfremdung und vereint es mit dem Höchsten. Aber die *agape* widerspricht der Sehnsucht nach dem Höchsten nicht; und ein Teil dieser Sehnsucht ist der kognitive *eros*, der Wille zur Wahrheit.

VIII. Die ontologischen Probleme der objektiven Seite der biblischen Religion

1. *Die Manifestationen Gottes und die Frage nach dem Sein*

Wir haben drei Symbole der Selbst-Manifestation Gottes (die Schöpfung, den Christus und das *eschaton)* mit einigen ontologischen Begriffen konfrontiert und dabei scheinbar unüberwindliche Gegensätze zwischen ihnen gefunden. Und wiederum möchte ich zeigen, daß diese Gegensätze nicht notwendig sind und daß jedes dieser Symbole eine ontologische Interpretation fordert und erhalten hat. Schöpfung aus dem Nichts durch das Wort beschreibt die absolute Unabhängigkeit Gottes des Schöpfers, die absolute Abhängigkeit des Geschöpfes und den unendlichen Abgrund zwischen ihnen. Und sofort erhebt sich die ontologische Frage an verschiedenen Punkten. Man muß fragen, wie der ewige Logos, das Prinzip der Selbst-Manifestation Gottes, auf die Gestalten des Universums bezogen ist. Die klassische Antwort, daß die Essenzen oder Potentialitäten der Welt im „göttlichen Geist" ewig vorgebildet sind, muß entweder akzeptiert oder durch eine andere Antwort ersetzt werden – und jede Antwort ist notwendig ontologisch.

Die Theologie hat mit Recht darauf bestanden, daß das „Nichts", aus dem die Welt erschaffen wurde, nicht das *me on* der Griechen sei, nämlich die Materie, die die schaffende Form zugleich aufnimmt und ihr Widerstand leistet. Wenn aber die Antwort einer dualistischen Ontologie abgelehnt wird, so muß man eine andere Antwort auf die folgenden Fragen suchen: Was bedeutet dieses „Nichts"? Was ist sein Verhältnis zum Göttlichen, das als Leben das Nicht-Sein voraussetzt? Kann man vielleicht in einer hoch symbolischen Wendung sagen, daß das göttliche Leben die ewige Überwindung des Nicht-Seins ist, das zu ihm gehört? Wie die Antwort auch ausfallen mag, auf jeden Fall ist sie ontologisch.

Wenn wir nach dem Bezug der göttlichen Schöpfung zur Erhaltung der Welt durch Gott fragen und mit Augustinus antworten, daß „Erhaltung" das dauernde Schaffen Gottes in allem Seienden bedeutet, so haben wir die ontologische Metapher „Grund des Seins" erreicht. Und wenn wir nach dem Sinn der zu allen Zeiten wiederholten Aussage fragen, daß Gott sowohl *in* als auch *über* der Welt ist, und wenn wir den Gebrauch der räumlichen Metaphern *in* und *über* in Frage stellen, so haben wir eine ontologische Frage gestellt. Wenn wir dann antworten, daß die Beziehung Gottes zur Welt nicht räumlich ist, sondern mit Hilfe von Begriffen wie „endliche Freiheit" ausgedrückt werden muß, so ist das eine ontologische Antwort, aber eine Antwort mit Hilfe des Begriffs der Freiheit. Die Freiheit des Geschöpfes, gegen seine wesenhafte Einheit mit Gott zu handeln, macht Gott der Welt gegenüber transzendent.

Eine solche Ontologie der Freiheit nimmt der Existenz den Charakter der Sündhaftigkeit nicht, wie das eine Ontologie der Notwendigkeit tun würde. Aber gleichzeitig behauptet sie die Universalität des Falls mit Hilfe des Begriffs des Schicksals, das in ontologischer Polarität zum Begriff der Freiheit steht.

Die Gegenüberstellung im Bereich der Christologie hat zu der Frage geführt: Gibt es einen notwendigen Gegensatz zwischen dem universalen Logos und dem Logos, der im personhaften Leben Jesu als des Christus gegenwärtig ist? Die frühe Kirche glaubte nicht an die Unvermeidlichkeit dieses Konflikts und ebensowenig die meisten späteren Perioden. Der Logos (d. h. die Selbst-Manifestation Gottes) ist gegenwärtig in allem, was existiert, weil alles durch ihn gemacht ist. Aber nur die vollkommene Selbst-Manifestation Gottes in Jesus als dem Christus offenbart das, was Luther das Herz Gottes genannt hat, nämlich Gott, wie er sich dem Menschen letztlich zeigen kann, oder die ewige Einheit von Gott und Mensch in ihrer Tiefe. Der universale Logos und der Logos als beherrschende Macht eines personhaften Lebens sind ein und derselbe Logos. Nur vor dem Hintergrund des universalen Logos ist es sinnvoll, vom inkarnierten Logos zu sprechen. Die biblische Religion hat die ontologischen Elemente einer ihrer fundamentalen Aussagen im Prolog des 4. Evangeliums niedergelegt. Die Ontologie ist imstande, die christologische Frage in sich aufzunehmen – die Frage nach dem Ort, an dem der universale Logos sich existentiell und unbedingt manifestiert; der universale Logos erscheint in konkreter Gestalt. Wenn man sagt, daß Jesus als der Christus der konkrete Ort ist, an dem der Logos sichtbar wird, so ist das eine Glaubensaussage, die nur von dem gemacht werden kann, der durch den Christus als Manifestation dessen, was ihn unbedingt angeht, ergriffen ist. Aber es ist keine Aussage, die der Frage nach dem Sein widerspricht oder ihr fremd ist. Der Name „Jesus der Christus" schließt eine Ontologie ein.

Die dritte Manifestation Gottes, die wir mit ontologischen Kategorien konfrontiert haben, ist die Geschichte, die auf ein Ende zugeht, die Geschichte als das geschichtlich-eschatologische Element in der biblischen Religion.

Hier ist wiederum die erste Antwort, daß nur bestimmte Arten von Ontologie das historisch Neue ausschließen, zum Beispiel die Interpretation des zeitlichen Prozesses als Kreis. Wenn das Symbol des Kreises für die Zeit gebraucht wird, dann ist das „Neue" ausgeschlossen; alles wiederholt sich. Das Gleiche gilt von einem mechanistischen Determinismus, in dem jeder gegebene Status der Dinge notwendige Konsequenzen hat, die im Prinzip für jeden folgenden errechenbar sind. Aber eine solche Ontologie repräsentiert nicht die Ontologie als solche. Die Philosophien des Lebens und des Werdens, deren Ursprünge bei Männern wie Augustinus und Duns Scotus zu finden sind, haben das Offensein der Wirklichkeit gegenüber der Zukunft nachdrücklich betont und dadurch einen Ort geschaffen für das Kontingente, das Neue, das Einmalige, das Unwiederholbare.

Und kein Theologe, der die Bibel mit Hilfe griechischer Begriffe wie „*historia*" interpretiert, kann der zutiefst ontologischen Frage entgehen: Wie ist das Verhältnis von Historie und Natur? Wie ist die Beziehung zwischen dem kleinen Ausschnitt welthistorischer Ereignisse, mit dem sich die biblische Religion beschäftigt, und der Gesamtgeschichte? In welchem Verhältnis stehen die Ereignisse, an denen der Mensch partizipiert, zu dem Geschehen im ganzen Universum?

Und es gibt noch eine weitere schwierige Frage, die in der geschichtlich-eschatologischen Schau der biblischen Religion enthalten ist. Es ist die Frage nach dem Sinn des *eschaton* oder dem Verhältnis des Zeitlichen zum Ewigen. Wenn man das Ewige mit dem zeitlichen Fortleben nach dem Tode identifiziert, so hat man eine ontologische Aussage gemacht und zwar eine sehr armselige, insofern man die Ewigkeit mit endloser Zeitlichkeit gleichsetzt. Sagt man aber im Gegensatz zu dieser Auffassung, Ewigkeit sei nichts anderes als die Negation der Zeitlichkeit, so hat man ebenfalls eine ontologische Aussage gemacht, ebenfalls eine sehr schlechte, insofern man die Ewigkeit mit Zeitlosigkeit verwechselt. Es gibt jedoch eine dritte, wiederum ontologische Antwort, die sowohl dem Sinn von Zeit als auch dem Sinn von Ewigkeit gerecht wird. Die Ewigkeit enthält die Zeitlichkeit, aber eine Zeitlichkeit, die dem Gesetz endlichen Vergehens nicht unterworfen ist, eine Zeitlichkeit, in der Vergangenheit und Zukunft in ewiger Gegenwart geeint sind, nicht aber negiert. Auf Grund dieser Interpretation kann man verstehen, was es heißt, daß die Geschichte auf ein Ende in der Ewigkeit zugeht und daß das Ewige an jedem zeitlichen Augenblick teilhat, ihn richtet und zu sich selbst erhebt. Solche Aussagen sind ontologisch, wenn auch in einem halb symbolischen Gewand. Kein Theologe kann ihnen entrinnen. Und jene, die eine primitiv-mythologische Sprache gebrauchen, täuschen sich selbst, wenn sie nicht sehen, daß der Ausdruck „Leben nach dem Tode" eine Ontologie höchst fragwürdiger Art in sich schließt.

2. *Die Gott-Mensch-Beziehung und die Frage nach dem Sein*

Gott *spricht* zum Menschen in der biblischen Religion. Das „Wort" ist genau genommen ein gesprochener Ton oder ein geschriebenes Zeichen; und beide meinen einen Sinn, mit dem sie herkömmlicherweise verbunden sind. Aber es ist klar, daß der Gott der Bibel nicht in dieser Weise spricht oder hört. Sein „Wort" ist ein Geschehen, das durch seinen Geist im menschlichen Geist bewirkt wird. Es ist beides: treibende Kraft und unendlicher Sinn. Das „Wort" Gottes ist Gottes schöpferische Selbstmanifestation und nicht ein Gespräch zwischen zwei Wesen. Deshalb ist das „Wort" ein Element in Gott selbst; es ist zunächst Gott, der sich selbst objektiviert. Es ist ein Ausdruck für Gott als den Lebendigen und, wie das trinitarische Denken immer gewußt hat, ein Element in der Macht des Seins-Selbst. Es ist ontologisch in seinen Konsequenzen, obwohl es ein genuin religiöses Symbol ist. Durch diese Auffassung werden die Lehren von der Schöpfung und Erlösung durch den Logos möglich und notwendig; auch sollte dadurch die Möglichkeit ausgeschlossen sein, daß man eine Theologie des Wortes mit einer Theologie des Gesprächs verwechselt. Das „Wort" ist ein Element der letzten Wirklichkeit; es ist die Macht des Seins, die sich selbst in vielen Formen ausdrückt, in der Natur und der Geschichte, in Symbolen und Sakramenten, im Schweigen und im gesprochenen Wort, aber sie ist nicht gebunden an das gesprochene Wort. Das Wesen des Wortes ist ein Problem, so alt wie die Ontologie; und das göttliche Wort ist ein Symbol, so alt wie die Religion. Ohne daß man etwas vom Wesen des Wortes weiß, ohne eine Ontologie des Logos, kann die Theologie das „Sprechen" Gottes, das göttliche Wort, nicht interpretieren. Wenn aber die Theologie diese Erkenntnis vom ontologischen Wesen des Wortes anwendet, kann sie sinnvoll über das Wesen des göttlichen Wortes, den Logos, der bei Gott ist, lehren.

Der gefährlichste Konflikt zwischen biblischer Religion und Ontologie scheint der Gegensatz von Wechselseitigkeit und Partizipation in der Gott-Mensch-Beziehung zu sein. Die Ontologie scheint die lebendige Wechselbeziehung zwischen Gott und Mensch auszuschließen, und dadurch wird anscheinend der Sinn des Gebets, besonders des Bittgebets, aufgehoben.

Dieses Problem ist innerhalb der biblischen Religion selber gegenwärtig und zwar in den Spannungen zwischen der unbedingten Überzeugung, daß Gott in allem wirke, sogar in Übel, Sünde und Tod, und der anderen, ebenso unbedingten Überzeugung, daß der Mensch verantwortlich sei für Gut und Böse. Ein göttlicher Determinismus scheint oft über den biblischen Personalismus zu siegen, und bei Männern wie Augustinus, Thomas, Luther und Calvin findet dieser Determinismus seinen schärfsten Ausdruck. Aber an keiner Stelle lassen diese Männer – ebenso wenig wie die biblischen Schriftsteller – zu, daß diese nachdrückliche Betonung des göttlichen Wirkens die Wechselseitigkeit der Beziehung zwischen Gott und Mensch zerstört. Das kann nur aus der ontologischen Polarität von Freiheit und Schicksal verstanden werden und durch eine Unterscheidung der Dimensionen des Seins, nämlich zwischen dem Grund des Seins, der alle Polaritäten transzendiert, und dem endlichen Seienden, das ihnen unterworfen ist.

Der göttliche Determinismus des biblischen Denkens macht das Bittgebet nicht unmöglich. Kein religiöser Akt drückt die Wechselbeziehung zwischen Gott und dem Menschen klarer aus. Ohne die Voraussetzung, daß das Gebet den Willen Gottes in gewisser Weise beeinflussen könne, sei es, daß er das Gebet erhört oder das Gebet verwirft, scheint kein Bittgebet sinnvoll zu sein. Aber die frühen Theologen, deren Gebete der christlichen Liturgie meist zu Grunde liegen, betonten nachdrücklich die Unwandelbarkeit Gottes gegenüber allen heidnischen Versuchen, ihn zu beeinflussen. Gott, der Unbewegte, der transzendente Eine war der erste Gegenstand ihrer Theologie. Sie waren durch und durch Ontologen, und zugleich beruhte ihre Beziehung zu Gott ganz und gar auf Gegenseitigkeit und war erfüllt vom Gebet, zu dem auch das Bittgebet gehörte. Das war und ist möglich, weil jedes echte Gebet Hingabe an den Willen Gottes einschließt. Jedes echte Gebet kennt die letzte Unangemessenheit der Worte, deren wörtlicher Sinn ein Versuch ist, den Willen Gottes in Richtung des eigenen Willens zu lenken. In jedem wahren Gebet ist Gott beides: der, zu dem wir beten, und der, der durch uns betet. Denn nur der Geist Gottes schafft das rechte Gebet. An diesem Punkt wird die ontologische Struktur, die Gott zu einem Gegenstand unserer Subjektivität macht, unendlich transzendiert. Gott steht in Wechselbeziehung zum Menschen; aber er tut das nur als der, der sie zugleich transzendiert und beide Seiten der Wechselbeziehung umfaßt. Er antwortet, aber er antwortet auf das, was sein eigenes Handeln durch unsere endliche Freiheit hindurch bewirkt. Er kann nie zum bloßen Gegenstand werden. Das ist die Grenze des Ich-Du-Verhältnisses, und das macht die ontologische Frage notwendig.

3. Gott als Grund des Seins in Ontologie und biblischer Religion

Unsere Gegenüberstellung der biblischen Religion und der Frage nach dem Sein, nach der letzten Wirklichkeit, begann mit der Lehre von Gott, und alle unsere Versuche, die letzte Einheit der Ontologie und des biblischen Personalismus aufzuzeigen, müssen zur Lehre von Gott zurückkehren. Sie ist Anfang und Ende alles theologischen Denkens. Es gibt ein Element in der biblischen und der kirchlichen Idee von Gott, das die ontologische Frage notwendig macht: das ist die Aussage, daß Gott *ist*. Natürlich fragen nicht alle Menschen, was dieses Wort *ist* in bezug auf Gott bedeutet. Die meisten, auch die biblischen Schriftsteller, nehmen dies Wort in seinem üblichen Sinn: etwas „ist", wenn es im Ganzen möglicher Erfahrung vorgefunden werden kann. Das, was innerhalb des Ganzen der Wirklichkeit angetroffen wird, ist wirklich. Sogar manche gelehrte Diskussion über die Existenz oder Nicht-Existenz Gottes hat oft diese populäre Färbung. Aber wenn Gott innerhalb des Ganzen der Wirklichkeit gefunden werden könnte, dann wäre das „Ganze der Wirklichkeit" der grundlegende und beherrschende Begriff. Gott wäre dann der Struktur der Wirklichkeit unterworfen. Wie in der griechischen Religion das Fatum über Zeus stand und ihn in seinen Entscheidungen bestimmte, so wäre Gott den Polaritäten und Kategorien der Wirklichkeit unterworfen, die sein Schicksal konstituieren. Der Kampf gegen diese gefährliche Folgerung aus dem biblischen Personalismus begann in der Bibel selbst und wurde in der Kirche zu allen Zeiten fortgesetzt. Der Gott, der *ein Seiendes* ist, wird transzendiert von dem Gott, der das *Sein-Selbst,* Grund und Abgrund alles Seienden, ist. Und der Gott, der *eine Person* ist, wird transzendiert von dem Gott, der das *Person-Sein selbst* ist, Grund und Abgrund jedes Person-Seins. In Aussagen wie diesen begegnen sich Religion und Ontologie. Ohne eine Philosophie, in der die ontologische Frage, die wir gestellt haben, erscheint, wäre die christliche Theologie nicht in der Lage, das Sein Gottes denen zu erklären, die wissen möchten, in welchem Sinne man sagen kann, daß Gott *ist*. Und diese Frage wird gestellt ebenso in vorphilosophischer wie in philosophischer Form, ebenso von einfachen wie von gelehrten Menschen.

Das bedeutet, daß *Sein* und *Person* keine unvereinbaren Begriffe sind. Sein umschließt personhaftes Sein, es verneint das personhafte Sein nicht. Der Grund des Seins ist der Grund des personhaften Seins, nicht seine Negation. Die ontologische Frage nach dem Sein schafft keinen Konflikt, sondern eine notwendige Basis für jede theoretische Erörterung des biblischen Begriffs eines personhaften Gottes. Wer beginnt, über den Sinn biblischer Symbole nachzudenken, befindet sich schon mitten in ontologischen Problemen.

Religiös gesprochen bedeutet das, daß unsere Begegnung mit dem Gott, der Person ist, zugleich eine Begegnung ist mit dem Gott, der der Grund alles Personhaften und als solcher *keine* Person ist. Die religiöse Erfahrung, besonders in den großen Religionen, zeigt ein tiefes Gefühl für die Spannung zwischen dem personhaften und dem nichtpersonhaften Element in der Begegnung zwischen Gott und Mensch. Das Alte Testament und ebenso das Neue Testament haben die erstaunliche Kraft, von der Gegenwart des Göttlichen in einer Weise zu sprechen, daß der Ich-Du-Charakter der Beziehung niemals die überpersönliche Macht und das überpersönliche Geheimnis verdunkelt und umgekehrt. Ein Beispiel hierfür kann in den scheinbar so einfachen Worten Jesu gefunden werden, daß alle Haare unseres Hauptes gezählt sind, ein anderes Beispiel in seinem Wort von den Sperlingen, die nicht ohne den Willen Gottes vom Dach fallen. Diese Worte bedeuten, daß kein einziges Ereignis in der unendlichen Zahl von Ereignissen, die in jedem unendlich kleinen Zeitpunkt geschehen, ohne die Partizipation Gottes geschieht. Wenn irgend etwas einen primitiven Personalismus transzendiert, so sind es solche Worte. Und es ist nur eine Fortführung dieser Linie der biblischen Religion, wenn Luther, der der Philosophie sehr mißtrauisch gegenüberstand, sagt, daß Gott den Geschöpfen näher sei, als sie sich selbst sind, oder daß Gott in einem Sandkorn ganz und gar gegenwärtig sei und doch zu gleicher Zeit vom ganzen All nicht umschlossen werden könne, oder daß Gott der Hand des Mörders die Kraft gebe, das mörderische Messer zu führen. In all diesem ist Luthers manchmal unreflektierter biblischer Personalismus transzendiert und das Wesen Gottes als Macht des Seins in allem, was ist, ontologisch ausgesagt.

Die Korrelation von Ontologie und biblischer Religion ist eine unendliche Aufgabe. Es gibt keine besondere Ontologie, die wir im Namen der biblischen Botschaft annehmen müßten, weder die von Plato, noch die von Aristoteles, weder die des Cusaners, noch die Spinozas, weder die von Kant, noch die von Hegel, auch nicht die von Laotse oder die von Whitehead. Es gibt keine erlösende Ontologie; aber die ontologische Frage ist in der Frage nach der Erlösung enthalten. Es ist eine notwendige Aufgabe, die ontologische Frage zu stellen. *Gegen* Pascal sage ich: der Gott Abrahams, Isaaks und Jakobs und der Gott der Philosophen ist der gleiche Gott. Er ist Person und die Negation seiner selbst als Person.

Der Glaube umschließt beides: sich selbst und den Zweifel an sich selbst. Der Christus ist Jesus und die Negation Jesu. Biblische Religion ist die Verneinung und die Bejahung der Ontologie. Gelassen und tapfer in diesen Spannungen zu leben und schließlich ihre letzte Einheit in der Tiefe der eigenen Seele und der Tiefe des göttlichen Lebens zu finden, ist Aufgabe und Würde menschlichen Denkens.

GLÄUBIGER REALISMUS I.

(1927)

Das mir gestellte Thema: „Gläubiger Realismus" möchte ich in das Thema „Wirklichkeit" umwandeln. Realismus ist ein philosophischer Kampfbegriff. Er leitet an, auf die Gegenbegriffe wie Idealismus, Positivismus und dergleichen zu sehen, das heißt er leitet an, auf Begriffe zu achten, statt auf Sachen. Das ist für gewisse Zwecke, namentlich der wissenschaftlichen Arbeit, unvermeidlich, und es kann auch ein Weg zu den Sachen sein; denn in jedem dieser Begriffe liegt eine ursprüngliche Schau, die irgend jemand oder irgendeine Zeit gehabt hat. Aber es kann auch ein Weg von den Sachen fort sein. Die Welt der Begriffe kann sich verselbständigen und als Nebelschicht vor die Sachen legen. Dann werden Begriffe aus Begriffen abgeleitet, Begriffe durch Begriffe abgetan ohne neue ursprüngliche Anschauung. Das ist Scholastik im negativen Sinne dieses Wortes, neben dem man freilich den positiven Sinn nicht vergessen darf, die tiefsinnige, mystisch-empirische Wirklichkeitschau des mittelalterlichen Geistes. Das also sei der erste Ausdruck unseres Realismus, daß wir an den Begriffen vorbei den Sachen selbst uns zuwenden und uns fragen, was sehen wir eigentlich, wenn wir auf Wirkliches schauen, warum haben andere anderes geschaut, und was ist die wahrste und letzte Schau des Wirklichen?

Diese Frage enthält schon eine Antwort, eine Antwort, die so selbstverständlich scheint, daß sie kaum je zum Gegenstand einer Frage gemacht wird, und daß sie sofort einleuchtet, wenn sie ausgesprochen wird: dieses nämlich, daß das wahrhaft Wirkliche uns nicht unmittelbar gegeben ist, sondern daß wir es in dem, was uns gegeben ist, suchen müssen. Wir fragen nach dem Wirklichen, wir begnügen uns nicht damit, uns von ihm tragen zu lassen, selbst ein Wirkliches unter anderem Wirklichen zu sein. Unser Geist spaltet die Wirklichkeit in Schichten größerer und geringerer Wirklichkeitskraft. Dieses Sich-Erheben über die Unmittelbarkeit, dieses Spalten der Wirklichkeit ist das, was den Geist zum Geist macht. Es ist nicht etwa so, daß der Geist eine neue Wirklichkeit aus sich schöpfen und über die gegebene stellen will. Das ist seine Versuchung, aber nicht seine Wahrheit. Oft genug erliegt er dieser Versuchung. Im Formalismus aller Gebiete erliegt der Geist der Versuchung des Geistes. Die Wahrheit des Geistes aber ist dieses, daß er die

Wirklichkeit zerfällt, um die Wahrheit des Wirklichen zu fassen. Wirklichkeit ist, was im Wirkungszusammenhang steht. Und das wahrhaft Wirkliche ist das, was den Wirkungszusammenhang trägt. Was wirkt, muß Macht haben. Das wahrhaft Wirkliche ist das wahrhaft Mächtige, mächtig nicht im sozialen Sinn, sondern seinsmächtig, erfüllt mit Macht, zu sein. Jede Begegnung mit Dingen und Menschen zeugt von ihrer Macht, zu sein und von dem Grade dieser Macht. Seinsmächtigkeit in abgestufter Größe dringt aus jedem Ding, aus jeder Person auf uns ein und zwingt uns, dessen unauflösliche Wirklichkeit anzuerkennen. In jedem Wirklichen ist Widerstand, aber in jedem Wirklichen ist auch Ausströmen, Entgegenkommen. Das Nichtwirkliche ist das Widerstandslose, das was nicht ausströmt, das Ohnmächtige. Wenn der Geist die wahre Wirklichkeit, die wahre Macht des Seins finden will, so muß er durchbrechen durch die Schichten relativer Ohnmacht – relativer, nicht völliger Ohnmacht. Denn sonst könnten sie dem Geist keinen Widerstand entgegenstellen, könnten ihm nicht durch Ausströmen eine zeitweilige Erfüllung gewähren. Die Oberflächenschichten der Wirklichkeit wären kein Hindernis für den Geist, wenn sie nicht eine gewisse Macht, zu sein, in sich trügen. Es ist die Würde des Geistes, daß er ihre Ohnmacht aufdeckt gegenüber dem wahrhaft Mächtigen. Wo aber ist dieses zu finden? Durch die Antwort auf diese Frage scheiden sich die Kulturen.

Die Ohnmacht der Dinge zeigt sich in ihrer Zeitgebundenheit, in ihrem Werden und Wechsel und Ende. Hier lag das große tragische Welterlebnis des Griechen. Ihn beunruhigte der Wechsel der Dinge. Er suchte ihr Bleibendes. Die Seinsohnmacht der Dinge, die er sah, und der Verhältnisse, in denen er lebte, trieb ihn zu leidenschaftlichem Suchen nach dem wahrhaft Mächtigen. Und er fand die wahre Macht des Seins in dem, was das Wort meint und der Begriff ergreift. Nicht das einzelne Blatt, aber die Gestalt des Blattes, das Wesen Blatt, auf das Wort und Begriff sich richten, das ist die Macht des Blattes. Diese Gestalt stirbt nicht. Sie ist ein ewiges, sinnvolles Gebilde, aus dessen Macht das einzelne Blatt die Möglichkeit seines Seins schöpft. Wer die Macht der ewigen Formen in Natur und Gesellschaft angeschaut hat, dem muß die Wahrheit dieser Seinsauffassung unmittelbar eindringlich sein. Es ist ein Verhängnis, daß das Wort Idee, das für Plato Ausdruck höchster Seinsmächtigkeit war, in unserem Sprachgebrauch Bezeichnung des Ohnmächtigsten geworden ist. Daran ist der wissenschaftliche Formalismus schuld, der nicht mehr weiß, was für eine Macht des Wirklichen dem Griechen die ewigen Gestalten waren, und der Plato zu einem Lehrer formaler Kategorien machen will. Dadurch ist das Wort

Idealismus fast unbenutzbar geworden, und Ideologie bedeutet den Mißbrauch von Ideen und Symbolen zur Deckung eigenen Machtwillens. Von all dem ist bei den großen Griechen keine Rede. Darum bedeutet *theoria,* zu deutsch Anschauung, etwas völlig anderes bei ihnen als bei uns. Theorie steht der Praxis, dem handelnden Leben nicht einfach gegenüber, sondern sie ist zugleich die höchste Stufe des Handelns, sie ist die Erhebung in die Sphäre der reinen Seinsmächtigkeit, sie ist Ziel des gesamten Lebensprozesses und nur durch die Leistung der Gesamtpersönlichkeit zu erreichen. So sucht der Grieche die Macht des Seins in dem, was jenseits der Zeit liegt, zu dem er flieht aus dem Wechselnden und Vergänglichen, um es anzuschauen und sich mit ihm zu einen. Mystischer Realismus ist seine Antwort auf die Frage nach der Wirklichkeit.

Anders die Renaissance, die unsere geistige Lage bestimmt hat. Für sie ist die Macht des Seins der Mensch, denn er ist der Träger des Geistes; in ihm sind die Mächte aller Sphären konzentriert; er ist der Mittler zwischen ihnen; er zwingt sie in seinen Dienst, zuerst durch Magie, dann durch Technik – er setzt die Zwecke, und alle Dinge werden entmächtigt im Dienst dieser Zwecke. Die Welt wird angeschaut als Maschine. Das, was an ihr berechenbar, konstruierbar, in den Dienst einstellbar ist, das ist ihre wahre Wirklichkeit, darum bemühen sich in Wechselwirkung Naturwissenschaft und Technik. Auch dabei entstehen Gestalten, die wunderbaren Gebilde der Technik, die ein drittes Reich bilden zwischen Natur und Geist, die ihr eigenes Leben und ihre eigene Schönheit haben, und zwar um so mehr, je reiner sie dem Zweck unterworfen sind, je vollkommener sie für den Dienst konstruiert sind. Aber freilich: mit diesen Gebilden kann man sich nicht einen wollen. Sie sind, was sie sind, durch ihre Existenz. Die Idee der Maschine hat keinen Platz in der Welt der reinen Idee. Für sie ist das Zur-Existenz-Kommen wesensbestimmend. Darum besitzen wir kein System der technischen Gebilde, wie wir ein System der Tiere und Pflanzen haben. Es wäre gut, wenn wir es hätten, wenn wir die technischen Gebilde, diese Produkte, in denen unendliche Geistesfülle Gegenstand geworden ist, ebenso lebendig und differenziert schauen dürften, wie die Gebilde der Natur. Aber dann ist immer dieses eine entscheidend: daß sie zur Existenz gebracht sind. Ihre Seinsmächtigkeit liegt nicht jenseits der Existenz, sondern in der Existenz, im Prozeß ihrer Erzeugung. Technische Realität führt nicht aus der Existenz heraus, sondern in die Existenz ein. Und doch ist es auch hier nicht die bloße Außenschicht des Daseins, die das eigentlich Wirkliche ist, sondern eine Tiefenschicht, die nur durch völlige Hingabe und schwere

Opfer zu erreichen ist. Das wird zur Zeit oft verkannt, namentlich von romantischer Seite – auch in der Jugendbewegung.

Die Technik dient dem Menschen, sie ist ihm unterworfen. Seine Zwecksetzung wird allen Dingen auferlegt. Um dieses Zweckes willen werden die übrigen Wesen ihrem Eigenzweck entfremdet, sie werden entmächtigt, um eine neue Macht im Dienst des Menschen zu erhalten: der Baum wird zum Holz, das Tier zur Arbeitskraft, der Fels zum Baustein, die Erde zum Damm, das Wasser zur Straße, das Eisen zur Maschine. Und, was die eigentliche Paradoxie ist, der Mensch selbst kann zu dem werden, wozu er Dinge zwingt: zum Werkzeug, zur Maschine, zur Arbeitskraft. Er kann wie die Dinge entmächtigt werden, um in die neue Macht des technischen Gebildes als Glied eingefügt zu werden. Seine wahre Wirklichkeit kann in dem gesehen werden, worin er mechanisierbar, einfügbar in einen Zweckzusammenhang ist. Alles Vitale, Seelische, Geistige, was über diese technische Gliedhaftigkeit überschießt, ist Privatsache, wird nicht beachtet und muß als störend beseitigt werden. Das alles liegt als Möglichkeit in der technischen Wirklichkeitsauffassung; daß es Tatsache wurde, für das Proletariat weithin Tatsache ist, liegt freilich nicht an der Technik, sondern an Recht und Wirtschaft und den Mächten, von denen beide getragen sind. – Und damit tritt ein neues Moment in die Betrachtung: die Frage nach dem Zweck. Die Antwort der Renaissance, daß der Mensch der Zweck ist, kann nur verstanden werden aus der Erwartung der Renaissance, daß mit Hilfe der Technik die Idee der Menschlichkeit, die *humanitas* zur Verwirklichung kommen würde. In den seligen Ländern der Utopia befreit die Technik den Erdgebundenen von seiner Bindung, erhebt ihn aus der Sklaverei mechanischer Arbeit, macht ihn zum Überwinder von Raum und Zeit. So wird die Technik zum Erfüller uralter Menschheitsträume, mystischer Visionen, in denen die ursprüngliche Verbundenheit des Menschen mit allen Wesen und zugleich seine Erhebung über sie nachklingt. In dieser Zweckbestimmung aber liegt eine neue Erfassung der Macht des Seins: es ist der Mensch als Träger des Geistes. Er, der die Wirklichkeit spaltet, um das wahrhaft Seiende zu fassen: er ist zugleich das wahrhaft Seiende. In der tiefsten Schicht des Seins findet er den Geist wieder, mit dem er an die Wirklichkeit herangeht, mit dem er sie sich unterwirft. Der Geist hat die Wirklichkeit geschaffen, die er umschafft: das ist der ursprüngliche Zusammenhang von Idealismus und Technik, der noch jetzt die tiefste, edelste Kraft der schöpferischen Techniker ist. Technischer Realismus ist dem Ursprung nach Realismus des schaffenden und seinen Zwecken gemäß umschaffenden Geistes. Auch darin liegt, daß das wahrhaft Wirkliche in der Existenz zu finden ist, in der schaffenden und umschaffenden Kraft, die den Dingen nur die Seinsmacht läßt, die ihrem Dienst am Zweck des Geistes zukommt.

Uns erscheint die Zusammenstellung von Technik und Idealismus romantisch. Mit Unrecht! Aber freilich: es ist eine fremde Macht über die Technik gekommen. Die Technik mit ihren unbegrenzten Möglichkeiten war die Versuchung. Die Entscheidung aber gab die Wirtschaft und ihre Zwecksetzung. Aus der Herrschaft des Geistes wurde die Herrschaft der Willkür, des zufälligen, oft sinnlosen Bedürfnisses. Aus der Herrschaft des Menschen wurde die Herrschaft über Menschen, wurde Klassenherrschaft und der Versuch, zu Gunsten weniger alle Übrigen im Dienst des Zweckes zu entmächtigen. Die eigentliche Seinsmacht ging über auf das zufällige Bedürfnis, also auf die Oberflächenschicht, die an Stelle des Geistes trat. Das Wesen des Menschen ist grenzenloses Bedürfnis. Ihm dienen Menschen und Dinge, der ganze gewaltige Zweckzusammenhang, von dem die Welt verwandelt ist und nach dessen Sinn man nicht mehr fragt. Immer neue Bedürfnisse erzwingt die Wirtschaft, selbst gezwungen durch die Gesetze ihrer frei gewordenen Natur, und immer neuen Dienst von Menschen und Dingen, um diese Bedürfnisse zu befriedigen. Die Triebkraft dieser Wirtschaft aber ist die Gegenschaltung aller Interessen, die höchste Anspannung im Dienste der eigenen Bedürfnisbefriedigung und damit in der Einspannung der der anderen in den Dienst des eigenen Zweckes. Aus dem technischen Realismus mit seiner idealistischen Zweckbestimmung ist der ökonomische Realismus geworden, der den ökonomischen Machtwillen als die eigentliche Realität des Seienden betrachtet. Seinsmächtig ist gleichbedeutend mit ökonomisch mächtig. Dabei konnte nicht verborgen bleiben, daß vielfach das Ökonomische nur Mittel für den reinen Machtwillen ist, und es entsteht die Betrachtung der Mächtigkeit des Seienden als Macht über anderes Seiendes. Der Wille zur Macht wird zum Kern der Wesen und die Durchschlagskraft ihres Willens zum Maßstab ihrer Wirklichkeit. Dieser ökonomisch-politische Realismus nimmt den technischen in sich auf: die Unterworfenen, Dinge und Menschen, werden entmächtigt, bis sie der Zwecksetzung der Mächtigen technisch eingeordnet sind. Der *Mensch* ist die Macht des Seins, nämlich der Herrschende, sozial Mächtige, der alle Wesen technisch entmächtigt bis zur reinen Zweckunterworfenheit. – Es ist kein Zweifel: dieser ökonomische Realitätsbegriff ist der entscheidende in unserer Zeit. In ihm, als wäre er selbstverständlich, leben die meisten. Er bezaubert alle, die in den ökonomischen Kampf eintreten; er läßt sie vergessen, daß sie einmal das wahrhaft Wirkliche, die eigentliche

Macht des Seins, an anderer Stelle suchten. Er entwürdigt die Technik und verdunkelt ihren Sinn bis zur Unkenntlichkeit. Er läßt die Arbeit des Geistigen, das Denken und Anschauen, als Romantik und Übersteigenheit erscheinen: denn das Geistige übersteigt diese Realität. Er schafft diese Mischung von Überheblichkeit und Resignation, welche die kennzeichnet, die im ökonomischen Kampf stehend Realismus nur als ökonomischen Realismus zu deuten vermögen und von da aus jeden anderen Realismus als Schwärmerei abtun.

Und doch: diejenigen, die am tiefsten von der Herrschaftslage des ökonomischen Realismus getroffen sind, glauben ihm gerade nicht. Denn sie empören sich gegen ihn. Kein Proletarier fühlt sich durch ihn überzeugt. In ihm lebt zumeist der alte Gedanke des technischen Realismus: die Befreiung aller von der Sklaverei des Mechanischen durch die Maschine, die angemessene und allen dienende Bedürfnisbefriedigung. Und seine Lage bekommt den Stempel historischen Schicksals. Der ökonomisch-politische Realismus wird zu einem Zeitschicksal, das einst nicht war und einst nicht sein wird. Das wahrhaft Wirkliche aber wird der historische Prozeß, in dem das Schicksal der Gegenwart sich vollzieht. Eine neue Schau des Wirklichen bricht durch. Auch sie bleibt nicht gebunden an die Oberflächenschichten des Daseins. Sie ringt, wie es dem Geist entspricht, um die Tiefenschicht. Die historische Analyse des kapitalistischen Zeitalters, die Karl Marx gegeben hat, ist Beispiel machtvoller Durchbrechung der Ohnmachtsschichten des Seins bis zur Schicht der wahren Seinsmächtigkeit. Die aber ist das Dialektische, das heißt die historische Spannung, auf der das historische Schicksal beruht. Die wahre Seinsmacht des Seienden ist seine Geschichte. Wir haben diese Wirklichkeitsschau im Anschluß an die Lage des Proletariats entwickelt. Sie ist nicht daran gebunden. Sie ist überall da, wo der Gedanke des Endes wirksam ist, wo eine Gespanntheit auf das Kommende dem Vergangenen Gegenwartsbedeutung gibt und die Existenz, das Hier und Jetzt, im Mittelpunkt der Seinserfassung steht. Der Existenz hatte sich schon der technische und ökonomische Realismus zugewandt, aber der Existenz im Sinne des zufälligen Bedürfnisses und der Existenz im Sinne des immer gleichen Machtwillens. Beides wird durchbrochen vom historischen Realismus. Das Hier und Jetzt ist nicht das Zufällige, nicht der Augenblick, sondern das, was in diesem Augenblick getragen ist vom Vergangenen, gespannt ist zum Zukünftigen. Es ist christlich-protestantische Haltung, die im Jetzt, im historisch gefüllten und gespannten Hier die Macht des Seins sucht. Die Auffassung der Geschichte als Heilsgeschichte wahrt die Existenz, der die Griechen entfliehen, die der Renaissancemensch beherrschen wollte.

Darum ist der historische Realismus die eigentlich protestantische Form der Erfassung des Seinsmächtigen. Er schließt die anderen Formen nicht einfach aus. Denn nichts kann geschichtlich sein, was nicht eine Macht des Sich-Gleich-Bleibens hat, auf das sich Wesensschau, Konzentration und Askese richten müssen. Ohne dieses Element gäbe es keine Wissenschaft, gäbe es keine Macht des Persönlichen. Und es gibt keine geschichtliche Spannung ohne den Willen zur Gestaltung und Umgestaltung, ohne Setzung von Zwecken und Mitteln, ohne Technik und Politik. Im historischen Wesen der Dinge ist immer auch ein ewiges Wesen und eine Macht der Dinggestaltung enthalten. So ist der historische Realismus der reichste und seine Wirklichkeit die lebendigste.

Messen wir uns mit seinem Maßstab, so wird er zum Urteil über unsere gesamte Geisteshaltung. Er stellt eine Grundforderung an uns: *Nichts als Macht des Seins anzuerkennen, was nicht auch Macht unseres eigenen Seins, was nicht im Hier und Jetzt unser Schicksal ist.* Und das bedeutet erstens: wir können die Tiefe der Wirklichkeit nur in dem Maße erfassen, als wir in die Tiefe unseres eigenen seelischen Seins dringen. Kein Akt unseres Geistes vermittelt uns Wirklichkeit, der nicht zugleich Ohnmachtsschichten unseres seelischen Seins durchstößt. Unsere meiste Schulwissenschaft gibt uns Möglichkeiten, die vielleicht einmal Wirklichkeiten werden, dann freilich in ganz anderer Mächtigkeit, die aber meistens Möglichkeiten bleiben und die Wirklichkeit überschatten. Und historischer Realismus bedeutet zweitens: Wir können die Tiefe der Wirklichkeit nur in dem Maße erfassen, als wir in die Tiefe unseres sozialen Seins dringen. Kein Akt unseres Geistes vermittelt uns Wirklichkeit, der nicht zugleich Ohnmachtsschichten unseres sozialen Daseins durchstößt. Unsere akademische Wissenschaft schwebt über den Wassern einer historischen Realität, von deren Existenz sie auch dann kaum etwas ahnt, wenn sie sie geschichtlich bearbeitet. Denn auch dann bleibt sie über den Wassern, taucht nicht ein in die Spannungen, die aus der Vergangenheit in die Zukunft drängen und erfaßt darum immer nur den Schaum des Wirklichen, nicht seine Macht, seine gewaltige, umwälzende Dynamik.

Und noch eine andere Konsequenz hat dieses „über der historischen Realität". Es schlägt um in eine Gebundenheit des Geistes an Oberflächenschichten der Wirklichkeit. Da niemand in bloßen Möglichkeiten leben kann, erfüllt man den Geist mit Wirklichkeiten geringer Macht und führt diesen Wirklichkeiten die Kraft des Geistes zu, man stützt sie, statt sie zu durchstoßen. So wird der Geist von vielen benutzt, um ihren seelischen Ohnmachtsschichten einen Halt zu geben. Es entsteht die geistige Verhärtung der Oberflächenschicht des Seelischen. Und so wird der Geist von der Mehrheit unserer Gebildeten benutzt, um ihrer sozialen Zufallslage Halt zu geben. Es entsteht die geistige Verhärtung der sozialen Herrschaftslage, das, was das Proletariat mit Bitterkeit als bürgerliche Bildung verwirft: meistens mit Unrecht, sofern es sich um den Vorwurf bewußten Mißbrauchs des Geistes handelt – durchweg mit Recht, sofern tatsächliches, unbewußtes Verhalten gemeint ist.

Der historische Realismus befreit den Geist von dieser doppelten Verzerrung. Er ist verantwortliche Erfassung des Wirklichen, weil er es im Hier und Jetzt des eigenen Schicksals erfährt.

Damit stehen wir vor einer neuen, der entscheidenden Frage: *nach der letzten Macht des Seienden, nach dem wahrhaft Wirklichen im unbedingten Sinne und damit nach der Erfassung des Wirklichen in unbedingter Verantwortlichkeit.* Wenn die Tiefe des Wirklichen im Hier und Jetzt, im historischen Schicksal liegt, so ist die Frage: Was steht zuletzt im Jetzt und Hier, was ist der letzte Sinn des historischen Schicksals? Oder: welches ist die Macht des Seienden, die nicht mehr bedroht ist von dem Erweis ihrer Ohnmacht? Wo ist das Unbedingt-Mächtige? Gäbe es auf diese Frage keine Antwort, so würde der Geist im Abgrund des Nichts versinken, so würde die Ohnmacht, der Ohne-Sinn des Seienden das letzte Wort sein. Und diese Drohung ist keine abstrakte Möglichkeit. Sie ist die reale Bedrohung unserer Zeit. Und nicht nur die eigentlich Verzweifelten sind von ihr erfaßt, sondern viele auch unter uns, die sich an eine Ohnmachtsschicht nach der andern klammern, um der letzten Bedrohung zu entgehen, der sie nicht standhalten könnten. Wird aber die Frage nach dem Unbedingt-Mächtigen beantwortet, so ergibt sich eine eigentümliche Paradoxie. Ist es das Unbedingt-Mächtige, so besteht keine Möglichkeit, sich seiner zu bemächtigen, so ist es das, was für den Geist, der das Unbedingt-Mächtige sucht, das schlechthin Unerreichbare ist. Hier kann der Geist nicht spalten, hier kann er nicht ergreifen. Nur dieses kann geschehen, daß *er* gespalten, daß *er* ergriffen wird. Und das ist Glaube. Er ist kein besonderer Geistesakt, sondern er ist die Erschütterung, die Umwendung aller Geistesakte. Aber er ist zugleich das, was dem Geist seinen Sinn, seine Realiät gibt, was ihn hindert, ins Bodenlose zu sinken. Und das, wovon der Geist ergriffen wird, vielleicht ergriffen wird, ist nicht ein Etwas, nicht eine nachweisbare Schicht des Seins. Wäre es das, es wäre ja wieder von der Ohnmacht des Seienden bedroht. Sondern es ist das, was alle Macht des Seienden entmächtigt und zugleich dem Abgrund der Ohnmacht entreißt. Das Unbedingt-Wirkliche, das Letzt-Wirkliche übersteigt jede Macht der Wirklichkeit. Es ist das Übersteigen, die Transzendenz selbst.

Das weiß jeder echte Realismus. Er ist entweder ungläubig, das heißt er bleibt in der Seinsschicht, die er auf seinem Wege erreicht hat. Oder er ist gläubig, und dann bricht er durch sie hindurch. Der mystische Realismus weiß, daß die höchste mystische Schau nicht ein Weg, sondern nur einem Ergriffensein zugänglich ist. Darin ist er gläubig – was auch immer der sogenannte Glaubensstandpunkt für eine Karikatur aus ihm gemacht hat. Darum scheidet der technische Realismus den Glauben völlig aus seiner Wirklichkeitserfassung aus und kommt zu einem Nebeneinander, das freilich mit notwendiger Konsequenz in Unglauben umschlägt. Darum kann der historische Realismus, der im Hier und Jetzt das Unbedingt-Wirkliche sucht, sein Erscheinen nur beschreiben als Ergriffenwerden im Hier und Jetzt durch das Unbedingt-Übersteigende von Hier und Jetzt.

Der Realismus, ob gläubig oder ungläubig, erkennt die unbedingte Mächtigkeit des Unbedingten an. Er schwächt sie nicht ab. Er erweckt nicht die Erwartung, daß es möglich wäre, von sich aus zum Unbedingten zu gelangen. Er bekämpft alles Überstiegene und Übersteigerte, weil er das Übersteigende schlechthin kennt. Das Unbedingt-Mächtige, die letzte Macht des Seienden, ist nicht zu erreichen durch Weggehen von dem Hier und Jetzt, sondern durch Standhalten in ihm, durch Eingehen in seine Spannungen, durch Ergriffenwerden vom historischen Schicksal. Glaube und Realismus gehören zusammen. Wohlgemerkt: nicht Glaube und Gebundenheit an die Ohnmachtsschichten des Seienden, wie uns eine radikal-protestantische Theologie einreden will. Sie kennt nur die Sphäre der Ohnmacht und die Sphäre des Unbedingt-Mächtigen. Sie weiß nicht, daß das Unbedingte mich nicht ergreifen würde, ergriffe es mich nicht im eigentlichen Sein, in der Schicht meiner Realität, in meinem historischen Schicksal. Und eben darauf beruht es, daß Ergriffensein vom Unbedingt-Mächtigen das Seiende nicht unverändert läßt, daß es seine Ohnmachtsschicht enthüllt und entkräftet. Eine Theologie, die das Reale nicht sucht, kann auch das Reale nicht wandeln; sie bleibt in abstrakter Dialektik. Und wir wissen, daß dieses das Problem des Protestantismus ist.

Gehören Glaube und Realismus zusammen, so stehen Glaube und Idealismus, und Glaube und Romantik in Spannung zueinander. Beide, Idealismus und Romantik, entfliehen dem historischen Schicksal. Nicht dieses ist ihr Mangel, der ihnen zur Zeit so häufig vorgeworfen wird, daß sie die unmittelbare, ohnmächtige Wirklichkeit übersteigen. Das ist ihre Größe und ihr Recht. Das ist es, warum sie jeder Jugend neu den mächtigen Impuls zur Erhebung über die Augenblicksgebundenheit gaben, das ist das Recht ihres Trunkenseins von Seinsmächtigkeiten, die sich nur der Kraft des Eros erschließen. Das aber ist ihre Grenze, daß sie meinen, Gefülltheit mit Eros wäre Ergriffensein vom Unbedingt-Mächtigen, oder irgendeine Seinsschicht wäre schon durch sich die unbedingte Macht des Seins. Der Idealismus ist nicht ungläubig, aber eben darum auch nicht gläubig, während der Realismus gläubig oder ungläubig sein kann. Es gibt also vier Haltungen:

1. die Oberflächengebundenheit, 2. der ungläubige Realismus, 3. der Idealismus, 4. der gläubige Realismus.

So in der Kunst:

1. das Abbilden, das noch nicht Kunst ist, oft aber Lüge der Verzierung oder Verschönerung, 2. das Umbilden, das die tiefsten Seinsschichten ergreift und skeptisch-tragisch ist, 3. das Ausdrücken, die Expression, die das Wirkliche vergewaltigt, um das Unbedingt-Wirkliche aufzuweisen, 4. das Durchschauen-lassen: die Berührung der tiefsten Schichten als Hinweis auf das Unbedingt-Wirkliche.

In der Politik:

1. die Zufallspolitik, das Gebundensein an Mächte des bloßen Daseins, 2. die ungläubige Realpolitik: der skeptische, aber tiefe Politiker, 3. die utopische Politik: der Schwung, der ein Unbedingtes verwirklichen will, 4. die hinweisende Politik.

Religion und Theologie sind der letzte Ausdruck für den Hinweis des gläubigen Realismus, denn in ihnen wird der Glaube unmittelbar, direkt redend. Es gibt auch schweigenden, nur mittelbar redenden Glauben. Und es gehört zum Sinn des gläubigen Realismus, daß dieser nicht geringer gewertet sein darf als der redende. Das ist die letzte Ohnmacht von Religion und Kirche, von jedem redenden Glauben, daß der Glaube auch schweigend sein kann. Freilich drängt es ihn zur Rede, und daß er redet, hindert, daß er in seiner indirekten Sprache, in seiner Stummheit, nicht mehr gehört werden könnte. Das ist die relative Macht des Kirchlichen. Wenn diese Macht sich aber isoliert, so geschieht es, daß gerade sie, die den Glauben hörbar machen sollte, ihn unhörbar macht, und der Glaube hinweisen muß auf den schweigenden Glauben, um sich vernehmbar zu machen.

Das Unbedingt-Mächtige im Hier und Jetzt wird dargestellt im Kultus. Der Sinn des Kultus ist Hinweis auf das Reden aller Dinge vom Unbedingt-Wirklichen. Dieses Reden-Lassen muß aber ein wirkliches Redenlassen der Dinge in der uns angehenden Realität, in der Schicht unseres historischen Schicksals sein, wie es sich in unserer Gesamtexistenz vollzieht. Demgegenüber ist die Kultreform romantischer Ausdruckstypus. Denn das Kultische der Alten ist uns nicht unmittelbar zugänglich. Man verlangt nicht nur, daß wir das Reden der Dinge über ihr Unbedingt-Mächtiges hören, sondern daß wir sie hören, wie sie der Ausdruck eines vergangenen Schicksals sind. Ist das Wesen der Dinge ihr Stehen in einem historischen Schicksal, so können sie auch nicht als die Ewig-Gleichen in den Kultus eingehen – auch Brot und Wein reden nicht in jeder Lage das Gleiche. Auch sie haben neben ihrer Unveränderlichkeit ein historisches Schicksal, und sie reden anders zum Bauern als zum Nomaden und zum Proletarier. Kultus und gläubiger Realismus nehmen das historische Schicksal in sich auf.

Und was vom Kultus gilt, das gilt vom Wort. Es ist *eine* Art, in der der Geist der unbedingten Mächtigkeit des Seins Ausdruck gibt; es ist nicht die einzige Art. Und wer das Wort Gottes mit Bibel- und Predigtwort gleichsetzt, der mißversteht den Geist und begrenzt Gott und macht sich taub gegen das Reden der Dinge von dem, was sie trägt, von dem Sinn ihrer Wirklichkeit.

Wo aber gesprochen wird, da gilt wieder: Sprechen aus dem Hier und Jetzt, sprechen von dem, was das Hier und Jetzt ergreifen und erschüttern kann. Nicht: sprechen *von* dem Hier und Jetzt. Das wäre noch Unglaube oder vielleicht schweigender Glaube. Aber es soll ja gesprochen werden. Das religiöse Wort hat nicht den Sinn, die Tiefen des Gegenwartsschicksals neu und interessant zu beleuchten. Sondern es soll ihren letzten Sinn, die letzte Ohnmacht und Macht aufweisen. Und wenn man sich dabei unter das Wort der Vergangenheit, etwa das Bibelwort stellt, dann doch nur so, daß man aus dem Ergriffensein eines vergangenen Hier und Jetzt durch die Macht des Unbedingt-Mächtigen vielleicht in dem eigenen Hier und Jetzt ergriffen wird. Aber nicht so, daß man dadurch jener Vergangenheit sich unterwirft.

An dem Maß des gläubigen Realismus gemessen, ist viel kirchliches Wort Verführung zur Ungegenwärtigkeit, zum Verrat am Hier und Jetzt.

Vielleicht aber ist es unser Schicksal zu sagen: nicht: ich glaube, darum rede ich, sondern: ich glaube, darum schweige ich. Und wenn ich reden muß, so rede ich vom Sinn dieses Schweigens. Denn das Reden, der Kultus und das Wort, also eine heilige Wirklichkeit, sie ist nicht der notwendige Weg zum Unbedingt-Wirklichen. Auch sie kann festhalten an Ohnmachtsschichten, genau wie die profane Wirklichkeit. Der ganz im Profanen Stehende hat manche Hilfe weniger, aber er hat auch manche Verführung weniger. Das aber, was unseres Seins unbedingte Macht ist, das ist frei, uns zu ergreifen im Heiligen und im Profanen. Wenn aber, dann ergreift es *uns*, unsere Wirklichkeit und darum uns in unserem Hier und Jetzt, und gibt uns damit die letzte Antwort auf die Frage nach dem, was wirklich ist.

GLÄUBIGER REALISMUS II.

(1928)

1. *Der Begriff des gläubigen Realismus*

Wer mit Leidenschaft, innerer Anteilnahme und ein wenig Sachkenntnis die Entwicklung der Malerei in den ersten zwei Jahrzehnten des zwanzigsten Jahrhunderts verfolgt hat, dem werden zwei Erlebnisse unvergeßlich bleiben: zuerst das Hervortreten und der plötzliche Siegeslauf des Expressionismus, dann das ebenso plötzliche Nachlassen seiner Kräfte und der Aufstieg eines Stiles, der sich *„Neue Sachlichkeit"* nannte. Der erste Eindruck des Expressionismus war abstoßend und unverständlich. Aber allmählich gewann er durch seine Problematik und den Radikalismus seiner Lösungen an Anziehungskraft. Schließlich strömte ihm eine überschwengliche Anhängerschaft aus den Gruppen zu, die in ihm eine neue Mystik oder den Weg zu einem neuen religiösen Kultus sahen. Das ist verständlich. Der Expressionismus war eine Rebellion gegen den Realismus des neunzehnten Jahrhunderts. Er war eine Rebellion gegen den naturalistisch-kritischen wie auch gegen den idealisierend-konventionellen Flügel des Realismus, und ebenso überstieg er die Grenzen des subjektiv-impressionistischen Realismus, aus dem er stammte. Von den expressionistischen Malern wurden die Dinge in ihrem kosmischen Sinn und ihrer unergründbaren Tiefe gedeutet. Ihre äußere Form wurde zerbrochen, damit ihre innere Bedeutung sichtbar werde. Farben, Ausdruck göttlicher und dämonischer Ekstasen, durchbrechen das Grau der Alltäglichkeit. Es war, als sei das Zeitalter des Mythos wiedergekehrt, und auch in anderen Bereichen schien die Entwicklung die Schau der Künstler zu bestätigen. Aber dies dauerte nicht länger als bis zur Mitte des dritten Jahrzehnts. Zu dieser Zeit tauchten Kunstwerke auf, die sich viel enger an die äußeren Formen der Dinge hielten als die der Expressionisten. Trotzdem können sie nicht als ein Rückfall in den Naturalismus des neunzehnten Jahrhunderts angesehen werden. Sie stellten einen nachexpressionistischen, nicht einen vorexpressionistischen Stil dar. Sie verwarfen die Elemente des Subjektiven und Romantischen in der vorhergehenden Epoche, ohne die Tiefe und den kosmischen Symbolismus ihrer Vorgänger aufzugeben. Diejenigen, die von dieser Entwicklung die Rückkehr zu dem idealisierenden Naturalismus des bürgerlichen Geschmacks erwarteten, mußten enttäuscht werden, denn der neue Realismus interessierte sich nicht für die natürlichen Formen der Dinge um ihrer selbst willen, sondern wegen ihrer Ausdruckskraft für tiefere Schichten und als Ausdruck des objektiven Gehaltes, der inneren Mächtigkeit der Dinge. Der Realismus des neunzehnten Jahrhunderts hatte die Wirklichkeit ihrer symbolischen Mächtigkeit beraubt, der Expressionismus hatte versucht, diese Mächtigkeit durch die Zerstörung der Oberfläche der Wirklichkeit wiederherzustellen. Der neue Realismus versucht durch die Verwendung der gegebenen Formen, auf den Sinngehalt des Wirklichen hinzudeuten. In all diesen Bewegungen treibt die Kunst auf einen gläubigen Realismus zu. Es gibt keine Gewähr dafür, daß dies Ziel erreicht wird, da in unserer Zeit zahllose Strömungen dagegen arbeiten – einige aufrichtig, andere rein ideologisch. Aber es ist eine Tendenz, die vom Protestantismus verstanden und unterstützt werden sollte, da sie echt protestantisches Gepräge trägt.

Der gläubige Realismus ist eine Gesamthaltung zur Wirklichkeit. Er ist nicht eine theoretische Weltansicht, aber auch nicht eine Lebenspraxis, er liegt in einer Schicht des Lebens unterhalb der Spaltung in Theorie und Praxis. Er ist auch nicht eine besondere Religion oder eine besondere Philosophie. Er ist vielmehr eine Grundhaltung in jedem Lebensbereich, die sich in der Gestaltung jedes Bereiches ausdrückt.

Der gläubige Realismus vereinigt in sich in aller Entschiedenheit zwei Elemente, das Wirkliche und die transzendierende Macht des Glaubens. Scheinbar gibt es keinen größeren Gegensatz als den zwischen einer realistischen und einer gläubigen Haltung. Der Glaube übersteigt jede denkbare und erfahrbare Wirklichkeit, der Realismus lehnt jedes Übersteigen der Wirklichkeit als utopisch oder romantisch ab. Eine solche Spannung ist schwer auszuhalten, und es ist nicht verwunderlich, daß der menschliche Geist immer wieder versucht, ihr auszuweichen. Nach zwei Seiten hin kann man ausweichen: die eine ist der ungläubige Realismus, die andere ein nicht realistisches Transzendieren. Für das zweite möchte ich das Wort „Idealismus“ verwenden, für das erste „sich selbst begrenzender Realismus“. Keine der beiden Haltungen ist notwendigerweise unreligiös. Der Positivismus, Pragmatismus, Empirismus – die verschiedenen Formen des Realismus, die eine Übersteigerung ablehnen – können die Religion als einen Bereich neben der philosophischen und wissenschaftlichen Deutung der Wirklichkeit anerkennen, oder sie können die zwei Bereiche in den Begriffen einer Theologie der immanenten Erfahrung miteinander verknüpfen (jener mehr der englische, dieser mehr der amerikanische Typus). Andererseits ist der Idealismus in seinen verschiedenen Formen, wie der metaphysische, erkenntnistheoretische, moralische Idealismus (der erste ein klassischer deutscher, der zweite ein allgemein bürgerlicher und der dritte ein angelsächsischer Typus) wesensmäßig religiös, aber in einer Weise, daß echte Religion sich kritisch dazu verhalten muß. Der Glaube ist eine ekstatische Übersteigerung der Wirklichkeit in der Kraft dessen, das nicht aus dem Ganzen der Wirklichkeit abgeleitet werden und dem man sich nicht auf Wegen nähern kann, die zu dem Ganzen der Wirklichkeit gehören. Der Idealismus übersieht die Kluft zwischen dem Unbedingten und dem Bedingten, die durch keine ontologische oder ethische Selbsterhebung überbrückt werden kann. Daher muß er vom prophetischen und vom protestantischen Standpunkt aus als religiöse Überheblichkeit und vom Standpunkt eines sich selbst begrenzenden Realismus aus als metaphysische Überheblichkeit gerichtet werden. In diesem Doppelangriff vom Glauben und vom Realismus her wird der Idealismus zerrieben – historisch und systematisch, praktisch und theoretisch. Es ist die Größe des Idealismus, daß er das Stehen in der Wirklichkeit und das Übersteigen der Wirklichkeit vereinen will. Der Idealismus ist immer unterwegs zur „Theonomie". Die meisten der theologischen, philosophischen und politischen Kritiker des Idealismus haben noch nicht einmal seine Problemstellung begriffen. Ihr Gefühl der Überlegenheit über den Idealismus fußt auf ihrer Ahnungslosigkeit über die Tiefe seiner Fragen und Antworten. Es ist die Grenze und die Tragik des Idealismus, daß er die Wirklichkeit übersteigert, aber nicht übersteigt, daß er weder der gläubigen noch der realistischen Haltung gerecht wird. Dies führt zu dem überraschenden Ergebnis, daß Glaube und Realismus gerade wegen der unbedingten Spannung, in der sie stehen, zusammengehören. Denn im Glauben ist die unbedingte Spannung enthalten, und keine Haltung kann mit ihm zusammengehen, die diese Spannung abschwächt. Der Idealismus schwächt sie ab, der ungläubige Realismus leugnet sie, aber der gläubige Realismus drückt sie aus.

2. *Drei Typen des Realismus*

Erkennen ist ein Sicheinen von Erkennendem und Erkanntem. Der Wille zur Erkenntnis ist der Wille eines getrennten Lebens, sich mit anderem Leben zu einen. *Theoria* ist keine aus dem Seinszusammenhang herausgelöste Beobachtung, wenngleich verschiedene Grade der Trennung und Herauslösung ein notwendiges Element in jeder Erkenntnis sind, sondern *theoria* ist Einssein mit dem wahrhaft Wirklichen, mit jener Schicht eines Dinges, in welcher die *ousia*, die „Seinsmächtigkeit" liegt. Diese (platonische) Lehre ist vom Neukantianismus für eine unzulässige Mischung von ontologischen und Wert-Kategorien erklärt worden. Wir stehen hier aber vor der Frage, ob Werte nicht eine ontologische Begründung haben müssen und ob nicht die Erfassung von Seinsmächtigkeit der Weg dazu ist, den Werten eine solche Begründung zu geben und zugleich der *theoria* die „existentielle" Bedeutung wiederzugeben, die sie einst hatte. Wenn natürlich Sein als ein „Objekt des Denkens" beschrieben wird, gleichgültig welchen Gehaltes, ist der Gedanke der „Seinsstufen" sinnlos. Aber wenn Sein „Mächtigkeit" ist, ist die Annahme solcher Stufen natürlich, und für den Geist bedeutet es eine Lebensnotwendigkeit, in jene Schichten einzudringen, in denen die wirkliche Mächtigkeit eines Dinges sich offenbart.

Es ist nun das Einzigartige der griechischen Entwicklung, daß sie von Anfang an die Seinsmächtigkeit des Dinges, sein „wahrhaft Wirkliches", dort sah, wo es durch den *„logos"*, das Wort und den im Wort enthaltenen Begriff, erfaßt werden kann. Das „Rationale", das, was dem Logos zugänglich ist, ist das wahrhaft Wirkliche. In dem, was das Wort und der Begriff greifen kann, liegt die Mächtigkeit eines Dinges. Dadurch unterscheidet sich die griechische von jeder anderen Stellung zum Sein. Denn sonst allenthalben drückt ein relativ-irrationales, ein magisches, *mana*haftes, seelenhaftes, mystisches Element die Mächtigkeit der Dinge aus. Aus diesem Grund ist es verständlich, wenngleich nicht gerechtfertigt, daß die griechische Philosophie als Entmächtigung der Dinge gedeutet und die platonische Ontologie als eine erkenntnistheoretische Logik begriffen werden konnte (Natorp). Aber für die griechischen Philosophen von Parmenides bis Plotin waren Rationalität und innere Mächtigkeit der Dinge ein und dasselbe, was sich deutlich in ihrer Auffassung ausdrückt, daß das höchste Ziel der Vernunft zur gleichen Zeit das höchste Ziel der Gesamtbewegung des Lebens ist. Nur im Lichte dieser Identität: des Willens, zu erkennen, und des Willens, sich zu einen, ist die Rolle der griechischen Philosophie in der antiken Welt verständlich. Nur auf der Basis dieser Voraussetzung ist der Übergang von der griechischen Klassik in die neuplatonische Synthese des Mystischen und des Rationalen verständlich. Allerdings gibt es einen Punkt bei Plotin, der zeigt, daß er das Ende des autonomen griechischen Denkens darstellt, nämlich die Tatsache, daß er die letzte Seinsmächtigkeit jenseits des *nous* (Macht der Vernunft) im Abgrund des formlosen *Einen* findet. Hierin ist Plotin Orientale und nicht Grieche.

Diese Einheit von Rationalität und Seinsmächtigkeit kann in verschiedener Weise gedeutet werden. Die Tatsache, daß durch Begreifen die Macht des Seins ergriffen wird, konnte dazu führen, den Begreifenden – absichtlich oder unabsichtlich – zu dem eigentlichen Träger der Mächtigkeit zu machen. Die Dinge werden entmächtigt oder in ihrer Mächtigkeit auf ein bestimmtes Maß herabgedrückt: zugunsten dessen, der sie erfaßt, oder dessen, der sie benutzt, oder dessen, der sie genießt, oder dessen, der sich über sie erhebt, oder dessen, der sich vor ihnen verschließt. Von den kritischen und ethischen Schulen der griechischen Philosophie wird diese Haltung durch den späten Nominalismus bis zur modernen technischen Wissenschaft und der technokratischen Weltanschauung weitergegeben. Man räumt den Dingen nur so viel Mächtigkeit ein, als sie brauchen, um nützlich zu sein. Die Vernunft wird zu einem Mittel der Weltbeherrschung. Das „wahrhaft Wirkliche" *(ousia)* der Dinge ist das berechenbare Element in ihnen, das, was durch die Naturgesetze beherrscht wird. Was darüber hinausliegt, ist ohne Interesse und kein Gegenstand der Erkenntnis. Diese Beziehung zur Wirklichkeit nennt sich heute mit Vorliebe realistisch. Durch Technik und Wirtschaft beherrscht diese Form des „Realismus" unsere geistige und gesellschaftliche Lage in einem Maße, daß jeder Widerstand gegen sie als hoffnungslose Romantik erscheinen kann. Der späte Neukantianismus und noch konsequenter der Positivismus sind der philosophische Ausdruck dieser radikalen Zurückführung der Seinsmächtigkeit auf ihre theoretische Berechenbarkeit und ihren praktischen Nutzen. Sogar die Theologie wurde weithin in den Umkreis dieses „technischen Realismus" hineingezogen.

Aber die Ratio als das Mittel, die Seinsmächtigkeit zu ergreifen, kann auf andere Weise verstanden werden. Die Seinsmächtigkeit in der Realität kann auch in einer rationalisierten und vergeistigten Form erhalten werden. Sie erhebt sich zu dem wahren Sein, es anzuschauen und sich mit ihm zu einen. Es gibt Stufen der Seinsmächtigkeit (Plato, Aristoteles und Plotin stimmten in diesem Punkt überein), und auf diesen Stufen steigt der menschliche Geist bis zur höchsten Stufe empor zu der letzten höchsten Macht des Seins. Die bloße vitale Existenz, die Beherrschung und Umgestaltung der Wirklichkeit und sogar die physikalische und mathematische Erkenntnis werden überschritten und die ewigen Wesenheiten und ihre höchste Einheit und ihr Grund werden gesucht. Hier übt die „Materie" einen ständig verzögernden und oft hindernden Einfluß auf den aufwärtssteigenden Geist aus. Die Materie, wenngleich ohne Form oder wesenhaftes Sein, hat eine negative, halbdämonische Macht, die innerhalb der materiellen Welt nicht überwunden werden kann. Deshalb muß der Geist den sichtbaren Kosmos als Ganzen überschreiten, um die höchste Seinsmächtigkeit in dem zu finden, was jenseits des Seienden ist: dem „Guten", der „reinen Aktualität", dem „Einen". Die Sehnsucht nach der wahren Seinsmächtigkeit treibt die Griechen in eine Flucht vor der dämonisch-zweideutigen Macht in den Dingen. Das ist die begriffliche Voraussetzung der neuplatonischen Askese und jenes Typus des Realismus, den wir „mystischen Realismus" nennen können.

Der mystische Realismus herrschte im Früh- und Hochmittelalter bis zur nominalistischen Zersetzung. Es war aber kein radikaler, sondern ein gemäßigter Realismus, den das Mittelalter anerkannte. Auf dem Boden der biblischen Religion war es unmöglich, der griechischen Mystik bis in ihre letztlich negative Haltung gegenüber Individualität und Persönlichkeit zu folgen. Aber der mystische Realismus war dennoch „Realismus" und nicht Romantik oder Idealismus. Wenn unser heutiger Wortgebrauch es uns auch erschwert, das Wort „realistisch" für etwas zu gebrauchen, das dem, was das Wort im allgemeinen heute bedeutet, gerade entgegengesetzt erscheint, so müssen wir doch verstehen, daß der mittelalterliche Realismus mit ebensoviel Recht das Wort „real" für seine Haltung beansprucht wie der moderne Realismus für die seinige. In beiden Fällen beantwortet der Realismus die Frage nach dem wahrhaft Wirklichen oder der wahren Seinsmächtigkeit der Dinge, aber der Ort, an dem diese Mächtigkeit gesucht und gefunden wird, ist verschieden. Die Einsicht in diese Zusammenhänge wird uns aber verstellt, wenn wir die Auffassung, daß die *Universalia* das wahrhaft Wirkliche sind, nur als eine logische Theorie deuten (was sie *auch* ist), statt daß wir sie primär als den ontologischen Ausdruck einer gesellschaftlichen und geistigen Situation verstehen.

Der mystische Realismus des Mittelalters ist in unserer Zeit noch wirksam. Der technische Realitätsbegriff erfährt ständig Angriffe von dem mystischen, der in vielen Gestalten erscheint. Alle intuitive Auffassung der Erkenntnis, idealistische und romantische Wiederbelebung antiker oder mittelalterlicher Denkformen, die Phänomenologie, die Lebensphilosophie (die ästhetische oder die vitalistische), die Gestalttheorie, einige Typen der Psychologie des „Unbewußten" – sie alle suchen nach der Seinsmächtigkeit der Dinge jenseits (oder unterhalb) der Schicht, innerhalb deren die Dinge berechenbar und beherrschbar sind. Der Kampf zwischen den beiden Typen des Realismus geht mit wechselndem Erfolg immer weiter. Im ganzen gesehen ist jedoch der technische Realismus siegreich, da die reale Situation des Menschen von heute, seine persönliche und seine gesellschaftliche Situation und sein

Verhältnis zu den Dingen durch dessen Auswirkungen bestimmt sind. Aber wenn auch bis jetzt noch nicht siegreich, so waren die Kämpfe der modernen Nachfahren des mystischen Realismus doch nicht umsonst, wie auf allen Erkenntnisgebieten festgestellt werden kann. In dem Kampf dieser Richtungen und in dem Drängen nach einem neuen Realismus liegt das Schicksal unserer Kultur.

Beiden Richtungen, dem technischen wie dem mystischen Realismus, ist gemäß ihrem griechischen Ursprung eines gemeinsam. Sie verneinen die konkrete Existenz, das „Hier und Jetzt", um die Seinsmächtigkeit zu entdecken. Sie abstrahieren davon – der technische Realismus zugunsten des Zwecks, der mystische Realismus zugunsten des *Wesens* und der *Intuition*. Nun ist es natürlich eine notwendige Eigenschaft allen Erkennens, über das Gegebene als Gegebenes hinauszugehen, dennoch ist es möglich, nach der Mächtigkeit der Wirklichkeit *innerhalb* der konkreten Existenz zu suchen. Das ist das Wesen der geschichtlichen Erkenntnis, auf dem ein dritter Typus des Realismus, nämlich der „historische Realismus" fußt. Der historische Realismus gehört dem Abendland zu, und zwar dem protestantisch beeinflußten. Er sucht das wahrhaft Wirkliche in Zeit und Raum, in unserer historischen Existenz, in jener Sphäre, vor der alle Griechen geflohen waren. Man brauchte nicht mehr zu fliehen, weil die Welt gottgeschaffen ist und in der materiellen Welt als solcher keine dämonische Zweideutigkeit mehr gefunden werden kann.

Für den historischen Realismus erscheinen die eigentlichen Seinsmächtigkeiten in den Strukturen, die der historische Prozeß selbst hervorgebracht hat. Über ihren logischen Aufbau ist uns noch verhältnismäßig wenig bekannt. Dieses aber wissen wir: die Geschichte kann nicht in den Begriffen des technischen Realismus erfaßt werden. Sie kann nicht zum Objekt der Berechnung und Beherrschung werden wie einige Schichten der natürlichen Objekte. Die Geschichte kann andererseits aber auch nicht durch eine mystische Betrachtung ihres Wesens ergriffen werden. Sie ist nur durch aktive Teilnahme der Deutung zugänglich. Wir können eine historische Mächtigkeit nur dann begreifen, wenn wir durch sie in unserer eigenen geschichtlichen Existenz ergriffen sind. Aus dem Seinszusammenhang herausgelöste Beobachtung historischer Ereignisse und die Registrierung sogenannter historischer Gesetze entfernt uns gerade von der Möglichkeit, uns der Geschichte zu nähern.

Der historische Realismus geht über den technischen wie über den mystischen Realismus hinaus. Der historische Realismus kann uns zu einem Realismus führen, der jenseits der Alternative von technischem und mystischem Realismus liegt. Sein entscheidendes Merkmal ist das

Bewußtsein um die Gegenwärtigkeit, das „Hier und Jetzt". Gegenwärtigkeit bedeutet Erfassung der Macht des Seins in der Tiefe unserer historischen Situation. Darin unterscheidet sich der historische Realismus sowohl vom technischen als auch vom mystischen Realitätsbegriff.

Weder der technische noch der mystische Realitätsbegriff kennen echte Gegenwärtigkeit. Der technische nicht, denn er bezieht jeden Moment des zeitlichen Ablaufs auf den in der Zukunft liegenden Zweck. Es gibt keine „Gegenwart" in dem Teufelskreis der Zwecke, wie ja die Lehre vom unendlichen Fortschritt beweist. Da aber trotz allem das Leben im Gegenwärtigen zur Existenz kommt, so heftet es sich nur an das Wesenlose, Unmächtige, den bloßen Lust- und Schmerzmoment, die bloße Impression. Und es ist diese Gegenwartslosigkeit, die uns der Knechtschaft des Augenblicks unterwirft. Anders die Gegenwartslosigkeit des mystischen Realismus. Sie beruht auf seiner Erhebung über die konkrete Existenz. Sie sucht die Vereinigung mit den ewigen Wesenheiten, an deren Macht die einzelnen Dinge und Ereignisse nur vorübergehenden Anteil haben und für die sie nur Einzelbeispiele sind. Das christliche und insbesondere das protestantische Verständnis der Geschichte als Heilsgeschichte hat diese Haltung der Indifferenz gegenüber unserer geschichtlichen Existenz überwunden. Die prophetisch-christliche Deutung der Geschichte bildet den Hintergrund des historischen Realismus.

Gegenwärtigkeit ist weder Augenblicksgebundenheit noch Leben in bloßen Impressionen. Nicht nur der historische Realismus, sondern jedes geistige Verhalten zu den Dingen hat dieses in sich, daß es über den Moment, über das Zufällige, den bloßen Fluß der Ereignisse hinausgeht. Dieses Hinausgehen ist in jeder unserer Seinsbeziehungen schon vorausgesetzt, noch ehe die Philosophie Methoden ausbildete und Kategorien entdeckte. Unser bloßes Dasein als „Geist" zerteilt die Wirklichkeit in Wesenhaftes und Zufälliges, in Seinsmächtiges und Ohnmächtiges. Was aber ist die Macht des Gegenwärtigen? Es ist die Einmaligkeit, das Unwiederholbare und zugleich Entscheidungsschwere des Augenblicks. Es ist die Einheit noch wirksamer Vergangenheit und schon wirksamer Zukunft im gegenwärtigen Augenblick, welche die Mächtigkeit einer geschichtlichen Situation schafft. Auch das Naturgeschehen hat eine Seite, die seine geschichtliche Deutung ermöglicht. Wenngleich auch das einzelne Geschehen in der Natur dem Gesetz der Wiederholung unterworfen ist, so verläuft doch das Naturgeschehen als Ganzes in einer irreversiblen Richtung.

3. *Historischer Realismus und Erkennen*

Aus dem Prinzip der Gegenwärtigkeit, wie es vom historischen Realismus betont wird, ergeben sich wichtige Konsequenzen für das Verhältnis des Erkennens zum Ganzen der menschlichen Existenz. Weder der mystische noch der technische Realismus fordern eine Lebenshaltung, die an der Gesamtheit der Lebensbeziehungen partizipiert – der mystische nicht wegen seiner asketischen Haltung gegenüber dem Lebensprozeß, der technische nicht wegen seines Beherrschungswillens gegenüber der Wirklichkeit. Nur der historische Realismus macht die Partizipation am Ganzen der menschlichen Existenz zu einer Bedingung wahrer Erkenntnis.

Dies gilt sowohl für die persönliche als auch für die gesellschaftliche Realität des Menschen in der Geschichte. Niemand kann in tiefere Schichten einer historischen Situation eindringen, ohne zugleich in die tieferen Schichten seines eigenen Wesens vorzudringen. Das Erkennen des wahrhaft Wirklichen unserer historischen Existenz setzt Erkennen des wahrhaft Wirklichen in uns selbst voraus. Aber Erkennen unserer selbst bedeutet zugleich Umformung. Distanzierte Beobachtung unserer selbst ist hier unmöglich. Und das Erkennen unserer geschichtlichen Situation in diesen Schichten verändert unsere geschichtliche Situation. Distanzierte Beobachtung unserer geschichtlichen Situation ist hier unmöglich. Darum ist derjenige, der im Sinne des historischen Realismus erkennt, zugleich derjenige, der in sich und in der Geschichte schöpferisch wirkt. Dafür ist sogar auf dem Boden des technischen Realismus ein Bewußtsein lebendig. Er hat die intellektuellen und willensmäßigen Kräfte mitgeformt, durch die der Mensch die Dinge beherrscht – wissenschaftlich und technisch. Dadurch ist ein psychologischer Typ in Europa wie in Amerika entstanden, dessen ganze Kraft und zugleich Entleertheit von den Europäern und Asiaten gefürchtet wird, die noch unter dem Einfluß irgendeiner Form des mystischen Realismus stehen. Dieser wiederum hat in Verbindung mit den wissenschaftlichen Idealen des Abendlandes jenen Typus theoretischer Distanz von der Geschichte und wissenschaftlicher Askese hervorgebracht, der den Wissenschaftler in einen Registrierapparat für Tatsachen, ohne kritische oder schöpferische Leidenschaft umwandelt. Das Heldentum wissenschaftlicher Selbstaufgabe in jeder Forschung will ich damit nicht unterschätzen, eine Haltung, die dem unbeweglichen, ewigen Element in aller Erkenntnis entspricht. Aber es ist nur *ein* Element. Das andere ist der Wechsel, die Bewegtheit, das Hier und Jetzt. Wenn die ältere Generation der Wissenschaftler (z. B. Max

Weber) das asketische Element betont, das Schaffen einer Entfremdung vom Leben in der akademischen Welt, so betonen die Wissenschaftler der jüngeren Generation immer stärker das aktive Element in der Erkenntnis und die Notwendigkeit der Teilhabe an allen Seiten des Lebens. *Das Ideal der Erkenntnis im historischen Realismus ist die Vereinigung wissenschaftlicher Objektivität mit leidenschaftlicher Selbst-Interpretation und Selbst-Transformation.*

Die Gegenwärtigkeit des Erkennens fordert nicht nur das Eindringen in die Tiefe unserer Persönlichkeit, sondern auch in die Tiefe unserer gesellschaftlichen Existenz. Der mystische Realismus ist weit davon entfernt, eine solche Haltung anzuerkennen. Er verwendet die Erkenntnisfunktion, um der geschichtlichen und politischen Realität durch intuitives Erfassen der unveränderlichen Wahrheit, des Reiches der ewigen Formen, zu entfliehen. Daher vernachlässigen alle diejenigen, die unmittelbar oder mittelbar vom mystischen Realismus abhängig sind (z. B. der jüngstvergangene Neuklassizismus) die historische Konstellation, an die sie gebunden sind, in ihrer Bedeutung für das Erkennen. Anders liegt es beim technischen Realismus. Dieser hatte stets ein Empfinden für die Beziehung zwischen den technischen Wissenschaften und der Struktur der industriellen Gesellschaft. In diesem Empfinden wurzelt die Haltung des Proletariats und seines politischen Ausdrucks, der sozialistischen Bewegung, gegenüber den Wissenschaftlern und ihrer Arbeit. Die Proletarier betrachten die Erkenntnis als ein Machtmittel im Klassenkampf, wobei sie durch jene Intellektuellen, die sich eine solche Notwendigkeit nicht vorstellen können, stark kritisiert werden, und wobei sie hartnäckig von jenen Mitgliedern der herrschenden Schichten angegriffen werden, die selber ohne jede Hemmung Erkennen als Machtmittel verwenden. Es ist begreiflich, daß in einer solchen Lage der Sozialismus das Bürgertum zeiht, es habe nicht Ideen geschaffen, die wahr sind, sondern Ideologien, die die Macht der herrschenden Klasse idealisieren und rechtfertigen, und zwar mit Hilfe von Begriffen und Werten, die der Vergangenheit angehören und heute keine Aktualität mehr haben. Unsere Wissenschaftler haben den Ernst dieser Angriffe selten verstanden. Der Ideologiebegriff im polemischen Sinn ist ein Symbol für den Vulkan, auf dem unsere Gesellschaft lebt. Wenn ein geistiges System mit Erfolg als eine reine Ideologie gedeutet wird, hat es seine formende Kraft verloren. Die offiziellen Vertreter der Wissenschaft und Religion haben noch nicht einmal bemerkt, wie weit dieser unterminierende Prozeß vorgeschritten ist, und nicht nur im Proletariat. Sie werden der kommenden Katastrophe ihrer geistigen Welt genauso unvorbereitet gegenüberstehen, wie sie der ihrer politischen Welt nach dem ersten Weltkrieg gegenüberstanden. Es ist rührend und aufreizend zugleich, die Naivität zu sehen, mit der viele hochgebildete Menschen ihre eigene begünstigte gesellschaftliche Stellung verabsolutieren, ohne daß sie sich die allgemeine Struktur vergegenwärtigen, die ihnen diese Stellung ermöglicht. Wenn es auch Recht und Pflicht wissenschaftlicher Redlichkeit ist, jeden propagandistischen Mißbrauch der Suche nach der Wahrheit zurückzuweisen, so ist es auch Recht und Pflicht, die Macht der sozialen Struktur zu erkennen, zu der man gehört, denn man kann ihr nicht entfliehen. Sie bestimmt ebensosehr die Erkenntnisfunktionen wie das System der Werte, in dem man lebt. Wer die Seinsmächtigkeit in der Tiefe seiner historischen Existenz erkennen will, muß in wirklichem Kontakt mit den konkreten unwiederholbaren Spannungen der Gegenwart leben. *Das Erkenntnisideal des historischen Realismus ist die Vereinigung wissenschaftlicher Objektivität mit leidenschaftlicher Bemächtigung und Transformation der historischen Situation.*

Der historische Realismus weist alle Versuche, der Gegenwart um einer unwirklichen Vergangenheit willen oder einer unwirklichen Zukunft willen zu entfliehen, scharf ab. Die romantische Haltung, die sich der Vergangenheit zuwendet, einer Vergangenheit, die es niemals gab, und die utopische, die sich der Zukunft zuwendet, einer Zukunft, die es nie geben wird, beide haben vom Standpunkt des historischen Realismus gleich unrecht. Beide verfehlen die Gegenwart und dringen nicht zum wahrhaft Wirklichen der geschichtlichen Existenz vor. Denn die Vergangenheit kann nur auf Grund einer aktiven Teilnahme an der Gegenwart erreicht werden, und die Zukunft kann nur in konkreten Entscheidungen über gegenwärtige historische Probleme geformt werden. Dies führt keineswegs zu der sogenannten Realpolitik, die in der Ära Bismarcks und in der Vorkriegszeit von der imperialistischen Bourgeoisie propagiert und bereitwillig, allzu bereitwillig, von großen Teilen der deutschen Intelligenz akzeptiert wurde. „Realpolitik“ hat nichts zu tun mit historischem Realismus. Sie ist ein Produkt des rein technischen Realismus und holt sich ihre Ziele nicht aus einem Eindringen in die Bedeutung der Gegenwart, sondern aus den sogenannten Forderungen des Augenblicks. Deshalb ist sie letztlich selbstzerstörerisch.

Es gibt keinen Konflikt zwischen dem Prinzip der Gegenwärtigkeit und der Gültigkeit ethischer Normen. „Ethischer Instinkt“ kann niemals die ethischen Prinzipien ersetzen, die Kriterien für Gut und Böse. Prinzipien und Kriterien fehlen dem historischen Realismus durchaus nicht. Vielmehr setzt er sie auf seinem Weg in die Tiefe einer geschichtlichen Situation voraus. Ohne das allgemeine Kriterium der

Gerechtigkeit ist eine tiefgehende Analyse einer geschichtlichen Situation unmöglich. Ohne das Prinzip des Idealen kann das Reale nicht in seiner Tiefe gedeutet werden. Aber der historische Realismus hindert die Prinzipien daran, abstrakt zu werden. Er drückt sie in dem Lichte der Gegenwart aus und als Antworten auf die Fragen, die in einer geschichtlichen Situation eingeschlossen liegen.

4. *Historischer Realismus und Glaube*

Nun erhebt sich die Frage: In welcher Beziehung steht der historische Realismus zu dem, was wir den gläubigen Realismus genannt haben? Der historische Realismus strebt danach, die Seinsmächtigkeit oder das wahrhaft Wirkliche in einer konkreten historischen Situation zu erfassen. Aber das wahrhaft Wirkliche wird nicht erreicht, ehe nicht der unbedingte Grund alles Wirklichen oder die unbedingte Seinsmächtigkeit in allem Seienden erreicht wird. Der historische Realismus verbleibt in einer verhältnismäßig unrealen Schicht, wenn er nicht jene Tiefe der Wirklichkeit ergreift, in der ihr göttlicher Grund und Sinn sichtbar wird. Alles vor diesem Letzten Liegende hat nur vorläufige, bedingte Wirklichkeit. Deshalb ist der historische Realismus insofern wahr, als er zum letzten Grund und Sinn einer geschichtlichen Situation vordringt und durch sie zum Sein als solchem.

Nun aber gehört es zur Macht des Unbedingten, daß es nicht ergriffen werden kann; seine Macht schließt sein unerreichbares Geheimnis in sich ein. Wird der Versuch, es zu ergreifen, gemacht, so ist das, was wir in unserer Hand halten, nicht mehr das Unbedingt-Mächtige – selbst wenn es die höchsten religiösen oder ontologischen Namen trägt. Diesen Fehler macht der Idealismus. Er verwechselt die Welt der Wesenheiten und Werte und ihre Einheit mit dem Unbedingt-Wirklichen. Die Sphäre der reinen Vernunft vermag er nicht zu überschreiten, eine Sphäre, die nur dadurch überschritten werden kann, daß das, was „vor der Vernunft" ist, das *Unvordenkliche*, wie es Schelling nannte, akzeptiert wird, das ursprünglich Gegebene, der Grund und Abgrund alles dessen, was ist. Ein Empfinden für diese Grenze ist in der ganzen griechischen Philosophie spürbar. Tatsächlich ist der reine Idealismus ungriechisch, da der antike Geist nicht den Glauben an das ewige Widerstreben der Materie überwindet, deren negative, beschränkende Macht eine unbedingte göttliche Macht ausschließt. Der eigentliche Idealismus ist nur auf christlichem Boden möglich, auf der Grundlage des Schöpfungsgedankens, der behauptet, daß die Welt wesenhaft gut und wesenhaft einheitlich ist. Vollkommene Systeme, wie diejenigen der großen Idealisten, setzen den christlichen Sieg über die Reste des religiösen Dualismus im griechischen Denken voraus. Aber sie können nur entstehen, weil der andere christliche Gedanke vernachlässigt wird, die Kluft zwischen Gott und Mensch durch Endlichkeit und Sünde.

Hier ist der Positivismus christlicher als der Idealismus. Er akzeptiert den begrenzten und fragmentarischen Charakter der menschlichen Situation und versucht, innerhalb der Sphäre des Bedingten zu bleiben. Er ist demütiger als der Idealismus, indem er das Gegebene hinnimmt, wie es ist, und romantische oder utopische Synthesen, die keine Realität haben, verwirft. Aber der Positivismus sieht nicht das Problem der Selbsttranszendenz. Er beschränkt sich auf die Immanenz, nicht wegen des unerreichbaren Geheimnisses des Transzendenten, sondern weil er nicht die Grenzen des empirisch Gegebenen überschreiten möchte. Der Positivismus ist ungläubiger Realismus.

Der gläubige Realismus ist die religiöse Tiefe des historischen Realismus, daher ist er dem mystischen und dem technischen Realismus entgegengesetzt. Der mystische Realismus gewahrt nicht die Unerreichbarkeit des göttlichen Grundes der Wirklichkeit (einschließlich der „Seele"). Er versucht, das Unbedingte in bedingten Stufen zu erreichen, in gradweiser Erhebung zum Höchsten. Mystische Selbsttranszendenz ist kontinuierliche Annäherung an das Letzte; sie vergegenwärtigt sich nicht die unendliche Kluft zwischen dem Endlichen und dem Unendlichen; sie vergegenwärtigt sich nicht den paradoxen Charakter des Glaubens und eines Realismus, der mit dem Glauben geeint ist. Das bedeutet nicht, daß der mystische Realismus den Glauben ausschließt. Implizit liegt in jeder mystischen Erfahrung ein Akt der Selbsttranszendenz oder des Glaubens. Die vollkommene Einswerdung mit dem Letzten ist, gemäß allen Mystikern, ein Geschenk, das empfangen wird, und keine Vollendung, die vollbracht wird. Deshalb ist es ein Fehler, wenn protestantische Theologen — von Ritschl bis Barth — einen absoluten Gegensatz zwischen Mystik und Glauben annehmen. Es ist hingegen richtig, daß die Mystik in der Erfahrung einer mystischen Einswerdung den Glauben zu überschreiten sucht, und daß sie absieht von der historischen Situation und deren Mächtigkeit und Tiefe übersieht. Anders im gläubigen historischen Realismus, der das Letzte innerhalb und vermittelst einer konkreten historischen Situation erfährt und alle Stufen der Annäherung an das Letzte negiert, da er weiß, daß es immer zugleich unbedingt nah und unbedingt fern ist.

Aber der technische Realismus kann noch weniger gläubiger Realismus werden. Er führt zum Zwiespalt von Glauben und Realismus. Im späten Ritschlianismus wird der Glaube zu einem Mittel, die ethische Persönlichkeit über die Natur zu moralischer Unabhängigkeit zu erheben, während die Natur der technischen Unterwerfung preisgegeben wird. Die technische Deutung der Natur, ihre vollkommene Unterwerfung unter menschliche Zwecke wird akzeptiert, aber nicht transzendiert. Und die sich über die Natur erhebende Persönlichkeit gebraucht den Glauben als ein Mittel, um diese unabhängige und beherrschende Stellung aufrechtzuerhalten. Diese Theologie drückt die Schwierigkeit, Glauben und technischen Realismus miteinander zu verbinden, ausgezeichnet aus. Wenn auch der Glaube, von dem z. B. ein Mann wie Wilhelm Herrmann spricht, in sich warm, mächtig und leidenschaftlich ist, so ist es im Gefüge der technischen Wirklichkeitsauffassung seine Funktion, die Persönlichkeit des siegreichen Bürgertums zu schaffen. Im englischen Positivismus wird überhaupt kein Versuch gemacht, Glaube und Realismus zu vereinen. Glaube ist das konventionelle oder ernsthafte Festhalten an den Glaubenssätzen und Institutionen der Kirche. Und Realismus ist hier die technische Haltung gegenüber Natur und Gesellschaft. Aber zwischen dieser Art des Glaubens und dieser Art des Realismus gibt es keine Vereinigung. Es sind zwei Welten, die nur durch einen mächtigen gesellschaftlichen und intellektuellen Konformismus miteinander verknüpft werden.

Gläubiger Realismus ist verbunden mit dem Bewußtsein der Gegenwärtigkeit. Die letzte Seinsmächtigkeit, der Grund der Wirklichkeit bricht in einem besonderen Augenblick, in einer konkreten Situation herein und offenbart die unendliche Tiefe und den ewigen Sinn der Gegenwart. Das ist aber nur paradox zu fassen, d. h. durch Glauben, denn in sich ist die Gegenwart weder unbedingt noch ewig. Je mehr sie im Lichte des Unbedingten gesehen wird, desto mehr erscheint sie fragwürdig und leer an ewiger Bedeutung. So wird die Mächtigkeit eines Dinges zugleich bejaht und verneint, wenn es für den Grund seiner Mächtigkeit, das letztlich Wirkliche, transparent wird. Es ist wie ein Aufreißen der Finsternis, wenn der Blitz eine blendende Helle über alle Dinge wirft, um sie im nächsten Augenblick in tiefster Dunkelheit zurückzulassen. Wenn die Wirklichkeit so mit dem Auge des gläubigen Realismus gesehen wird, ist sie etwas Neues geworden. Ihr Grund ist sichtbar geworden in einer ekstatischen Erfahrung, die Glaube heißt. Sie ist nicht mehr selbstgenügsam, wie sie es vorher zu sein schien, sie ist transparent geworden, oder, wie gesagt werden kann, *theonom*. Dies ist natürlich kein Naturereignis, wenn auch – wie immer in geistigen Dingen – Worte und Bilder verwendet werden müssen, die aus der räumlichen Sphäre stammen. Aber es ist das Ganze der Persönlichkeit, mit ihrem bewußten Zentrum, ihrer Freiheit und Verantwortlichkeit, die vom Unbedingten, dem Grunde auch jeden persönlichen Seins, ergriffen wird. Wir werden in der Glaubenserfahrung durch das Unzugänglich-Heilige ergriffen, das der Grund unseres Seins ist und in unsere Existenz einbricht und uns richtet und heilt. Das ist Krisis und Gnade zugleich. Krisis im theologischen Sinne ist genau so Sache des Glaubens wie Gnade. Es ist eine schlechte Theologie, Krisis zu beschreiben als etwas Immanentes, jedermann zu jeder Zeit Offenes, und Gnade als etwas Transzendentes, jedem Verschlossenes und nur durch persönliche Entscheidung Faßbares. Weder Krisis noch Gnade können von uns ergriffen werden, weder Gnade noch Krisis aber stehen jenseits einer möglichen Erfahrung. Die gegenwärtige Situation ist voller Elemente der Krisis, Kräfte der Auflösung und Selbstzerstörung. Aber sie wird zur Krisis im religiösen Sinne, d. h. zum Gericht, nur in Einheit mit der Erfahrung der Gnade. So überschreitet der historische Realismus sich selbst, historischer und gläubiger Realismus sind geeint.

5. *Gläubiger Realismus und Theologie*

Alle religiösen Worte sind Deutungen der Spannung zwischen dem Bedingten und Unbedingten, zwischen „Realismus“ und „Selbsttranszendenz“. Religiöse Begriffe sind um so brauchbarer, je deutlicher sie dieses Paradox in seiner Tiefe und Mächtigkeit ausdrücken. Das gleiche gilt von theologischen Begriffen. In dem Wort „unbedingte Mächtigkeit“ zum Beispiel wird das Wort „Mächtigkeit“, das in Verbindung mit „Sein“ (Seinsmächtigkeit) auf die höchste Aussage über alles, was „ist“, hinweist, für etwas gebraucht, das alles, was „ist“, transzendiert. Eine ganz andere Seinsmächtigkeit ist gemeint, wenn wir „unbedingte Mächtigkeit“ im Sinn von „Allmacht“ gebrauchen. Religiöse und theologische Worte verlieren ihren echten Sinn, wenn sie als Begriffe verwendet werden, die endliche Objekte unter der Herrschaft jener Kategorien bezeichnen sollen, die die Welt der Objekte konstituieren. Geschieht das, so drücken die religiösen Worte zugleich zuviel und zuwenig aus. Zuviel insofern, als sie *ein* Objekt („Gott“ genannt) über alle anderen erheben, zuwenig insofern, als sie Gott nicht die unbedingte Mächtigkeit zugestehen, die ihn zu Gott und nicht nur zu dem höchsten Wesen macht. Der Prüfstein der Theologie ist ihre Fähigkeit, die absolute Spannung zwischen dem Bedingten und dem Unbedingten zu erhalten.

Die Religion versucht, die gegebene Wirklichkeit zu übersteigen, um sich dem Unbedingten zu nähern. Die Mittel dazu sind Rausch und Ekstase. Wo immer wir die Grenzen unseres eigenen Seins überschreiten und uns der Vereinigung mit einem anderen Sein nähern, ereignet sich Ekstase („außer sich sein"). Ekstase ist Durchbrechung der jeweils fixierten Form des eigenen Daseins. Wenn wir den Begriff in diesem Sinne gebrauchen, müssen wir sagen: Nur im Element der Ekstase ist Erfassung der letzten Macht des Seins möglich – in uns, in Dingen und Personen und in geschichtlichen Situationen. Plato kämpft im *Phaedrus* gegen die Nüchternheit und die Eroslosigkeit in dem immanenten Realismus der Sophisten. Und auch das Gefühl der unbegrenzten Herrschaft über die Natur im technischen Realismus hat noch ein rauschhaftes Element in sich. Auch in der Liebe und in der Gemeinschaft ist Ekstase, wie in der inneren Selbstbemächtigung, in der Erfahrung der Freiheit und der erhabenen Größe des kategorischen Imperativs. Das macht uns den Gebrauch berauschender Genußmittel und Getränke in den primitiven Kulten verständlich, und gleicherweise die Ekstase der Askese und das rauschhafte Ergriffensein der Mystik. Und es kann nicht behauptet werden, daß all dies der Glaubenshaltung, wie sie in der Bibel ausgedrückt ist, entgegengesetzt sei. Niemand kann das Ekstase-Element überhören in den Worten und der Haltung der großen Propheten, im Radikalismus der Worte Jesu und in den Beschreibungen seiner visionären Erlebnisse, in den Mysterienreden des Johannes-Evangeliums und der Kultlegende der Synoptiker, in Paulus' Zeugnis vom Wirken des Geistes und von der Liebe und in den Triumphworten Luthers vom Sieg über Gesetz, Tod und Teufel. Und sogar in manchen Äußerungen der „Theologie der Krisis" (die doch ausschließlich eine Theologie des Glaubens sein will) ist unverkennbar die Ekstase des Paradoxen und das asketische Selbstopfer der Vernunft und der Autonomie gegenwärtig.

Wer von alledem nichts wissen will und gegen das ekstatische Element in der Religion ankämpft, wird von einer berechtigten Furcht getrieben. Er fürchtet die Verwechslung von echter Ekstase und künstlicher Selbstberauschung, denn nicht jeder Rausch ist Teilhabe am Unbedingt-Mächtigen, nicht alles, was sich Ekstase nennt, ist die Erfahrung des Ergriffenseins vom wahrhaft Wirklichen. Der Rausch, der uns von der Wirklichkeit und den Forderungen der Gegenwart wegtreibt, ist zerstörerisch, und wenn er mit dem Anspruch auf Heiligkeit auftritt, dämonisch. Im echten Rausch aber vollzieht sich wirkliches Mächtigwerden, wirkliches Ergriffenwerden vom Unbedingten. Im falschen Rausch wird eine Seite unseres Wesens übermächtig, das

Ganze, das persönliche Zentrum, entmächtigt, entleert, zerstört. Jeder Versuch, das Unbedingt-Mächtige auf uns herabzuzwingen, schafft notwendigerweise einen falschen Rausch, denn es gibt keinen Weg zum Unbedingt-Mächtigen, den wir von uns aus einschlagen können. Es ergreift uns, wann und wo es will, denn es ist immer auch die unbedingte Finsternis, der Tod und das Gericht für uns. Kulte, Sakramente, reine Lehren, mystische oder moralische Theologie, die uns einen Weg öffnen wollen, durch den wir das zu ergreifen scheinen, was jenseits unseres Griffes liegt, führen uns von der wahren Seinsmächtigkeit fort, von der Tiefe des Gegenwärtigen. Sie betrügen uns, wenn sie uns zu erheben versuchen. Der echte Rausch ist eins mit dem Glauben, und der Glaube übersteigt das, was wirklich zu sein scheint, weil es die Gegenwärtigkeit des wahrhaft und letztlich Wirklichen ist.

Der falsche Rausch kann vielerorts gefunden werden, sogar in einer Religion, die auf dem Prinzip „Allein durch den Glauben" gegründet ist und die oft zu einer anti-ekstatischen Moral führt wie im Protestantismus. Dies bezieht sich auch auf den protestantischen Kultus oder was davon noch übrig ist, und sogar auf die Bestrebungen, die diesen reformieren und bereichern wollen. Die protestantische Liturgie enthält nur wenige Elemente, in denen der Rausch des unbedingten Ergriffenseins sich ausdrückt. Aber diese noch in ihr vorhandenen Elemente sind von der Tiefe der Gegenwärtigkeit weit entfernt. Sie gehen uns nicht wirklich an, und deshalb sind sie den meisten unter uns Heutigen fremd und unwirklich. Es hat keinen Zweck, die „Schätze der Vergangenheit" in unsere Liturgien einzuführen, wenn sie nicht die Tiefe unserer gegenwärtigen Situation ausdrücken.

Und das gilt auch für das gesprochene Wort, von dem der Protestantismus innerhalb und außerhalb des Kultus voll ist. Das „Wort Gottes" ist ein zweideutiger Begriff. Es wird oft für das geschriebene Bibelwort gebraucht. Aber kein Bibelwort ist für uns Gottes Wort, sofern wir die Wirklichkeit unserer geschichtlichen Situation aufgeben müssen, um es zu verstehen. Auch das biblische Wort kann uns nicht erreichen, wenn es nicht gegenwärtig wird. „Wort Gottes" ist jede Wirklichkeit, durch die hindurch das Unbedingte in unsere Gegenwärtigkeit mit unbedingter Mächtigkeit hereinbricht: eine Person, das heißt der Christus, ein Ding, das heißt ein sakramentaler Gegenstand, ein geschriebener Text, das heißt die Bibel, ein gesprochenes Wort, das heißt die Predigt. Dies ist die besondere Not der heutigen protestantischen Kirchen, daß sie noch keine Verkündigung gefunden haben, in der Gegenwärtigkeit und selbsttranszendierende Mächtigkeit vereint sind. Die kirchliche und in einem großen Ausmaß auch die biblische Terminologie sind weit entfernt von der Wirklichkeit unserer geschichtlichen Situation. Wenn sie trotzdem mit jener priesterlichen Arroganz gebraucht werden, die das biblische Wort einfach repetiert und der es gleichgültig ist, ob der Zuhörer davon ergriffen wird oder nicht, dann hört es gewißlich auf, „Wort Gottes" zu sein und wird mit Recht überhört. Und der Geistliche, der sich als Märtyrer einer göttlichen Erfolglosigkeit fühlt und sogar sich an dieser Erfolglosigkeit berauscht, macht sich schuldig durch Mangel an Gegenwärtigkeit.

Hinter der ungegenwärtigen Fassung des Bibelwortes steht die ungegenwärtige Fassung der Offenbarung. Nichts ist Offenbarung, was sich nicht mir, meiner Gegenwärtigkeit in ihrer ganzen Konkretheit, offenbart. Wird aber gefordert, daß ich aus meiner Gegenwart heraus in eine historische Zeitspanne der Vergangenheit trete, um dort Offenbarung zu empfangen, dann ist das, was ich empfange, nicht mehr Offenbarung *für mich,* sondern ein Bericht über Offenbarungen, die andere empfingen, zum Beispiel irgendwelche Leute in Palästina in den Jahren 30 bis 33. Entweder muß ich zu einem echten Zeitgenossen dieser Menschen werden, was unmöglich ist, oder etwas muß in dieser Offenbarung, die sie empfingen, enthalten sein, das für mich und für jede geschichtliche Situation gegenwärtig werden kann. Zugleich gefährdet das Verleugnen der Gegenwärtigkeit das transzendente Element in der Offenbarung. Der Sprung aus meiner gegenwärtigen in eine vergangene Situation wäre das „Werk", das ich zu leisten hätte und das ich leisten müßte, um Offenbarung empfangen zu können. So würde aber Offenbarung von mir abhängig, und zwar insoweit, als ich mich aus meiner konkreten geschichtlichen Situation herausbewegen muß in diejenige Situation, in welcher ich dem „geschichtlichen Jesus" begegnen kann. Die historische Kritik hat dies jedoch als unmöglich aufgezeigt, sogar dann, wenn es theologisch zulässig wäre. Es gibt keine Möglichkeit, dem „geschichtlichen Jesus" zu begegnen, das heißt dem Produkt der historischen Kritik, weil der Jesus, von dem uns Berichte überliefert sind, von Anfang an der „Christus des Glaubens" war. Dies Ergebnis wissenschaftlicher Sauberkeit, religiösen Mutes und eines unbezähmbaren Dranges nach geschichtlicher Wahrheit stimmt völlig mit den Forderungen des gläubigen Realismus überein. Es hindert die Theologie daran, die Verehrung einer Gestalt der Vergangenheit mit der Manifestation des Unbedingten in der Gegenwart zu verwechseln. Wenn er, der der Christus ist, nicht gegenwärtig ist, ist er nicht der Christus.

Der gläubige Realismus erhebt den Anspruch, Kritiker aller Formen des Supranaturalismus zu sein, Supranaturalismus, verstanden als eine

Theologie, die eine supranaturale Welt neben oder über der natürlichen annimmt, eine Welt, in welcher das Unbedingte eine räumliche Stelle hat – sei es, daß Gott zu einem jenseitigen Objekt, die Schöpfung zu einem Akt am Anfang der Zeit, oder die Vollendung zu einem zukünftigen Zustand der Dinge gemacht werden. Ein solches Bedingtmachen des Unbedingten zu kritisieren, selbst wenn es zu atheistischen Konsequenzen führen sollte, ist religiöser als ein Theismus, der Gott in einen supranaturalen Bereich verbannt, weil es den unbedingten Charakter des Göttlichen mehr anerkennt als jener. Und der Mensch von heute, der sich durch eine Kluft geschieden weiß von dem Frommen, dem theistischen Gläubigen, weiß mehr von der „unbedingten Mächtigkeit" als der selbstsichere Christ, der meint, daß er durch seinen Glauben Gott besitzt, zumindest intellektuell. Ein Christ, der seinen supranaturalen Glauben mit der ständigen Verleugnung seiner geschichtlichen Situation (und der geschichtlichen Situation vieler anderer, für die er verantwortlich ist) vereint, wird durch die Prinzipien des gläubigen Realismus verworfen, der immer auch geschichtlicher Realismus ist. Das ist die protestantische Lösung des Problems: Glaube und Wirklichkeit.

ENTFREMDUNG UND VERSÖHNUNG IM MODERNEN DENKEN (1944)

Der moderne Mensch hat ein tiefes Empfinden für die Entfremdung von seinem ursprünglichen und wahren Sein. Er ist sich seiner Feindschaft gegen sich selbst und gegen die Welt bewußt; er weiß um seine Trennung vom letzten Grund des Seins und Sinnes. Getrieben von der Not dieser Entfremdung stellt er die Frage nach der Versöhnung, wenn er auch nicht immer dieses Wort dafür gebraucht. Aber auch dann erkennt ein scharfer Beobachter in der Selbstinterpretation des modernen Menschen Züge, die für eine apologetische Theologie, und das heißt für eine Theologie der Versöhnung, überaus wichtig sind.

In der traditionellen Theologie gehört „Versöhnung" zu einer Gruppe von Begriffen, die seit 2000 Jahren allen Versuchen, sie genau zu definieren und systematisch zu ordnen, widerstanden haben. Heil und Wiedergeburt, Erlösung und Sühne, Rechtfertigung und Heiligung gehören dazu – und so auch Versöhnung. Sie alle weisen auf *ein* allumfassendes Geschehen hin, jedoch auf dem Hintergrund verschiedener Symbole und mit verschiedener Betonung. Dieses Geschehen ist die Wiederherstellung einer ursprünglichen, aber zerstörten Einheit. Heilung heißt: Ganzmachen und Gesundmachen; Erlösung heißt: Loskauf; Versöhnung: Wiedervereinigung. Alle diese Begriffe meinen dasselbe Geschehen. Das besondere Merkmal der „Versöhnung" liegt darin, daß sie dem Bereich personhafter Beziehungen angehört. Dieses Element ist immer zu spüren, wenn das Wort gebraucht wird, obwohl es häufig die Wiedervereinigung eines personhaften oder personifizierten Seienden mit einem Objekt bezeichnet und nicht die Wiedervereinigung mit einer anderen Person.

Wir wollen hier nicht auf die Geschichte des theologischen Begriffs der Versöhnung eingehen; aber es soll an einigen bedeutsamen Beispielen gezeigt werden, in welcher Weise das moderne Bewußtsein zum Ausdruck bringt, daß es der Versöhnung bedarf und an Versöhnung glaubt. Die Ausdrücke „modernes Bewußtsein" und „modernes Denken" können so weit gefaßt werden, daß man so verschiedenartige Philosophen wie den frühen Hegel, Marx in seiner philosophischen Periode, William James und C. G. Jung dazu zählen kann. Das verbindende Element bei ihnen und manchen verwandten Denkern ist ihr intuitives Verständnis der tiefen Konflikte des modernen Menschen und ihr philosophisches und wissenschaftliches Bemühen, den Punkt aufzuzeigen, an dem die Gegensätze wesensmäßig versöhnt sind und in der Realität wieder versöhnt werden können. Ein anderer Grund für die Wahl dieser vier Denker ist die Tatsache, daß jeder von ihnen die Idee der Entfremdung und Versöhnung auf eine bestimmte Sphäre des Lebens bezieht: Hegel auf das Leben als Ganzes, James auf die Idee der Wahrheit, Marx auf unsere soziale und Jung auf unsere persönliche Existenz.

In einigen abschließenden Worten soll die Frage gestellt werden, in welcher Weise sich zu diesen Begriffen der Entfremdung und Versöhnung, die der Form nach profan, der Sache nach religiös sind, der christliche Gedanke der Versöhnung verhält und wie er sich praktisch zu ihnen verhalten sollte.

Entfremdung und Selbst-Entfremdung

Entfremdung – im Gegensatz zur Versöhnung – bezeichnet das Zerbrechen einer essentiellen Einheit und folglich eine Situation der Zerstörung. Die Entfremdung von Menschen, die durch eine mehr flüchtige Beziehung verbunden sind, oder die Entfremdung eines Menschen von einer Sache, die für ihn nur von geringer Wichtigkeit ist, hat keine zerstörerischen Konsequenzen; aber eine unerträgliche Situation entsteht, wenn Subjekt und Objekt der Entfremdung identisch sind: die Entfremdung wird zur Selbst-Entfremdung. Die Angst vor dem drohenden Selbstverlust und die Qual, im Widerstreit mit sich selbst zu stehen, sind die Folge solcher inneren Entfremdung. Hieraus aber entspringt notwendig die Frage nach der Versöhnung. Selbst-Entfremdung kann in einem Wir-Selbst ebenso entstehen wie in einem Ich-Selbst; sie kann die Einheit des Lebens als Ganzes ebenso bedrohen wie die Einheit des göttlichen Lebensgrundes (in dem sie freilich in Ewigkeit abgewehrt ist). Sie kann die Gemeinschaft des Erkennenden und des Erkannten ebenso gefährden wie die des Liebenden und des Geliebten. In allen diesen Fällen gilt, daß für jede lebendige Einheit Selbst-Entfremdung die absolute Bedrohung und Versöhnung die absolute Forderung ist.

Die Korrelation von Selbst-Entfremdung und Versöhnung enthält wichtige Folgerungen für die theologische Idee der Versöhnung und ihr philosophisches Verständnis. Wo immer Entfremdung Versöhnung fordert, ist es Selbst-Entfremdung, die gemeint ist. Das gilt in der Gott-Mensch-Beziehung sowohl vom Menschen wie von Gott, wenn auch von Gott in hoch symbolischer Weise. Der Mensch ist sich selbst entfremdet, wenn er Gott entfremdet ist; aber auch Gott ist sich selbst entfremdet, wenn er dem Menschen entfremdet ist. Wenn Gott das mächtigste und vollkommenste Seiende wäre, aber nur *neben* mir existierte, so würde die Entfremdung von diesem anbetungswürdigen Gefährten zwar bedauerlich sein, aber nichts, was mich unbedingt angeht; sie würde keine absolute Forderung nach einer Versöhnung in sich schließen. Gott könnte mich äußerlich zerstören, aber niemals innerlich – d. h. in die Hölle der Verzweiflung stürzen –, wenn das Zentrum meines Seins sich nicht im Zentrum seines Seins befände. Und andererseits: Wenn der Mensch das Seiende wäre, das Gott am ähnlichsten ist und ihm am nächsten steht, wenn er aber nicht zugleich eine ewige Möglichkeit innerhalb der Einheit des göttlichen Lebens darstellte, so wäre seine Entfremdung von Gott nicht zugleich eine göttliche Selbst-Entfremdung, die Versöhnung fordert. Das Symbol der Partizipation Gottes am leidenden und selbstentfremdeten Geschöpf würde sinnlos sein. Die Interpretation des Kreuzes als Manifestation der göttlichen Selbsthingabe für die Versöhnung der Welt würde menschliche Arroganz sein, und alle Versuche der protestantischen Mystik von Böhme bis Berdjajew, der Partizipation des göttlichen Lebens am Leben der Welt Ausdruck zu verleihen, wären vergeblich. Von hier aus werden die beiden Hauptrichtungen der Religionsphilosophie verständlich. Für die eine Richtung ist Gott ein Fremder für mich, wie ich ein Fremder für ihn bin; und wir beide verhalten uns so, wie es einem Fremden gegenüber angemessen ist: ich nähere mich ihm wie jemandem, der zufällig in meinen Gesichtskreis tritt. Ich mache Feststellungen über ihn in der Form des Zweifels, der Möglichkeit und vielleicht der Wahrscheinlichkeit. Zunächst bin ich mißtrauisch, dann aufgeschlossen und kann schließlich sogar sein Freund werden. Und er als das mächtigste und vollkommenste Wesen kann mir Hilfe, Führung und Gnade schenken; er kann sich mir im Rahmen der stets bleibenden Fremdheit offenbaren. Aber alles dies geschieht zufällig auf beiden Seiten; es kann sich ereignen, braucht es aber nicht. – In der anderen Richtung der Religionsphilosophie begegnet der Mensch sich selbst und nicht einem Fremden. Aber zugleich begegnet ihm etwas, das mehr er *selbst* ist, als *er* es ist, und was ihn zu gleicher Zeit unendlich transzendiert. Es ist sozusagen das „prius" seiner selbst, und daher ist es gegenwärtig, auch in der radikalsten Selbstentfremdung und Feindschaft gegen sich selbst und gegen Gott – eine Grundgewißheit, die nicht verlorengehen kann. Das ist der Unterschied zwischen einer Religionsphilosophie der Fremdheit und einer Religionsphilosophie der Selbst-Entfremdung. Selbst-Entfremdung als eine Realität ist ein Grundzug aller Kulturen. Selbst-Entfremdung als eine Erfahrung ist Fluch und Gnade zugleich. Das Christentum hat ein tiefes Wissen um die Entfremdung – mehr als alle anderen großen Religionen. Aber es hat zugleich – im Unterschied zu den Religionen Indiens – den großen Glauben an eine Versöhnung, die keine Selbst-Verneinung ist. Andererseits gibt es im sozialen Rationalismus Chinas und im technischen Rationalismus Europas, vor allem der Aufklärung, nur wenig Wissen um die Entfremdung. Da aber Europa eine christliche Vergangenheit hat, dauerte der Aufklärungsglaube an die Harmonie nicht sehr lange. Hegel steht auf der Grenze. Indem er das Prinzip der Negation in alles Geschehen einführte, erkannte er die Selbst-Entfremdung in allem, was ist, an. Sofern er aber dieses Prinzip den Anforderungen eines vollständigen harmonischen Systems unterwarf, hielt er am Aufklärungsglauben an eine Welt fest, die realiter versöhnt ist. Sein bürgerlicher Konservatismus, in dem die frühen revolutionären Tendenzen erstickten, führte dazu, daß er seine eigene Einsicht in den entfremdeten Zustand der Existenz im allgemeinen und der bürgerlichen Existenz im besonderen preisgab. Trotz alledem aber war der Geist des Christentums in Hegels dialektischem Verständnis der Selbst-Entfremdung so mächtig, daß er sich in seinen Schülern gegen ihn selbst kehrte und die antibürgerliche Revolution einleitete, in deren Vollzug wir noch mittendrin stehen.

Entfremdung und Versöhnung im Leben: der frühe Hegel

Hegels frühe Fragmente, die 1907 zum erstenmal veröffentlicht wurden, gehören zu den faszinierendsten Dokumenten in der Geschichte des europäischen Denkens. Sie zeigen Hegel als Lebensphilosophen. Das Prinzip seiner Philosophie ist vom ersten Anfang an „das entfremdete und versöhnte Leben". Die Tore zum Leben waren für ihn persönlich Religion und Politik. Der Absolutismus in der Politik und der Transzendentismus in der Religion galten ihm als Ausdruck des entfremdeten Lebens, gegen das er kämpfte. Im griechischen Stadt-Staat sah er die Symbole der Versöhnung: politische Demokratie und religiösen Immanentismus.

Der religiöse Transzendentismus wird von ihm in dem wichtigen Fragment über Abraham beschrieben. Abraham (und mit ihm das ganze Judentum) ist Symbol der Entfremdung. Abraham ist getrennt von seiner Familie. Er zieht fort und löst die Beziehung zu Boden, Umwelt und Natur. Seiner nomadenhaften Existenz entspricht seine Unfähigkeit zur Liebe. Er ersetzt das Glück des Daseins durch eine glücklose Unterwerfung unter das, was „sein soll". Gegensatz tritt an die Stelle der Einheit, Gewalt an die Stelle des Eros, Gesetz an die Stelle der Gemeinschaft. Abraham verkörpert die unversöhnte religiöse Transzendenz.

In einem anderen Fragment über das Christentum im Römischen Reich spricht Hegel von der totalen Verderbtheit des menschlichen Lebens in dieser Periode, die eine absolute Entwertung der Natur des Menschen und eine Übertragung aller Werte auf einen transzendenten Gott gebracht habe. Der selbstentfremdete Mensch projiziere alles, was gut in ihm ist, in ein fremdes Absolutes, das nicht mehr *sein* Absolutes ist.

In der Lehre von der doppelten Prädestination sei eine immerwährende Entfremdung zwischen Gott und dem größten Teil der Menschheit aufgerichtet, eine Entfremdung, für die es keine Versöhnung gibt. Das Geschöpf habe keinen ewigen Ort im göttlichen Leben.

In der Philosophie führe Kant das Prinzip der Entfremdung weiter durch, und zwar mit der absoluten Trennung von Form und Materie, Pflicht und Neigung, Freiheit und Notwendigkeit. Kant habe die autonome Vernunft befreit; aber er habe aus ihr ein neues Gesetz gemacht, das ebenso tyrannisch sei wie das Gesetz in der Religion und ebenso unversöhnt mit dem Leben des Menschen.

Neben diesen religiösen Fragmenten stehen andere Fragmente Hegels, die die politische Entfremdung der Regierung vom Volk beklagen. Letztlich aber weisen sie alle auf dieselbe Realität hin: die Selbst-Entfremdung des Lebens in der modernen industriellen Gesellschaft, die Trennung des Menschen vom Leben der Natur durch die Herrschaft über die Natur, die Trennung des Menschen vom Menschen im System der Konkurrenz und die Trennung des Menschen von sich selbst, insofern er sich den Forderungen dieses Systems ausliefert. Für dies alles gebraucht Hegel Symbole aus der Vergangenheit: den Geist des Judentums, den Geist des Calvinismus und den Geist des Kantianismus. In ihnen ist sehr viel von dem schon vorweggenommenen, was die neuesten soziologischen und psychologischen Einsichten als den Geist der modernen Gesellschaft und seine Formen der Selbst-Entfremdung gekennzeichnet haben.

Angesichts dieser Situation schreibt Hegel seine schönen Fragmente über die Versöhnung des Lebens durch die Liebe. Er beschreibt, wie in der Liebe das Leben sich verdoppelt, insofern die Liebe den anderen neu schafft und ihn mit sich wieder vereinigt. Der Weg von der ursprünglichen Einheit durch die Selbst-Entfremdung zur Versöhnung ist der Weg der Liebe. Der Reichtum des Lebens beruht auf der Möglichlichkeit unendlicher Widersprüche und Trennungen, aber reich ist es nur dann, wenn sie versöhnt werden und die Einheit nicht zerstören. Liebe in diesem Sinn konstituiert das Sein. Sein ist Synthese, nämlich die Synthese der Liebe. Wenn wir uns heute abgestoßen fühlen durch den logischen Mechanismus, mit dem Hegel sein Schema von Thesis, Antithesis und Synthesis durchgeführt hat, so sollten wir nicht vergessen, daß die ursprüngliche Schau selbst beim späten Hegel noch lebendig ist, daß Thesis Leben bedeutet, Antithesis Gesetz, Tyrannei und Entfremdung, Synthesis aber Liebe, Gemeinschaft und Versöhnung. In einem sehr charakteristischen Fragment über die Versöhnung des Schicksals durch Liebe sagt Hegel: „Der Verbrecher meint, es mit fremdem Leben zu tun zu haben; aber er hat nur sein eigenes Leben zerstört; denn Leben ist vom Leben nicht verschieden, weil das Leben in der einigen Gottheit ist; und in seinem Übermut hat er zwar zerstört, aber nur die Freundlichkeit des Lebens: er hat es in einen Feind verkehrt."[1] Das Leben ist für den Verbrecher zum Gesetz geworden, und als Gesetz ist es unversöhnlich. Die Furcht vor dem Gesetz ist die Furcht vor etwas Fremdem, Ausschließendem und Verdammendem. Eine Versöhnung aber ist nur möglich, wenn das Gesetz als Schicksal angenommen wird, als Reaktion meines eigenen Lebens gegen meine Verletzung des Lebens. „Im Schicksal erkennt der Mensch sein eigenes Leben wieder, und sein Flehen zu demselben ist nicht das Flehen zu einem Herrn, sondern ein Wiederkehren und Nahen zu sich selbst."[2] Das bedeutet natürlich nicht, daß die Konsequenzen unserer Selbstverletzung ausgelöscht wären; das dürfen wir nicht einmal wünschen. Wenn wir unserem eigenen Schicksal ins Auge sehen, können wir nicht um Gnade bitten. Wir müssen die Feindschaft unseres Schicksals in all ihrem Schrecken empfinden, wir müssen die Not der Entfremdung vom Leben auf uns nehmen. Nur dann gibt es auch eine wirkliche Versöhnung.

Hegels späteres System ist eine beständige und umfassende Interpretation dieses Fragments über die Versöhnung des Lebens mit sich selbst. Er ändert die Terminologie und ersetzt Leben durch Geist. Aber Geist bleibt Leben: er ist immer dynamisch-schöpferisch, immer im Prozeß

---

[1] Hegels theologische Jugendschriften. Hrsg. v. H. Nohl, Tübingen 1907. S. 280.

[2] Ebd. S. 282.

der Selbst-Entfremdung und Versöhnung. Der Philosoph spricht von diesem Prozeß in Begriffen, aber der Prozeß selbst ist beständiges Wirken in allen Bereichen des Lebens. Er hat zwei Seiten. Einerseits muß die Versöhnung in alle Ewigkeit vollzogen sein, wie Hegel sagt: „Wenn das Leben nicht versöhnt ist in sich selbst, ist es überhaupt nicht zu versöhnen." Die ewige Einheit des Lebensgrundes ist die Basis aller aktuellen Selbst-Entfremdung und Versöhnung. Andererseits vollzieht sich die Versöhnung im zeitlichen Prozeß. „Diese Versöhnung ist die Philosophie: die Philosophie ist insofern Theologie; sie stellt dar die Versöhnung Gottes mit sich selbst und mit der Natur, daß die Natur, das Anderssein an sich göttlich ist, und daß der endliche Geist teils an ihm selbst dies ist, sich zur Versöhnung zu erheben, teils in der Weltgeschichte zu dieser Versöhnung kommt."[3] In bezug auf die Lehre von der Versöhnung schreibt Hegel: „‚Gott selbst ist tot', heißt es in einem lutherischen Liede; dies Bewußtsein drückt dies aus, daß das Menschliche, das Endliche, das Gebrechliche, die Schwäche, das Negative göttliches Moment selbst ist, daß das Anderssein, das Endliche, das Negative nicht außer Gott ist, als Anderssein die Einheit mit Gott nicht hindert."[4]

Wenn nun eine theologische Kritik an Hegels Idee von der Versöhnung geübt werden soll und damit zugleich an den meisten seiner bewußten oder unbewußten Nachfolger, so ist zu sagen: dies ist eine Versöhnung ohne „Rechtfertigung". Die Situation des Philosophen ist hier die Situation des Mystikers, der sich Stufe um Stufe zum Thron der ewigen Versöhnung erhoben hat und von dort auf die Harmonie einer versöhnten Welt herniederschaut. Aber das ist nicht die Situation des Menschen. Für den Menschen ist die Versöhnung immer ein Paradox, ein Schweben zwischen dem Wagnis des Glaubens und dem Empfangen unerwarteter Gnade. Entfremdung in der Existenz schließt Versöhnung nicht in sich. Keine Lebensanalyse kann sie herausbringen. Das ist die Kritik, die Hegel auch von allen existentiellen Denkern erfahren hat, vom späten Schelling und von Kierkegaard an bis zum heutigen Existentialismus. Aber trotz dieser Kritik haben sie alle seine Schau von der Selbst-Entfremdung des Lebens übernommen, sie aber losgelöst von seinem System, das von sich aus auf Versöhnung schon angelegt ist, das aber in Widerspruch zu der wirklichen, aber unversöhnten Welt steht.

---

[3] Hegel. Sämtl. Werke. Hrsg. v. H. Glockner. Bd. 16: Vorlesungen über die Philosophie der Religion. Stuttgart 1928. S. 354.

[4] Ebd. S. 306.

Nach Hegel wird nur durch die Liebe die Macht des Objektiven gebrochen. Objekt ist der Ausdruck für die Selbst-Entfremdung des Lebens auf dem Gebiet der Erkenntnis. Der genaue Sinn des Wortes „Ob-jekt", im Deutschen: „Gegen-stand", bezieht sich auf den Gegensatz von Objekt und Subjekt. Ein Abgrund liegt zwischen beiden, eine Trennung in der ursprünglichen Einheit des Lebens. Solange diese kognitive Selbst-Entfremdung nicht versöhnt ist, gibt es keine Wahrheit. Natürlich muß das Leben immer objektivieren, damit es dann reicher als vorher zu sich selbst zurückkehren kann. Aber wenn das Objekt sich verselbständigt, widersteht es der Versöhnung und macht Erkenntnis unmöglich; denn Erkenntnis ist das Ereignis, in dem Subjekt und Objekt versöhnt werden. Wahrheit ist eine Frucht der Versöhnung. Im Zustand der Entfremdung kann das Subjekt die essentielle Einheit seiner selbst *und* des Objekts nicht erkennen; es findet sich nicht wieder im Objekt. Deshalb macht es das Objekt zum Ziel seiner Begierde, hört nicht auf den Ruf des Objekts und wird darum in der unendlichen Leere der Begierde, die den modernen Menschen in seiner Entfremdung von der Natur und von sich selbst kennzeichnet, von einem Objekt zum anderen getrieben. Das entfremdete Objekt und das in Begierde entfremdete Subjekt können nicht zur Einheit der Wahrheit gelangen. Ohne die Versöhnung von Subjekt und Objekt ist keine wahre Erkenntnis möglich.

Wir müssen uns diese Gedankengänge vergegenwärtigen, um die Überhöhung, ja manchmal Vergöttlichung der Erfahrung im modernen Pragmatismus zu verstehen. William James sagt von seiner Philosophie der Erfahrung, daß sie eigentlich eine Art von Identitätsphilosophie sei, denn wenn es überhaupt so etwas wie Erkenntnis gäbe, so müßten der Erkennende und der Gegenstand der Erkenntnis Teil *einer* Erfahrung sein. Diese Einheit von Subjekt und Objekt ist der einzige Begriff des Absoluten, den James anerkennt. Nach ihm ist das Absolute eine reine Erfahrung, ist undifferenziert und undifferenzierbar, dem Denken und der Sache nach. Das sei von den nachkantischen Idealisten stets anerkannt worden, insofern sie ihre Lehre Identitätsphilosophie nannten. „Wirklichkeit" wird stets definiert als ein Begriff, der nur innerhalb des Bereichs der Erfahrung gilt; sie wird dadurch erkannt, daß die Erfahrung sie repräsentiert. Der Gegensatz von Subjekt und Objekt ist aufgehoben. „Erfahrung" ist der Begriff der Versöhnung; ein Begriff, der weniger romantisch klingt als „Liebe", aber dem Wesen nach nicht sehr verschieden davon ist, wie eine andere Stelle zeigt.

In Abwehr gegen den Dualismus Kants sagt James: „*Moralische* Trennung wird jedenfalls durch Einheit überwunden. In der Leidenschaft der Liebe haben wir den mystischen Keim, aus dem die vollständige Einheit alles empfindenden Lebens hervorwachsen kann."[5] Gegenüber der absolutistischen Philosophie, in der ein Allwissender die Kategorien wie ein Netz über die Dinge wirft, preist James die pragmatische Haltung als „Mittler und Versöhner". Sie schließt Ausschließlichkeit aus, sie akzeptiert die Sinnesdaten ebenso wie die logischen Prinzipien, sie ist allumfassend. Während die Formulierungen sehr ähnlich wie die von Hegel klingen, gibt es doch einen deutlichen Unterschied. Für James liegt die aktuelle Versöhnung des Lebens, die Einheit der Erfahrung, in der Zukunft. Er spricht gern vom „Letzten" anstatt vom „Absoluten". In der gegenwärtigen Welt herrscht Zusammenhanglosigkeit und unversöhnte Trennung; es gibt nur Fragmente, deren Einheit über die unmittelbare Erfahrung hinausliegt. Die Versöhnung ist Gegenstand der Erwartung und des Handelns auf Grund solcher Erwartung. Wahrheit als das Gesamt aller Erfahrung ist eine Antizipation, allerdings eine berechtigte Antizipation; denn die Einheit möglicher Erfahrung ist gegenüber dem pluralistischen Aufbau der Wirklichkeit immer vorausgesetzt. Der Pluralismus kann dies monistische Element nicht leugnen, wenn er nicht in metaphysisches Scheindenken verfallen will.

Das aber wäre das letzte, was der Pragmatismus wollte; denn die Kriterien der Wahrheit sind für ihn Gesundheit und Wachstum. Es ist leicht, sie zu kritisieren und zu fragen: Was ist das Maß für Gesundheit, und wann ist Wachstum gut, wann schlecht? Aber vielleicht können wir auch den Sinn dieser Kriterien im Lichte der Idee von der Versöhnung verstehen. Gesundheit bedeutet so viel wie Heil-Sein, Heilsein an Leib und Seele, und in der Gesellschaft bedeutet sie Ausgewogenheit und Einheit auseinanderstrebender Kräfte. Und wenn solch eine Einheit durch Selbst-Entfremdung verlorengegangen ist, so ist die Gesundheit in erster Linie Versöhnung. Wahrheit ist, was versöhnt, und zwar nicht nur im Sinn von Wiederherstellung, sondern im Sinn von *schöpferischer* Wiedervereinigung oder Wachstum. In diesem Sinne ist die mystische Idee einer vollkommenen Versöhnung zwischen Selbst und Welt dann Wahrheit, wenn sie tatsächlich Versöhnung bewirkt. Das Kriterium der Wahrheit einer religiösen Idee ist ihre versöhnende Macht, die der Mensch entweder als „moralischen Feiertag" erlebt (wie

[5] William James. Der Pragmatismus. 2. Aufl. Übers. v. W. Jerusalem. Leipzig 1928. Bd. 1 S. 97. Übers. v.: Pragmatism. London 1908. S. 155: „Oneness overcomes *moral* separateness at any rate. In the passion of love we have the mystic germ of what might mean a total union of all sentient life."

James es nannte), an dem das Leben ewig versöhnt erscheint, oder als „moralischen Alltag“, an dem die aktuelle Versöhnung erhofft und Tag für Tag gesucht wird. – Hier möge ein Wort von John Dewey eingefügt werden, bei dem das empirisch-wissenschaftliche das pragmatisch-philosophische Element zurückgedrängt hat. Er sagt, in vielleicht unbewußter Erinnerung an seine Hegelsche Vergangenheit: „Es ist der Wert der Erfahrung für den Philosophen, daß sie ihn beständig an etwas erinnert, was weder isoliertes Subjekt noch isoliertes Objekt, weder Materie noch Geist ist, noch die Addition beider. Die Tatsache der Integration ist eine Grundtatsache im Leben.“[6] Weiter sagt er: „Es gibt etwas, was die verschiedenartigen Elemente unseres Seins zusammenhält und zur Harmonie bringt ... Dies ... schließt ein Element der Ergebung ein, die aber freiwillig ist und nicht von außen gefordert ... Sie ist ... eine Verwandlung des Willens selbst und nicht bloß die Veränderung von etwas Gewolltem.“[7]

Eine theologische Kritik an der pragmatischen Idee der Versöhnung in der Erfahrung muß hauptsächlich darauf hinweisen, daß der Idee der Entfremdung eine zu geringe Bedeutung beigemessen wird und daß eine Beschreibung der Selbst-Entfremdung völlig fehlt. Der Grund hierfür ist die pluralistische Ontologie des Pragmatismus, derzufolge die Entfremdung weniger ernst genommen wird als von vielen anderen modernen Denkern und in der das tragische Element in Hegels Philosophie des Lebens und besonders der Geschichte verlorengegangen ist. Der rational handelnde Pragmatist fühlt sich nicht im universalen Sinn versöhnt, sondern nur in den Augenblicken produktiven Handelns. Er fühlt sich selbst oft mehr als einer, der die Versöhnung bringt, und weniger als einer, der der Versöhnung bedarf. Er hat wenig Sinn für das Symbol des Keuzes, aber um so mehr für das Symbol des Reiches Gottes und seiner Verwirklichung auf Erden. Trotzdem aber hat er mit Hegel erkannt, daß Wahrheit Versöhnung voraussetzt und daß Erfahrung versöhnte Wirklichkeit *und* versöhnte Erkenntnis zugleich ist.

---

[6] John Dewey. Experience and Nature. Chicago, London 1925. S. 28: „The value of experience for the philosopher is that it serves as a constant reminder of something which is neither exclusive and isolated subject or object, matter or mind, nor yet one plus the other. The fact of integration in life is a basic fact.“

[7] John Dewey. A Common Faith. New Haven 1934. S. 16 f. „There is a composing and harmonizing of the various elements of our being ... This attitude includes a note of submission. But it is voluntary, not externally imposed ... It is a change *of* will ... rather than any special change *in* will.“

Entfremdung und Versöhnung in der Gesellschaft: der junge Marx

Wie die frühen theologischen Fragmente Hegels mehr von seinen grundlegenden Anschauungen offenbaren als alle späteren Schriften, so ist es auch bei den frühen philosophischen Fragmenten von Marx und seinen grundlegenden Impulsen. Bei ihm erhält die Erfahrung der Entfremdung explosive Macht und die Forderung der Versöhnung revolutionäre Kraft. Seine Verwendung des Wortes Entfremdung und ähnlicher Worte wie Entmenschlichung ist die Hauptursache für deren Bedeutung im zeitgenössischen Denken. Religion ist nach Marx die sakrale Form der Selbst-Entfremdung des Menschen. Aber diese sakrale Form ist nur die Projektion der profanen Form der Selbst-Entfremdung. In der Religion, wie Marx sie versteht, ist der Mensch nicht der, der er essentiell ist und der er sein sollte. Die Religion ist eine *Schein*-Verwirklichung der wahren Natur des Menschen, da es in der gegenwärtigen Situation keine *aktuelle* Verwirklichung für sie gibt. Es gibt sie nicht, insofern der Mensch das sozial handelnde und produzierende Wesen ist und seine gegenwärtige soziale Wirklichkeit gerade durch einen vollständigen Verlust seiner Menschlichkeit bestimmt wird. Das Prinzip der industriellen Gesellschaft ist der immanente Kampf. Die kapitalistische Form des Privateigentums ist der vollkommene Ausdruck der Selbst-Entfremdung des Menschen. Durch die Macht des Geldes wird Liebe in Haß verwandelt, Haß in Liebe, Tugend in Laster, Laster in Tugend, der Knecht in den Herrn, der Herr in den Knecht. Alle Beziehungen zwischen Mensch und Mensch werden zu Geschäftsbeziehungen; der Mensch selbst wird zur Ware, einem Quantum Arbeitskraft, das man verkauft und kauft. Alles wird zum Objekt, einem Objekt der Herrschaft und der Begierde, aber nicht „Teil der Erfahrung" oder Element in der Einheit der Liebe. Die Identität von Selbst-Entfremdung, Objekt-Werdung und absolutem Privateigentum, die schon in einem der Fragmente von Hegel angedeutet war, ist der Ausgangspunkt für die Marxsche Kritik an der bürgerlichen Gesellschaft.

Versöhnung ist dort gefordert, wo Entfremdung und Entmenschlichung ohne Schleier und ideologische Verhüllung offenbar sind, nämlich im Proletariat. Obwohl die herrschenden Klassen an der allgemeinen Entfremdung teilhaben, können sie sie hinter wirtschaftlicher Macht und kulturellen Gütern verbergen. Die enterbten Klassen können das nicht, und deshalb sind sie die möglichen Versöhner einer entfremdeten Menschheit. Sie sind nicht besser als die anderen. Aber es ist ihr geschichtliches Schicksal, daß sie die Idee der Menschheit durch ein Programm des Handelns verwirklichen können. Sie kämpfen für einen *realen* Humanismus, in dem das Leben mit sich selbst versöhnt ist; nicht nur für den Philosophen und in der Theorie versöhnt, sondern für jeden Menschen und in der Praxis. Die Hoffnung auf diesen Sieg über die Selbst-Entfremdung, der Glaube an diese Versöhnung und der Kampf dafür haben die Massen in der industriellen Gesellschaft versöhnt und ihre Menschlichkeit wiederhergestellt. Auf diese Weise ist die soziale Revolution eins der großen Symbole der Versöhnung im modernen Denken geworden.

Als Überleitung zum Problem der Entfremdung und Versöhnung in der Einzelpersönlichkeit möge ein Zitat eines zeitgenössischen Denkers dienen, der, wie das heute häufig vorkommt, tiefenpsychologische und tiefensoziologische Einsichten verbindet und ihre gegenseitige Abhängigkeit aufweist. Erich Fromm sagt in seinem Buch „Die Furcht vor der Freiheit“: „... er (der Mensch) hat seine Welt aufgebaut... Aber er ist diesen seinen eigenen Produkten fremd und nicht Herr über die Welt, die er baute ... Er nährt noch den Wahn, Mittelpunkt dieses ganzen Getriebes zu sein, und fühlt dabei im Tiefsten, wie überflüssig er ist ... Auch die mitmenschlichen Beziehungen sind verändert. Die Beziehung von Mensch zu Mensch ist nicht mehr menschlich, sondern mechanisch instrumentiert. Die Gesetze des Marktes gelten jetzt auch für die persönlichen und sozialen Beziehungen ... Wie die wirtschaftlichen tragen auch die persönlichen Beziehungen den Charakter menschlicher Entfremdung – es sind nur noch Beziehungen zwischen Dingen. Aber vielleicht die wichtigste und die verheerendste Auswirkung dieses Geistes der Instrumentalität und Entfremdung findet sich in den Beziehungen des Individuums zum eigenen Ich. Der Mensch verkauft nicht nur Waren; er verkauft sich selbst und empfindet sich als Ware.“[8]

Einige Worte theologischer Kritik an der Idee der Versöhnung bei Marx mögen genügen. Die Annahme, daß die vollkommene Entmenschlichung der Wendepunkt zur Versöhnung sei, kann nicht einsichtig gemacht werden, weder empirisch noch rational. Marx selbst spricht von der Avantgarde in der proletarischen Bewegung. Aber diese Avantgarde muß doch besondere persönliche Macht besitzen, und das widerspricht dem Dogma von der vollständigen Entmenschlichung. Nur das Menschliche im Menschen kann gegen das Unmenschliche vorgehen. Jene, die erfolgreich gegen die Entfremdung und für die Versöhnung kämpfen, müssen innerhalb ihrer entfremdeten Situation Versöhnung erfahren haben, wie z. B. die jüdischen Propheten und die

[8] Erich Fromm. Die Furcht vor der Freiheit. Zürich 1945. S. 120 f.

revolutionären Bewegungen im Christentum. Mit der Idee der Versöhnung bei Marx muß die christliche Theologie die Feststellung Hegels verbinden, daß das Leben nicht versöhnt werden kann, wenn es nicht versöhnt ist in sich selbst. Aus dieser Einsicht entstand die Bewegung des Religiösen Sozialismus.

Entfremdung und Versöhnung in der Persönlichkeit: Jung

Die psychotherapeutische Psychologie ist das Ergebnis ärztlicher Erfahrung; sie ist kein metaphysisches System und keine Lehre vom Menschen. Sie ist eine Methode des Heilens, des Heilens der selbstentfremdeten Persönlichkeit. Sie ist ein Weg zur Versöhnung der Persönlichkeit mit sich selbst – eine halb-medizinische, halb-priesterliche Hilfe, die dem selbstentfremdeten Einzelnen gewährt wird mit dem Ziel, ihn von den Mechanismen des Selbsthasses und der Selbstzerstörung zu befreien und zur ursprünglichen Selbstliebe und schöpferischen Freiheit in der Beziehung zur Welt zu führen.

C. G. Jung beschreibt in einem Buch mit dem charakteristischen Titel, „Modern Man in Search of a Soul“ (Der moderne Mensch auf der Suche nach der Seele), die neurotische Selbstentfremdung der Persönlichkeit mit folgenden Worten: „Die Neurose ist eine innere Spaltung – der Zustand eines Krieges mit sich selbst ... Was den Menschen zum Kriege mit sich selbst treibt, ist die Vorstellung, daß er aus zwei Personen besteht, die im Konflikt miteinander liegen ... Eine Neurose ist eine Spaltung der Persönlichkeit.“[9] Der moderne Mensch möchte lernen, „wie er sich mit seiner eigenen Natur aussöhnen – wie er den Feind in der eigenen Brust lieben und den Wolf Bruder nennen kann“.[10] In diesem Satz sind die meisten vorher besprochenen Gedankengänge enthalten. In Karl Menningers Buch mit dem ebenfalls charakteristischen Titel „Man against himself“ (Der Mensch gegen sich selbst) lesen wir: „So sehr wir es auch versuchen: es ist schwer, das Universum als harmonisch aufzufassen, da wir überall der Tatsache des Konflikts begegnen. Liebe und Haß, Schöpfung und Zerstörung – in ihnen erscheint

---

[9] C. G. Jung. Modern Man in Search of a Soul. London 1933. S. 273: „Neurosis is an inner cleavage — the state of being at war with oneself ... What drives people to war with themselves is the intuition or the knowledge that they consist of two persons in opposition to one another. ... A neurosis is a dissociation of personality.“

[10] Ebd. S. 274: ... „how he is to reconcile himself with his own nature — how he is to love the enemy in his own heart and call the wolf his brother.“

uns das dynamische Herz der Welt."[11] Das gilt auch für das innere Leben des Selbst. Leidende *wollen* oft gar nicht geheilt werden. Sie zerstören sich auf vielerlei Weise, und Selbstmord ist nur *eine* Art der Selbstzerstörung. Der Todestrieb, durch dessen Entdeckung Freud einen äußerst wichtigen Beitrag zur Idee der Selbst-Entfremdung lieferte, wirkt im Menschen oft stärker als der Lebenstrieb. Das Zerstörerische siegt über das Schöpferische. Das selbstentfremdete Selbst ist in zwei oder mehr Selbste aufgespalten, die aber in demselben Selbst bleiben. Für diese Situation kann man das Wort Selbsthaß mehr in Analogie als im eigentlichen Sinne verwenden. Das gleiche gilt vom Stand der Versöhnung, der ebenfalls in Analogie Selbstliebe genannt werden kann. Die Feindschaft gegen sich selbst drückt sich nach Fromm auf folgende Weise aus: „Die Menschen werden zu ihrem eigenen Sklavenaufseher. Anstatt die Sklaven eines fremden Herrn zu sein, haben sie den Herrn in sich selbst hineinverlegt. Dieser Herr ist hart und grausam."[12] Bei der Feindschaft des modernen Menschen gegen sich selbst spielt seit der Reformation, besonders dem Calvinismus, und später im Kantianismus das Gewissen eine große Rolle. Es wendet „den Ur-Zerstörungstrieb, der im Menschen wohnt, gegen ihn selbst in der Form der Pflicht und der moralischen Forderung" (Fromm). Selbstsucht im Unterschied von Selbstliebe ist eine Folge unserer Abneigung gegen uns selbst. Sie ist endlose Begierde, die niemals befriedigt wird, weil wir unserer selbst nicht sicher sind und uns nicht mit der Liebe lieben, die Versöhnung ist. Während die Feindschaft gegen sich selbst Feindschaft gegen jeden anderen erweckt, bewirkt die Liebe zu sich selbst auch Liebe zu den anderen.

Selbst-Entfremdung schließt den Verlust der Freiheit ein. Der Mensch kann seiner Freiheit nicht standhalten und „sucht sie leidenschaftlich loszuwerden und sich irgendeiner Art von Autorität zu unterwerfen. Er wagt es nicht, sein eigenes Leben zu leben, und liefert sich denen aus, die solche Selbst-Aufgabe fordern – einem lieblosen moralischen Gott oder einer lieblosen moralistischen Gesellschaft. Aber ungelebtes Leben

---

[11] Karl Menninger. Man against Himself. New York 1938. S. 3: „Try as we may, it is difficult to conceive of our universe in terms of concord, instead we are faced everywhere with the evidences of conflict. Love and hate, creation and destruction — would appear to be the dynamic heart of the world."

[12] Erich Fromm, Selfishness and Selflove. In: Psychiatry. Journal of the Biology and the Pathology of Interpersonal Relations. Vol. II. (1939) S. 517. „People are their own slave drivers; instead of a master outside of themselves, they have put the master within. This master is harsh and cruel."

ist die Quelle aller Zerstörung. Zerstörung seiner selbst und Zerstörung anderer ist die Rache für die Unterdrückung der Freiheit. Am Ende verliert das Selbst, unfähig, sich selbst in Freiheit auszudrücken, seine Identität, nimmt ein Pseudo-Selbst an und wird zu einem willenlosen Automaten, der sagt: ‚Ich bin, wie du mich haben willst.' – Der heutige Mensch dürstet nach Leben; aber der Automat, zu dem er geworden, kann kein Dasein im Sinne freiwilliger, natürlicher Selbstbestimmung spontan erleben, und so nimmt er als Surrogat jede Art Aufregung und Nervenkitzel: Drinks, Sportsensationen und nebenher im Kino immer wieder das Reizmittel gedrehter Schicksale erfundener Personen, deren spontane Gefühle er in Vertretung nachlebt."[13]

Wie kann die selbstentfremdete Persönlichkeit versöhnt werden, wie kann der Mensch seine Freiheit wiedergewinnen? Jung antwortet im Kapitel „Psychotherapeut oder Priester", daß es unmöglich sei, jemanden zu heilen, ohne daß man ihn ganz und gar bejaht, denn der Patient fühle sich nicht bejaht, wenn nicht auch das Schlimmste in ihm bejaht ist. Jede Verurteilung würde ihn entfremden, auch wenn sie nicht ausgesprochen wird. Aber wir können das Schlimmste im Anderen nur akzeptieren, wenn wir auch uns selbst in unserem Schlimmsten akzeptiert haben. Wir müssen die Wirklichkeit unserer eigenen Neurose, unseren unversöhnten Zustand anerkennen, und wir dürfen nicht versuchen, uns davon wegzustehlen. Wenn wir uns in dieser radikalen Weise akzeptieren und gleichzeitig jede fremde Autorität ablehnen, werden wir die hilfreiche Kraft unserer eigenen Natur erfahren. Wir werden ein fundamentales Lebensgesetz bemerken: die Wiedervereinigung der widerstreitenden Hälften der Persönlichkeit und das Ende des Bürgerkrieges in uns. Und Erich Fromm sagt: „Spontane Aktivität ist der einzige Weg, auf welchem der Mensch den Terror der Einsamkeit ohne Opferung seines reinen Selbst überwinden kann; denn in der spontanen Verwirklichung seines Selbst vereinigt der Mensch sich aufs Neue mit der Welt – mit Mensch, Natur und sich selbst. Die Liebe ist die wichtigste Komponente solcher Spontaneität ... Die zweite Komponente ist Arbeit."[14]

Dies ist die Idee der Versöhnung im modernen Denken, die bei allen Philosophen, die wir besprachen, wiederkehrt.

Eine theologische Kritik der Lehre von der Versöhnung durch schöpferische Freiheit muß nun aber die Frage stellen: Was ist der Inhalt dieser Freiheit? Worauf ist sie gerichtet? Ist Freiheit nur Freiheit *von*

---

[13] Erich Fromm. Die Furcht vor der Freiheit, S. 248.

[14] Ebd. S. 253 f.

etwas? Wenn nicht, wozu ist sie dann Freiheit? Zu einem versöhnten Schöpfertum ohne Kriterien? Wenn aber Kriterien da sind, welches ist das letzte Kriterium und wie kann vermieden werden, daß es ein neues Gesetz aufrichtet?

Entfremdung und Versöhnung in der christlichen Theologie

In allen Auffassungen der Versöhnung im modernen Denken sind einige fundamentale christliche Ideen als Voraussetzung enthalten. In ihnen allen wird eine essentielle Einheit des Lebens bewußt oder unbewußt vorausgesetzt, sogar im pragmatischen Pluralismus. Ohne die essentielle Einheit, die eine Konsequenz des christlichen Schöpfungsglaubens ist, würde es keine Versöhnung geben. In allen Lehren von der Versöhnung wird die jüdisch-christliche Geschichtsauffassung bejaht. Die Entfremdung ereignet sich in der Geschichte, in der Persönlichkeit und in der Gesellschaft. Aber Geschichte ist nicht nur der Ort für unsere Entfremdung vom Ewigen, sondern auch der Ort, wo das Neue erscheint und Versöhnung aktuell wird. In allen Auffassungen von der Versöhnung ist auch eine verborgene Christologie zu erkennen, nämlich der Gedanke der Versöhnung im partizipierenden Leiden, das die Entfremdung des Lebens oder der Gesellschaft oder der Persönlichkeit auf sich nimmt. In all diesen Auffassungen wird der christliche Kampf gegen jede Art von absolutem Gesetz und zugleich die Macht der Gnade im Leben, in der Natur und im Menschen sichtbar. In allen ist die Entfremdung keine Sache bewußter Entscheidung, sondern ein Zustand, der allen persönlichen Entscheidungen vorausgeht, wie das die christliche Lehre vom Fall aussagt. In allen ist die Liebe die Verwirklichung der Versöhnung; sie ist die Aufhebung entfremdeter Objektivierung, der Fremdheit und Feindschaft gegen andere und gegen sich selbst. In allen ist es die Liebe, die beide über sich selbst erhebt: den Liebenden und den Geliebten, den Erkennenden und das Erkannte. Es ist die Liebe im Sinn der neutestamentlichen Agape.

Um all dieser Zusammenhänge willen müssen die modernen Auffassungen der Entfremdung und Versöhnung als autonome Entwicklung fundamentaler christlicher Grundgedanken aufgefaßt werden; und daraus folgt die Grundhaltung, die die christliche Theologie ihnen gegenüber einnehmen sollte. Zu allererst sollte sie sie als selbstentfremdete Theologie, als Blut von ihrem Blut anerkennen, – entfremdet durch jene Verflochtenheit von Gnade und Schuld, die das ganze Leben durchzieht und beide Seiten zur Versöhnung verpflichtet, nicht aber zur gegenseitigen Zerstörung. Deshalb darf die christliche Theologie dem modernen Bewußtsein und seinen Ideen von der Versöhnung gegenüber nicht als intellektuelles, moralisches oder emotionales Gesetz auftreten. Sie darf nicht als Fremder zu ihm kommen, der im Namen göttlicher Autorität Forderungen stellt und so die Entfremdung vertieft, sondern sie muß kommen als jemand, der sich selbst im anderen liebend wiederfindet. Liebe ist nicht Selbst-Aufgabe, und die christliche Theologie darf sich dem modernen Denken und seinen Ideen der Versöhnung nicht ausliefern. Sie sollte jene Ideen vielmehr mit sich versöhnen, indem sie sie über sich selbst hinausführt, wie es die Agape tut und wie es die klassische Apologetik immer getan hat. Gewiß bleiben Fragen offen bei jeder der vier Ideen der Entfremdung und Versöhnung, die wir dargestellt haben –, Fragen, auf die die christliche Botschaft die letzte Antwort gibt. Aber noch einmal: diese Antwort darf nicht gewaltsam und von außen her denen aufgezwungen werden, die die Frage stellen. Sie müssen von der christlichen Antwort *ergriffen* werden; es muß die Antwort sein, nach der sie sich sehnen, die versöhnende Antwort, die autonom und theonom zugleich ist.

SCHELLING UND DIE ANFÄNGE DES EXISTENTIALISTISCHEN PROTESTES

(1954)

I.

Meine erste Pflicht ist es, den Veranstaltern dieser Schelling-Feier für die Ehre zu danken, mich als Redner von jenseits des Ozeans zu rufen. Ich überwand meine Bedenken, dem Ruf zu folgen, als ich fühlte, daß ich mit dieser Rede etwas von der Verehrung zum Ausdruck bringen kann, die ich meinem großen Lehrer in Philosophie und Theologie schulde. Er war mein Lehrer, obgleich die Anfänge meines Studiums und das Jahr seines Todes genau 50 Jahre auseinander liegen; niemals in der Entwicklung meines eigenen Denkens habe ich die Abhängigkeit von Schelling vergessen. Zu allen Zeiten, auch auf dem Boden einer halb-fremden Kultur sind mir seine Grundgedanken eine Hilfe auf den verschiedensten Gebieten gewesen. Meine Arbeit an den Problemen der systematischen Theologie wäre undenkbar ohne ihn. – Sein Bild hat sich in den Jahren meiner intensiven Beschäftigung mit ihm so eingeprägt, daß ich heute nichts anderes tun kann als aus der Struktur dieses Bildes heraus zu Ihnen zu reden. Ich bringe Ihnen keine neue Einzelforschung, auch keine Biographie auf Grund alten oder neuen Materials, auch keine Zitate mit verbindendem Text, sondern einen Versuch, Schelling aus den Grenzen seiner Zeit und seines Raumes herauszuheben und seine fundamentale Bedeutung für die Probleme der Situation in der gesamten westlichen Welt zu zeigen. Ich will versuchen – wofür das Schicksal der Emigration eine besonders günstige Bedingung liefert –, ihn und seine Leistung zu entprovinzialisieren.

Das ist nicht leicht. Der Geist der angelsächsischen Theologie und Philosophie ist dem Verständnis Schellings nicht günstig. Amerika hat zwar romantische Bewegungen gehabt, aber es ist nie tiefer von der Romantik beeinflußt worden. Und Schelling ist der Philosoph der Romantik par excellence. Die kalvinistische Substanz Amerikas konnte die Aufklärung leicht, die Romantik nur schwer amalgamieren, während die lutherische Substanz Deutschlands die umgekehrte Möglichkeit hatte. Darum ist es begreiflich, daß das lutherische Württemberg die Führer der romantischen Bewegung hervorgebracht hat.

Eine zweite Schwierigkeit für die Entprovinzialisierung Schellings ist der Stand der herrschenden Universitätsphilosophie, herrschend zum mindesten an den großen angelsächsischen Universitäten. Ich meine die Reduktion der Philosophie auf logisches Kalkül und Wissenschafts-Theorie. Es ist charakteristisch, daß ein Mann wie Bertrand Russell in seiner breit angelegten Geschichte der Philosophie Schelling nicht einmal erwähnt.

Die dritte Schwierigkeit für eine Entprovinzialisierung Schellings ist der Stand der Theologie, namentlich in Kontinental-Europa. Es ist der Versuch einer Offenbarungstheologie, die philosophische Begriffe, insonderheit ontologische Probleme, von der Theologie fernzuhalten sucht, und, im Gegensatz zu Schelling, den Gottesgedanken und den Seinsbegriff voneinander trennen will.

Demgegenüber gibt es aber auch Elemente in unserer Situation, die einer universalen Würdigung Schellings günstig sind.

Als erstes möchte ich das große Ringen um den Symbol- und Mythos-Begriff nennen, das sich seit einem Jahrzehnt in beiden Kontinenten entwickelt hat und das, z. T. durch den Einfluß von Ernst Cassirer, dazu geführt hat, daß die Alleinherrschaft des Wissenschaftsmythos in der amerikanischen Philosophie gebrochen ist, und daß aus der Werkstatt der philosophischen Fakultät der Columbia University in New York die ersten zwei englischen Übersetzungen Schellings hervorgegangen sind, die seiner „Freiheitslehre" und die seiner „Weltalter".

Als zweites möchte ich die Wiederentdeckung des Unbewußten nennen, für die teils die Lebensphilosophen verantwortlich sind, insonderheit Bergson und Whitehead, beide stark von Schelling beeinflußt, vor allem aber die Tiefenpsychologie, die infolge ihrer praktischen Anwendbarkeit in Amerika stärksten Einfluß ausübt.

Wichtiger aber als die beiden genannten Einflüsse ist die des Existentialismus. Ich beabsichtige, in der Interpretation von Schellings Entwicklung häufig die Worte essential und existential und ihre Ableitungen zu gebrauchen. Eine vorläufige Bestimmung beider Begriffe ist darum wünschenswert. Unter Essentialismus verstehe ich eine Philosophie, die auf das Wesen der Dinge, ihr „Was", platonisch gesprochen auf ihr *eidos*, ihr ewiges Bild, christlich gesprochen auf ihre schöpfungsmäßige Natur gerichtet ist. Hegels System ist das vollkommenste, wenn auch keineswegs das reinste Beispiel einer Essentialphilosophie – vollkommen, aber unrein, weil er die Geschichte, die zur Existenz gehört, in das System der Essenzen hereinnimmt. Unter Existentialismus verstehe ich eine Philosophie, die auf die Existenz der Dinge, sofern sie im Widerspruch zu ihrem Wesen stehen, platonisch und christlich gesprochen, auf die Dinge in ihrem Abfall von sich selbst, gerichtet ist. Existentiale Elemente in diesem Sinne finden sich, wie bei Plato, in den meisten Essentialphilosophien. Sie brechen revolutionär hervor im 19. Jahrhundert in dem Kampf der Vorläufer des gegenwärtigen Existentialismus, Kierkegaards, des frühen Marx, Nietzsches, Burckhardts, gegen Hegel, und sie bestimmen als existentialer Stil die große Kunst, Literatur und Philosophie des 20. Jahrhunderts. Wo das aber der Fall ist, sind die Tore für eine neue Würdigung Schellings geöffnet. Und durch diese Tore möchte ich heute mit Ihnen gehen.

II.

Das Gesagte genügt, um meiner Auffassung Ausdruck zu geben, daß Schelling nicht als die dritte Stufe in der Reihe konstruiert werden darf, die von Kant als ihrem Anfang zu Hegel als ihrem Ziel führt. Schon die Tatsache der zeitlich und sachlich weit über Hegel hinausführenden letzten Periode Schellings macht das unmöglich. Noch wichtiger aber ist, daß von Anfang an die Motive der Schellingschen Philosophie andere waren als diejenigen sowohl Fichtes wie Hegels. Es ist meine erste Aufgabe, das zu zeigen; zu zeigen, daß die Motive, die zur existentialen Wendung in Schellings Spätphilosophie führen, von vornherein da sind. Wenn das gezeigt werden kann, ist zugleich eine Frage beantwortet, die viel besprochen worden ist und vielerlei Antworten gefunden hat; nämlich, welche Perioden man in Schellings Entwicklung unterscheiden muß, und wie sich der Wechsel von einer Periode zur anderen zu den Einflüssen fremder Philosophien verhält, denen Schelling unterworfen war. — Meine erste und aufs stärkste betonte Antwort ist, daß Schellings Entwicklung als innere Bewegung seines Denkens, also dialektisch, verstanden werden muß, und daß die fremden Einflüsse erst in dem Moment wirksam wurden, wo seine eigne Entwicklung reif war, sie aufzunehmen. Das Kausale der fremden Einflüsse ist dem Dialektischen der inneren Notwendigkeit in Schellings Gedankenbewegung untergeordnet. Er hatte die Sensitivität von Menschen, die fühlen, wann ihr eignes Sein reif ist, fremdes Sein aufzunehmen, ohne sich von sich selbst zu entfremden. Das geht vor allem aus der Tatsache hervor, daß wo ein fremder Einfluß stattfand, er sich in Form eines schöpferischen Mißverständnisses darstellte. Schelling glaubte, einig zu sein mit Fichte, mit Spinoza, mit Goethe, mit Hegel, mit Böhme, mit Aristoteles. Er war es, und er war es nicht. Und sobald klar wurde, daß er es nicht war, stellte sich eine Entfremdung ein, die in Fällen persönlicher Verbundenheit den Charakter von

Bitterkeit und Feindschaft annahm. Es ist diese Situation des schöpferischen Mißverstehens, die einiges in Schellings oft maßloser Aggression gegen fremde Gedanken erklärt – obwohl nicht entschuldigt. – Die zweite Antwort, die ich geben möchte, mit sehr viel schwächerer Betonung, bezieht sich auf die Unterscheidung der Perioden seiner Entwicklung. Meine eigene Antwort, die anderen nicht notwendig widerspricht, ist die, daß seit der „Freiheitslehre" im Jahre 1809 die existentialen Elemente der früheren Perioden durch den essentialen Rahmen, in dem sie gehalten waren, durchbrechen, und wachsend zu bewußtem, negativem und positivem Ausdruck gebracht werden. In den Vorlesungen über die Philosophie der Offenbarung, im 2. Band der 2. Abteilung seiner Gesammelten Werke, und zwar in den Abschnitten über den Unterschied der negativen und positiven Philosophie, sind die Formulierungen erreicht, die seine existentiale Haltung am klarsten machen. Es sind diese Formulierungen, die Kierkegaard, dessen Nachschrift von Schellings Vorlesungen in der Kopenhagener Bibliothek vorhanden ist, für seinen eigenen Angriff gegen Hegel benutzte, und die insofern als ein Urdokument existentialer Philosophie betrachtet werden müssen.

Es war ein langer Weg, ehe dieser Punkt erreicht war. Und es war ein Weg, den nur eine Persönlichkeit gehen konnte, in der das Philosophische zugleich eine Sache höchster Denkkraft und existentieller Anteilnahme war. Wie bei den anderen rebellierenden Existentialisten des 19. Jahrhunderts, Kierkegaard, dem jüngeren Marx, Nietzsche, ist das Existentiale existentiell entdeckt worden, mit der Leidenschaft, von der Hegel sprach, die er aber in sein System einmauerte, und in deren Namen seine Schüler, am deutlichsten Kierkegaard, sich gegen ihn wandten. Diese Leidenschaft ist auch in jedem Wort von Schelling spürbar. Sie gibt ihm, wie den anderen existentialistischen Rebellen des 19. Jahrhunderts, die Kraft der Sprache, das dichterische Element, das zuweilen offen hervorbricht, wie in dem schönen Gespräch: „Clara, über die Unsterblichkeit der Seele", das, wie ich jüngst Zeuge war, noch Hörer des 20. Jahrhunderts bewegen kann. „Clara" steht für „Karoline" – dieser Name erinnert zugleich an die Verbindung von Schicksal und Charakter in Schellings Leben. Es war der Tod Karolines, der in ihm die Wendung zur „Freiheitslehre" und damit zum bewußt existentialen Denken auslöste. Und es war der mehrfache Wechsel von Gipfel und Tal in seinem äußeren Schicksal, der ihn die Zerrissenheit der Existenz sehen ließ; und es war die eigne, nur wenig gebändigte, dämonische Natur, die es ihm möglich machte, immer wieder, vor allem in seiner scheinbar so abstrakten und konstruierten Potenzenlehre, auf den dämonischen Untergrund der Existenz hinzuweisen. In der Beschreibung der ersten seiner Potenzen (universale Seinsmächte) beschreibt er den schöpferisch-zerstörerischen Untergrund alles Lebendigen, seine Zweideutigkeit, seine Qual, seine Schwermut und seine Sehnsucht. Und das gilt von der individuellen Seele wie von dem Universum des Lebendigen. Es war das Dämonische in ihm selbst, das ihn diesen Urgrund des Lebens sehen ließ. Und damit haben wir zugleich einen Schlüssel zu den Brüchen seines Charakters und den Mängeln seines Denkens. Die Strenge, mit der ein Spinoza und Hegel dachten, gab ihnen trotz der damit verbundenen Starrheit eine weltgeschichtliche Wirkung, die Schellings genialen Intuitionen versagt war.

III.

Versuchen wir nun, existentiale Elemente in Schellings früherer Entwicklung zu beschreiben und ihre vorbereitende Funktion für den späteren Existentialismus zu verstehen. Es ist immer deutlicher geworden – u. a. durch eine scharfsinnige Analyse meines hochverehrten Lehrers und Führers zu Fichte und Schelling, Fritz Medicus, daß Schellings Ansatz im Prinzip des „absoluten Ich“ für ihn von vornherein etwas anderes bedeutete als für Fichte, von dem er es übernahm. Während Fichte aus dem Prinzip der Selbstsetzung des Ich als Ich einen Monismus der moralischen Selbstverwirklichung des Absoluten ableitete, sah Schelling in seinen Frühschriften den inneren Konflikt jeder Philosophie des Absoluten. Er sah, daß die Freiheit, wenn sie mit dem Absoluten gleichgesetzt wird, sich selbst aufhebt und zu einer spinozistischen oder mystischen Vernichtung des individuellen Selbst führt. Er sah – und das bringt ihn nahe zu Kant, zu einem der überraschenden existentialen Elemente bei Kant –, daß aktuelle Freiheit nur möglich ist durch Willkür, d. h. durch die Fähigkeit des vernünftigen Willens, mit sich selbst in Widerspruch zu treten. Freiheit ist bei Fichte rein essentiell gefaßt. Akte der Freiheit sind Akte der Selbstverwirklichung des Absoluten. Freiheit ist dagegen bei Kant und Schelling verstanden als die Möglichkeit des Übergangs vom Essentiellen zum Existentiellen. Das, was bei Heidegger und Sartre als normlose Freiheit erscheint, ist bei Schelling *ein* Element im Begriff der Freiheit. „Willkür ist die Göttin der Geschichte“, sagt er. Nur wo Willkür ist, ist Abfall des Wesens von sich selbst, ist Existenz, und nur wo Existenz ist, ist Geschichte. In dem Essentialsystem gibt es weder das eine noch das andere. Das ist Kierkegaards Einwand gegen Hegels Identifikation des Dialektischen mit dem Historischen.

Als Schelling sich der Naturphilosophie zuwandte, schien eine Abwendung von der existentiellen Problematik unvermeidlich. Denn wenn wir an dem schöpferischen Prozeß der Natur teilnehmen und die Natur unmittelbare, vorethische Gegenwart des Absoluten ist, wo bleibt die Spannung der moralischen Selbstverwirklichung, wo bleibt der Bruch zwischen Essenz und Existenz? Aber Schelling entging dieser Konsequenz, der alter und neuer Naturalismus so oft unterliegt. Auch hier war Kant eine Hilfe: in seiner dynamischen Konstruktion der Natur hatte er die Wirksamkeit widersprechender Prinzipien gezeigt, durch die allein das einzelne Naturobjekt verständlich wird. Schelling folgt ihm und spricht von einem „Widerstreit reell entgegengesetzter Tendenzen". In diesem Widerstreit wird die Natur, die ursprünglich Subjekt, reine Tätigkeit ist, Objekt, Produkt, Resultat der hemmenden Tendenz. Die Natur muß, um zu ihrer Realität zu kommen, Objekt werden, d. h. mit sich selbst als schaffender Natur in Widerspruch geraten.

Eine andere, für existentiales Denken wichtige Einsicht, zu der Schelling mit Hilfe der Anwendung des Identitätsprinzips auf die Natur durchdrang, ist die Relation des Unbewußten und des Bewußten. Natur ist von ihm definiert als Geist im Element des Unbewußten. Das geht weit hinaus über Hegels Interpretation der Natur als selbstentfremdeter Geist. Das Unbewußte, wie es in der Natur, auch im Menschen als Natur, vorliegt, gehört zum Geist. Geist ist niemals naturlos. Nur aus dem Dunklen erhebt sich das Licht. Das Dunkle als solches ist nicht das Entfremdete, sondern ein Eigenes des Geistes. Es gibt kaum eine stärkere Gegeninstanz gegen den Essentialismus des Moralischen als die Philosophie und Psychologie des Unbewußten; und sie war, wenn nicht entdeckt, so doch neu gesehen in Schellings Naturphilosophie.

Es ist interessant, zu verfolgen, wie in der Übergangsperiode des „Transzendentalen Idealismus" sowie in der vollendeten Identitätsphilosophie der zeitweise Triumph des Essentialismus ständig durch existentialistische Elemente unterminiert wird. Ich weise nur hin auf die Aufnahme der platonischen Idee des Falls der Ideenwelt – das am deutlichsten existentialistische Element in Plato selbst. Ferner die schon hier erscheinende Lehre, daß es erregte Selbstheit ist, durch die das Einzelne aus dem essentialen Sein heraustritt und zur Existenz kommt. Doch all das bleibt letztlich unwirksam. Die Überordnung der ästhetischen und dann der intellektuellen Anschauung über Wissenschaft und Ethik führte Schelling zu der Art Essentialismus, die Kierkegaard als das erste ästhetische Stadium bezeichnete, gegen die er die ethische Existenz als das zweite stellte. Und doch war es diese Periode, in der Schelling den Sinn von Mythos und Symbol entdeckte und sich damit Kategorien eroberte, die er in seiner Spätzeit den Antworten auf das Problem der Existenz zugrunde legte.

IV.

Die existentialen Elemente, die im Bann eines radikalen Essentialismus gehalten waren, brachen auf, als Schelling sich erneut dem Problem der Freiheit zuwandte. Es war gerade dieser Radikalismus der essentialistischen Lösung, der Schelling vor eine scharfe Alternative stellte. Das Identitätsprinzip war gemeint als totale Überwindung der Subjekt-Objekt-Spaltung. Die Anstrengung Fichtes, den Menschen vor dem Versinken in dinghafte Objektivität zu retten mit Hilfe der Subjektivität des reinen Bewußtseins, konnte nicht erfolgreich sein.

In Schellings Fassung des Identitätsprinzips schien das Problem gelöst zu sein. Aber der Preis war das völlige Verschwinden derjenigen Subjektivität der Freiheit, die auch Willkür sein kann. Verschwunden war auch die Welt konkreter Unterscheidungen und die Möglichkeit ihrer gegenständlich-wissenschaftlichen Analyse. Der Verstand hat keinen Platz in der Identität der absoluten Vernunft. Hegel hatte sich vor dieser Konsequenz dadurch gerettet, daß er das Negative in den Prozeß des Positiven – der eben dadurch *Prozeß* wurde – mit aufgenommen hatte. Die Begegnung mit dem Nichts hatte in Hegel seinen Schrecken verloren; und es war Hegel nicht schwer, für die Reflexion, die Trennung von Subjekt und Objekt, einen notwendigen Platz zu finden. Sein scharfer Angriff auf Schellings Fassung des Identitätsprinzips drehte sich um diesen Punkt. Hegel hatte recht. Aber Schelling war auf dem Wege zu etwas, das Hegel verborgen blieb, und dessen Fehlen schließlich zu der Katastrophe seines dialektischen Systems von Identität und Nicht-Identität führte: Ihm blieb verborgen, daß das Nichtsein sich dialektisch nicht einfangen läßt. Das Nicht-Sein ist die Offenheit des Seins. Schelling, der das Nicht-Sein viel radikaler entfernt hatte als Hegel, wurde durch die Unmöglichkeit, von der Identität aus zum denkenden und handelnden Selbst zu kommen, denkerisch wie menschlich zur Erfahrung des Nicht-Seins als letzter Drohung getrieben. Andrerseits konnte er das Identitätsprinzip nicht aufgeben, denn an ihm hängt beides, Philosophie und Ethik. Selbst Positivismus und Pragmatismus brauchen das Identitätsprinzip. Im Kern jedes pragmatischen Erfahrungsbegriffs steckt die Identitäts-Voraussetzung. So wurde Schelling zu der Lehre vom Sprung getrieben, und zwar zunächst nicht vom Selbst her wie Kierkegaard, sondern vom Sein her. Es gibt, das sieht er nun, keine Ableitung der Existenz von der Essenz in Form rationaler Notwendigkeit. Gäbe es sie, so würde die Existenz selbst essential sein, d. h. als Existenz aufgehoben sein, wie es bei Hegel in der Logik der Existenz der Fall ist. Andrerseits läßt Schelling in keinem Stadium seiner Entwicklung das Essentiale fallen. Er hätte den Satz Sartres, daß seine Existenz des Menschen Essenz ist, niemals annehmen können. Der Sprung zur Existenz bleibt im Rahmen der Identität. Er ist kein Abbruch. Denn ein solcher würde konsequenterweise Denken und Handeln der totalen Willkür überliefern – wie es bei einigen der gegenwärtigen Existentialisten der Fall ist. Nur weil Schellings Existential-Denken im Rahmen seines vorangegangenen Essential-Denkens bleibt, konnte er versuchen, eine Antwort zu geben. Denn alle Antworten auf existentiale Fragen sind bewußt oder unbewußt von einer vorausgesetzten Essential-Anschauung abgeleitet. Das gilt für religiöse wie für säkulare Antworten und ist der fundamentale Einwand gegen theologische Orthodoxie und dogmatischen Pragmatismus.

Schelling gibt eine Beschreibung des Sprungs von Essenz zu Existenz, die deutlich von Jakob Böhme beeinflußt ist, aber auch durch Kants Lehre vom radikalen Bösen und Schellings frühe Fassung des Willens, der Willkür, beeinflußt sein kann. Die Einzelausführung, die Schelling gibt, ist eine begriffsmythische Reproduktion der Idee vom transzendenten Sündenfall. In ihr verwendet Schelling seine berühmte Potenzenlehre, die schon in seiner Naturphilosophie konzipiert war. Er beschreibt den schöpferischen Grund alles Lebendigen in Begriffen, die eine vollständige Lebensphilosophie darstellen und als solche gedeutet werden müssen. Sie sind nicht als Phantasien über transzendentes Geschehen zu verstehen, sondern als Analysen der Mächte, die überall Leben bestimmen: es ist die Spannung zwischen dem unbestimmten, formlosen Lebensdrang und dem bestimmten, geformten Element alles Lebendigen, die in der Potenzenlehre durchgeführt ist. Reiner Essentialismus kennt nur die zweite und nicht die erste Potenz, reiner Existentialismus nur die erste und nicht die zweite Potenz. Beides ist falsch. Schellings zwei erste Potenzen drücken den später klar formulierten Gegensatz von Existentialem und Essentialem lebensphilosophisch aus. Fundamental für existentiales Denken ist ferner die Verknüpfung von Endlichkeit und Schuld in Schellings Vision der gefallenen Natur. Der stark mythische Charakter dieses Gedankens darf uns nicht hindern, seine anthropologische Funktion zu sehen. Er bedeutet die Ablehnung jedes Moralismus, der Mensch und Natur trennt, und er bedeutet die Neuformulierung der tragischen Welterfahrung, die in der christlichen Erbsündenlehre einen verhängnisvoll unzulänglichen Ausdruck gefunden hatte. Hinter allen existentialen Beschreibungen der menschlichen Situation von Pascal bis Heidegger steht, was Schelling in dichterisch-philosophischer Form ausgedrückt hat: die Anschauung der Angst und Schwermut in allem kreatürlichen Leben, die Entfremdung von Mensch und Natur sowie des Menschen von sich selbst, die Vision von der Einheit des Schöpferischen und Zerstörerischen in allem Seienden.

V.

Die endgültigen existentialen Formulierungen finden sich in den Einleitungskapiteln zur Philosophie der Mythologie und Offenbarung. Schelling bezeichnet sein eigenes früheres und das Fichte-Hegelsche System als Versuche, eine reine Vernunftwissenschaft zu entwickeln. Ihr Gegenstand ist das „Was“ der Dinge. Sie gewinnt ihren Inhalt aus der Erfahrung, aber sie sucht das Erfahrene in seiner logischen und kategorialen Struktur zu erfassen. Ihr Ziel ist eine Darstellung des Essentialen in seiner inneren Notwendigkeit. Das so Begriffene ist das, was ist, wenn überhaupt etwas ist. Daß aber etwas ist, darüber kann die Vernunftwissenschaft nichts aussagen. Sie entwickelt, was in der unendlichen Potenz des Seins, dem unendlichen Sein-Können, enthalten ist. Die Bewegung des Gedankens, die von einem Begriff zum andern geht, erweckt aber den Anschein, als ob es eine Bewegung zur Realität wäre; sie führt zu der Verwechslung von dem, was wirklich ist, und seiner Wirklichkeit, dem „Was“ der Dinge und ihrem „Daß“. Die Bewegung im Logischen ist keine reale Bewegung. Trendelenburg und Kierkegaard sind nicht müde geworden, diesen Gedanken zu wiederholen. Schelling nennt die Vernunftwissenschaft jetzt „negative Philosophie“, teils weil sie sich im Bereich der essentialen Möglichkeiten des Seienden bewegt und nicht an ihre Realität kommt, teils weil sie den Anspruch alles Seienden, das Sein-Selbst zu sein, fortschreitend negiert. Man muß hier an Heideggers Unterscheidung des Seins-selbst von den Arten des Seienden denken. Schelling spricht von der Ambivalenz der Essential-Philosophie, ganz wie Heidegger der abendländischen Metaphysik vorwirft, daß sie das Sein-selbst verloren, und ihr doch zugesteht, daß sie dem Sein eine Stätte der Erhellung gegeben habe. Schelling hat aber auch darauf hingewiesen, daß in den großen Essential-Philosophien seit Plato die Grenzen des Essential-Denkens erkannt sind. Plato greift zum Mythos, wo immer er den Fall aus der

Essenz in die Existenz und die Erhebung der Seele aus der Existenz in die Essenz beschreiben will.

Der negativen Philosophie des Essential-Systems stellt Schelling gegenüber die positive Philosophie der existentiellen Erfahrung. In dieser Konfrontation erscheinen weitere entscheidende Elemente des Existential-Denkens: zunächst der Protest gegen die systematische Form. Positive Philosophie anerkennt die Unabgeschlossenheit des Universums. Obgleich die Natur am Ende ist, geht die Geschichte weiter. In ihr manifestiert sich und wird sich manifestieren das, was in der Essentialphilosophie höchste Idee ist. Da wo die Essentialphilosophie kapitulieren muß, nämlich wo sie von dem Sein spricht, das jenseits der Möglichkeit des Sprechens liegt, das unvordenkliche Faktum des Seins-selbst, da beginnt die positive Philosophie. Schelling weist ihr die Aufgabe zu, dieses Sein als Gott zu erweisen, a posteriori, wie er immer wieder betont, in keiner Weise als rationale Beweise für das Dasein Gottes. Wie erweist sich das Sein-selbst als Gott? Indem es das Bewußtsein beherrscht und sich in symbolischen Formen in ihm ausdrückt. Das geschieht in Mythos und Offenbarung. Sie spiegeln die Art wider, in der das Sein-selbst das Bewußtsein beherrscht. Das Absolute ist nicht Gott, aber es wird Gott und erweist sich als Gott in den ungeheuren Prozessen und Erschütterungen der mythischen Erfahrungen. Seins-Manifestationen ergreifen das Bewußtsein, schaffen schwerste Konflikte und machen anderen Manifestationen Platz. Positive Philosophie hat den Inhalt der Religion zu ihrem Inhalt, aber sie ist nicht religiöse Philosophie; sie ist nicht abhängig von irgendeiner religiösen Autorität. Sie ist freie Philosophie, der Existenz zugewandt, eine Sache des Verstandes und der Klugheit, nicht der Vernunft und Weisheit. Positive Philosophie ist Existenzanalyse im Hinblick auf das Sein, das in der Existenz erscheint.

Daraus folgt der geschichtliche Charakter der positiven Philosophie. Schelling bemüht sich, den vieldeutigen Terminus „geschichtliche Philosophie" gegen Mißdeutungen zu schützen. Geschichtliche Philosophie ist weder Philosophie der Geschichte, noch ist sie Geschichte der Philosophie, sondern sie ist die Anschauung des Universums als geschichtlich, nämlich als bestimmt durch Freiheit und Tat. Ungeschichtlich ist eine Philosophie wie die Spinozas, in der die einzelnen Dinge in zeitloser Notwendigkeit aus dem Absoluten folgen. Geschichtlich ist eine Philosophie wie die christliche, in der die Existenz auf freier Tat beruht; göttlicher sowie menschlicher. Von hier aus erhellt der Sinn von Philosophie der Offenbarung. Offenbarung ist ihr Objekt, nicht Autorität. Sie zeigt, daß Offenbarung nicht Mitteilung von Einsichten ist, die in den Bereich der Wesenswissenschaft gehören, sondern Manifestation des Unvordenklichen, an das die Wesensbeschreibung nicht heran kann. Diese Manifestation findet in der Natur und Geschichte statt; Geschichte ist Offenbarungsgeschichte, in einem Sinn, der gleich entfernt ist von Naturalismus und Supranaturalismus.

Da die Selbst-Manifestation des Seins in Freiheit und Tat geschieht, kann sie nur in der Begegnung unendlicher und endlicher Freiheit erlebt werden. Schelling entdeckt in diesem Zusammenhang die existential so wichtige Kategorie der Begegnung, lange vor den gegenwärtigen jüdischen und christlichen Begegnungsphilosophen. Es ist der existentiale Protest gegen die Verdinglichung, der in der Forderung personaler Begegnung mit dem, was Herr des Seins ist, sich ausdrückt. Das hat nichts zu tun mit dem schlechten Theismus traditioneller Theologie, sondern ist genau wie im existentialen Entscheidungsbegriff ein Versuch, die Person als Person ontologisch zu fundieren. Die Leidenschaft von Schellings bekanntem Angriff auf die Gefühlsphilosophie Jacobis ist nur so zu erklären. Er wollte nicht zugeben, daß die Philosophie das Werkzeug der Verdinglichung ist, die das industrielle Zeitalter auf allen Gebieten charakterisiert; er wollte sich nicht in dem zentralen menschlichen Anliegen in das Emotionale treiben lassen.

Als letzten Punkt möchte ich auf Schellings Geistbegriff hinweisen, weil in dem Gegensatz seines und des Hegelschen Geistbegriffs der Gegensatz von existentialer gegen essentiale Analyse deutlich sichtbar wird. Schelling konstruiert den Geistbegriff mit Hilfe der Potenzen. Die erste Potenz gibt dem Geist die Möglichkeit, aus sich und der Notwendigkeit seines Wesens herauszutreten, zu schaffen und sich zu verlieren. In Hegel ist der Geist an sein Wesen und die Notwendigkeiten seines Prozesses gebunden. In Schelling gehört das Unbewußte zum Geist selbst, in Hegel ist die aus dem Unbewußten kommende Leidenschaft nur ein Mittel, um sozusagen hintenherum Wesensstrukturen zu verwirklichen. Darum konnte Hegels Geistbegriff ohne zu großen Verlust im Englischen durch „mind“ wiedergegeben werden. Bei Schelling wäre das unmöglich.

Geist als Einheit der beiden Potenzen ist die Stätte, in der vom Unbewußten her der Mythos geschaffen wird. In wechselnden Verbindungen beherrschen die Urmächte des Lebens das menschliche Sein, Bewußtes und Unbewußtes. Sie sind reale Mächte; darum ist der Mythos nicht primitive Wissenschaft, nicht dichterische Phantasie, obwohl beide an seiner Formung beteiligt sind, sondern Ausdruck eines Seinsverhältnisses. Mythen müssen existential – und das ist mehr als ethisch – interpretiert werden. Schellings Philosophie der Mythologie und Offenbarung ist ein großangelegter, ein im Material veralteter, in der Intention überaus zeitgemäßer Versuch, das zu tun. Manche gegenwärtigen Kontroversen über das Wesen des Mythos wären nicht aufgekommen, wenn Schellings Lehre vom Mythos wirksam gewesen wäre.

VI.

Wenn wir heute zurückdenken an den großen Philosophen, der vor 100 Jahren zu dem Ziel gelangte, das er selbst Essentialisierung durch den Tod nannte, so liegt die Frage nahe, warum seine lange Spätperiode geschichtlich nicht wirksamer geworden ist. Manches kam zusammen, um solche Wirksamkeit zu hindern: Die Ungemäßheit der Zeitsituation, das Fehlen einer maßgeblichen Veröffentlichung seiner Arbeiten, das ungelöste Ringen mit neuen Problemen in Schelling selbst, sein früher Erfolg, sein Charakter. Aber richtiger als all das ist etwas Grundsätzliches, etwas, das eine Repristination von Schellings Spätphilosophie ausschließt, nämlich die Unmöglichkeit, aus existentialen Analysen existentielle Antworten abzuleiten. Schelling versuchte es und schuf eine philosophische Theologie, die weder echte Theologie noch echte Philosophie war. Es ist die Aufgabe des Theologen, die Fragen der menschlichen Existenz und ihrer Konflikte mit dem essentiell Menschlichen zu beantworten. Aber er kann das nur auf Grund von Offenbarung tun, Offenbarung der Seinsmacht, die den Konflikt von Essenz und Existenz überwindet, und die in der Geschichte begegnen muß. Schelling wußte das; aber er war zu sehr ein Erbe der idealistischen Tradition, um die Konsequenzen zu ziehen. Er vergaß den Begegnungscharakter der Offenbarung, den er selbst gefordert hatte. Das fühlten seine Zeitgenossen; und das sehen wir Heutigen noch klarer, als sie es konnten. Aber wir sehen auch das andere besser, als sie es konnten, daß Schelling in seinem Alterswissen das Problem unserer Zeit vorausnahm, das Problem der menschlichen *Existenz* in einer Welt, in der *menschliche* Existenz aufs Schwerste bedroht ist. Daran erinnern wir uns, freuen uns seiner, trotz dem Wissen um sein und unser Scheitern. Denn aus dem Wissen um das Scheitern wird der letzte Mut geboren, der Mut, ja zu sagen zum Sein.

DAS NEUE SEIN ALS ZENTRALBEGRIFF EINER CHRISTLICHEN THEOLOGIE

(1955)

In dieser Reihe von Rednern, die den Vorteil haben, ein historisches Referat vorlegen zu können, fühle ich mich ein wenig als Fremdling. Im Unterschied zu ihnen soll ich eine systematische Vorlesung halten, bei der die Hilfe eines gegebenen Materials nicht vorliegt. Meine einzige Hoffnung ist, daß sich manche von denen, die hier historisch geredet haben, vielleicht zum Teil in diesem Fremdling selber wiederfinden, weil es keinen Historiker gibt, der nicht – zumindest im Verborgenen – Systematiker ist. Was ich tun möchte, ist, diese verborgene Systematik ans Licht bringen für Zustimmung und Widerspruch.

Das Thema könnte so verstanden werden, als ob ich meinte, das Neue Sein *ist* der Zentralbegriff der Theologie. Aber das wäre eine unhaltbare Behauptung. Ich kann nur sagen: das Neue Sein *soll* der Zentralbegriff der Theologie *werden;* und ich will versuchen zu begründen, warum ich glaube, daß er es werden soll. Man kann systematische Theologie auch auf andere Art durchführen, aber ich glaube, die Möglichkeit, die ich hier vorlegen will, hat den Vorteil, zugleich auch für unsere gegenwärtige Situation eine Antwort zu geben.

Zu jeder Theologie gehören drei Elemente. Das erste ist *theos,* Gott, das heißt Gott, sofern er sich mitteilt, das Offenbarungselement. Das zweite ist *logos,* das vernünftige Wort über das, was Gott mitteilt, wenn er sich mitteilt. Und das dritte ist *kairos,* der richtige Zeitmoment, in dem der Theologe zu seiner jeweiligen Gegenwart sprechen muß. In keiner systematischen Theologie dürfen diese Elemente fehlen. Wenn das *Theos*-Element, das Offenbarungselement, fehlt, dann haben wir es nicht mit Theologie, sondern vielleicht mit Religionsphilosophie zu tun. Wenn das *Logos*-Element fehlt, das vernünftige Wort, dann haben wir nicht Theologie, sondern entweder Ekstase oder Unsinn oder beides. Wenn das dritte Element, das *Kairos*-Element, fehlt, dann haben wir die tote Tradition, wie sie uns so oft in systematischer Theologie dargeboten wird.

Im folgenden werde ich erst die beiden Begriffe „das Sein" und „das Neue" behandeln, begründen und, was die Hauptsache ist, verteidigen. Denn ein solcher Versuch, einen Zentralbegriff wie das Neue Sein in der Theologie durchzuführen, stößt naturgemäß auf heftigen Widerstand und scharfe Kritik. In einem zweiten Teil will ich einige Andeutungen geben – mehr kann es nicht sein –, die zeigen, wie diese beiden Begriffe innerhalb der systematischen Theologie durchgeführt werden können.

Wenn immer der Seinsbegriff eingeführt wird, dann wird eine universale Frage aufgerissen, die Frage nach dem Verhältnis von Theologie und Philosophie. Von der theologischen Seite kann gegen den Seinsbegriff sowohl von der Methode als auch vom Inhalt her der Angriff geführt werden. Wenn er die Methode betrifft, sagt man: Sein ist ein philosophischer Begriff, geschaffen durch menschliches Werk, das Werk des Denkers, und nicht empfangen durch Offenbarung, in jener ekstatischen Erfahrung, die die Selbsterschließung Gottes für das menschliche Bewußtsein bedeutet. Wenn aber menschliches Werk einen Begriff schafft, dann steht dies im Widerspruch zu der Unmöglichkeit, durch irgendein menschliches Werk Gott zu erreichen.

Darauf ist meine Antwort: Theologie ist der *logos* der Offenbarung, ist das vernünftige Wort über das, was in der Offenbarung erscheint. Das vernünftige Wort, der *logos,* ist rationales Werk, und dies rationale Werk findet sich in jeder Theologie, auch in der antiphilosophischen.

Die andere Antwort, die ich gebe, geht tiefer. Ich glaube, daß eine angemessene rationale Darstellung der Selbsterschließung Gottes grundsätzlich darin gegeben ist, daß der Charakter der göttlichen Selbstmitteilung *logos* ist. *Logos* ist Vernunft, nicht Verstand. Der Verstand analysiert, die Vernunft vernimmt. In dem Augenblick freilich, wo diese Beziehung umgekehrt wird, wo es der Verstand ist, der durch Argumente an das Göttliche heran will, ist der Sinn des *Logos*-Gedankens verzerrt. Und darum ist jede Theologie Wagnis und dem Irrtum ausgesetzt – selbst wenn ihre Resultate durch Synoden und andere Autoritäten bestätigt sind. Und trotzdem: man darf rationale Begriffe gebrauchen, man muß sie gebrauchen, und man kann sie mißbrauchen. Dies ist das menschliche Element in dieser Situation, und es ist unvermeidlich.

Aber man kann den Seinsbegriff nicht nur von der Methode her verneinen, sondern auch vom Inhalt her. Sein steht jenseits von Ding und Person. Die biblische Religion aber, die Offenbarungsreligion überhaupt, ist personalistisch, ist begründet auf ein Ich-Du-Erlebnis zwischen Gott und Mensch. Der Seinsbegriff macht das Verständnis eines solchen Erlebnisses unmöglich. Dieser Angriff erfolgt mit besonderer Schärfe von der Seite der biblischen Theologen.

Hier ist meine Antwort die folgende: In dem Personalismus der biblischen Religion findet sich auch immer ein ontologischer Seinsbegriff und ein ontologischer Weltbegriff. Auch die biblische Religion muß sagen, daß Gott *ist*. Was bedeutet das, wenn man sagt, daß Gott *ist*, daß die Welt *ist*? Haben wir ein Recht, das Wörtchen „ist", das das ontologische Geheimnis in sich schließt, für beides zu gebrauchen, für Gott und Welt, für uns und die Dinge? Diese Frage ist in jeder religiösen Aussage eingeschlossen. Und kein Theologe, so antiphilosophisch er sich auch gebärden mag, kann dieser Frage entrinnen. Der Unterschied ist nur, ob er sie unbewußt beantwortet oder ob er sich diese Frage bewußtmacht. Diese Frage sich bewußtzumachen, auf die er auf alle Fälle eine unbewußte Antwort geben muß, ist aber die Pflicht des Theologen. In dem Augenblick, in dem der Theologe sagt: „Gott ist", wird er zum Ontologen. Er kann Gott niemals verstehen als ein Seiendes.

Hier wird auf philosophischer Seite sehr oft ein Fehler gemacht. Im Alten Testament gibt es die berühmte Definition des Namens Jahwe: „Ich bin, der ich bin." Manche Philosophen und manche Mystiker berufen sich darauf und sagen: Da haben wir mitten im Alten Testament eine bewußte ontologische Aussage, da steckt der Grieche Parmenides im Alten Testament. Das ist Unfug. Die Stelle heißt: „Ich werde sein, der ich sein werde," ich bin der, auf den man sich verlassen kann, der sich nicht ändert. Und das ist, nebenbei gesagt, der alttestamentliche Wahrheitsbegriff. Es ist nicht der Begriff des Unverborgenen, der griechischen *aleteia*, des aus der Verborgenheit Herauskommenden; sondern es ist der Begriff dessen, was feststeht, was ein Versprechen hält, was seine Drohung ausführt, was schließlich seine Verheißung erfüllt.

Wenn wir von Ontologie im Alten Testament reden, wollen wir dies nicht äußerlich exegetisch begründen, sondern gestehen, daß die biblische Religion durch und durch personalistisch ist und daß der griechische Seinsbegriff als solcher nicht vorkommt. Zugleich aber müssen wir sehen, daß er implizit da ist und niemals vermieden werden kann, wenn wir das vernünftige Wort, den *logos*, über *theos* gebrauchen wollen. Da aber die Frage nach dem Sein unvermeidlich ist, sollte man sie nicht nur beantworten, sondern den Seinsbegriff zentral werden lassen, wie er es in der Theologie des Mittelalters war.

Es gibt aber auch einen philosophischen Angriff auf den Seinsbegriff, mit dem wir uns auseinandersetzen müssen. Dieser Angriff kommt von einer anderen Fassung des Seinsbegriffs, als ich sie eben voraussetzte, nämlich von dem Verständnis des Seins als Daseinsurteil, oder, wie es auch genannt wird, Existentialurteil. Es ist die nominalistische Kritik am Seinsbegriff, die von der Philosophie her die Verwendung des Seinsbegriffes für die Theologie ausschließen will. Sie sagt: Das Sein ist ein Name *(nomen)*, der etwas Gemeinsames bezeichnet für alle Dinge, der aber selbst keine ontologische Realität hat.

Demgegenüber lautet meine Antwort: Die nominalistische Kritik ist berechtigt, sofern man das Sein als höchste Abstraktion versteht, sofern man sagt, daß eins, nämlich das Sein, übrigbleibt, wenn man von allem abstrahiert. Diese Voraussetzung aber ist der Fehler des Nominalismus. Das Sein ist nicht die höchste Art des Seienden, sondern ist das, was Seiendes überhaupt erst möglich macht. Darum kann das Sein nicht definiert, sondern nur umschrieben werden. Und ich umschreibe es als Macht des Seins, als das Urpositive, das dem Negativen, dem möglichen Nicht-Sein, entgegensteht. Dieser Begriff der Macht des Seins ist nicht durch Abstraktion gefunden und daher nicht der nominalistischen Kritik unterworfen. Er wird vielmehr gedacht und erlebt in der Angst möglichen Nichtseins. Nur wenn der Seinsbegriff aus der Angst möglichen Nichtseins verstanden wird, hat er seine wirkliche Gewalt. Und das ist derjenige Seinsbegriff, der immer in der klassischen Theologie für das Sein-Selbst, das Göttliche, verwendet wurde.

Der philosophische Angriff kann jedoch noch von anderer Seite kommen. Der Seinsbegriff kann mit dem Werdensbegriff konfrontiert werden. Man kann sagen: Warum nicht zuerst Werden, warum zuerst Sein? Und man kann sagen, daß der Werdensbegriff der vollere, der dynamischere Begriff ist. Dem könnten die Theologen mit Freuden zustimmen: Wenn man vom lebendigen Gott spricht, soll man besser nicht vom Sein, sondern eher vom Werden sprechen.

Auch dazu möchte ich eine Antwort geben: Das Sein, die Macht des Seins, die in der Angst möglichen Nichtseins entdeckt wird, ist jenseits von Statik und Dynamik. Dieses Sein ist das, was im Mittelalter „Transcendentale" genannt wurde, das, was alle abstrakten Begriffe übersteigt. Das Sein-Selbst, die Macht des Seins-Selbst vollzieht sich an etwas, was in gewisser Weise dauernd sein muß, weil es sonst nicht einmal als Werden erkannt werden könnte. Oder, um es mythisch auszudrücken, das Werden ist jünger als das Sein, wie das Sein auch älter ist als der Wert. (Und damit kann, dies nur als Anmerkung, die Wertphilosophie aus den Angeln gehoben werden.) Sein als Seinsmächtigkeit ist jenseits von statisch oder dynamisch.

Oder man kann sagen: Es ist statisch, es ist das ewig Dauernde, und es ist zur selben Zeit das, was in einer ständigen Äußerung seiner Seinsmächtigkeit das Nichtsein überwindet. Und darum ist dieser Seinsbegriff und seine Bejahung eine Sache des Mutes.

So bleibt nach dieser theologischen und philosophischen Kritik der Seinsbegriff als der vornehmste Begriff bestehen, als das, was mehr ist als ein Begriff, und kann als solcher zum Zentralbegriff einer Theologie werden.

Nun komme ich zu dem anderen Begriff, dem des Neuen. Die Frage ist nicht, ob der Begriff des Neuen religiös möglich ist – er ist religiös sehr real –, sondern die Frage ist, ob er philosophisch erlaubt ist. Der Mythos ist voll von Kategorien des Neuen. In ihm erscheint das Neue in drei Richtungen: das Neue als Schöpfung, das Neue als Wiederherstellung, das Neue als Erfüllung.

Das Neue als Schöpfung kann in doppeltem Sinn gebraucht werden. Der eine Sinn ist Urschöpfung, demgegenüber das Chaos „die alte Nacht" genannt wird, wie es im Faust so schön ausgedrückt ist. Die Nacht ist älter als der Tag, der Tag ist das Neue, und da es immer wieder Nacht wird, so ist jeder Tag etwas Neues. Das leitet über zu dem zweiten Gedanken, nämlich dem Gedanken der kontinuierlichen Schöpfung. Das Neue ist das, was im Lebensprozeß neu produziert wird. Das können Arten sein, es kann auch das Individuell-Einmalige sein. „Einmalig" kann ein Einzelding, eine Situation genannt werden. Man kann das Sein verstehen als den Prozeß, in dem eine Folge wechselnder einmaliger Situationen gezeitigt wird, wie es etwa Whitehead gesagt hat. Aus all dem folgt: das Schöpferisch-Neue ist das Neue im Prozeß, und der Prozeß ist nichts als das Schaffen des Neuen. Die Form des Prozesses ist die Zeit, und die erinnerte Zeit ist Geschichte. Und darum können wir den Prozeß in einem allgemeinsten Sinn Geschichte nennen. Das Neue im Sinn des Schöpferischen macht das Universum geschichtlich, so wie es der Mythos allenthalben beschreibt. Aber das ist nur ein erweiterter Begriff von Geschichte. Der Grundbegriff von Geschichte muß mit dem Phänomen des Menschen in Zusammenhang gebracht werden.

Das führt uns zu dem zweiten Begriff des Neuen, nämlich dem Neuen der Wiederherstellung. Der Mensch hat die Freiheit der Entscheidung und die Freiheit des Entwurfs. Beides bedeutet, daß er falsch entscheiden und falsch entwerfen kann. Falsch heißt wesenswidrig, das heißt entgegen unserem eigenen Wesen und entgegen dem Wesen der Situation und ihrer Forderung. Wahr und gut sind nur andere Worte für erfüllte Wesensforderung, falsch und böse ist das Verfehlen von Wesensforderungen. Menschliche Geschichte ist eine ständige Mischung von Erfüllung und Verfehlung von Wesensforderungen im Erkennen und im Handeln. In dieser Mischung das eine wirklich vom anderen zu trennen, ist niemals möglich. Jede Wirklichkeit ist zweideutig, und es gibt keinen einzigen Lebensprozeß, bei dem wir einfach schwarz-weiß malen könnten. Diese Mischung von Wesenserfüllung und Wesensverfehlung ist das, was Existenz ausmacht und ihr den Charakter der Zweideutigkeit gibt.

Ihr gegenüber sprechen wir vom Neuen der Wiederherstellung. Das klingt paradox: wiederhergestellt. Das heißt ja: zurück zum Alten! Aber das bedeutet es gerade nicht. Wir haben analoge Begriffe für dasselbe Phänomen: Erlösung, Befreiung des gefangenen Wesens, *redemption*, Loskaufen des in Sklaverei gefallenen Wesens, *salvation*, was im Ursprung Heilung bedeutet. Diese Symbole bezeichnen die Grenzen für die Neuheit des Neuen. Es ist nicht absolut neu – es gibt etwas Altes, das nicht veraltet, es gibt etwas Altes, das das Neue allererst möglich macht. Und dies Alte, das das Neue möglich macht, ist das Wesen. Aber das Wesen selbst ist nicht das Neue. Das Neue steht ebenso wie das, was veraltet ist, in der Geschichte. Das Wesen hat zwar teil an der Geschichte, aber es steht nicht in der Geschichte, sondern macht Geschichte möglich. Damit verstehen wir, was das Neue der Wiederherstellung ist. Es ist dasjenige Geschichtliche, das die Wesensverfehlung überwunden hat. Es ist *in* der Geschichte, es ist neu als Wiederherstellung, und es hat das überwunden, was Verfehlung bedeutet. Diese Überwindung der Wesensverfehlung ist nicht die Wiederherstellung des Geschichtlich-Alten. Das Geschichtlich-Alte *ist* veraltet, denn es stand in jenem Prozeß, in dem immer auch Wesensverfehlung vorliegt, und es gibt keinen Moment dieses Prozesses, in dem es keine Wesensverfehlung gibt. Damit ist die rückwärts gewandte Utopie ausgeschlossen. Das Paradies, das Goldene Zeitalter sind Symbole für das Wesen, das noch nicht Realität geworden ist. Nur wenn es nicht Realität wird, erhält sich das Wesen rein, aber dann bleibt es Möglichkeit und wird nicht Wirklichkeit. Das Neue, das in der Geschichte geschaffen wird, ist nicht Rückkehr zu einer Möglichkeit. Wiederherstellung ist nicht Rückkehr, denn das Neue, das in der Geschichte geschaffen wird, hat Aktualität, hat in sich überwundene Verfehlung.

Ein besonders starkes Symbol dafür ist das Symbol der Wiedergeburt – *anakainosis*, Regeneration, neue Kreatur, auch Renaissance, *rinascimento*, Reformation, all diese Worte meinen ein und dasselbe. Was zum Beispiel bedeutet Renaissance, dieser Begriff, den wir landläufig gebrauchen? Er wurde ursprünglich wie das Wort Reformation gebraucht und bedeutete Wiedergeburt aus den Quellen, nicht aber Wiederholung des Veralteten. Er bedeutet genau das, was ich hier als das Neue der Wiederherstellung meine. Sowohl die Menschen, die die

Renaissance trugen, als jene, die die Reformation trugen, taten es aus dem Gefühl heraus, daß das Zeitalter neu geboren ist. Sie benutzten diesen Begriff der Wiedergeburt, um das Ereignis, das sie erlebten, verständlich zu machen. Wiedergeburt in diesem Sinn ist das Neue in der Geschichte, das einerseits bestimmt ist von der vorhergehenden Geschichte und andererseits von der Wesensforderung.

Das Neue der Wiederherstellung hat in sich die Problematik, daß es, obgleich es Wiederherstellung ist, sich im Prozeß befindet und damit immer wieder der Zweideutigkeit verfällt, der Mischung der Wesensverfehlung mit der Wesenserfüllung. Eine neue Realität ist verkündigt, ein Neues Sein ist gegeben, aber das Alte scheint unerschüttert zu sein, sowohl im individuellen wie im historischen und im kosmischen Leben. Und darum geht der Gedanke darüber hinaus zu dem Neuen der Erfüllung und blickt auf einen neuen Himmel und eine neue Erde als den Zustand der ungemischten Erfüllung. In dieser Sicht ist die Essentialstruktur, das Wesen, das vorher nur Potentialität, nur Möglichkeit war, wirklich geworden und doch nicht abgefallen von sich. Die eschatologische, die letzthinnige Erwartung ist Erwartung einer vollen Einigung des Essentiellen mit dem Existentiellen. Aber wie ist das zu denken? Wir können es nicht denken; alle Versuche, dem neuen Himmel und der neuen Erde einen konkreten Inhalt zu geben, enden in wuchernder Phantastik, und dies hat den Nachteil, daß sie nichts sind als eine Intensivierung von Wunschelementen des alten Veralteten und keineswegs das Neue ausdrücken.

Damit ist ungefähr geschildert, was im religiösen Mythos der Gedanke des Neuen besagt: das Neue der Schöpfung des Individuellen und alles dessen, was immer neu aufspringt aus dem Grund des Seins; das Neue der Wiederherstellung, in dem nicht nur zurückgegangen wird; und das Neue der Erfüllung, das über die Grenzen von Zeit und Raum hinausgeht.

Der Begriff des Neuen ist genauso wie der des Seins schärfster Kritik ausgesetzt. Ich beginne mit der mystischen Kritik. Die Mystik spricht in all ihren Formen auch von dem Neuen der Wiederherstellung; es wird aber aufgefaßt als die Verneinung des Neuen der Schöpfung. Schöpfung und Verfall werden identisch gesetzt. Das hat den großen Vorteil, daß es das Bewußtsein von der Phantastik jenseitiger Utopien befreit. Aber dies ist nicht die Theologie, die die westliche Welt geschaffen hat. Wir müssen uns darüber klar sein, daß eine Theologie, die den Begriff des Neuen in den Mittelpunkt stellt, verschieden ist von allen Formen der Mystik. Und nichts ist entscheidender für die Würdigung des Verhältnisses von Ost und West als der Begriff des Neuen, als das Neue Sein, ob man es verwirft oder annimmt, ob man, was das gleiche bedeutet, die Geschichtlichkeit der Geschichte bejaht oder verwirft. Ich halte diesen Begriff des Neuen Seins deshalb für so wichtig, weil er eine Grenze gegen eine Mystik zieht, die den Prozeß des Seins selbst verwirft und die Wiederherstellung in der Verneinung des Prozesses sieht.

Der Begriff des Neuen ist ebenso wie der Seinsbegriff auch philosophischer Kritik ausgesetzt. Da ist zunächst die deterministische Kritik, die sagt, daß das Neue eine Konstellation der immer schon gegebenen Elemente ist, deren Bewegung durch ihr Anfangsstadium und die Bewegungsgesetze determiniert ist. Diese Bewegung ist letztlich kreisförmig.

Darauf ist zu antworten: Der Determinismus vollzieht im Grund einen Trick. Er muß alles Neue in ein Anfangsstadium legen, das aber völlig imaginär ist. In diesem imaginären Anfangsstadium ist sozusagen alles potentiell vorhanden. Damit ist aber das alte Schema von Potentialität und Aktualität heimlich in den Determinismus aufgenommen, womit er sich im Grunde selbst widerlegt hat. Durch das Symbol des Anfangsstadiums, das nicht zu vermeiden ist, wird das Neue eingeschmuggelt. Nachdem es einmal eingeschmuggelt ist, hat man es leicht, alles Folgende streng deterministisch abzuleiten und alle Relationen der Dinge als berechenbar zu behandeln. Auf diese Weise wird eine Abstraktion, nämlich die Abstraktion der berechenbaren Relationen, über die Wirklichkeit geworfen wie ein Netz, in dem alles Konkrete gefangen werden soll. Aber das Konkrete zerreißt das Netz und hat es sogar in der Physik zerrissen.

Die anderen Angriffe gegen den Begriff des Neuen kommen teils vom Naturalismus, teils vom Idealismus. Sie wenden sich gegen das Neue der Wiederherstellung und der Erfüllung. Naturalismus wie Idealismus verneinen die Entfremdung der Existenz von der Essenz, die fundamentale und universale Wesensverfehlung und damit das fundamental Neue der Wiederherstellung. Der Naturalismus sieht die Wesensverfehlung als natürlich an und hebt daher den Verfehlungsbegriff selber auf; der Idealismus erkennt zwar partiell Wesensverfehlung, aber sieht die Geschichte als eine prozessuale Überwindung der Wesensverfehlung an. Beide sind in einem Punkt mit dem Mythos und dem Begriff des Neuen in seinen drei Formen verbündet. Der Naturalismus – den ich für theologisch wahrer halte als den Idealismus – ist imstande, die Wirklichkeit des Menschen wahr zu sehen, aber nicht imstande, die Unterscheidung zwischen Essentiellem und Existentiellem zu machen. Der Idealismus sieht zwar den essentiellen Charakter, aber er sieht nicht den Zwiespalt zwischen Existentiellem und Essentiellem. Daher sind wir in der Philosophie, aber auch als Theologen dem Existentialismus zu großem Dank verpflichtet – jener Bewegung, die etwa mit Pascal beginnt, im 19. Jahrhundert in einigen prophetischen Vorwegnahmen wie Schelling, Kierkegaard, Marx erscheint und im 20. Jahrhundert die gesamte Literatur, Kunst und Philosophie beherrscht. Der Existentialismus sieht wie die Theologie die menschliche Situation als die Entfremdung der Existenz vom Wesen. Mit Hilfe des Begriffs des Neuen, wie er durch den radikalen Freiheitsbegriff des Existentialismus formuliert ist, und der Sicht des Menschen in seiner Endlichkeit, seiner Sinnlosigkeit, seiner Schuldhaftigkeit hat die Theologie die Möglichkeit, die Fragen neu zu stellen oder neu gestellt zu übernehmen, auf die die religiösen Begriffe die Antwort geben.

Was heute in der Theologie getan werden muß – und das ist ein Strukturelement meiner eigenen Arbeit –, ist nichts anderes, als daß wir die Existentialanalysen, die so reichhaltig in der existentialistischen Literatur (zu der ich auch die Tiefenpsychologie rechne) stecken, als die Fragen übernehmen, auf die die theologischen Symbole die Antwort sind. Ein theologisches System hat daher heute die Aufgabe, die Fragen, die in jeder Existentialanalyse gegeben sind, darzustellen. Letztlich sind diese Fragen viel älter als selbst die eben genannte Linie – ich weise auf den platonischen Mythos und auf den Mythos überhaupt hin –, sie sind aber heute in neuer Form gegeben. Die Theologie hat die Aufgabe, diese Situation zu benützen und erneut klarzumachen, daß die religiösen Symbole und ihre theologische Ausformung einmal Antworten auf wirkliche Fragen der Menschen waren. Wie die Entdekkung der Mathematik, nach Kant, ein Glücksfall für die Vernunft war, so glaube ich, daß die Entdeckung der Existentialanalyse ein Glücksfall für die Theologie ist.

II.

Nachdem der Begriff des Seins und der Begriff des Neuen begründet und verteidigt worden sind, möchte ich auf ihre Anwendung im theologischen System eingehen. Dabei muß ich mich hier selbstverständlich auf Gesichtspunkte beschränken – nicht einmal ein vierstündiges Kolleg eines ganzen Jahres könnte eine systematische Theologie erschöpfen. Und ich kann nicht verheimlichen – dies zur Existentialanalyse der Endlichkeit gehörige Geständnis muß ich im voraus machen –, daß ich hier nicht von Theologie überhaupt spreche, sondern von protestantischer Theologie, und zwar von meiner protestantischen Theologie.

Ich werde in drei Teilen über den Begriff des Neuen Seins reden: seine Anwendung auf den Gottesgedanken, seine Anwendung auf den Erlösungsgedanken, seine Anwendung auf den Erfüllungsgedanken, also entsprechend der Dreiheit der Richtung, in denen der Mythos den Begriff des Neuen verwendet.

Wir hatten Sein als Macht des Seins umschrieben, um zu verhindern, daß Sein als höchste Abstraktion aufgefaßt und vom Nominalismus zerstört wird. Von der Macht des Seins sagt eine klassische Formulierung – und ich nehme diese Aussage an –, daß das Sein jenseits von Essenz und Existenz steht, jenseits von Potentialität und Aktualität. Das Sein ist die erste Aussage, die theologisch über Gott gemacht werden muß. Wenn man sagt: Gott ist, und wenn man dann fragt: Ist Gott? dann müßte diese Frage sofort beseitigt werden. Denn sie legt die Voraussetzung nahe, daß Gott ein Seiendes ist. Aber die Grundaussage über Gott, nämlich, daß er das Sein-Selbst oder die Macht des Seins ist, schließt aus, daß er ein Seiendes ist. Und damit ist ungeheuer viel ausgeschlossen: der Götzendienst. Götzendienst kann sich genau so gut im Monotheismus wie im protestantischen Theismus wie im Judentum und überall finden. Er ist nicht gebunden an Vielgötterei. Es kann auch ein Gott sein, der ein Götze ist, nämlich ein Gott, der ein Seiendes neben anderem Seienden ist und nicht das Sein-Selbst, umschrieben als die Macht des Seins oder der Grund oder der Sinn des Seins, oder wie immer wir es umschreiben wollen.

Das ist die erste und fundamentale Aussage über Gott. Ohne diese fundamentale Aussage verliert alles andere seine theologische Qualität. Meine ganze Bemühung zu Anfang dieses Vortrags, den Seinsbegriff gegen theologische und philosophische Angriffe zu schützen, war begründet in diesem Satz, daß Gott das Sein-Selbst ist und nicht ein Seiendes, und daß damit alles andere, was wir über ihn aussagen, überhaupt erst seine „numinose" Qualität erhält. Andernfalls machen wir nur eine Aussage über ein kosmisches Ding neben anderen. Das heißt also, Gott ist jenseits von Essenz und Existenz, er ist der Grund beider und als solcher auf beide bezogen, und er ist bezogen auf beide nicht in der Form der Identität, sondern der des Teilhabens. Dieser Begriff der Teilhabe, der bei Plato vorkommt, wenn er über das Verhältnis der Ideen zu den Einzeldingen spricht, scheint mir einer der Begriffe zu sein, mit deren Hilfe wir dem Nominalismus entgehen, der unser aller Erbe ist und zur Folge hat, daß der Erkenntnisakt, der Akt der Gemeinschaft, der Liebesakt unverständlich werden. Deshalb ist es überaus wichtig, den Begriff der Teilhabe wieder zu betonen und einzuführen. Wenn wir sagen: Gott hat teil als Grund von Essenz und

Existenz an beiden, dann ist es klar, daß er der schöpferische Grund aller Essentialstruktur ist, alles dessen, was im Wesen steht und möglich ist; aber er hat auch eine Beziehung zur Existenz und hat teil an der Existenz, nicht nur an der Potentialität, sondern auch an der Aktualität, an dem Widerspruch, in den die Menschheit mit sich selbst und ihrem Grund gefallen ist. Wenn man das aber durchdenkt, dann muß man einen weiteren Satz sagen: Wenn das, was jenseits von Essenz und Existenz ist, an der Existenz teilhat, dann kann es daran nur teilhaben in der Form, daß es den Zwiespalt von Essenz und Existenz überwindet. Die Art, wie das Göttliche an der Existenz teilhat, ist die Überwindung der Entfremdung, die Schaffung des Neuen Seins. Hier sind wir wieder bei unserem Zentralbegriff. Mögliche Teilhabe an der Existenz ist Schaffung des Neuen Seins. Gott kann nicht anders an ihr teilhaben, weil er nicht an der Entfremdung teilhat. Und er kann auch nur teilhaben, weil er der Grund ist, der die Existenz überhaupt erst möglich macht. Wenn wir von Gott sagen, daß er der Grund des Seins ist, sagen wir zugleich, daß er als Kraft des Neuen Seins das ist, was das Neue der Wiederherstellung schafft.

Damit ergibt sich eine weitere theologische Aussage, nämlich, daß die Heilsgeschichte die Entstehung des Neuen Seins ist und daß diese Heilsgeschichte der Kern und das Innerste der Geschichte selbst ist. Die Geschichte selbst ist universale Wiederherstellung, das Neue im Sinn der Heilung, der Befreiung, des Loskaufs, der Erlösung. Aber auf der anderen Seite ist Geschichte immer konkret, und zwar ganz konkret, und sucht, wie es Aristoteles schon wußte, als *telos*, als Ziel, das Individuelle und nicht das Allgemeine.

Damit kommen wir zu dem Kern der christlichen Botschaft, daß das Sein im Konkreten universal sein kann. Der Titel für das, was man im Judentum als das Konkret-Universale erwartet hat und noch erwartet und was im Christentum als schon erschienen bezeichnet wird, ist Messias oder Christus. Vom Standpunkt des Neuen Seins aus ist es möglich, viel Absurdes und Flaches – das sind immer die beiden Versuchungen – vom Christusgedanken fernzuhalten. Absurd ist jeder wörtlich verstandene Mythos, und damit stelle ich mich ganz auf die Seite des berühmt gewordenen Entmythologisierungs-Programms meines Kollegen und Freundes Bultmann. Die dreigeteilte Welt der biblischen Anschauung, die Teilung in göttliche, dämonische und menschliche Sphäre, die Welt, in der Götter und Dämonen herauf- und herniedersteigen, in die ein Sohn Gottes im spezifischen Sinn in einem feierlichen Akt geschickt wird, in der der Teufel verfolgt wird – all dies ist absurd, wenn es wörtlich genommen wird. All dies ist Symbol des Neuen Seins, wenn es verstanden wird. Und das scheint mir heute in der Tat eine unentbehrliche Aufgabe der Theologie zu sein, neu zu verstehen, was die Symbole bedeuten. Meine Kritik an der Barthschen Theologie – von der ich viel in ihren prophetischen Anfängen gelernt habe – ist, daß sie keinen methodischen Weg gefunden hat, das Mythische von dieser Absurdität des Buchstäblichen freizuhalten. Darin unterscheidet sich grundsätzlich meine theologische Bemühung von der seinen. Aber wir haben auf der anderen Seite genauso die Flachheit in bezug auf das christologische Denken abzulehnen. Flach ist jede gesetzliche oder lehrhafte Deutung der Erscheinung Jesu. Hier ist der Quellpunkt, aus dem mir selbst ursprünglich der Gedanke des Neuen Seins entstanden ist. Er ist ursprünglich der Versuch, christologisch zu denken. Wenn man Christus als neuen Lehrer oder Gesetzgeber betrachtet, kann man ihn annehmen oder ablehnen. Es gibt kein Gesetz, dem ich mich unterwerfen müßte, selbst wenn es von einem Gott kommt – sofern er ein Seiendes ist. Ein Gott, der ein Seiendes ist, ist ein Tyrann, der mich vielleicht vernichten, der aber nicht Gehorsam fordern kann. Wenn dagegen das zentrale neue Ereignis der Existenz Sein ist, dann ist es nicht ein fremdes Gebot, das mir gegenübersteht, sondern dann ist es die Realität des Seins-Selbst, in der ich stehe. Und das ist etwas völlig anderes.

Dann erscheint das Neue als Mittelpunkt der Geschichte und als Mittelpunkt der Heilsgeschichte, und es erscheint in der paradoxen Weise, daß hier das Essentielle des Menschseins unter den Bedingungen der entfremdeten Existenz erscheint und diese entfremdete Existenz überwindet. Infolgedessen ist dies Sein nicht sein Reden, nicht sein Handeln, nicht sein Leiden, sondern das Sein, dessen Ausdruck und Erscheinung diese dreifachen Äußerungen sind. Von da aus haben wir eine Möglichkeit für das Verständnis dieses so oft durch die Kirchengeschichte verdunkelten Phänomens. Der Begriff des Neuen Seins kann Licht werfen auf dieses Phänomen, das unverständlich bleiben muß, solange es gedeutet wird in buchstäblich genommenen Mythen oder (wie in der liberalen Theologie) in einem neuen Gesetz oder einer neuen Lehre oder einem magischen Blutopfer oder ähnlichem, wo immer die Polarität zwischen Absurdität und Flachheit auftritt. Das Ziel der Theologie muß sein, beide fernzuhalten. Wenn ich sage, es ist das Sein des Christus und nicht irgendetwas, was er tut, leidet oder sagt, dann meine ich mit dem Sein das Ganze; ich meine nicht ein psychologisches inneres Leben, wie gewisse liberale Theologen, sondern das ganze Sein einschließlich des sogenannten Unbewußten, des Körperlichen, des Sozialen, alles dessen, was das Sein eines vollen Menschen ausmacht. Das Bild, das sich seinen Anhängern eingeprägt hat, über dessen historische Exaktheit wir weder etwas wissen noch wissen müssen, ist das Bild eines realen persönlichen Lebens, das diejenigen, die an ihm teilhaben, neu macht, in die Sphäre des Neuen hineinzieht.

Das einzige Argument für die Wahrheit dieser Botschaft vom Neuen Sein ist, daß die Botschaft sich selbst wahr macht. Die historische Kritik kann diese Gewißheit weder widerlegen noch bestätigen. Und so war es immer in der Geschichte der Kirche, daß das Teilhaben das Zeugnis ermöglicht, daß hier Neues Sein geschehen ist.

Das ist eine Andeutung, aber wie ich glaube, eine sehr zentrale Andeutung. Ich kann Ihnen bekennen, daß für mich Christologie überhaupt erst möglich geworden ist, nachdem mir der Begriff des Neuen Seins den Schlüssel dazu gegeben hat. Bis dahin oszillierte ich, wie wohl alle jüngeren Theologen in jenen Jahren zu Anfang unseres Jahrhunderts, zwischen der Plattheit einer sich liberal nennenden Theologie und der Absurdität einer sich behauptenden Orthodoxie. Der Begriff des Neuen Seins als Schlüssel der Christologie – das ist eine der entscheidenden Funktionen, die dieser Begriff auszuüben hat.

In welcher Weise nun vollzieht sich die Teilhabe? Die Teilhabe vollzieht sich nicht im Befohlensein und nicht im Belehrtsein, sondern im Ergriffensein. Ergriffensein ist eine Seinsrelation. Befehle erhalten und befolgen, Lehren erhalten und anerkennen sind Sollensrelationen. Hier ist wieder der Begriff des Neuen Seins von entscheidender Bedeutung. Er befreit uns von Sollensrelationen und damit überhaupt. Denn das, von dem wir befreit werden müssen, ist unser essentielles Sein, das gegen uns steht als Forderung und das wir, weil es uns gegenübersteht, nicht erfüllen können. Denn das Gesetz ist nicht eine *von außen* her gegen uns gestellte Forderung, sondern unsere eigene Essentialstruktur, von der wir entfremdet sind und die, weil wir entfremdet sind, uns nun als Gesetz gegenübersteht. Da wir aber entfremdet sind, können wir sie nicht erfüllen, denn wir sind ja den zerstörerischen Strukturen der Existenz unterworfen. Hier haben wir eine weitere entscheidende Konsequenz des Begriffs des Neuen Seins. Wir begreifen, daß es sich in der Religion um Seinsrelationen handelt, daß die Sollensrelationen sekundär sind. Sie sind nicht ausgeschlossen – und wo sie auftreten müssen, darauf werde ich noch hinweisen –, sie dürfen aber niemals das Primäre sein. Sind sie es, dann entsteht der ganze psychologische Ablauf, bei dem die Forderung den Widerstand erweckt und nicht die Heilung bringt.

Teilhabe, Ergriffensein – das sind Begriffe, bei denen Protestantismus und Mystik zusammengehen können. Ich formulierte vorhin beim

Schöpfungsgedanken, bei der Schaffung des Neuen, den Unterschied bestimmter, besonders asiatischer Formen der Mystik von der Theologie des Neuen Seins. Hier kann ich das mystische Element hereinnehmen in die Beschreibung dessen, was ich als Ergriffensein oder Teilhabe bezeichnen würde. Die paulinische Geistlehre, das Zentrum seiner Theologie, verbindet das Personale und das Mystische. Wenn Paulus den Begriff der Teilhabe implizit sehr deutlich gebraucht – daß man „in Christus" sein muß –, dann meint er damit, daß man teilhat an dem Neuen Sein, und das ist wiederum keine Sollensrelation. Was ist dann Geist? Für Paulus, für die christliche Kirche ist er die Gegenwart Gottes unter den Bedingungen der Existenz, durchbrechend durch die Entfremdungsstruktur der Existenz und die Wesensstruktur wiederherstellend. Eine andere Formulierung, die ebenso deutlich auf Seins- und nicht Sollensrelationen hinweist, findet sich im vierten Evangelium, wo von Christus gesagt wird: er ist die Wahrheit – nicht: er hat die Wahrheit, er sagt die Wahrheit, sondern: er ist die Wahrheit. Und es gibt Menschen, die „aus der Wahrheit sind" und die infolgedessen an ihr teilhaben. Dieser Wahrheitsgedanke ist durch und durch ontologisch und keineswegs eine Sollensrelation, bei der die wahre Struktur des Seins unserem Denken gegenübertritt, so daß wir sie annehmen *sollen.* Vielmehr nehmen wir teil an einer Realität, die an und für sich die Wahrheit *ist*, das wahre Sein, in der die Entfremdung aufgehoben ist. Geht man mit diesem Schlüssel des Neuen Seins an die Bibel heran, so wird man sich wundern, wie wenig Sollensrelationen und wieviel Seinsrelationen in ihr vorliegen und wie immer die Seinsrelationen, auch wenn Sollensrelationen da sind, als die fundamentalen und die Sollensrelationen als die abgeleiteten angesehen werden.

Das Neue Sein in diesem Sinne ist Wiederherstellung. Diese Wiederherstellung ist Wiedergeburt, Geburt des Neuen. Dies Phänomen kann in drei Schritten beschrieben werden. Der erste Schritt ist die Gewißheit, daß das Essentielle und das Existentielle in uns, die einander entfremdet sind, im Neuen Sein versöhnt sind. Das heißt, der erste Schritt des Neuen Seins in jedem Menschen ist die Anerkennung, daß er angenommen ist. „*Accepting acceptance*" habe ich es im Englischen genannt, was schwer zu übersetzen ist – „das Annehmen, daß man angenommen ist". Damit ist der erste Schritt, ein fundamentaler Schritt, zur Heilung geschehen. Ohne diesen fundamentalen Schritt gäbe es keine Heilung. Hier berufe ich mich wieder auf die tiefenpsychologische Einsicht. Man darf dem Patienten nicht als Fordernder gegenüberstehen, er muß „angenommen" werden, wirklich akzeptiert werden; es genügt nicht, daß der Analytiker nur den Eindruck erweckt, als ob er den Patienten annimmt, und in Wirklichkeit voller Forderungen ist. Diese Annahme ist noch nicht echt. Wirklich echt ist die Annahme unter dem „Trotzdem". Trotz der Tatsache, daß die Entfremdung da ist, die Existenz im Widerspruch zur Essenz steht, ist man angenommen und infolgedessen fähig, sich selbst anzunehmen. Damit sind wir an einem Zentralpunkt aller religiösen Heilungsphänomene: der Möglichkeit, Ja zu sich selbst zu sagen. Es gibt eine Möglichkeit, Ja zu sich zu sagen, die sehr einfach ist, nämlich, daß man mit sich zufrieden ist. Es gibt eine andere Möglichkeit, und das ist die schwerste: daß man sich im inneren Spiegel sieht und dennoch Ja zu sich sagt. Wenn man das kann, dann ist das Neue Sein schon in einem mächtig, und das ist der erste Schritt.

Und nun der zweite Schritt: Er wird im Hebräischen *schub* genannt und im Griechischen *metanoia,* was „Wechsel der Richtung" bedeutet. *Metanoia* wird irreführend mit Reue oder ähnlich übersetzt. In Wirklichkeit handelt es sich um etwas Fundamentaleres als eine Emotion. Eine Emotion ist oft überhaupt nicht dabei; es ist sogar schlimm, wenn solche Emotionen künstlich zum Zwecke der Bekehrung produziert werden. Vielmehr ist es eine fundamentale Änderung der Richtung auf das, was in allem Seienden die ursprüngliche Einheit von Essentiellem und Existentiellem darstellt. Es ist nicht eine Wegkehr von allem Seienden – darin unterscheidet es sich grundsätzlich von der Askese –, sondern eine Hinkehr zu dem,was in allem Seienden jenseits der Spaltung von Essenz und Existenz steht, zum Sein-Selbst, das zugleich die Prädikate „das Gute" und „das Wahre" hat. Das sind keine Werte, sondern das Sein-Selbst und die Macht des Seins, und kann nur sekundär für uns zum Wert werden.

Was ist damit eigentlich konkret gewonnen, wenn man von einem solchen Wechsel der Richtung spricht? Darauf gibt es nur eine Antwort, die leicht zu sein scheint und die doch eine unendlich schwierige Antwort ist: das Wort Liebe. Der Wechsel der Richtung ist die Wiederherstellung der Liebesrelation, die in der Essenz da ist, jedoch nur potentiell oder, wie ich manchmal sage, als träumende Unschuld, aber noch nicht wirklich, das heißt in der Aktualität.

Lassen Sie mich hier ein paar Worte über *Liebe* sagen, weil sie zum Begriff des Neuen Seins so sehr gehört, daß man das Neue Sein auch als das Sein der Liebe bezeichnen kann. Liebe ist der Drang nach Wiedervereinigung des Entfremdeten. Wenn man die Liebe so auffaßt, dann ist die Liebe ein ontologisches Phänomen und kein emotionales. Das Emotionale ist dann etwas, was mitschwingt, was aber nicht fundamental ist. Das ist das erste, was man vom Standpunkt des Neuen

Seins über die Liebe sagen muß: das Emotionale schwingt mit, das Fundamentale aber, das im Sein-Selbst wurzelt, ist der Drang, der Trieb oder auch der Wille zur Wiedervereinigung dessen, was entfremdet ist. Da wir alle demselben Sein angehören und durch den Prozeß der Entfremdung einander und dem Grund des Seins entfremdet sind, bedeutet dies, daß wir alle essentiell zueinander gehören. Wenn wir zu einem anderen Menschen kommen oder zu Gott oder zu uns selbst, ist es daher nicht das Finden eines Fremden durch ein Fremdes, sondern ein Wiederfinden von etwas, das entfremdet ist, aber in der Wesensstruktur zueinander gehört. Dieser Liebesbegriff ist jenseits der falschen Scheidung, die von gewissen protestantischen Theologen zwischen *eros* und *agape*, der „irdischen" und der „himmlischen" Liebe vorgenommen worden ist. Eine *agape*, in der kein *eros* ist, hat keine Wärme. Ein *eros*, in dem keine *agape* ist, hat kein Kriterium. Sie gehören zusammen und können nicht auseinandergerissen werden. Gegen ihre Trennung müssen wir ebenso Front machen wie gegen die Trennung von Theologie und Philosophie.

Und nun komme ich zu dem dritten, dem Ergriffensein, das ins Zentrum der Persönlichkeit übergeht. Hier entstehen alle die Probleme, die man im weitesten Sinn mit aktueller Heilung bezeichnen kann. Hier entsteht das Problem, das heute auch in Amerika stark diskutiert wird und viele Äußerungen gefunden hat, nämlich das Problem, wie sich tiefenpsychologische Heilung und religiöse Heilung zueinander verhalten. Der Heilungsprozeß hat eine psychologische und eine ontologische Seite. Die Persönlichkeit in ihrem Zentrum kann in Zersetzungsvorgänge aufgelöst sein, die als solche genauso ein Heilen durch den Arzt verlangen wie physische Zersetzungsvorgänge. Durch die psychologische Heilung kann erreicht werden, daß das persönliche Zentrum von begrenzten Überwältigungen durch bestimmte zwangshafte Elemente freigemacht wird. Psychologische, tiefenpsychologische Heilung kann zur Freisetzung führen, aber Heilungspsychologie kann als solche nicht das Persönlichkeitszentrum retten; sie kann nicht im absoluten Sinne erlösen oder heilen. Sie kann nicht die Wiedervereinigung des Entfremdeten erzeugen, und zwar deswegen nicht, weil sie aus endlichen Relationen herkommt. Im Heilen der Persönlichkeit selbst müssen sich das Psychologische und das Ekstatische durchdringen.

Ich hatte von Liebe gesprochen und möchte hier, wieder von der Ontologie des Seins her, ein Wort über „Selbstliebe" sagen. Es gibt kaum ein Wort, das mehr mißbraucht wird. Es sei erwähnt, daß schon Augustin zwei Arten von Selbstliebe unterschied, eine, die er geordnet, und eine, die er ungeordnet nennt. Ich schlage vor, daß wir das Wort Selbstliebe vermeiden, weil es nicht zu retten ist – es gibt Worte, die so krank sind, daß sie nicht mehr zu retten sind. Statt dessen möchte ich das, was in dem Wort Selbstliebe in konfuser Weise vermischt ist, in drei Begriffe auflösen. Der erste ist die natürliche Selbstbejahung (liebe deinen Nächsten wie dich selbst!), die jedes lebende Wesen hat und die nichts ist als der natürliche Mut zum Sein und damit die Wurzel alles Lebendigen. Der zweite ist die Selbstsucht – dies deutsche Wort ist sehr viel ausdrucksvoller als das englische *selfishness,* da in der „Sucht" das Getriebensein liegt. Und Selbstsucht ist immer verbunden mit Selbstverachtung oder gar Selbsthaß und ist keineswegs Selbstliebe. Und dann der dritte Begriff: im Englischen *self-acceptance,* das besser ist als im Deutschen „Selbst-Annahme"; nämlich Selbstannahme, obgleich man sich im Spiegel gesehen hat, obgleich man den Ekel, selbst den Haß an sich selber erlebt hat. Und diese drei Begriffe könnten, wenn man sie statt der (vor allem in Predigten) unendlich mißbrauchten „Selbstliebe" verwendet, die Bedeutung des Neuen Seins in ganz anderer Weise zum Ausdruck bringen.

Das Neue Sein ist aber nicht nur im Individuum, sondern auch in der Gemeinschaft wirklich, und als Gemeinschaft ist es das, was wir Kirche nennen. Man hört gelegentlich von jemand sagen, daß er „nicht gegen Religion oder Theologie" sei, sondern „nur gegen Kirche". Hier kann uns wieder der Begriff des Neuen Seins helfen. Kirche heißt ursprünglich „Gemeinde Gottes" oder „Gemeinde Christi", das heißt Gemeinde derer, die vom Neuen Sein ergriffen sind. Diese Gemeinde kann überall sein, in jeder Form sich äußern. Sie kann latent oder manifest sein. In der organisierten Kirche ist sie manifest, in den nichtorganisierten Gruppen von Menschen, die vom Neuen Sein ergriffen sind, ist sie latent. Aber beide Seiten gehören zusammen. Die latente Kirche ist der ständige Kritiker und Richter der manifesten Kirche, und die manifeste Kirche ist das Ziel, zu dem implizit die latente Kirche immer hinstrebt. Wenn wir sagen, daß die Kirche in diesem weitesten Sinne die Gemeinschaft des Neuen Seins ist, dann verstehen wir, was Augustin gesagt hat, nämlich, daß sie die Gemeinschaft der Liebe ist, die Gemeinschaft der Liebe in dem Sinne, daß hier, wo immer wirklich Kirche ist, manifest oder latent, eine Wiederherstellung, eine Wiedervereinigung des Entfremdeten vorliegt.

Wie verhält sich nun diese latente oder manifeste Verwirklichung des Neuen Seins in einer Gemeinschaft zu der Weltgeschichte, zu den großen Gruppen, Organisationen und Nationen, die die Weltgeschichte ausmachen? Gibt es so etwas wie Heilung der Nationen? – ein Wort, das aus der biblischen Literatur stammt. Die Antwort ist: Zunächst einmal darf man die Analogie zwischen persönlichem und sozialem Leben nicht übertreiben. Man darf keine soziale Gruppe wie eine Person behandeln, denn jeder sozialen Gruppe fehlt, was die Person besitzt, die Einheit der Entscheidungsmöglichkeit. Sagt man: Das ist die Regierung, so ist das eine vage Metapher, nichts weiter. Denn die Regierung ist nicht nur der Repräsentant der Gruppe, sie ist zugleich eine spezielle Gruppe, die vielleicht gegen die Gesamtgruppe steht – und in sehr vielen Fällen es auch wirklich tut. Darum darf man diesen Mythos der Personhaftigkeit von Gruppen nicht anerkennen (er war eine gefährliche Waffe des Faschismus). Aber wenn das so ist, dann folgt daraus etwas sehr Wesentliches: Die Heilung einer sozialen Gruppe ist nicht in dem Sinne möglich, in dem die Heilung des Einzelnen möglich ist, nämlich als eine fundamentale Richtungsänderung, ein fundamentales Schuldbewußtsein, ein fundamentales Versöhnungsbewußtsein.

Daraus ergibt sich nun – bisher hatte ich die rückwärts gewandten Utopien bekämpft – die Unmöglichkeit der vorwärtsgewandten Utopie, nämlich die Unmöglichkeit, einen sozialen Zustand in Zeit und Raum zu benennen, in dem das Neue Sein die geschichtliche Wirklichkeit bestimmt. Das Neue Sein in der Geschichte muß man sich immer als kämpfend vorstellen. Und je stärker und machtvoller das Neue Sein ist, desto machtvoller können, nach einem tiefen ontologischen Gesetz, auch die Verzerrungen des Neuen Seins sein, die wir dämonisch nennen. Für die Zukunft der Geschichte ergibt sich daraus, daß in ihr kein Stadium der Erfüllung vorkommen kann. Wir könnten übermorgen zugrunde gehen durch die Waffen, die wir haben, und doch wäre damit der Sinn der Geschichte nicht verloren. Denn alles, was geschieht, hat eine unmittelbare eschatologische Beziehung zu dem, was jenseits von Raum und Zeit steht.

Nun komme ich zum Schluß und kann auch hier nur Andeutungen geben. Erfüllung ist nicht nur vom Einzelnen ausgesagt und nicht nur von der Gemeinschaft, wenn auch niemals im fortschrittlichen, sondern immer im fragmentarischen Sinn, sondern es gibt auch so etwas wie kosmische Erfüllung, in die die individuelle und geschichtliche Erfüllung einbegriffen ist. Damit komme ich zurück auf eine Frage, die ich im ersten Teil stehen ließ. Was bedeutet es, daß der religiöse Mythos einschließlich des biblischen von kosmischer Erfüllung spricht, daß er das Universum geschichtlich macht und damit auf ein Ziel hinstreben läßt, das symbolisch bezeichnet wird als neuer Himmel und neue Erde? In Amerika gibt es kaum eine theologische Frage, die zu behandeln so außerordentlich schwer wäre wie diese Frage, wegen der calvinistischen und cartesianischen Trennung des Menschen von der Natur. Diese

Trennung ist in Amerika so radikal, daß der Versuch, diesen Mythos der Teilnahme des Universums, und das heißt der Natur, an dem Neuen Sein verständlich zu machen, fast hoffnungslos ist. Trotzdem versuche ich es, und vielleicht wird es mit Hilfe der Dinge, die in unserem Denken neu geworden sind, auch in Amerika möglich werden – vielleicht wird mit Hilfe der Psychologie des Unbewußten, insbesondere mit dem Begriff des Kollektiv-Unbewußten, mit Hilfe der psychosomatischen Medizin und noch vieler anderer Dinge, die die Natur im Menschen sehen und infolgedessen wieder den Menschen in der Natur sehen, für diese Symbolik eine neue Basis gefunden. Das ist meine Hoffnung. Ich weiß, daß es ein Kampf gegen zwei mächtige Traditionen ist, die calvinistische und die cartesianische. Gewinnen wir diesen Kampf nicht, wird es unmöglich sein, das Neue Sein als Erfüllung zu unterscheiden von einem Bild, das ich einmal von einem repräsentativen amerikanischen Theologen gezeichnet bekam. Danach besteht das Neue Sein darin, daß unsere unsterblichen Seelen weiter soziale Fürsorge treiben. Das ist natürlich eine Karikatur. Was der Amerikaner sagte, war symbolisch gemeint. Aber solch ein Symbol widerspricht allem Mythos und allem tiefen Verständnis von Leib und Seele, Individuum und Natur. Darum stehe ich auf dem Boden des Mythos, der das Neue Sein universal auffaßt.

Wir können vielleicht folgendes Positive sagen (und wir können nur unendlich wenig Positives sagen): Die Geschichte läuft nach vorn, sie läuft unausweichbar und kann nicht zurück. Aber dies „Vorn“ ist nicht ein Vorn in der Zeit, dies Vorn ist wie eine Kurve, die, wenn sie sich zeitlich verwirklicht, immer nach oben hin angezogen wird und in die Ewigkeit übergeht. Das Ewige ist nicht das Zeitlose, aber auch nicht das immer sich wiederholende Zeitliche. In dem Augenblick aber, in dem wir über Zeit und Ewigkeit sprechen, können wir immer nur sagen, was wir *nicht* denken sollen, aber nicht, was wir denken sollen, sonst kommen wir in Phantastereien. Ich kann sagen: das Neue Sein als Erfüllung ist die Ewigkeitsdimension der Geschichte, in der die Zweideutigkeit der Geschichte aufgehoben ist. Diese Ewigkeitsdimension wirkt hinein in die Geschichte und schafft Neues Sein in der Geschichte, aber wird wieder und wieder verzerrt durch das Dämonische in der Geschichte. Die christliche Hoffnung ist nicht die Hoffnung auf eine Fortsetzung des Lebens nach dem Tode – das ist kein Neues Sein, es ist eine höllenartige Wiederholung des alten Seins. Sondern die Ewigkeit ist das Hineinnehmen in eine andere Dimension, von der wir symbolisch reden müssen, weil wir ja „zeitlich“ reden müssen. Und in dieser Einheit sehe ich die Erfüllung der Geschichte, und nicht nur der

Geschichte im menschlichen Sinn, sondern auch der Geschichte im kosmischen Sinn. Nicht nach vorn allein – das „nach vorn" muß immer wieder umgebogen werden in ein „nach oben". Aber auch nicht nur nach oben, wie die Mystik will, sondern zugleich auch nach vorn, indem das Neue Sein sich immer wieder durchsetzt und damit den Sinn des Ewigen schafft. Vielleicht kann man es auch so ausdrücken: Das Ewige oder das Reich Gottes, das Symbol der Bibel, ist die Einheit und Wahrheit, das Unzweideutige aller Elemente, die in der Geschichte stehen. Nichts ist in der Erfüllung, was nicht in der Geschichte ist, aber niemals ist die Erfüllung in der Geschichte selbst.

Und nun lassen Sie mich zuletzt auf die Zeitsituation von heute kommen. Ich glaube, daß der Begriff des Neuen Seins eine Antwort auf die Zeitsituation sowohl im Psychologischen wie im Historischen ist. Das alte Sein erweist sich als alt – selbst in einem neuen Land wie Amerika zerbrechen psychologisch die Dinge, die sinngebend waren für Generationen. Die ungeheure Resonanz, die zur Zeit in diesem angeblich neuen Erdteil die tiefenpsychologische Arbeit gefunden hat, bedeutet, daß ein Sinnentleerungsprozeß stattgefunden hat, daß Altes sich als veraltet erwiesen hat und daß Neues nicht da ist. Und das Neue kann ja auch nicht von der horizontalen Linie kommen. Wenn nicht von der Vertikalen her das Ewige, das Essentielle einbricht, kann das Neue sich nicht erfüllen. So ist es auch weltgeschichtlich. Die tellurische Schizophrenie, in der wir leben, die Spannung zwischen Ost und West, produziert unendliche Schizophrenien in den Einzelnen, den Völkern, im Aufbau der Nationen. Infolgedessen entsteht auch hier die Frage nach dem Neuen Sein, was es vielleicht rechtfertigt, wenn wir sagen: Nicht nur aus systematischen, sondern auch aus Gründen unserer Situation kann das Neue Sein der Zentralbegriff einer neuen Theologie werden.

BIBLIOGRAPHISCHE ANMERKUNGEN

Die Abkürzungen ST, GW und GW Erg. beziehen sich auf: Paul Tillich: Systematische Theologie, Bd. I–III, Stuttgart: Evangelisches Verlagswerk GmbH 1955–1966; ders.: Gesammelte Werke, Bd. I–XIV, hg. von Renate Albrecht, Stuttgart: Evangelisches Verlagswerk GmbH 1959–1975, und Ergänzungs- und Nachlaßbände zu den Gesammelten Werken von Paul Tillich, Bd. I–V, Stuttgart: Evangelisches Verlagswerk 1971–1980. Eine ausführliche von 1909 bis 1973 reichende Bibliographie zum Gesamtwerk Paul Tillichs, erarbeitet von Renate Albrecht, Peter H. John und Gertraut Stöber, befindet sich im Registerband der Gesammelten Werke, Bd. XIV, S. 135–230, samt einer Übersicht über noch unveröffentlichte Materialien.

S. 105: Systematische Theologie. 72 Thesen (1913), bisher unveröffentlichte Übertragung einer Handschrift (Paul-Tillich-Archiv V 13/2 a). – S. 120: Systematische Theologie. Einleitung A und B, in: ST I,9–37. – S. 149: Das Problem der theologischen Methode. Übers. von: The Problem of Theological Method, Journal of Religion, Chicago. Vol. 27, No. 1. 1947, S. 16–26 (GW Erg. IV,19–35). – S. 166: Philosophie und Theologie. Übers. von: Philosophy and Theology. Vortrag, gehalten anläßlich der Berufung zum Professor für philosophische Theologie am Union Theological Seminary, New York, am 25. September 1940, in: The Protestant Era, Chicago 1948; erstmalige deutsche Übers. in: Der Protestantismus, Stuttgart 1950 (GW V,110–121). – S. 178: Das Problem des »persönlichen Gottes«. Eine Auseinandersetzung mit Albert Einstein. Übers. von: The Idea of the Personal God, in: Union Review (New York), Jg. 2, H. 1, 1940, S. 8–10 (GW XII,300–304). – S. 183: Trennung und Einigung im Erkenntnisakt. Probleme einer Ontologie des Erkennens. Deutsche Übers. von: Participation and Knowledge. Problems of an Ontology of Cognition, in: Sociologica. Max Horkheimer zum 60. Geburtstag (Frankfurter Beiträge zur Soziologie. Bd. 1), Frankfurt a.M. 1955 (GW IV,107–117). – S. 194: Dimensionen, Schichten und die Einheit des Seins. Vortrag im Nordwestdeutschen Rundfunk am 26. März 1959. Hektogr. Manuskript (GW IV,118–129). – S. 206: Absolute und relative Faktoren in der Begegnung des Menschen mit der Wirklichkeit. Übers. von: My Search for Absolutes, New York 1967; in deutscher Übersetzung: Meine Suche nach dem Absoluten, Wuppertal: Peter Hammer Verlag 1969 (GW Erg. IV,36–70). – S. 241: Biblische Religion und die Frage nach dem Sein. Übers. von: Biblical Religion and the Search for Ultimate Reality, Chicago 1955; erstmalige deutsche Übers. Stuttgart 1956 (GW V,138–184). – S. 288: Gläubiger Realismus I. Vortrag, gehalten auf der Älterentagung des Bundes deutscher Jugendvereine in Hannoversch-Münden, am 9. Juli 1927, in: Theologenrundbrief für den Bund deutscher Jugendvereine e. V. Göttingen, 2. Jg., November 1927 (GW IV,77–87). – S. 299: Gläubiger Realismus II. Ursprünglicher Titel: Über gläubigen Realismus. Vortrag, gehalten vor der Theologenschaft der Universitäten Marburg, Tübingen und Halle, 1927, in: Theologische Blätter 7 (1928), H. 5; erneut abgedruckt in: Religiöse Verwirklichung, Berlin 1930 (mit 39 Anmerkungen); amerik. Übers. (vom Verfasser neu bearbeitet unter dem Titel: Realism and Faith), in: The Protestant Era, Chicago 1948; deutsche Rückübers. in: Der Protestantismus, Stuttgart 1950; hier die überarbeitete deutsche Rückübers. (GW IV,88–106). – S. 318: Entfremdung und Versöhnung im modernen Denken. Übers. von: Estrangement and Reconciliation in Modern Thought, in: Review of Religion 9 (1944), H. 1; erstmalige deutsche Übers. in: Eckart 26 (1957), H. 2; hier die überarbeitete Übers. von 1957 (GW IV,183–199). – S. 335: Schelling und die Anfänge des existentialistischen Protestes. Vortrag, gehalten anläßlich der Gedächtnisfeier zum 100. Todestag von Schelling am 26. September 1954; erstmals veröffentlicht in: Zeitschrift für philosophische Forschung 9 (1955), H. 2 (GW IV,133–144). – S. 347: Das Neue Sein als Zentralbegriff einer christlichen Theologie, in: Mensch und Wandlung. Eranos-Jahrbuch 23 (1955), S. 251–274 (GW VIII,220–239).